# 电工电子技术概论（第二版）

Introductory Electrical and Electronic Technology

主　编　盛贤君
副主编　刘蕴红

大连理工大学出版社

图书在版编目(CIP)数据

电工电子技术概论 / 盛贤君主编. -- 2 版. -- 大连：大连理工大学出版社，2022.12

ISBN 978-7-5685-3888-6

Ⅰ. ①电… Ⅱ. ①盛… Ⅲ. ①电工技术一教材②电子技术一教材 Ⅳ. ①TM②TN

中国版本图书馆 CIP 数据核字(2022)第 140368 号

**电工电子技术概论**

**DIANGONG DIANZI JISHU GAILUN**

大连理工大学出版社出版

地址:大连市软件园路 80 号　邮政编码:116023

发行:0411-84708842　邮购:0411-84708943　传真:0411-84701466

E-mail:dutp@dutp.cn　URL:https//www.dutp.cn

辽宁星海彩色印刷有限公司印刷　　大连理工大学出版社发行

---

幅面尺寸:185mm×260mm　印张:20　字数:468 千字

2008 年 10 月第 1 版　　2022 年 12 月第 2 版

2022 年 12 月第 1 次印刷

---

责任编辑:于建辉　　责任校对:王　伟

封面设计:张　莹

---

ISBN 978-7-5685-3888-6　　定　价:55.00 元

# 前 言

本书第一版自2008年出版至今已经14年了。在此期间，电工技术，特别是电子技术取得了飞速的发展，新器件、新技术、新应用日新月异；同时，教学体系、教学内容、教学手段的改革也在不断深化。这些都对本教材的修订、完善提出了更高的要求，以适应时代发展和人才培养的需要。第二版与第一版不同之处主要有以下几点：

1.对原有的体系做了调整。根据当今电工电子技术应用方面的需要，删除了广播音响系统、共用天线电视系统等内容，补充了楼宇自动化监控技术一章；同时对电能的输送、电能的转换、安全用电等各章的顺序进行了调整。这些调整在力求不增加篇幅的情况下，使课程体系更加完备，条理更加清晰，内容更具有实用意义。

2.对部分章节内容做了调整。根据电子技术的发展现状，在“电子显示器件”一节，删除了阴极射线显示器等内容；在“无线通信”一节，增加了无线局域网等内容；在“移动通信”一节，删除了无线寻呼系统等内容，增加了第五代移动通信系统等内容；在“办公设备及其智能化”一章中，增加了“图像识别技术及应用”一节。

3.增加了数字化资源。对每章中的核心知识点、难点或重要的例题等进行了视频讲解。读者通过扫描二维码，利用手机或平板电脑可以方便地观看视频内容。

4.增加了我国相关领域发展现状和发展目标等内容。例如在“电能的产生”一章中，补充了我国“碳达峰”“碳中和”等内容；在“电能的输送”一章中，增加了我国西电东送、特高压多端柔性直流示范工程等内容。上述内容作为基本知识的延伸阅读资料，可以开拓读者的视野，激发学习兴趣和民族自豪感。

本书可作为普通高等学校本科非电类专业，尤其是学时较少、对理论深度要求较低的非电类专业的电工学课程或相近课程的教材，也可供高等专科学校、职业技术学院、成人高等学校等专用。

本书共有15章，各章编写分工如下：章艳编写第1、2、13章；盛贤君编写第3、9、10章；

刘娆编写第 4、5、6 章;刘宁编写第 7 章;王宁编写第 8、11、12 章;刘蕴红编写第 14、15 章。盛贤君负责统稿并最后定稿。

由于我们的水平有限,书中错误和欠妥之处在所难免,殷切期待使用本教材的师生和其他读者批评指正。

编者

2022 年 7 月

所有意见和建议请发往:dutpbk@163.com

欢迎访问高教数字化服务平台:https://www.dutp.cn/hep/

联系电话:0411-84708445 84708462

# 目　录

# 第0章

# 绪　论

电工电子技术是一门研究电磁现象的自然规律在工程上应用的学科。自 1800 年化学电池的发明揭开了人类利用电能的序幕以来，至今已经历了两个世纪，电工技术和电子技术在理论和技术上都取得了迅速发展。电的应用几乎涉及所有领域，无论是工业、农业、国防建设和科学技术的各个方面，还是人们日常的衣、食、住、行以及文化生活和办公设施，电都已经是不可须臾或缺的了。仅就工业而言，各种生产机械，例如水泵、鼓风机、起重机、切削机床和锻压设备等，都用电动机拖动；许多制造工艺，例如电解、电镀、电焊、高频淬火、电炉冶炼以及电火花加工等，都要靠电来完成；生产过程中的一些物理量，例如温度、流量、压力、转速等，都可以转换为电信号来测量和控制；产品的辅助设计和企业的管理工作，都需要由电子计算机来实现；电子信息系统的发展更使人类进入了信息化的时代和人工智能时代。由此可见，电的应用是何等广泛！究其原因，乃是电能具有其他形态能量所无可比拟的优越性的缘故。

电能是最容易转换的中间形态的能量。它可以很方便地由原子能、水位能、热能、风能和化学能等转换而来，也可以相反地转换为热能、光能和机械能等。这就使得人们能够从各种能源中获得电能，同时又能将它转换为其他形态的能量以满足各种不同的需要。

电能能够迅速而且经济地进行远距离输送，因而使工业建设的布局问题得到了合理的解决。我们可以在储藏有大量动力资源的地方，例如煤矿的坑口和河川的附近兴建火力发电站和水力发电站，而使其他工厂尽量接近原料产地，通过长距离的输电线路将电能从发电站输送到工厂中去，借以提高社会生产整体的经济效益。

电能以及与其相关联的一些电学量(例如电压或电流)可以通过有线或无线的方式高速而精确地进行传递、控制和处理，为远程通信、生产的自动化与智能化提供了可靠的技术基础。特别是电子计算机发明之后，它在自动化方面的应用不仅减轻了人们繁重的体力劳动，而且也代替了脑力劳动的某些职能，带来了社会生产力的新的飞跃，同时也促进了人工智能时代的到来，促使世界上出现了新的技术革命的浪潮，为人们的生活带来更多的便利。

如上所述，电工技术和电子技术的发展和应用已成为我们所处时代的特征。它所涉及的基本知识已成为当今所有高等教育和职业教育所必须了解的工程素质教育的基本内容。当然，对于不同专业，其目的、要求、内容和深度会有所不同。

本教材共分 15 章,其中 1～6 章为电工技术部分;7～11 章为电子技术部分;12～15 章为综合应用部分。

本教材的内容是以读者学习过普通物理学和高等数学等基础课程为前提的,因而希望读者能在学习过程中及时适当地复习一下物理学和高等数学有关的内容。

第1章

# 电能的产生

电源是将其他形式的能量转变为电能的装置。如干电池将化学能转变成电能，发电机将机械能转变成电能，等等。电源又分为直流电源和交流电源。蓄电池是直流电源，市电是交流电源。本章以电能的产生途径为出发点，介绍各种电源的工作原理。

## 1.1 直流电源

**直流电源**是指能够给电路提供直流电流的电源，如干电池、蓄电池、直流发电机等。通常用来表征直流电源的重要物理量有两个：一个是电动势 $E$；另一个是内电阻 $R$，简称内阻。

### 1.1.1 干电池

干电池(dry cell)又称为原电池或**一次电池**，它是一种化学电源，是将化学能转变为电能的装置，例如锌锰干电池、锌银钮扣式电池等。因为在这种电源装置中，电解质是一种不能流动的糊状物，所以将其称作干电池，这是相对于具有可流动电解质的电池来说的。干电池不仅适用于手电筒、照相机、电子钟、玩具等，而且也适用于航海、航空、医学等领域。

常用干电池为锌锰干电池，按电解液性质的不同，分为普通(酸性)锌锰干电池和碱性锌锰干电池两类。如图 1-1(a)所示，普通锌锰干电池的中心是碳棒，作为正极集流体，其周围充满了炭黑和二氧化锰等混合物。外壳为锌筒，兼作容器和负极。在正极和负极之间是糊状化的酸性电解液(氯化铵)胶状物作为隔离层。碳棒顶部的铜帽作为正极端，锌筒的底部作为负极端。为了防止漏液，常在锌筒外面包裹热塑套或铁皮。这类电池主要优点是成本低廉，但缺点也是明显的：电容量低，不适合需要大电流和较长期连续工作的场合；另外原材料浪费很大。因此，已逐步减少此类电池的生产。

如图 1-1(b)所示的碱性锌锰干电池是普通锌锰干电池的升级换代产品。它是以碱性电解液(锌粉与氢氧化钾的混合物)做电解质，在结构上采用与普通锌锰干电池相反的电极结构：圆环状正极(二氧化锰)紧挨着金属外壳内壁，而负极位于电池的中心。为了方便与普通锌锰干电池互换使用，同时避免使用时正负极弄错，碱性锌锰干电池在设计制造时，将半成品倒置，在金属外壳上放一个凸形盖(假盖)，正极便位于上方；在负极引出体上焊接一个金属片(假底)，使成品的碱性锌锰干电池正、负极在外观上与普通锌锰干电池一致。碱性锌锰

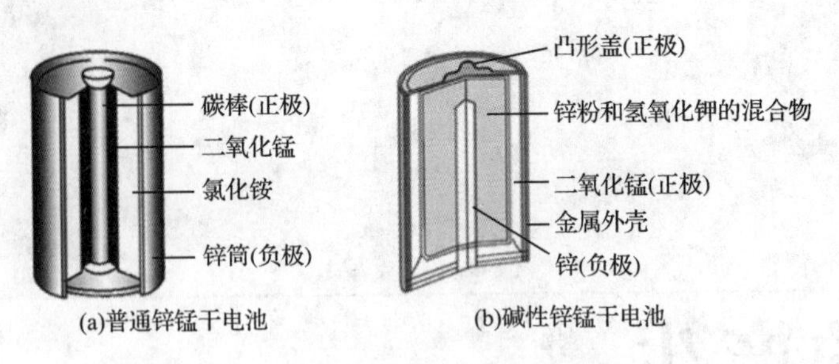


图 1-1 两种干电池的构造示意图

干电池的容量和放电时间是同等型号普通锌锰干电池的 3～7 倍。两者低温性能差距更大，碱性锌锰干电池更耐低温，可以在 −40 ℃的环境下工作，而且更适合于大电流放电和要求工作电压比较稳定的用电场合。

干电池的主要性能参数如下：

(1)开路电压 $U_{OC}$：电池两端开路时的端电压，等于电池的电动势 $E$，满电时为 1.65～1.725 V。

(2)内阻 $R$：电池的欧姆电阻。如某 LR6 型电池的欧姆电阻约为 0.1 Ω。

(3)工作电压 $U$：电池放电(即工作状态)时，正、负极之间的端电压。标准的工作电压又称为额定电压，指电池正负极材料发生化学反应造成的电位差的标准值。干电池的额定电压是 1.5 V。

(4)容量：当外部电路以一定的电流或一定的负载电阻放电，达到终止电压时的持续放电时间，称为干电池的容量，单位用安•时(A•h)或瓦•时(W•h)表示。其中安•时是电量的单位，瓦•时是能量的单位。有时电池的容量又以单位体积的容量或单位质量的容量进行衡量，分别称为体积比容量和质量比容量，单位分别是 $W \cdot h/cm^3$ 和 W•h/kg。

### 1.1.2 可充电电池

一次电池又称为不可充电电池，它只能将化学能一次性地转化为电能，不能将电能还原为化学能，或者说它的还原性能极差。可充电电池(rechargeable cell)又称为**二次电池**，由充电器充电，将电能转换为化学能存储起来，而在使用中放电，再将化学能转化为电能，即二次电池可以多次存储能量并转换为电能。

可充电电池的种类可分为：铅蓄电池(lead storage battery)、镍镉电池(Ni-Cd battery)、镍氢电池(Ni-Mh battery)、锂离子电池(Li-lon battery)等。其中铅蓄电池虽然比能量(单位质量所蓄电能)小、自放电率高，但技术成熟、成本低、大电流放电性能佳、适用温度范围广、安全性高、贮存性能好(尤其适于干式荷电贮存)，在各类车辆、应急、备用和储能领域得到广泛应用，例如汽车电瓶等。与镍镉电池和镍氢电池相比，锂离子电池具有比能量高(是目前相同体积中容量最大的电池)、自放电率低、供电电压高、使用寿命长、适用温度范围广等优点，广泛用于数码相机、笔记本电脑、手机等电子产品中。

以圆柱形锂离子电池为例，其内部结构如图 1-2 所示。其中正极材料采用含锂的金属氧化物，负极采用各种碳素材料，如天然石墨、碳纤维等；电解质一般选择含锂盐的有机聚合物胶体。当对电池充电时，电池的正极上有锂离子生成，生成的锂离子经过电解液进入负极，到达负极的锂离子吸附在碳素材料的微孔里，吸附的锂离子越多，充电容量越高。当电池放电时，吸附在负极的锂离子脱出，又返回正极，返回正极的锂离子越多，放电容量越高。我们通常所说的电池容量指的就是放电容量。

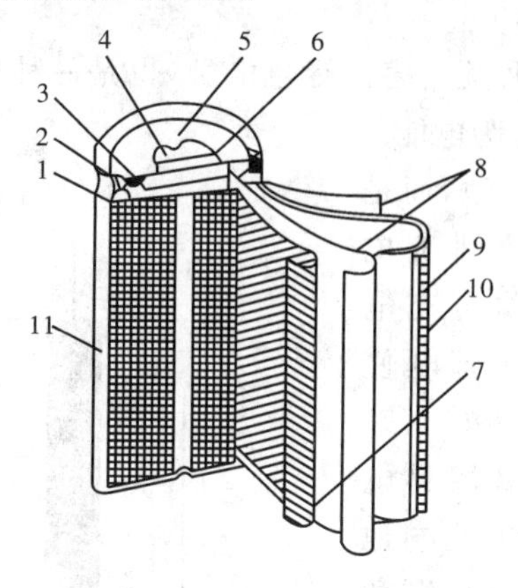


图 1-2　圆柱形锂离子电池内部结构示意图

1—绝缘体；2—垫圈；3—PTC 元件；4—正极端子；5—排气孔；

6—防爆阀；7—正极；8—隔膜；9—负极；10—负极引线；11—外壳

可充电电池的主要性能参数如下：

(1)额定容量：是指处于完全充电状态的电池，按照一定的放电条件，放电到所规定的终止电压时，电池能够提供的电量。单位通常用毫安·时(mA·h)或安·时(A·h)表示。

(2)标称电压：电池刚出厂时，正负极之间的电位差称为电池的标称电压。如 US18650 型锂离子电池的标称电压是 3.7 V。

(3)充电终止电压：电池充足电时，极板上的活性物质已达到饱和状态，若继续充电，电压也不会上升，此时的电压称为充电终止电压。如 US18650 型锂离子电池的充电终止电压是 4.2 V。

(4)放电终止电压：电池放电时允许达到的最低电压。如果电池的电压低于放电终止电压后继续放电，电池两端电压会迅速下降，形成深度放电，从而影响电池的寿命。如 US18650 型锂离子电池的放电终止电压为 2.5 V。

(5)开路电压：电池在非工作状态下，正负极之间的电压。如 US18650 型锂离子电池刚充满电时的开路电压为 4.2 V，放电后的开路电压为 2.5 V。

(6)实际电压：是指放电过程中实际测得的电池端电压。

一般可充电电池在使用时，过充电和过放电都会影响电池的使用寿命，所以应避免过充电和过放电现象。可充电电池的充电方法主要有恒流充电、恒压充电、恒流/恒压充电和恒压限流充电，其中锂离子电池一般采用恒流/恒压充电方式。如图 1-3 所示，充电分为两个阶段：先恒流充电，到接近终止电压时改为恒压充电。例如，一种容量为 800 mA·h、充电终止电压为 4.2 V 的锂离子电池，先以 800 mA 恒流充电，开始时电池电压以较大的斜率升压，当电池电压接近 4.2 V 时，改为 4.2 V 恒压充电，电流渐降，电压变化不大，到充电电流降到最小充电电流的阈值时(生产商不同，阈值设置略有不同)，认为接近充满，则充电结束。

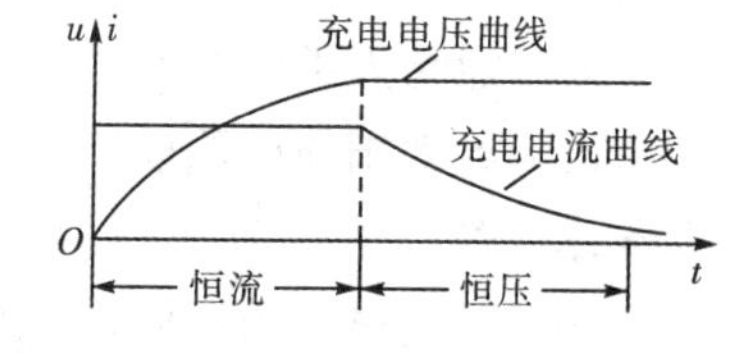


图 1-3　恒流/恒压充电方式

### 1.1.3 燃料电池

燃料电池(fuel cell)是一种无公害的绿色能源,也是一种化学电池,它将物质发生化学反应时释放出的能量直接转变为电能。

具体地说燃料电池不是电池,而是一种发电装置。它不像一般的非充电电池那样用完就丢弃,也不像可充电电池那样,用完又可以继续充电使用,燃料电池是以不断地添加燃料来维持其电力的。这里以氢氧燃料电池为例说明其工作原理。此类电池通常是由正极(阴极)、负极(阳极)和夹在正负极中间的隔板和电解质所组成,其结构图如图 1-4 所示。在电池工作时,连续给负极供给燃料——氢气,给正极供给氧化剂——氧气。氢气在负极经由催化剂的作用,分解成氢离子和电子:氢离子进入电解质中,而电子则沿外部电路,到达正极形成电流。氧气在正极获得氢离子和电子后,反应生成了水,可见燃料电池唯一的排放物是水。为保持电池连续工作,除需不断地供应电池所消耗的氢气和氧气外,还需要排出电池反应所生成的水,以维持电解质浓度的恒定。

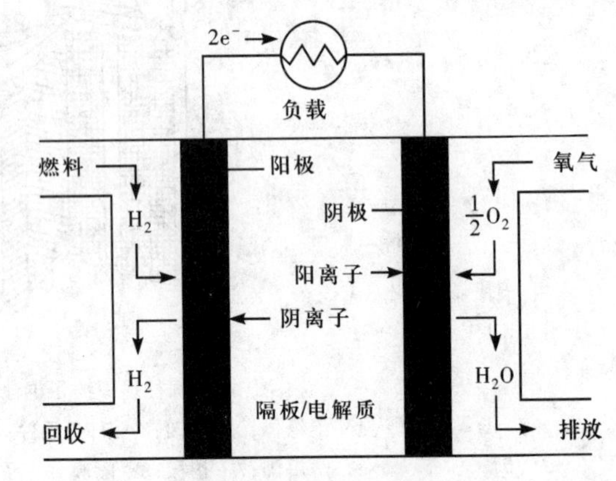


图 1-4 燃料电池结构图

燃料电池不需要燃料燃烧,无转动部件,具有能量转化率高、无污染、无噪声、运行寿命长、可靠性高、维护性能好等特点,受到了国际能源界的广泛关注。早在 1969 年,美国"阿波罗号"宇宙飞船登月,飞船上使用的就是氢氧燃料电池。我国早在 20 世纪 50 年代就开展了燃料电池方面的研究,在燃料电池关键材料、关键技术的创新方面取得了许多突破。燃料电池不仅用于家用电动汽车,也将应用于大型客车、重型卡车等,预计在 2050 年超过 50%的重型卡车将用燃料电池作为发动机,这将助力我国碳达峰目标的实现。

### 1.1.4 太阳能电池

太阳能是人类取之不尽用之不竭的可再生能源。它也是一种清洁能源,不会产生任何环境污染。太阳能电池(solar cell)又称光伏电池,是一种可以将太阳能直接转化为电能的半导体装置。

根据所用材料的不同,太阳能电池可分为:①硅太阳能电池。②多元化合物薄膜太阳能电池。③功能高分子材料多层修饰电极型太阳能电池。④纳米晶太阳能电池等。其中硅太阳能电池是目前发展最成熟的,在应用中居主导地位。

以单晶硅太阳能电池为例,它是由金属基片电极(正极)、硅半导体材料、反射保护膜和金属梳状电极(负极)等基本部分组成,如图 1-5(a)所示。它的工作原理主要是利用半导体的光电效应，当太阳光照射到晶体硅的表面时，光电材料吸收太阳能后，发生光电转换反应。即硅晶片受光后，在PN结中，N型区的空穴往P型区移动，而P型区中的自由电子往N型区移动，从而形成从N型区到P型区的电流。这样，在PN结上就形成了电势差。

按照实际应用的需求，通常太阳能电池经过一定数量(通常是36个)的串并联组合，达到一定的额定输出功率和输出电压，构成一组**太阳能电池组件**(solar module)，也称为光伏组件。现在可以购买到的光伏组件的输出电压主要有12 V、24 V和48 V等。根据光伏电站的大小和规模，由光伏组件可组成各种大小不同的阵列，构成太阳能电池板，如图1-5(b)所示。太阳能电池可以大、中、小并举，大到百万千瓦的中型电站，小到只供一户用的太阳能电池组，这是其他电源无法比拟的。

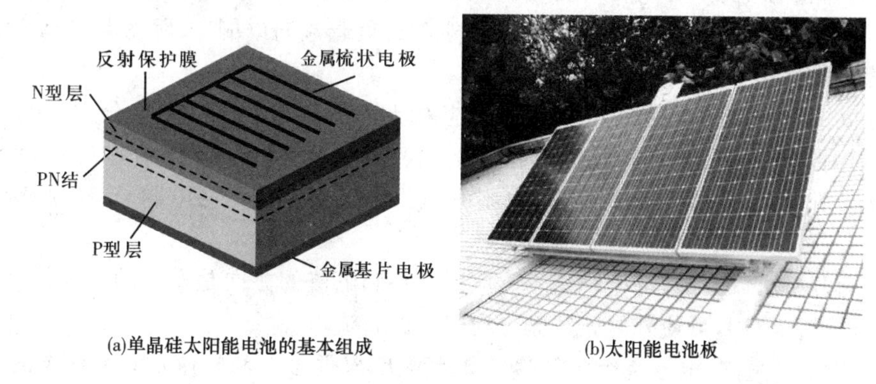


(a)单晶硅太阳能电池的基本组成　(b)太阳能电池板

图1-5　太阳能电池

自太阳能电池问世以来，晶体硅作为主角材料保持着统治地位。目前太阳能电池的能量转换效率只有30%左右，因而，对硅电池转换率的研究成为热点，主要围绕加大吸能面(如双面电池)，减小反射，运用吸杂技术减小半导体材料的复合等进行研究。

太阳能电池具有性能稳定、工作可靠、应用方便等特点。1945年，第一个实用硅太阳能电池在美国贝尔实验室制成，随即被人造卫星使用。迄今为止，翱翔在太空的飞行器，大多数都配备了太阳能电池发电系统。除此之外，太阳能电池还应用于交通、邮电、农牧业、轻工业、通信及军事部门，尤其在输电困难的山区、牧区、沙漠地区更受人们的欢迎。

## 1.1.5　直流发电机

如上所述，电池提供的电能是有限的，更充足和更强大的电能需要通过发电机获取。发电机是将机械能转变为电能的电磁装置。

图1-6是直流发电机的原理图，其中N和S是主磁极，该磁极是由直流电流通入绕在铁芯上的励磁绕组产生的，励磁绕组中的电流称为励磁电流。由于这部分是固定不动的，故称为定子。直流发电机转动的部分称为电枢，也称为转子，它是由圆柱形铁芯和绕在铁芯上的电枢绕组组成的，图中只画出了代表电枢绕组的一个线圈，线圈的两端a和d分别与两个彼此绝缘的圆弧形铜片相连，此铜片称为换向器。在换向器上分别压着两个固定不动的电刷A和B。

在工作时，原动机拖动电枢以恒定转速$n$旋转，电枢绕组的有效边ab和cd将切割磁感

线,这样便在其中产生了感应电动势 $e$,其大小为

$$e=Blv \tag{1-1}$$

式中,$B$ 为导体所在处的磁通密度,单位是 T(特斯拉);$l$ 为导体的有效长度,单位是 m;$v$ 为导体与磁场的相对运动速度,单位是 m/s;$e$ 的单位是 V。

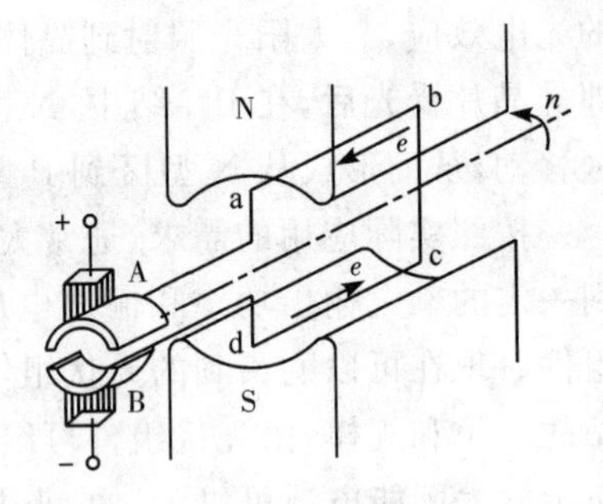


图 1-6 直流发电机原理图

感应电动势的方向可根据右手定则确定。如图 1-6 所示,设电枢逆时针旋转,则这一时刻线圈上产生感应电动势的方向分别是由 d 到 c 和由 b 到 a,此时 a 端经换向器接触电刷 A,d 端经换向器接触电刷 B。如果在两电刷之间接上负载,就有电流从电刷 A 经负载流向电刷 B,所以电刷 A 为正极性,电刷 B 为负极性。

当电枢转过 180°时,在线圈中产生的感应电动势的方向发生了变化,分别是由 a 到 b 和由 c 到 d,但此时 d 端经换向器接触电刷 A,a 端经换向器接触电刷 B,流过负载的电流方向没有变化。所以,电刷 A 仍为正极性,电刷 B 仍为负极性。可见两电刷 A、B 的极性始终不变。

从以上分析可以看出,电枢绕组中感应电动势和电流的方向是交变的。但是,经过电刷和换向器的整流作用,可使外电路得到方向不变的直流电。

根据式(1-1)可知,电枢绕组中的感应电动势 $E$ 与磁通 $\Phi$ 和转速 $n$ 的关系成正比,即

$$E=C_{\mathrm{E}}\Phi n \tag{1-2}$$

式中,$C_{\mathrm{E}}$ 为由电机结构所决定的常数。

直流发电机的励磁方式是指给励磁绕组提供励磁电流的接线方式,可分为他励和自励两大类。他励是指励磁绕组由其他独立的直流电源供电,自励是指励磁绕组的励磁电流由发电机自身提供。自励又分为并励、串励和复励三种。直流发电机的励磁方式如图 1-7 所示。

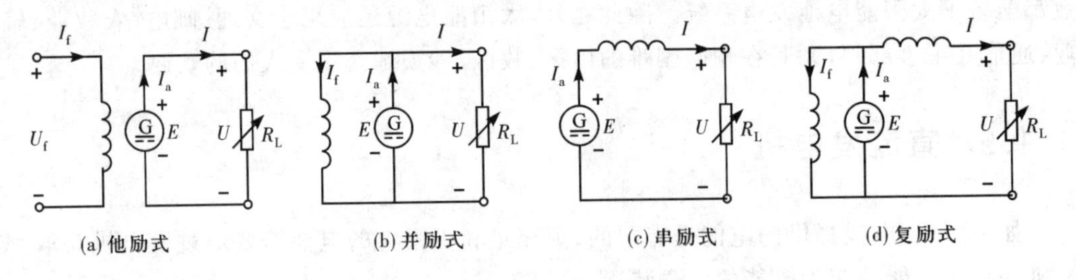


图 1-7 直流发电机的励磁方式

## 1.2 交流电源

正弦交流电是交流电的主要形式,也是目前供电和用电的主要形式之一。这是因为交流发电机等供电设备要比其他波形的电源供电设备性能好、效率高。另外,交流电压的大小也可以通过变压器进行变换,所以正弦交流电的应用最为广泛。本节首先介绍正弦交流电

的基本概念及相量表示法，然后介绍三相交流电的产生及其主要发电形式。

### 1.2.1 正弦交流电的三要素

大小和方向都随着时间周期性地变化、并且在一个周期内的平均值为零的电压、电流和电动势统称为交流电。交流电的种类很多，如果按波形来分，有正弦波、三角波、矩形波和脉冲波等。在工程实际中所用的交流电主要是正弦交流电。以正弦交流电为例，其数学表达式（三角函数式）为

$$i=I_{m}\sin(\omega t+\psi) \tag{1-3}$$

波形图如图1-8所示。式中，$i$为正弦量的**瞬时值**(instantaneous value)，它是随着时间变化的。$I_m$为正弦量的**最大值**(maximum value)或幅值(amplitude)。$\omega$为正弦量的**角频率**(angular frequency)。$\psi$为正弦量的**初相位**(initial phase)或**初相角**(initial phase angle)。很显然，当最大值、角频率和初相位一定时，正弦交流电的表达式也就一定，所以把最大值、角频率和初相位称为正弦交流电的三要素。

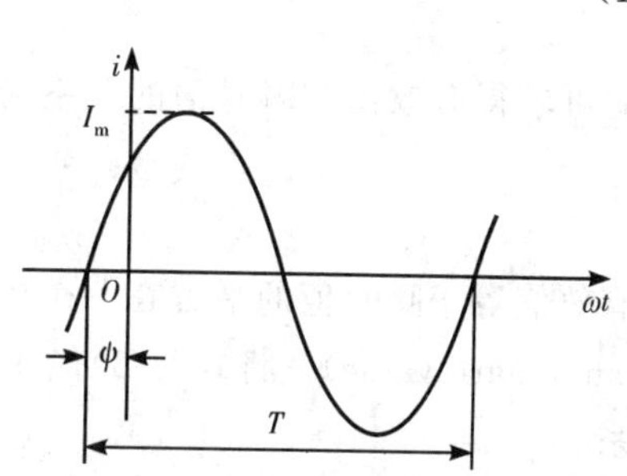


图1-8 正弦交流电的波形图

**1. 周期、频率和角频率**

通常用周期、频率和角频率来表示正弦交流电变化的快慢。

**周期**(period) 交流电周期性地变化一个循环所需要的时间称为周期，用$T$表示，单位是秒(s)。

**频率**(frequency) 正弦交流电每秒完成的周期数称为频率，用$f$表示，单位是赫兹(Hz)。

从上面的定义可知，周期$T$与频率$f$互为倒数。

$$T=\frac{1}{f} \tag{1-4}$$

正弦交流电在一个周期内变化了$2\pi$弧度，即$\omega T=2\pi$，故**角频率**与周期、频率的关系为

$$\omega=\frac{2\pi}{T}=2\pi f \tag{1-5}$$

单位是弧度/秒(rad/s)。

我国和世界上大多数国家使用的工业标准频率[简称**工频**(power frequency)]都是50 Hz，还有少数国家，如美国的工业标准频率为60 Hz。除工业标准频率外，某些领域还需要使用其他频率，如无线电通信的频率为30 kHz～30 000 MHz，有线通信的频率为200～300 kHz等。

**2. 瞬时值、最大值和有效值**

**瞬时值** 正弦交流电在任一瞬时的数值称为瞬时值，它是随时间变化的。用小写字母表示，例如用$i$、$u$和$e$分别表示正弦电流、电压和电动势的瞬时值。

**最大值** 交流电在变化过程中出现的最大瞬时值,称为最大值或幅值。用带有下标的大写字母表示,例如,用 $I_m$、$U_m$ 和 $E_m$ 分别表示正弦电流、电压和电动势的最大值。

上述两个物理量都是表征某一瞬间正弦交流电的大小,反映的仅是一个特定瞬间的值,不能用来计量交流电。因此我们引入一个用来计量交流电大小的量,即交流电的**有效值**(effective value),用大写字母表示,例如,用 $I$、$U$ 和 $E$ 分别表示正弦电流、电压和电动势的有效值。它是这样定义的:当交流电流 $i$ 通过某一个电阻 $R$ 时,如果在一个周期 $T$ 内消耗的电能与某直流电流 $I$ 通过这一电阻在同样长的时间 $T$ 内消耗的电能相等,就把这一直流电流 $I$ 的数值定义为交流电流的有效值。根据这一定义

$$\int_0^T Ri^2\,\mathrm{d}t = RI^2T \tag{1-6}$$

由此可求得有效值和瞬时值的关系为

$$I = \sqrt{\frac{1}{T}\int_0^T i^2\,\mathrm{d}t} \tag{1-7}$$

即有效值等于瞬时值的平方在一个周期内的平均值的开方,故有效值又称为**方均根值**(root-mean-square value)。将式(1-3)代入式(1-7)可得出正弦交流电流的有效值和最大值之间的关系

$$I = \sqrt{\frac{1}{T}\int_0^T i^2\,\mathrm{d}t} = \sqrt{\frac{1}{T}\int_0^T I_m^2\sin^2(\omega t+\psi)\,\mathrm{d}t} = \frac{I_m}{\sqrt{2}} \tag{1-8}$$

这个结论同样适用于正弦电压和电动势,即

$$U = \frac{U_m}{\sqrt{2}} \tag{1-9}$$

$$E = \frac{E_m}{\sqrt{2}} \tag{1-10}$$

有效值的定义也适用于任何其他周期性变化的交流电。通常所说的交流电压和交流电流的大小以及交流测量仪表所指示的电压或电流的数值都是指它们的有效值。

**3. 相位、初相位和相位差**

**相位** 交流电在不同时刻 $t$ 对应着不同的 $(\omega t+\psi)$ 值,同时正弦量的数值也在相应改变。所以 $(\omega t+\psi)$ 代表了交流电的变化进程,故称为相位或相位角,单位是弧度或度。

**初相位**(phase) 当 $t=0$ 时的相位,称为初相位 $\psi$。显然,初相位与所选的时间起点有关。原则上,正弦交流电的计时起点是可以任意选择的,起始点不同,初相位也不同,初相位反映了正弦量的初始值。不过,在进行交流电路的分析和计算时,同一个电路中所有的电流、电压和电动势只能有一个共同的计时起点。通常任选其中某一个量的初相位为零的瞬间作为计时起点,这个被选的正弦量就称为参考量,参考量的初相位 $\psi=0$。只要参考量确定了,其他各量的初相位也就确定了。

**相位差**(phase difference) 任何两个同频率正弦量的相位之差称为相位差 $\varphi$,它反映了两个同频率正弦量之间的相位关系。例如,正弦电压 $u$ 和电流 $i$ 分别为

$$u = U_m\sin(\omega t+\psi_u) \tag{1-11}$$

$$i = I_m\sin(\omega t+\psi_i) \tag{1-12}$$

电压和电流的相位差 $\varphi=(\omega t+\psi_u)-(\omega t+\psi_i)=\psi_u-\psi_i$。可见两个同频率正弦交流电的相位差就是初相位之差。初相位不同,相位则不同,说明它们随时间变化的步调不一致。

图1-9是式(1-11)和式(1-12)两个正弦交流电的波形图,$\varphi$ 是电压与电流之间的相位差。当 $0°<\varphi<180°$ 时,如图1-9(a)所示,$u$ 比 $i$ 先经过相应的最大值和零值,这时就称在相位上 $u$ 超前于 $i$ 一个 $\varphi$ 角,或者称 $i$ 滞后于 $u$ 一个 $\varphi$ 角。当 $-180°<\varphi<0°$ 时,如图1-9(b)所示,$i$ 超前于 $u$ 一个 $\varphi$ 角,或者称 $u$ 滞后于 $i$ 一个 $\varphi$ 角。当 $\varphi=0°$ 时,如图1-9(c)所示,称 $u$ 和 $i$ 的相位相同,或者说 $u$ 和 $i$ 同相。当 $\varphi=180°$ 时,如图1-9(d)所示,称 $u$ 和 $i$ 的相位相反,或者说 $u$ 和 $i$ 反相。

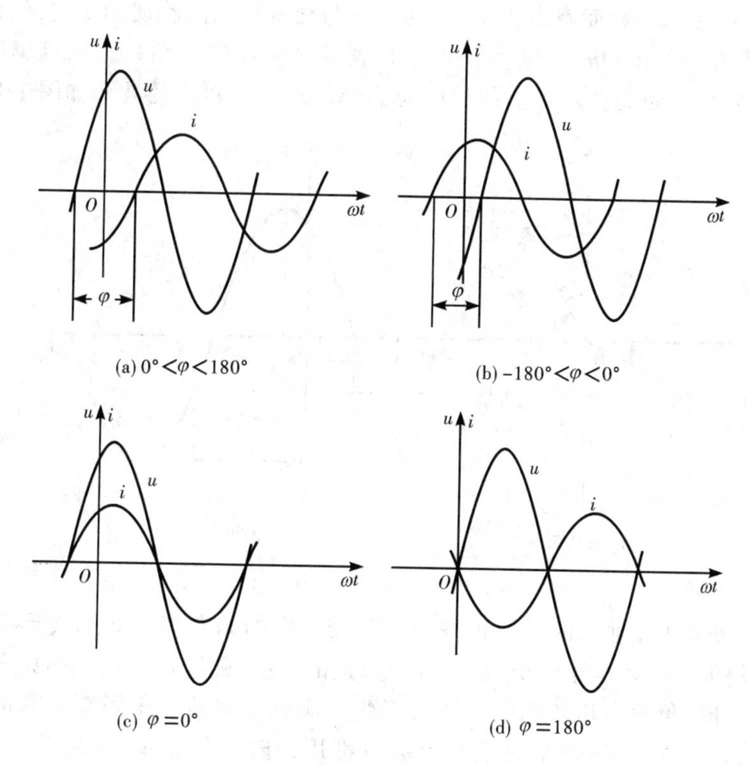


图1-9 同频率正弦量的相位关系

**【例1-1】** 某正弦交流电压 $u$ 的初相位 $\psi=30°$,当 $t=0$ 时,$u=155.5\ \text{V}$,试求电压 $u$ 的最大值和有效值,并写出电压 $u$ 的三角函数表达式。

**解** 设电压 $u$ 的三角函数表达式为

$$u=U_\text{m}\sin(\omega t+\psi)$$

当 $t=0$ 时,$u=155.5\ \text{V}$,代入上式得

$$155.5\ \text{V}=U_\text{m}\sin 30°$$

$$U_\text{m}=311\ \text{V}$$

有效值为

$$U=\frac{U_\text{m}}{\sqrt{2}}=\frac{1}{\sqrt{2}}\times 311\ \text{V}=220\ \text{V}$$

所以电压 $u$ 的三角函数表达式为

$$u=311\sin(\omega t+30°)\text{V}$$

## 1.2.2 正弦交流电的相量表示法

如前所述，正弦交流电可以用三角函数式和波形图来表示。当进行交流电路的分析和计算时，经常需要将几个频率相同的正弦量进行加、减、乘和除运算。这时如果采用三角函数式运算或做波形图求解，计算过程显然十分烦琐。因此，为了简化计算过程，正弦交流电常用相量来表示，这样就可以把三角函数的运算简化为复数形式的代数运算。

在图 1-10(a)所示的复平面内，横轴为实轴，纵轴为虚轴，图 1-10(a)中的 $j=\sqrt{-1}$，为虚数单位，在数学中用 i 表示，而在电工学中，为了不与交流电流的瞬时值 $i$ 混淆，改用 j 表示。假设在复平面内有一矢量 $\boldsymbol{Op}$，长度为 $c$、起始位置与正实轴成 $\psi$ 角，该矢量以旋转角速度 $\omega$ 逆时针方向旋转，任一瞬间在虚轴上的投影为 $c\sin(\omega t+\psi)$，对应的波形如图 1-10(b)所示。

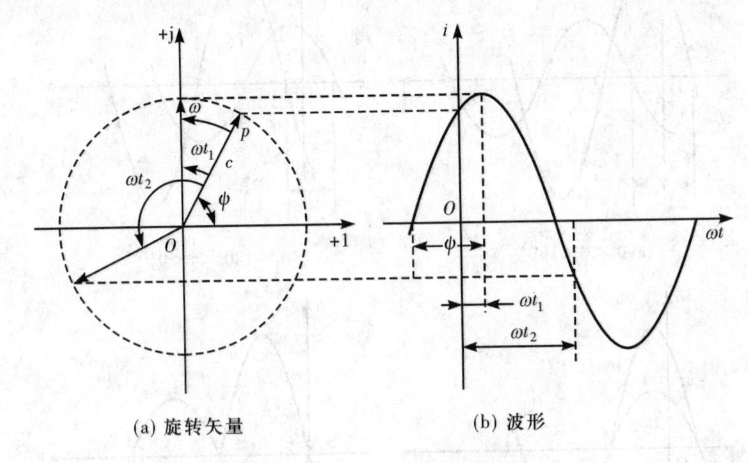


图 1-10 复平面中的旋转矢量

可见，旋转矢量在虚轴上的投影正好与正弦交流电的函数表达式和波形图相同。所以可以用一个旋转矢量来表示正弦交流电，其中矢量的长度、旋转角速度和初始角分别代表正弦交流电的最大值、角频率和初相位。那么正弦交流电之间的三角函数运算可以简化为复平面中的矢量运算。由于同频率的正弦交流电都用旋转矢量表示，且旋转角速度相等，所以，任一瞬间它们的相对位置不变。为了进一步简化运算，可以将它们固定在初始位置。当 $\psi>0$ 时，矢量位于从正实轴逆时针旋转 $\psi$ 角的位置；当 $\psi<0$ 时，矢量位于从正实轴顺时针旋转 $\psi$ 角的位置。

以上分析说明，正弦交流电可以用一个复平面中处于起始位置的固定矢量来表示。这种表示正弦交流电在复平面中处于起始位置的固定矢量称为正弦交流电的**相量**(phasor)。这个固定矢量的长度既可以等于最大值，也可以等于有效值。长度等于最大值的相量称为**最大值相量**(maximum value phasor)，长度等于有效值的相量称为**有效值相量**(effective value phasor)。最大值相量的长度是有效值相量的$\sqrt{2}$倍。

复平面中的任一矢量都可以用复数来表示，因而相量也可以用复数来表示。如图 1-11 中的矢量 $\boldsymbol{Op}$，在实轴上的投影长度 $a$ 称为复数的实部，在纵轴上的投影长度 $b$ 称为复数的虚部，长度 $c$ 称为复数的模，它与正实轴之间的夹角 $\psi$ 称为复数的辐角。它们之间的关系为

$$\left.\begin{aligned}a&=c\cos\psi\\ b&=c\sin\psi\\ c&=\sqrt{a^2+b^2}\\ \psi&=\arctan\frac{b}{a}\end{aligned}\right\}\qquad(1\text{-}13)$$

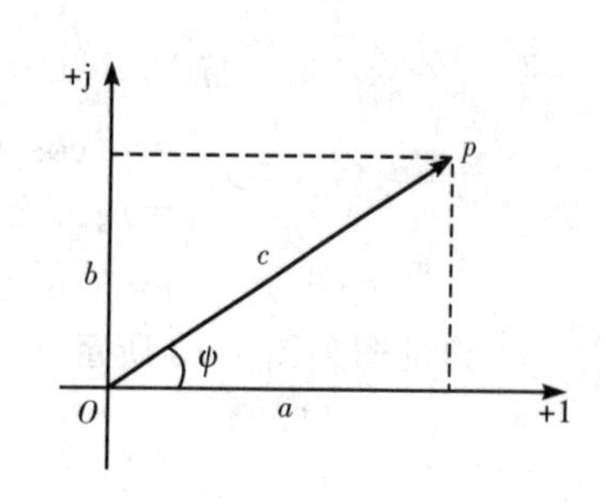

图1-11　矢量

根据数学中的欧拉公式

$$e^{j\psi}=\cos\psi+j\sin\psi\qquad(1\text{-}14)$$

矢量 $\boldsymbol{Op}$ 用复数表示的形式有以下四种：

$$\boldsymbol{Op}=a+jb=c(\cos\psi+j\sin\psi)=ce^{j\psi}=c\angle\psi\qquad(1\text{-}15)$$

式(1-15)中的表达式依次称为复数的代数式、三角式、指数式和极坐标式。通常复数在进行加、减法运算时，采用代数式表示，实部与实部相加、减，虚部与虚部相加、减；在进行乘、除法运算时，常采用指数式和极坐标式表示，模和模相乘、除，辐角与辐角相加、减。同样，相量用复数表示也有四种形式。由于相量是用于表示正弦交流电的复数，为了与一般的复数相区别，规定相量用上方加一个圆点的大写字母表示。

如正弦交流电流 $i=I_{m}\sin(\omega t+\psi)$，它的最大值相量和有效值相量分别为

$$\left.\begin{aligned}\dot{I}_{m}&=I_{am}+jI_{bm}=I_{m}(\cos\psi+j\sin\psi)=I_{m}e^{j\psi}=I_{m}\angle\psi\\ \dot{I}&=I_{a}+jI_{b}=I(\cos\psi+j\sin\psi)=Ie^{j\psi}=I\angle\psi\end{aligned}\right\}\qquad(1\text{-}16)$$

最大值相量与有效值相量的关系为

$$\dot{I}_{m}=\sqrt{2}\dot{I}\qquad(1\text{-}17)$$

参考量的相量称为**参考相量**(reference phasor)，因为其辐角为零，所以

$$\left.\begin{aligned}\dot{I}_{m}&=I_{m}\angle 0=I_{m}\\ \dot{I}&=I\angle 0=I\end{aligned}\right\}\qquad(1\text{-}18)$$

可见参考相量就等于它的模。根据式(1-14)可得

$$\left.\begin{aligned}e^{j90^\circ}&=j\\ e^{-j90^\circ}&=-j\end{aligned}\right\}\qquad(1\text{-}19)$$

所以

$$\left.\begin{aligned}j\dot{I}&=Ie^{j\psi}e^{j90^\circ}=Ie^{j(\psi+90^\circ)}\\ -j\dot{I}&=Ie^{j\psi}e^{-j90^\circ}=Ie^{j(\psi-90^\circ)}\end{aligned}\right\}\qquad(1\text{-}20)$$

由式(1-20)可知，$j\dot{I}$ 相当于将相量 $\dot{I}$ 逆时针旋转了90°，$-j\dot{I}$ 相当于将相量 $\dot{I}$ 顺时针旋转了90°，如图1-12所示。

需要强调的是：相量只是正弦量进行运算时的一种表示方法和计算工具，相量是表示正弦交流电的复数，而正弦交流电本身是时间的正弦函数，相量并不等于正弦交流电。另外，只有正弦交流电才能用相量表示，并且同频率的正弦交流电才能进行相量运算。

**【例1-2】**　已知 $i_1=6\sqrt{2}\sin(314t+45^\circ)$ A，$i_2=8\sqrt{2}\sin(314t-60^\circ)$ A，且 $i=i_1+i_2$，求 $i$ 的数学表达式，并作出相量图。

**解**

$$\dot{I}_1=6\angle 45^\circ\ \text{A}$$

$$\dot{I}_2=8\angle -60^\circ\ \text{A}$$

$$\dot{I}=\dot{I}_1+\dot{I}_2=(6\angle 45^\circ+8\angle -60^\circ)\ \mathrm{A}$$
$$=6(\cos 45^\circ+\mathrm{j}\sin 45^\circ)+8[\cos(-60^\circ)+\mathrm{j}\sin(-60^\circ)]\mathrm{A}$$
$$=(8.2-\mathrm{j}2.7)\ \mathrm{A}=8.6\angle -18.2^\circ\ \mathrm{A}$$
$$i=8.6\sqrt{2}\sin(314t-18.2^\circ)\ \mathrm{A}$$

相量图如图 1-13 所示。

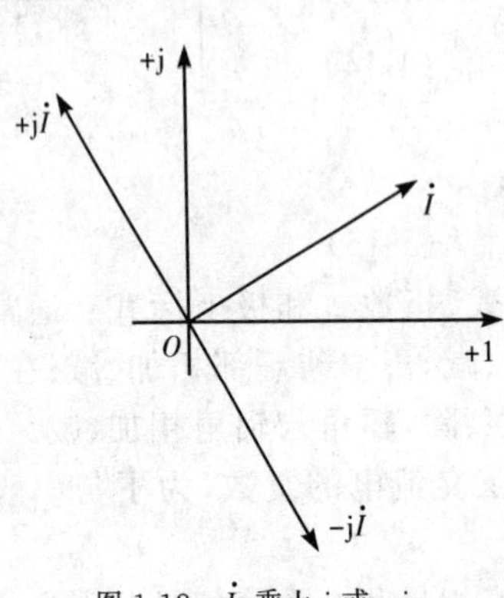


图 1-12 $\dot{I}$ 乘上 j 或−j

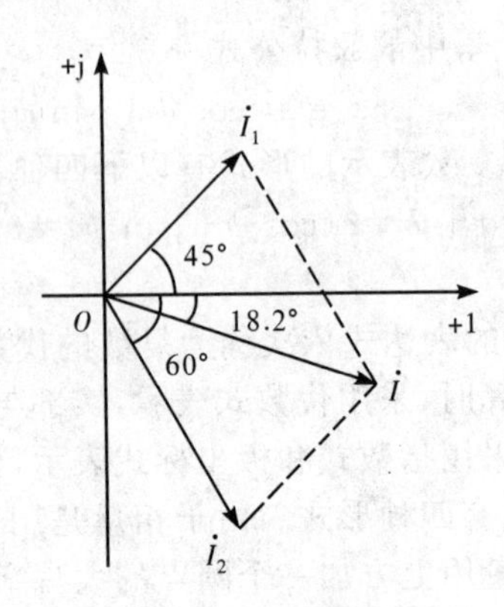


图 1-13 例 1-2 的相量图

## 1.2.3 三相交流电源

目前电力系统采用的供电方式主要是三相交流电，而三相交流电大多是利用三相同步发电机(three phase synchronous generator)产生的。图 1-14(a)是三相同步发电机的结构示意图。三相同步发电机是由定子和转子两部分组成的。**定子**(stator)是发电机固定不动的部分，它包括定子铁芯、定子绕组、机座和端盖等。定子铁芯由彼此绝缘的硅钢片叠制而成，其内壁有许多均匀分布的槽，槽内嵌放着形状、尺寸和匝数完全相同、轴线上互差 120°的三相绕组 $U_1U_2$、$V_1V_2$、$W_1W_2$，称为定子三相绕组。其中 $U_1$、$V_1$、$W_1$ 分别是绕组的首端。$U_2$、$V_2$、$W_2$ 是绕组的尾端。图 1-14(b)是定子绕组示意图。**转子**(rotor)是发电机转动的部分，由转子铁芯和励磁绕组等组成。励磁绕组缠绕在转子铁芯上，当绕组内通入直流电流励磁时，在空气隙中就产生了按正弦规律分布的磁场。

三相交流电源

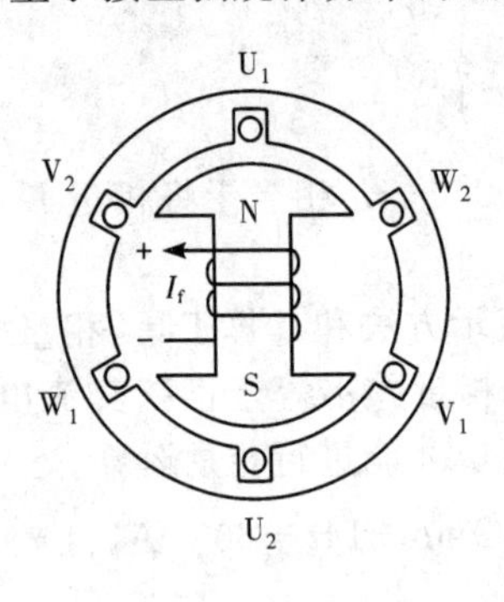


(a) 结构示意图

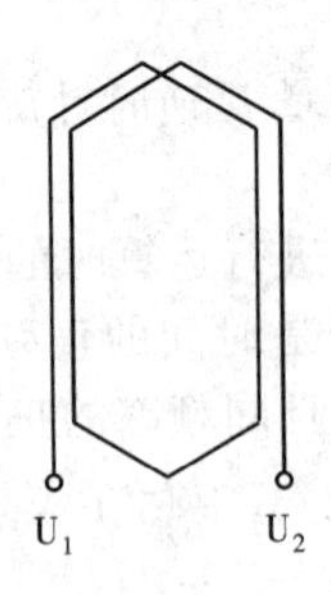


(b) 定子绕组示意图

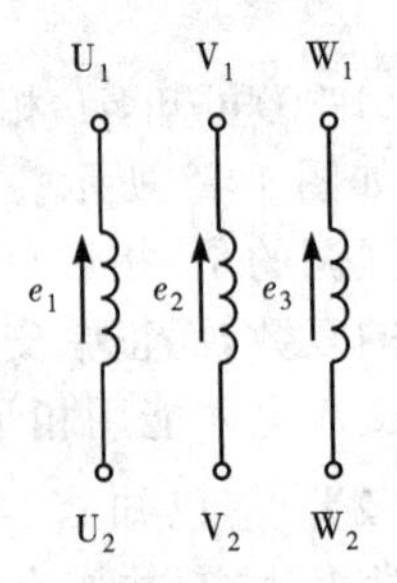


(c) 对称三相电动势

图 1-14 三相同步发电机

发电机的转子由原动机拖动，使转子沿顺时针方向匀速旋转，定子三相绕组依次切割转子磁极的磁感应线，分别产生三个正弦感应电动势 $e_1$、$e_2$ 和 $e_3$，其参考方向如图1-14(c)所示。由于三相绕组结构完全相同，又以同一速度切割磁感应线，只是由于绕组在轴线上互差120°，所以切割的先后顺序互差120°，因而 $e_1$、$e_2$ 和 $e_3$ 是三个频率相同、幅值相等、相位互差120°的电动势，这样的电动势称为**对称三相电动势**(balanced three-phase electromotive force)。产生对称三相电动势的电源称为对称三相电源，简称**三相电源**(three-phase source)。

若选择 $e_1$ 为参考量，则对称三相电动势的表达式为

$$\left.\begin{aligned} e_1 &= E_{\mathrm{m}}\sin \omega t \\ e_2 &= E_{\mathrm{m}}\sin(\omega t-120^\circ) \\ e_3 &= E_{\mathrm{m}}\sin(\omega t-240^\circ)=E_{\mathrm{m}}\sin(\omega t+120^\circ) \end{aligned}\right\} \tag{1-21}$$

式中，$E_{\mathrm{m}}$ 为电动势的最大值，波形图如图1-15(a)所示。对称三相电动势用有效值相量可表示为

$$\left.\begin{aligned} \dot{E}_1 &= E\angle 0^\circ \\ \dot{E}_2 &= E\angle -120^\circ \\ \dot{E}_3 &= E\angle 120^\circ \end{aligned}\right\} \tag{1-22}$$

式中，$E$ 为电动势的有效值，相量图如图1-15(b)所示。

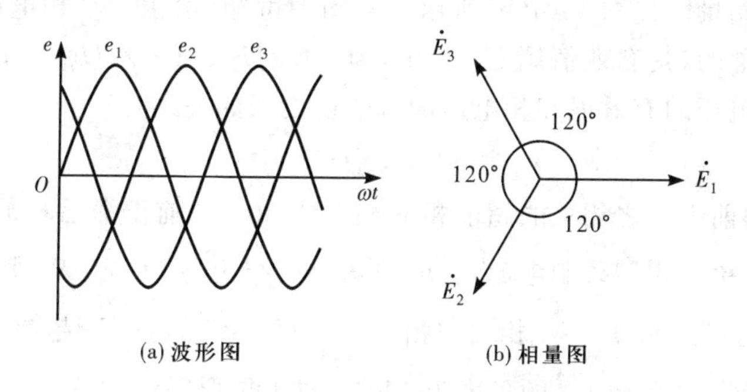


图1-15　对称三相电动势

三个电动势出现零值或最大值的先后顺序称为**相序**(phase sequence)。根据图1-15(a)可知三相电源的相序是U—V—W，称为顺相序(或正相序)；若相序是W—V—U，则称为逆相序(或反相序)。

一般来说，三相同步发电机产生的三相电动势还需要经变压器变压后，才能供电给用户。因此对用户来说，三相电源不仅指三相同步发电机，还包括参与电压变换的三相变压器。三相电源向外供电时，三相同步发电机的三相绕组通常有两种基本的连接方式：星形联结和三角形联结。连接方式不同，向用户提供的电压也不同。

**1. 三相电源的星形联结**

将三相绕组的三个尾端 $\mathrm{U_2}$、$\mathrm{V_2}$、$\mathrm{W_2}$ 连接在一起，由三个首端 $\mathrm{U_1}$、$\mathrm{V_1}$、$\mathrm{W_1}$ 分别引出三根供电线。其中三个绕组尾端的连接点称为**中性点**(neutral point)，用N表示。在低压供电系统中，中性点通常是接地的，因而由N点引出的供电线称为**中性线**(neutral wire)，也称为**零线或地线**。三个首端 $\mathrm{U_1}$、$\mathrm{V_1}$、$\mathrm{W_1}$ 称为**端点**(terminal point)，由端点引出的三根供电线称为

**相线**(phase wire),也称为**端线**或**火线**,分别用 $L_1$、$L_2$、$L_3$ 表示。这种连接方式称为三相电源的**星形联结**(star connection)或 **Y 形联结**。

三相电源的星形联结有两种供电方式:一种是由三条端线和一条中性线向用户供电的方式,称为**三相四线制**(three-phase four-wire system);另一种是仅由三条端线向用户供电的方式,称为**三相三线制**(three-phase three-wire system)。

采用三相四线制的供电方式可以向用户提供两种电压:相电压和线电压。每相绕组两端的电压,即相线(火线)与中性线(零线)之间的电压称为电源的**相电压**(phase voltage),分别用 $\dot{U}_1$、$\dot{U}_2$、$\dot{U}_3$ 表示;每两相绕组端点之间的电压,即两条相线之间的电压称为**线电压**(line voltage),分别用 $\dot{U}_{12}$、$\dot{U}_{23}$、$\dot{U}_{31}$ 表示。各电压的参考方向如图 1-16(a)所示,根据基尔霍夫电压定律(详见 5.4.2 节),可得线电压与相电压之间的关系为

$$\left.\begin{aligned}\dot{U}_{12}&=\dot{U}_1-\dot{U}_2\\ \dot{U}_{23}&=\dot{U}_2-\dot{U}_3\\ \dot{U}_{31}&=\dot{U}_3-\dot{U}_1\end{aligned}\right\}\tag{1-23}$$

由于三相电动势是对称的,三相绕组的内阻抗一般很小,所以三个相电压可以认为是对称的,其有效值用 $U_P$ 表示,即 $U_P=U_1=U_2=U_3$。若以 $\dot{U}_1$ 为参考相量,根据式(1-23)画出各相电压和线电压的相量图如图 1-16(b)所示。从图中可知,由于三个相电压是对称的,所以三个线电压也是对称的,其有效值用 $U_L$ 表示,即 $U_L=U_{12}=U_{23}=U_{31}$。又根据相量图的几何关系可以求得线电压的有效值和相电压的有效值之间的关系为

$$U_L=\sqrt{3}U_P\tag{1-24}$$

在相位上,线电压超前于与之相关的超前相的相电压 30°,超前于滞后相的相电压 150°。例如,对于低压供电系统三相四线制电源,若电源提供的线电压为 380 V,则相电压为 $380/\sqrt{3}=220$ V。在相位上,与线电压 $\dot{U}_{12}$ 相关的相电压有 $\dot{U}_1$ 和 $\dot{U}_2$,且 $\dot{U}_1$ 超前于 $\dot{U}_2$,可知 $\dot{U}_{12}$ 超前于 $\dot{U}_1$ 的角度为 30°,超前于 $\dot{U}_2$ 的角度为 150°。对于星形联结的三相三线制,电源只能提供一种电压,即线电压为 380 V。

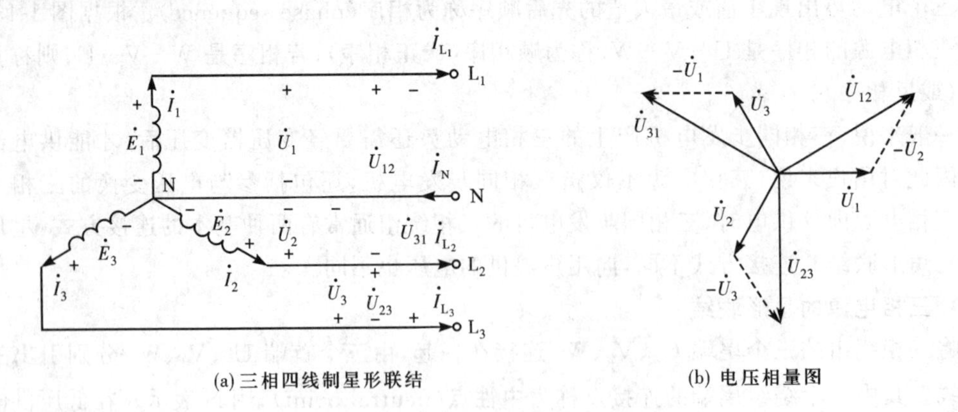

(a) 三相四线制星形联结　　(b) 电压相量图

图 1-16　三相电源的星形联结

三相电源工作时,每相绕组中的电流称为电源的**相电流**(phase current),分别用 $\dot{I}_1$、$\dot{I}_2$、

$\dot{I}_3$ 表示；由端点送出的电流称为电源的**线电流**(line current)，分别用 $\dot{I}_{L1}$、$\dot{I}_{L2}$、$\dot{I}_{L3}$ 表示。在星形联结时，线电流就是对应的相电流，即

$$\left.\begin{aligned}\dot{I}_{L1}=\dot{I}_1\\ \dot{I}_{L2}=\dot{I}_2\\ \dot{I}_{L3}=\dot{I}_3\end{aligned}\right\}\tag{1-25}$$

如果相电流对称，线电流也一定对称。它们的有效值可以分别用 $I_P$ 和 $I_L$ 表示，即 $I_P=I_1=I_2=I_3$，$I_L=I_{L1}=I_{L2}=I_{L3}$。可见在电流对称的情况下，星形联结的对称三相电源中，线电流的有效值等于相电流的有效值，即 $I_L=I_P$。在相位上，线电流的相位与对应的相电流的相位相同。

**2. 三相电源的三角形联结**

将三相电源中每相绕组的首端依次与另一相绕组的尾端连接在一起，连接成三角形，然后从三角形的三个连接点引出三根供电线 $L_1$、$L_2$ 和 $L_3$，如图 1-17(a)所示。这种连接方式称为三相电源的**三角形联结**(delta connection)或△**形联结**。很显然，三相电源的三角形联结只能采用三相三线制的供电方式。

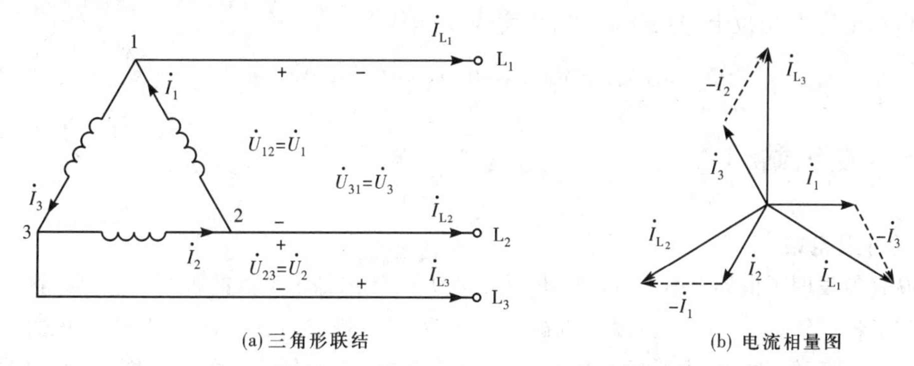

(a) 三角形联结　　(b) 电流相量图

图 1-17　三相电源的三角形联结

由图 1-17(a)可知，在三角形联结的三相电源中，线电压就是对应的相电压，即

$$\left.\begin{aligned}\dot{U}_{12}=\dot{U}_1\\ \dot{U}_{23}=\dot{U}_2\\ \dot{U}_{31}=\dot{U}_3\end{aligned}\right\}\tag{1-26}$$

由于三个相电压对称，所以，三个线电压也是对称的。因而得出在三角形联结的三相电源中，线电压的有效值等于相电压的有效值，即 $U_L=U_P$。在相位上，线电压与对应的相电压的相位相同。

三相电源工作时，各电流的参考方向如图 1-17(a)所示，根据基尔霍夫电流定律(详见 5.4.1 节)，线电流与相电流之间的关系为

$$\left.\begin{aligned}\dot{I}_{L1}=\dot{I}_1-\dot{I}_3\\ \dot{I}_{L2}=\dot{I}_2-\dot{I}_1\\ \dot{I}_{L3}=\dot{I}_3-\dot{I}_2\end{aligned}\right\}\tag{1-27}$$

由于相电压是对称的，所以相电流也是对称的，其有效值用 $I_P$ 表示，即 $I_P=I_1=I_2=I_3$。若以 $\dot{I}_1$ 为参考相量，根据式(1-27)画出相量图如图 1-17(b)所示。从图中可知，由于三个相电流是对称的，所以三个线电流也是对称的，其有效值用 $I_L$ 表示，即 $I_L=I_{L1}=I_{L2}=I_{L3}$。根据相量图的几何关系可知线电流的有效值和相电流的有效值之间的关系为

$$I_L=\sqrt{3}I_P \tag{1-28}$$

在相位上，线电流滞后于与之相关的滞后相的相电流的角度为 30°，滞后于超前相的相电流的角度为 150°。例如，与线电流 $\dot{I}_{L1}$ 相关的相电流有 $\dot{I}_1$ 和 $\dot{I}_3$，且 $\dot{I}_1$ 滞后于 $\dot{I}_3$，可知 $\dot{I}_{L1}$ 滞后于 $\dot{I}_1$ 的角度为 30°，滞后于 $\dot{I}_3$ 的角度为 150°。

**【例 1-3】** 当对称三相电源为星形联结时，$u_1=220\sqrt{2}\sin 314t$ V，求线电压 $u_{23}$。

**解** 由 $u_1=220\sqrt{2}\sin 314t$ V，可知对称三相电源相电压的有效值 $U_P$ 为

$$U_P=220\ \text{V}$$

星形联结时线电压的有效值 $U_L$ 为

$$U_L=\sqrt{3}U_P=\sqrt{3}\times 220=380\ \text{V}$$

线电压 $\dot{U}_{23}$ 在相位上滞后于 $\dot{U}_1$ 的角度为 90°，故

$$u_{23}=380\sqrt{2}\sin(314t-90°)\ \text{V}$$

## 1.2.4 发电站

**1. 火力发电站**

自从瓦特发明了世界上第一台蒸汽机，人类就开始认识到了蒸汽的神奇力量，随后便将蒸汽机应用到了各行各业。当第一台发电机被发明之后，二者被结合在一起，就出现了火力发电站。时至今日，虽然新的发电方式不断涌现，但当今生产的电能大部分还是由火力发电站提供的。

火力发电站是利用煤、石油、天然气作为燃料而生产电能的工厂。它的基本工作原理是：燃料在锅炉中燃烧并加热水，使之成为高温高压水蒸气，将燃料的化学能转变为热能；蒸汽压力推动汽轮机旋转，便将热能转变为机械能；汽轮机再带动发电机旋转，最终将机械能转变为电能。

火力发电站按燃料分类有：燃煤发电站、燃油发电站、燃气发电站、余热发电站、以垃圾及工业废料为燃料的发电站等。以燃煤发电站为例，工作流程图如图 1-18 所示，它主要由以下几部分组成：

(1)燃烧系统

燃烧系统包括锅炉的燃烧部分及输煤、除灰系统等。燃料由自动输送带送入磨粉机粉碎后，与高温蒸汽以一定比例混合，一起送入锅炉内燃烧，炉壁内衬排水管中的循环水被加热而沸腾产生蒸汽。燃料燃烧产生的烟气经除尘后，由引风机抽出，经烟囱排入大气。

(2)汽水系统

汽水系统包括由锅炉、汽轮机、凝汽器及给水泵等组成的汽水循环和水处理系统、冷却水系统等。水在锅炉中被加热，成为高温高压蒸汽后送入汽轮机，在汽轮机中蒸汽不断膨

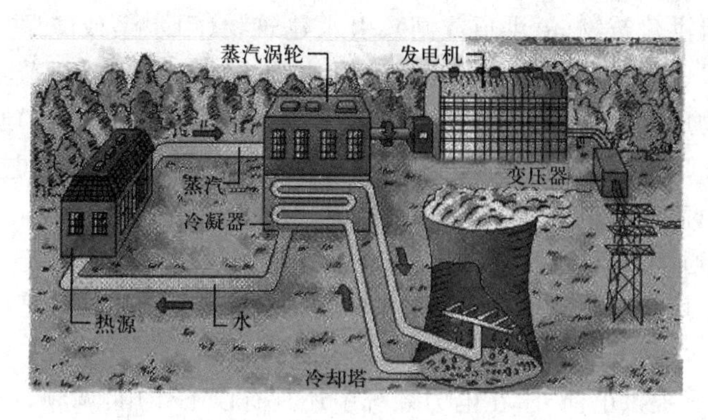


图 1-18 燃煤发电站工作流程图

胀，高速流动的蒸汽推动汽轮机转子并使之旋转。蒸汽在膨胀过程中，蒸汽压力和温度不断地下降，排入冷凝器恢复为原水。

(3)发电系统

发电系统包括发电机、变压器和供电网等。接于汽轮机转子上的发电机被拖动，将机械能转变为电能，再经由变压器提升为高电压后送入电力系统。

发电站按照装机容量可分为：小容量发电站（100 MW 以下），中容量发电站（100～250 MW），大中容量发电站（250～1 000 MW），大容量发电站（1 000 MW 以上）。

装机容量是指发电站所装发电机的总发电功率。例如，某火力发电站安装 4 台 600 MW 汽轮发电机组，则总装机容量为 600 MW×4＝2 400 MW。因发电站的发电机并不总是满负荷工作，所以要根据电网用电情况调整发电量和启停发电机组，每个时刻发电站的发电量是不相同的。自改革开放以来，我国发电装机规模保持增长趋势。2020 年，全国火力发电总装机容量达 12.45 亿千瓦。

火力发电站的优点是：技术成熟，成本较低，对地理环境要求低。缺点是：污染大，耗能大，效率低。我国在“30•60”目标（二氧化碳排放力争 2030 年前达到峰值，力争 2060 年前实现碳中和）要求下，未来能源电力将向着清洁化、高效化的方向发展，一方面提升火电运行灵活性，充分利用热电联产技术提升能源利用率；另一方面，大力发展可再生能源发电技术，提高清洁能源发电比例。

**2. 水力发电站**

人类为了充分利用蕴藏在江河、湖泊、海洋中的水力能源，采用了多种多样水力发电的方式，一般可分为河川发电、抽水蓄能发电、潮汐发电三大家族。

水力发电是利用水流在高处和低处之间存在的势能进行发电的。它利用水的压力和流速推动水轮机，水轮机接收水流的能量，并将其转变为自身旋转的机械能，然后再带动发电机旋转，这时机械能又转变为电能。所以，水力发电在某种意义上是将水的势能变成机械能，随后再变成电能的转换过程。

水力发电站的工作原理图如图 1-19 所示，它主要由

图 1-19 水力发电站工作原理图

挡水建筑物(坝)、泄洪建筑物(溢洪道或闸)、引水建筑物(引水渠或隧洞,包括调压井)及电站厂房(包括尾水渠、升压站)四大部分组成。其中挡水建筑物用以拦截水流,拥高水位,形成水库;泄洪建筑物用以排泄洪水,确保挡水坝的安全;引水建筑物是发电用专门建筑物,进水口可接上压力水管直接引至厂房;电站厂房内水轮发电机组发出的电能,经变压器升压后,通过开关设备由高压输电线送出。

抽水蓄力发电通常设有上下两座水库,由压力隧洞或压力水管相连。在晚间用电低峰时,用剩余电力将下库的水抽到上库储存起来;在白天用电高峰时,再把上库所储存的高水位的水放出,带动发电机发电,起到调峰的作用。

水力发电站除了提供电能外,在电力系统中还具有以下作用:调频,调相,作为事故备用和蓄能等。

水力发电站的优点是:历史悠久,后期成本很低。无污染,水能可再生,水能蕴藏总量大。例如,三峡水电站设计安装 32 台单机容量为 70 万千瓦的水轮发电机组,现已成为全世界规模最大的水力发电站和清洁能源生产基地。2018 年底,三峡工程在充分发挥防洪、航运、水资源利用等巨大综合效益前提下,三峡水电站累计生产 1 000 亿千瓦•时绿色电能。水力发电站的缺点是:固定资产投资大,对地理环境要求高。例如,我国西南部水力资源极其丰富,但自然环境恶劣,建设水力发电站比较困难。尽管如此,我国从 2005 年开始,相继建成溪洛渡、向家坝、白鹤滩等多个水电站,其中于 2021 年投产的白鹤滩水电站,拥有百万千瓦级水轮机组,成为单机容量最大的水电站。

**3. 风力发电站**

风力发电是把风能转变为电能。因为风力发电没有燃料问题,也不会产生辐射或空气污染,因此风力发电正在世界上形成一股热潮。在芬兰、丹麦等国家很流行,我国也在大力发展风能发电。

风力发电原理图如图 1-20 所示。风能具有一定的动能,通过风力机,将风能转化为机械能,拖动发电机发电。然后,分别经整流器、逆变器转换为三相交流电输出,滤波后供给三相交流负载。

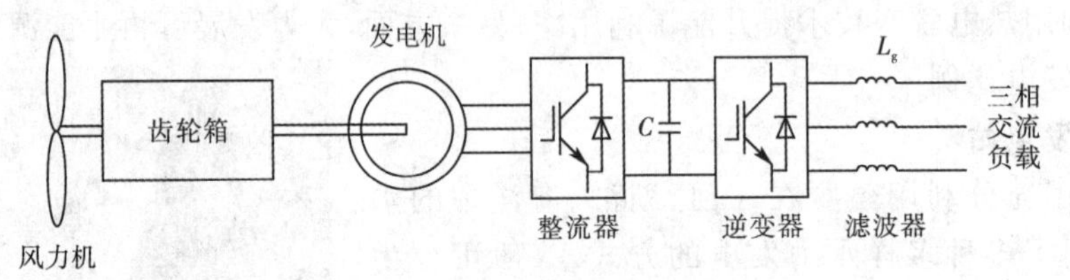


图 1-20　风力发电原理图

风力发电机组是风力发电站的主要电器装置。这种风力发电机一般由风轮、发电机(包括传动装置)、调向器(尾翼)、塔架和限速安全机构等构件组成。利用风力带动风轮叶片旋转,再通过增速机将旋转的速度提升,使发电机均匀旋转,进而把机械能转变为电能。依据目前的风车技术,大约 3 m/s 的风速便可以进行发电。

风力发电机的输出功率与风速的大小有关,通常风速越大输出功率越大。由于自然界的风速极不稳定,风力发电机的输出功率也极不稳定。风力发电站的优点是:风能无污染,可再生,资源总量大。装机规模灵活,建设周期短,后期成本低,发电形式多样化,单机容量小。风力发电站的缺点是:风能不够稳定,且具有随机性、间歇性的特点,对稳定控制有要求;风力发电站占地较大,建设成本高。

我国地理位置优越,北邻西伯利亚平原,东靠太平洋,南抵印度洋海域,受南印度洋的西南季风、澳大利亚北部的东南信风、北太平洋副热带高压带来的东南季风和南季风影响,我国具备安装风力发电机条件的地域十分广阔。随着风电相关技术不断成熟、设备不断升级,我国风力发电行业高速发展,2020 年风力发电装机容量达 28 153 万千瓦,较 2019 年增加了 7 148 万千瓦,同比增长 34.03%;风力发电量达 4 665 亿千瓦•时,较 2019 年增加了 608 亿千瓦•时,同比增长 14.99%。

**4. 核能发电站**

核能发电是利用一座或若干座动力反应堆,将核裂变时产生的巨大热能转变为电能。核能发电站就是利用这些热能来发电兼供热的动力设施。

核能发电站工作原理如图 1-21 所示。核能发电站所用的燃料是铀 235,铀制成的核燃料在反应堆的设备内发生裂变而产生大量的热能,处于高压力下的水把热能带出,在蒸汽发生器内产生蒸汽,蒸汽再推动汽轮机,带着发电机一起旋转,从而输出电能。概括地说,核能发电站实现了核能—热能—电能的转换。核能发电站和火力发电站的相同点都是利用水蒸气来推动汽轮机,带动发电机发电;不同点是核能发电站以铀作为燃料,由反应堆和蒸汽发生器代替火力发电站的锅炉机组,因此,看不到火,亦看不到烟雾,不会造成空气污染。

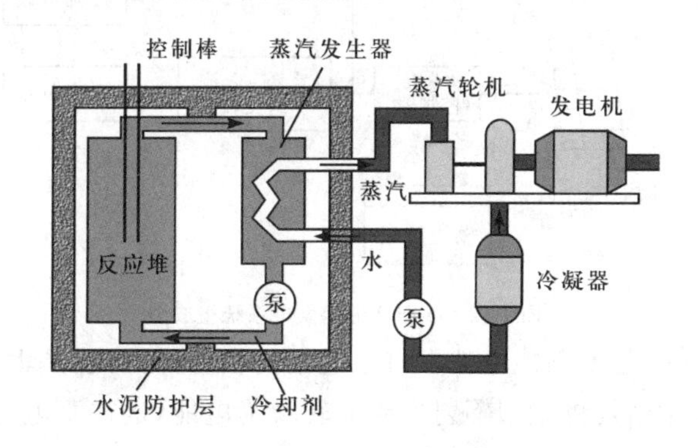


图 1-21 核能发电站工作原理图

反应堆是核能发电站的关键部位,链式裂变反应就在其中进行。裂变反应是指铀等重元素在中子作用下分裂,同时放出中子和大量能量的过程。反应中,原子核吸收一个中子后,发生裂变并又放出两三个中子。这些中子继续引起其他原子核裂变,使裂变不断地进行下去,这种反应称为链式裂变反应。实现链式裂变反应是核能发电的前提。反应堆的启动、停堆和功率控制依靠控制棒。

广东大亚湾核电站是我国大陆第一座百万千瓦级大型商用核能发电站,拥有两台装机容量为 98.4 万千瓦的压水堆核电机组。

核能发电站的优点是:①核能发电不像化石燃料发电那样会排放大量的污染物质到大气中,因此不会造成空气污染。②核能发电利用的是核裂变产生的能量。为了维持这种核裂变,必须把超过一定量的核燃料装入反应堆,通常是一次装入可用几年的核燃料。所以,只要在一年一次的定期检查时更换其中的一部分燃料,不需要像火力发电站那样经常不断地供给石油等化石燃料。③在核能发电成本中,燃料费用所占的比例较低,发电的成本较不易受到国际经济形势影响,故发电成本较其他发电方法稳定。核能发电站的缺点:①核能发电站会产生高低阶放射性废料和使用过的核燃料,虽然所占体积不大,但因具有放射性,故必须慎重处理。②核能发电站热效率较低,因而比一般化石燃料电厂排放更多废热到环境中,故核能发电站的热污染较严重。③核能发电站投资成本大。

**5. 太阳能发电**

我们知道照射在地球上的太阳能非常巨大,大约 40 分钟照射在地球上的太阳能,便足以供全球人类一年能量的消费。可以说,太阳能是真正取之不尽、用之不竭的能源。而且太阳能发电清洁、无公害,被誉为是一种理想的能源。

太阳能发电有两种形式。一种是利用太阳的热能进行发电,这种方法是利用聚光得到高温热能,将其转换为电能的发电方式。其发电原理与火力发电相近,都是将热能经过汽轮机转变为机械能,然后带动发电机发电,这类发电站称为光热电站。另一种是利用太阳的光能进行发电,即利用太阳能电池将太阳能转换为电能的发电方式,也叫作太阳能电池发电,这类发电站称为光伏电站。本书主要介绍第二种发电方式。

太阳能电池发电系统是由太阳能电池阵列、太阳能控制器、蓄电池组、逆变器等部分组成,其系统组成如图 1-22 所示。

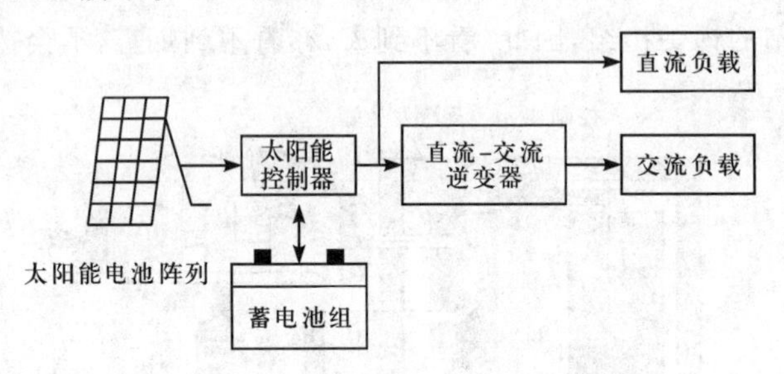


图 1-22　太阳能电池发电系统组成图

①太阳能电池阵列:是太阳能电池发电系统中的核心部分,也是太阳能电池发电系统中价值最高的部分。其作用是将太阳辐射的光能转换为电能,送往蓄电池中储存起来,或者直接推动直流负载工作。

②太阳能控制器:作用是控制整个系统的工作状态,并对蓄电池起到过充电保护、过放电保护的作用。在温差较大的地方,合格的控制器还应具备温度补偿的功能。

③蓄电池:作用是在有光照时将太阳能电池板所发出的电能储存起来,到需要的时候再释放出来。一般采用铅酸电池,在小型或微型发电系统中,也可用镍氢电池、镍镉电池或锂电池。

④逆变器:在很多场合,都需要提供 220 V 或 110 V 的交流电源。由于太阳能电池板的输出一般都是 12 V、24 V 和 48 V 的直流电源,为了能够向 220 V 交流电源的电器提供电能,需要将太阳能电池发电系统所发出的直流电能转换成交流电能,因此需要使用逆变器。

太阳能电池发电系统有两种运行形式:独立发电系统和并网发电系统。独立发电系统是指仅仅依靠太阳能电池供电或主要依靠太阳能电池供电的发电系统,在必要时可以由电网电源或其他电源作为补充。表 1-1 是一小型家用太阳能电池独立发电系统的供电情况。

表1-1　　小型家用太阳能电池独立发电系统的供电情况

| 设计负载电器名称 | 耗电功率/W | 数量 | 每日工作时间/h | 日耗电量/(W·h) |
|---|---|---|---|---|
| 照明 | 10(节能灯) | 6盏 | 4 | 240 |
| 电脑 | 300 | 1台 | 5 | 1 500 |
| 冰箱 | 300 | 1台 | 10 | 3 000 |
| 电视 | 80 | 1台 | 6 | 480 |
| 洗衣机、微波炉 | 1 000 | 1台 | 0.5 | 500 |
| 总计 | | | | 5 720 |

注:设备配置:太阳能电池组件:1.7 kW;免维护蓄电池:12 V/200 Ah; 逆变器:3 kW;充电控制器:80 A。

并网发电系统须通过逆变器装置将太阳能电池发出的直流电变换成交流电,再同电网的交流电合起来使用,这是太阳能发电的主流发展趋势。2011年开始,中国、日本、美国成为驱动全球光伏应用增长的主要动力。2020年,我国光伏发电装机容量达25 343万千瓦,发电量达2 060亿千瓦·时。

**6.其他发电方式**

根据各种能源在当代人类社会经济生活中的地位,人们把能源分为常规能源和新能源两大类。常规能源是指技术上比较成熟,已被人类广泛利用,且在生产和生活中起着重要作用的能源。例如火力发电、水力发电。新能源一般是指在新技术基础上加以开发利用的可再生能源。除风力发电、核能发电、太阳能发电以外,还有地热、潮汐能和生物质能等能源目前尚未被人类大规模利用,还有待进一步研究试验与开发。

(1)地热发电

地热是指来自地下即地球内部的热能。人类很早以前就开始认识并利用了地热,例如,利用温泉沐浴和医疗,利用地下热水取暖、建造农作物温室、水产养殖及烘干谷物等。

地热发电是以地下热水和蒸汽为动力源的一种新型发电技术。如图1-23所示,地热发电和火力发电的基本原理一样,都是将蒸汽的热能经过汽轮机转变为机械能,然后带动发电机发电。不同的是,地热发电不像火力发电那样需要备有庞大的锅炉,也不需要消耗燃料,它所用的能源就是地热。地热发电的过程,就是把地热先转变为机械能,再把机械能转变为电能的过程。要利用地热,首先需要有载热体把地热带到地面上来。目前能够被地热发电站利用的载热体,主要是地下的天然蒸汽和热水。按照载热体类型、温度、压力和其他特性的不同,可把地热发电的方式分为蒸汽型地热发电和热水型地热发电两大类。

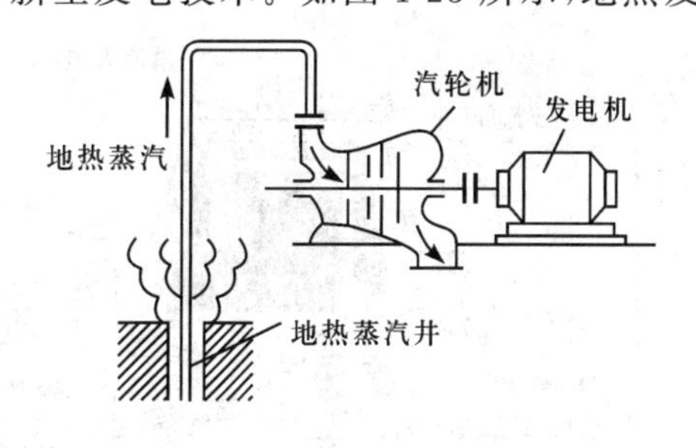

图1-23　地热发电原理图

①蒸汽型地热发电

蒸汽型地热发电是把蒸汽田中的干蒸汽直接引入汽轮发电机组发电,但在引入发电机组前应把蒸汽中所含的岩屑和水滴分离出去。这种发电方式最简单,但干蒸汽地热资源十分有限,且多存在于较深的地层,开采技术难度大,故发展受到限制。

②热水型地热发电

热水型地热发电是地热发电的主要方式。目前热水型地热发电站有两种循环系统。

(a)闪蒸系统。当高压的地下热水从热水井中被抽至地面,压力降低部分的热水会沸腾并“闪蒸”成蒸汽,蒸汽被送至汽轮机后做功;而分离后的热水可以再继续利用后排出,当然最好是再回注入地层。

(b)双循环系统。地下热水首先流经热交换器,将地热传给另一种低沸点的工作流体,使之沸腾而产生蒸汽。蒸汽进入汽轮机做功后,送入凝汽器,再通过热交换器完成发电循环。地下热水则从热交换器回注入地层。这种系统特别适合于含盐量大、腐蚀性强和不凝结气体含量高的地热资源。发展双循环系统的关键技术是开发高效的热交换器。

例如,1970年,中国科学院在广东省丰顺县汤坑镇邓屋村建起了发电量60千瓦的地热发电站,邓屋村800多米深处的热水温度为102 ℃,到地面时温度达92～93 ℃,这是我国第一座地热试验发电站。1977年,我国第一台兆瓦级地热发电机组在羊八井成功发电。位于藏北羊井草原深处的羊八井地热电站,利用中温浅层热储资源进行工业性发电,是我国目前最大的商业化地热发电站,也是世界上海拔最高的地热发电站。

(2)潮汐发电

潮汐能的主要利用方式是潮汐发电。利用潮汐发电必须具备两个物理条件:首先潮汐的幅度必须大,至少要有数米;其次海岸地形必须能储存大量海水,并可进行土建施工。

潮汐发电与水力发电的原理相似。它是利用潮水涨落时产生的水位差来推动水轮机,再由水轮机带动发电机发电,也就是把海水涨潮、落潮的能量转变为机械能,再把机械能转变为电能,实现发电的过程。潮汐发电原理图如图1-24所示,在海湾或有潮汐的河口建筑拦水堤坝,将海湾或河口与海洋隔开,构成一个水库,在大坝中间留一个缺口,并在缺口中安装水轮机,再在坝内或坝房安装水轮发电机组。潮汐涨落时,海水水位的升降使海水推动水轮机转动,使水轮发电机组发电。

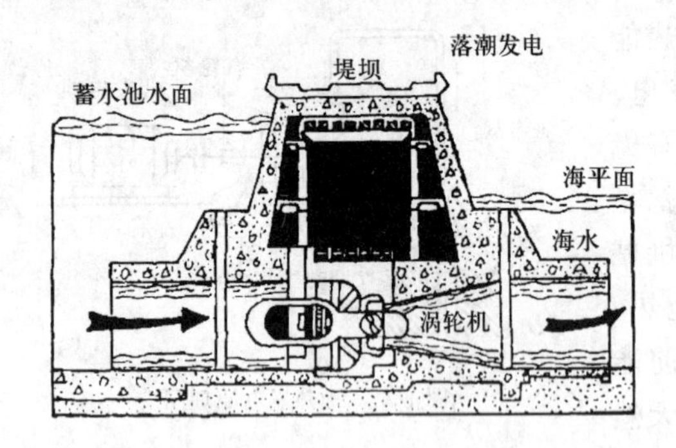


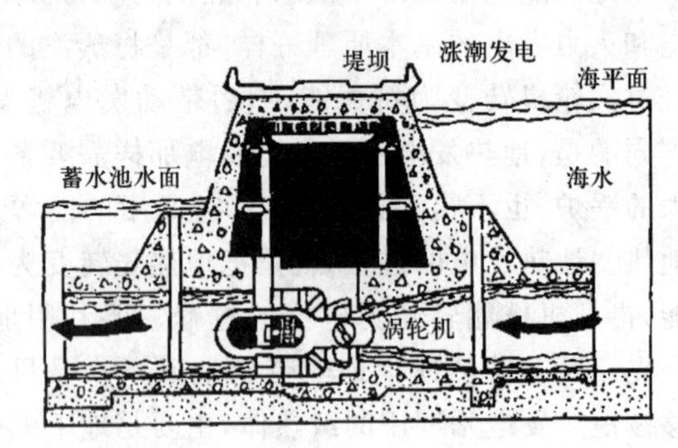


图1-24　潮汐发电原理图

按能量形式的不同,潮汐发电分为两种:一种是利用潮汐的动能发电,即利用涨落潮水的流速直接去冲击水轮机发电;另一种是利用潮汐的势能发电,即在海湾或河口修筑拦潮大坝,利用坝内外涨落潮时的水位差来发电。

由于潮水的流动与河水的流动不同,它是不断变换方向的,因此就使得潮汐发电出现了不同的型式。例如,单库单向型发电站只能在落潮时发电,单库双向型发电站在涨落潮时都能发电,双库双向型发电站的两个水库始终保持水位差,可以连续发电。

世界上第一座具有经济价值的潮汐发电站,是1966年在法国西部沿海建造的朗斯洛潮汐发电站,它使潮汐发电站进入了实用阶段,其装机容量为24千瓦,年均发电量为5.44亿度。因为潮汐发电站的开发成本较高和技术上的原因,所以其发展不快。潮汐发电的优点是成本低,每度电的成本只相当火电站的八分之一。我国主要有8个潮汐发电站,总装机容量为 6 000千瓦,年发电量超过100兆瓦·时。其中最大的浙江温岭江厦潮汐试验电站,是世界第三大潮汐发电站。

(3)生物质发电

生物质发电技术是以生物质及其加工转化成的固体、液体、气体为燃料的热力发电技术,根据燃料的不同、温度的高低、功率的大小,其发电机可以分别采用煤气发动机、斯特林发动机、燃气轮机和汽轮机等。

依据来源的不同,可以将适合于能源利用的生物质分为林业资源、农业资源、生活污水和工业有机废水、城市固体废物、畜禽粪便等五大类。其中,用来发电的资源主要为生活垃圾、农林生物质及沼气。

我国生物质产量巨大,生活垃圾、秸秆、林业废弃物都非常适合作为可再生能源原材料。如果得到充分利用,不仅相当于几十亿吨标准煤的当量,还可以防止这些生物质排放二氧化碳,从而有助于节能减排。为此,我国通过多种政策引导,促进生物质发电产业的发展。2020年,垃圾焚烧发电累计装机达到1 533万千瓦;2020年,农林生物质发电累计装机达到1 330万千瓦;2020年,沼气发电累计装机达到89万千瓦。2020年,生物质发电量为1 326亿千瓦·时,预计到2026年将超过3 834亿千瓦·时。

## 练习题

**1-1**　充电电池在放电时是将(　　)。

A. 电能转变为化学能　　B. 化学能转变为电能

C. 电能转变为热能　　D. 热能转变为电能

**1-2**　二次电池(　　)产生电能和存储电能。

A. 只能一次性　　B. 可以两次　　C. 可以多次　　D. 可以无限次

**1-3**　燃料电池所使用的燃料是(　　)。

A. 氢　　B. 石油　　C. 煤炭　　D. 天然气

**1-4**　正弦交流电的三要素有最大值、频率和(　　)。

A. 周期　　B. 有效值　　C. 初相位　　D. 相位差

**1-5**　若正弦交流电压的有效值是220 V,则它的最大值是(　　)。

A. 311 V　　B. 220 V　　C. 380 V　　D. 156 V

**1-6**　交流电流表指示的数值是交流电流的(　　)。

A. 平均值　　B. 有效值　　C. 最大值　　D. 瞬时值

**1-7** 如图 1-25 所示，正弦电流波形的函数表达式为(　　)。

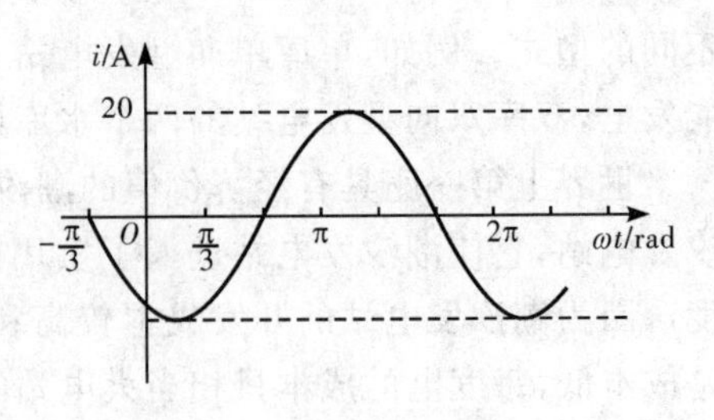


题 1-25　习题 1-7 图

A. $i=20\sin\left(314t+\frac{\pi}{3}\right)$ A

B. $i=20\sin\left(314t+\frac{2\pi}{3}\right)$ A

C. $i=20\sin\left(314t-\frac{2\pi}{3}\right)$ A

D. $i=20\sin(314t-\pi)$ A

**1-8** 已知某正弦交流电压 $u=100\sin(2\pi t+60°)$ V，其频率为(　　)。

A. 50 Hz　　B. 2π Hz　　C. 1 Hz　　D. 100 Hz

**1-9** 用有效值相量来表示正弦电压 $u=100\sin(314t-30°)$ V 时，可写作(　　)。

A. $-70.7\angle 30°$ V　　B. $70.7\angle -30°$ V　　C. $100\angle -30°$ V　　D. $100\angle 30°$ V

**1-10** 三相电源的三个绕组接成星形，线电压 $u_{23}=380\sqrt{2}\sin\omega t$ V，则相电压 $u_1=$(　　)。

A. $220\sqrt{2}\sin(\omega t+90°)$ V　　B. $220\sqrt{2}\sin(\omega t-30°)$ V

C. $220\sqrt{2}\sin(\omega t-150°)$ V　　D. $220\sqrt{2}\sin(\omega t+60°)$ V

**1-11** 某三相交流发电机绕组接成三角形时线电压为 6.3 kV，若将它接成星形，则线电压应为(　　)。

A. 6.3 kV　　B. 10.9 kV　　C. 3.64 kV　　D. 4.56 kV

**1-12** 三相对称电动势在相位上互差(　　)。

A. 90°　　B. 120°　　C. 150°　　D. 180°

**1-13** 如果电源按星形联结，那么线电压等于相电压的(　　)倍。

A. $\sqrt{2}/2$　　B. $\sqrt{3}/3$　　C. $\sqrt{2}$　　D. $\sqrt{3}$

**1-14** 在星形联结的三相对称电源中，已知 $\dot{U}_1=220\angle 0°$，则 $\dot{U}_{12}=$(　　)。

A. $220\angle 150°$V　　B. $220\angle -90°$V　　C. $380\angle -90°$V　　D. $380\angle 30°$V

**1-15** 某火力发电站安装 2 台 60 万千瓦和 2 台 30 万千瓦的汽轮发电机组，则总装机容量为(　　)。

A. 240 MW　　B. 1 200 MW　　C. 1 800 MW　　D. 600 MW

**1-16** 核能发电站所用的发电机是(　　)。

A. 汽轮发电机　　B. 水轮发电机　　C. 风力发电机　　D. 直流发电机

**1-17** 为促进我国“双碳”目标的早日实现，应尽量减少(　　)。

A. 火力发电　　B. 生物质发电　　C. 核能发电　　D. 水力发电

# 第2章

# 电能的输送

工业、农业、日常生活离不开电能，尤其是随着现代化建设的推进，电能更是发挥着举足轻重的作用。本章主要讨论电力系统中有关交流输电和直流输电的传输特点，并在此基础上介绍低压配电系统的供配电方式，以期读者对电能的输送有一个较全面的认识。

## 2.1 电力系统

**电力系统**是由发电站、送变电线路、供配电所和用电等环节组成的电能生产与消费系统。它的功能是将自然界的一次能源通过发电动力装置转化成电能，再经输电、变电和配电设备将电能供应给各用户。电力系统借助相应设备将电能转换成动力、热、光等不同形式的能量，为地区经济和人们生活服务。

如图 2-1 所示，电力系统是由发电站、变压器、电力线路、电力负荷等通过电气设备连接所组成的有机整体。发电站包括火力发电站、水力发电站、风力发电站等(详见第 1 章)。电力负荷是指各类用电设备所消耗的功率，这些用电设备包括家用电器、电动机、照明装置等。电力负荷往往随时间不断变化，其变化曲线称为**负荷曲线**，它是调度电力系统的电力和进行电力系统规划的依据。电力线路起输电、配电作用，按结构可分为架空线路和敷设于地下的电缆线路。电力系统中除发电站和电力负荷以外，剩下的部分称为**电力网**，它由输电、变电、配电设备及相应的辅助系统组成，作用是将电能输送和分配给各用电单位。电力网按结构不同，可以分为开环电力网和闭环电力网。若用电单位只能从单方向得到供电，该电力网称为开环电力网。若用电单位可以从两个或两个以上的方向得到供电，该电力网称为闭环电力网。

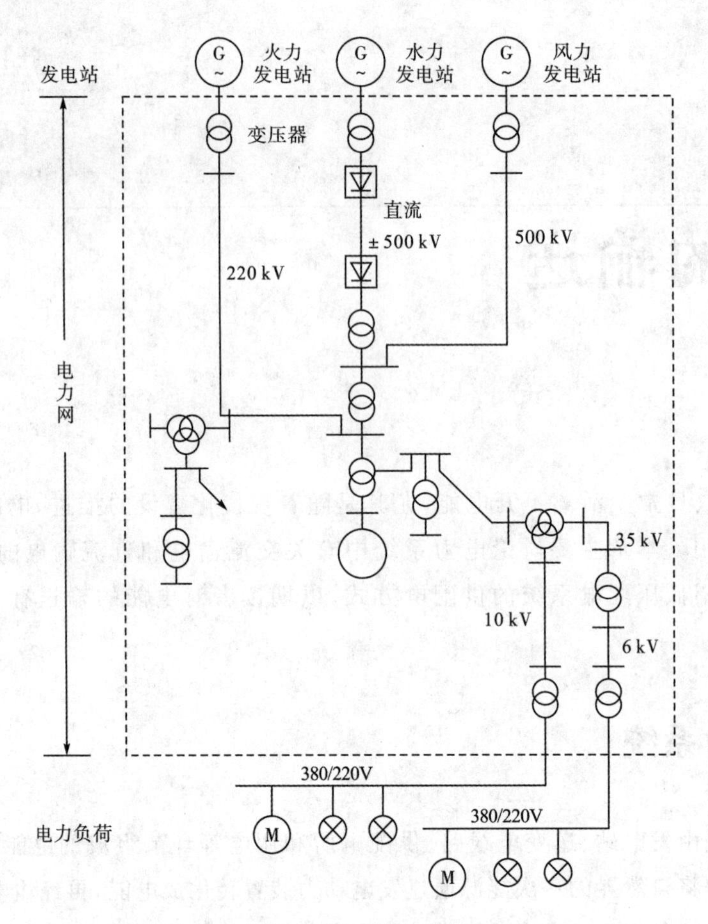


图 2-1 电力系统示意图

## 2.1.1 电力系统运行的特点及基本要求

电能不便于进行大量储存,所以其生产过程是连续的,即发电、输电、变电、配电与用电同时进行。但因季节、气候、社会活动、工农业生产需要以及人们生活习惯的不同,电力负荷会随之变化。这就使得电力系统需要有相应的备用容量,以适应电力负荷的变化,从而保证电能生产与消耗保持平衡。

电力系统是由各部分互相耦合连接成的一个整体,因此在电力系统中,任何一处发生故障,都可能在极短时间内影响和波及全系统,引起连锁反应,导致事故扩大。严重的时候会使系统发生大面积停电事故,造成不可估量的经济损失。例如,1965 年的纽约大停电就是由一个 4 平方英寸大小的继电器突然失灵所导致的;2003 年,美国东北部和加拿大大停电的直接原因是高压供电电缆碰到了树枝造成电网局部故障,接连发生的一系列故障波及整个电网,最后造成电网瓦解,引发了大面积停电、导致数百亿美元损失的严重事故。

根据电力系统的上述运行特点,为了保障其稳定运行,在实际操作中应满足以下几个基本要求：

(1)持续可靠地供电

电力系统首先要满足不间断供电的要求，这就需要系统必须具有一定程度的抗干扰和事故承受能力。但是在严重的事故情况下，为了避免事故扩大，进而波及其他正常运行的部分，造成大面积停电，允许有选择地切除一部分电力负荷，以保证重要电力负荷的供电和全系统的安全。按重要程度的不同，一般将电力负荷分为三级。

一级负荷：属于重要负荷。如果对该负荷中断供电将造成人身事故、损坏设备、产生废品，使生产秩序长期不能恢复，给国民经济带来巨大损失。如重要的交通枢纽、重要的通信枢纽、大型体育场等都属于一级负荷。通常对一级负荷要保证不间断供电。

二级负荷：如果对该负荷中断供电，将造成大量减产、机械停运、城市公用事业和人民生活受到影响等。如一般大型工厂企业、科研院校等都属于二级负荷。对二级负荷，如有可能也要保证不间断供电。

三级负荷：所有不属于一级、二级负荷的，如附属企业、附属车间和某些非生产性场所中不重要的电力负荷等。当系统出现供电不足时，三级负荷可以短时断电。

(2)良好的电能质量

电力系统的频率和电压是衡量电能质量的重要指标。当电力系统的供电能力与电力负荷不平衡时，频率就会发生变化，一般以偏离额定值的大小来衡量。而电压值的变化对用户设备的运行特性有很大影响，必须保证电压偏差在允许范围之内。一般规定频率偏差不超过额定频率的±0.2 Hz，电压偏差不超过额定电压的±5%。此外，电能质量还包括电压和电流的波形质量、三相交流系统的电压和电流的不对称度以及电压闪变。

为此，我国先后颁布了六项有关电能质量的国家标准，分别是：供电电压允许偏差(GB/T 12325—2003)、公用电网谐波(GB/T 14549—1993)、三相电压允许不平衡度(GB/T 15543—1995)、电力系统频率允许偏差(GB/T 15945—1995)、电压波动和闪变(GB 12326—2000)以及暂时过电压和瞬态过电压(GB/T 18481—2001)。这些标准的制定，为电力系统的监控提供了参考，有效地保证了我国电力系统的电能质量。

(3)可持续发展性

电能所消耗的能源在国民经济能源的总消耗中占比很大，而且运行过程中会产生大量的固体和气体废料，对大气和水源造成严重污染。从可持续发展的角度出发，要求电力系统在生产环节能够合理使用一次能源，优化能源利用结构，降低煤炭等不可再生能源的使用比例，增加风能、太阳能等可再生能源的利用率。同时提升传统机组的运行灵活性，控制火力发电站排放的烟气成分(如 $SO_2$，$N_xO$，烟尘等)，严防核电厂放射性污染，满足生态环境保护的要求；而在输电设备方面，则要求考虑输电线对周围环境的影响(如高压电磁场对人体及周围设备的影响)以及变压器噪声对周围环境的影响。

### 2.1.2 电力系统的接线方式

电力系统的接线方式应当满足系统运行的基本要求，也就是说，在保障操作人员安全的前提下，接线方式不仅能灵活地适应各种可能的运行方式，而且能节约材料，减少建设费用，使电网的运行更加经济。根据上述要求,电力系统的接线方式可分为无备用接线和有备用接线。

(1)无备用接线

无备用接线指用户只能从一个方向取得电源的接线方式,包括放射式、干线式、链式,如图 2-2 所示。

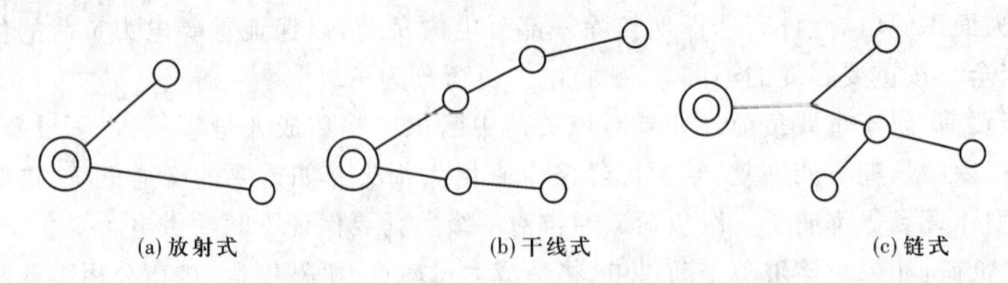


图 2-2 无备用接线

无备用接线简单、经济、运行方便,但供电可靠性差,电能质量差,必须加强检查与维护。此外,通常会在适当的地点安装保护装置,以便快速切断故障线路,尽可能缩小停电范围。

(2)有备用接线

有备用接线指用户可以从两个或两个以上方向取得电源的接线方式,包括双回路放射式、双回路干线式、双回路链式、环式及两端供电网等,如图 2-3 所示。有备用接线供电可靠、电能质量高,但运行操作和继电保护复杂,经济性较差。

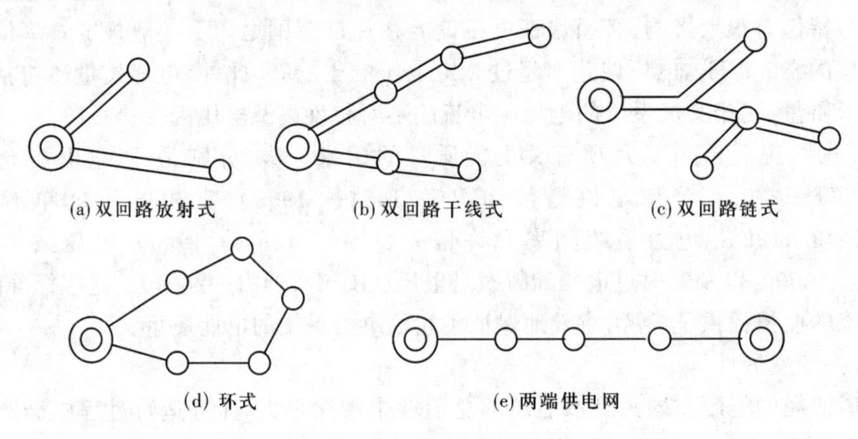


图 2-3 有备用接线

两种接线方式各有特点,确定方案之前应比较供电可靠性、电能质量、经济性、操作灵活性等。

## 2.1.3 电力系统的发展

最初的电力系统仅仅是由对邻近用户供电的单个发电机组所形成的孤立电力网。随着社会的不断发展,电能需求迅速增加,简单电力网逐步发展成由两个或两个以上电力系统连接的联合电力系统。尤其进入 20 世纪后,人们普遍认识到扩大电力系统规模可以在能源开发、工业布局、负荷调整、安全与经济运行等方面带来显著的社会经济效益。于是,以电力负荷的增长、发电机单机容量的增大和输电电压的提高为基础的电力系统规模，正在迅速发展。

我国电力系统的迅速发展是从 20 世纪中期开始的。1949 年新中国成立以前，我国只有东北、京津唐和上海三个容量不大的电力系统，全国总装机容量仅 185 万千瓦。新中国成立以后特别是改革开放以来，随着国民经济的持续发展，作为电力工业主体的电力系统得到快速的建立和扩大。截至 2019 年底，全国电力总装机容量达 201 066 万千瓦，同比增长 5.8%。其中，火电 119 055 万千瓦，占总装机容量的 59.2%；水电（35 640 万千瓦）、核电（4 874 万千瓦）、风电（21 005 万千瓦）、太阳能发电（20 468 万千瓦）等清洁能源装机总容量已达 81 987 万千瓦，占总装机容量的 40.8%。具体构成见图 2-4。我国已经建成世界上规模最大的全国互联电网，包括华东、东北、华北、华中、西北和南方联营 6 个跨省（区）互联电力系统，拥有最高电压等级的特高压输电线路。其中，甘肃省是我国电力输送大通道，境内 750 千伏及以上的超特高压输电线路达 52 条，总里程 10 541 千米，是全国超特高压输电线路过境里程最长、数量最多的省份，在我国“西电东送”方面具有重要地位。

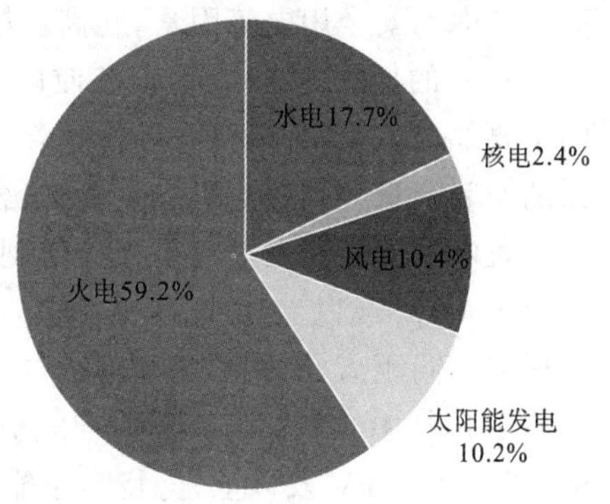


图 2-4　2019 年全国电力装机构成情况

随着互联电力系统的扩大，系统的安全可靠性与经济运行等问题日益突出，除了采用各种稳定控制技术，改善继电保护的动作特性外，人们不断尝试新的解决办法。20 世纪 70 年代，在晶闸管换流技术的基础上，瑞典等国成功采用直流输电环节连接两个交流电力系统，通过调节直流换流来消除交流电网的振荡，以保证系统的安全供电。同一时期，以计算机为中心的安全分析和安全控制技术有了重大发展，用预想事故来检验系统的安全水平，当出现不安全状态时提出处理对策并实施控制，使系统转变为安全状态。此外，调度综合自动化的功能也在不断增强，目前已能实现安全监视、经济调度、能量管理等多项功能，全面确保联合电力系统的安全、经济运行。

为了提高运行水平和安全水平，调度管理部门普遍采用了计算机实时监控和安全分析、经济调度等先进技术，以及合理的继电保护和安全自动装置，使中国电力系统的技术装置和主要运营经济指标都有了显著提高。

## 2.2　交流输电系统

根据电流的特征，电力系统的输电方式分为交流输电和直流输电两类。最早的电能输送是在 400 V 以下的直流电压下进行输送的，距离仅为几十米，功率小于 5 kW。到了 19 世纪 90 年代，人们逐渐掌握了多相交流电路原理，研制了交流发电机、变压器、感应电动机以及交流功率表等计量仪器，确立了三相制。采用交流输电，各个不同电压之间的变换、输送、分配和使用都便于实现，并且和当时的直流输电技术比较，更加经济和可靠。

随着社会经济的发展，电能的需求量日益增加。由于受到一次能源地理位置的限制，以及环境保护方面的需要，大型电站的建设往往远离电力负荷，从而促使电力系统向大容量、长距离方向发展。交流输电技术也正是顺应这一趋势而发展起来的,以扩大输送容量、延长输送距离为标志。19 世纪末期的电力系统输送容量仅为几千千瓦·时,输送距离约几十千米;经过一个多世纪的发展,现如今交流输电系统容量已超过亿千瓦·时(例如,我国早在 2012 年,交流输电容量已达 4.94 万亿千瓦 · 时),输送距离可超过 1 000 千米。

但是对于长距离输电,输电线上的损耗是不可忽视的。根据电阻的计算公式:

$$R=\frac{\rho \cdot l}{S} \tag{2-1}$$

对于相同材质的输电线而言,距离越长,电阻值越大,根据焦耳定律:

$$Q=I^2Rt \tag{2-2}$$

可知在输电线上消耗的功率也越多。如何在长距离输电的情况下不增加损耗,甚至减小损耗呢?由功率的计算公式可知,输送同样功率的电能,输电电压越高,输电电流就越小,从而在输电线的电阻上所损耗的电能也越小。因此远距离交流输电必须借助变压器将电压升高。考虑到安全用电等因素,在高压输电终端和用电负荷附近,还必须将高压电降为 380 V 或 220 V 的低压电,供动力设备使用和民用。由此可见,变压器是交流输电系统中不可缺少的重要部分。值得一提的是,由于在输配电过程中,变压器多次进行升压和降压,使得变压器的安装容量达到发电机容量的 7 倍左右。

发电站的交流发电机将几千伏到十几千伏的交流电输送到附近的升压变压器,将电压升至 110 kV 或以上,输电距离越远,则升压越高。不同的国家规定了不同的额定电压等级,以适应不同距离、不同输送功率的要求。与各额定电压等级相适应的输送距离和输送功率见表 2-1,其中 220 kV 以下为高压输电,330~750 kV 为超高压输电,1 000 kV 及以上(直流输电是±800 kV 及以上)为特高压输电。2017 年,我国建成并投运 8 项 1 000 kV 特高压交流工程,成为世界首个也是唯一成功掌握并实际应用特高压技术的国家。

**表 2-1　与各额定电压等级相适应的输送距离和输送功率**

| 额定电压/kV | 输送距离/km | 输送功率/MW |
|---|---|---|
| 10 | 6~20 | 0.2~2.0 |
| 35 | 20~50 | 2.0~10.0 |
| 110 | 50~150 | 10.0~50.0 |
| 220 | 100~300 | 100~500 |
| 330 | 200~600 | 200~800 |
| 500 | 150~850 | 1 000~1 500 |
| 750 | 500~1 200 | 2 000~2 500 |
| 1 000 | 1 000~1 500 | 3 000 以上 |

以 500 kV 高压输电线路为例,输电线采用四线并联的方式来增加输电线横截面积。因为导线太粗不便于架设,输电线方式一般采用三相三线制。另有两根直接接地的架空电线,使高压输电线免遭雷击。把 110~500 kV 的高压电输送到用电地区附近,一般需要经过三次降压,第一次降压是把电压降为 35 kV。

35 kV 的高压电经开关设备后送至主变压器,降为 10 kV。10 kV 以下的电压也称为配电电压。对于容量较大的 35 kV 变电站,在 10 kV 一侧输电线较多,一般建有配电室,安装成套的高压开关柜,配电室的控制屏和配电屏装有各种测量仪表和操作开关。对于已降为

10 kV 的电能，有的输送到工厂或农村的各个配电变压器，再次降为 380 V 或 220 V 低压电，供动力、照明等使用；有的输送到城市各街道、住宅小区的配电变压器，降为 380/220 V 低压电，供用户使用。10 kV 配电线为三相三线，线路通过跌落式熔断器接入变压器的高压侧，380/220 V 低压侧输出线为三相四线，即三条相线、一条零线。零线接地也称为工作接地，如图 2-5 所示。低压侧相线与相线之间的电压(即线电压)为 380 V，相线与零线之间的电压(即相电压)为 220 V。配电变压器的供电半径一般不超过 500 m。随着城市建设规划日趋完善，目前许多新建的住宅小区均采用建在地面的配电室，使用地下电缆，通过管道把电输送到各用户家中。

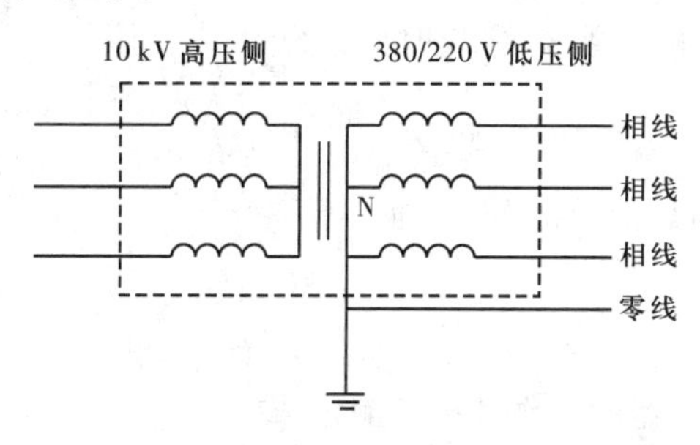


图 2-5　交流输电系统变压环节

## 2.2.1　变压器

变压器是利用电磁感应原理改变交流电压大小的能量变换装置。它主要由以下部件组成。

变压器

(1)铁芯　铁芯是由彼此相互绝缘的薄硅钢片叠成的。铁芯中有绕组缠绕的部分称为铁芯柱，连接铁芯柱的部分称为铁轭。铁芯从结构上划分，有心式和壳式两种。心式结构的铁芯柱被绕组包围，壳式结构则是由铁芯包围绕组，如图 2-6 所示。

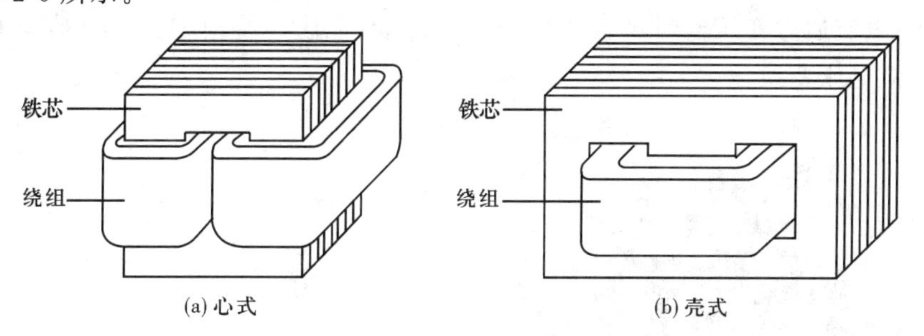


图 2-6　铁芯结构示意图

(2)绕组　绕组是变压器的电路部分，由绝缘扁线或圆线绕成。其中接电源的绕组称为一次绕组，接负载的绕组称为二次绕组。

(3)其他部件　除铁芯和绕组外，变压器还需要其他一些部件，如外壳、散热器、绝缘套管、继电保护设备等。

变压器的分类有很多种。根据相数的不同，可分为单相变压器、三相变压器和多相变压器;根据每相绕组数量的不同,可分为自耦变压器(单绕组变压器)、双绕组变压器、三绕组变压器;根据铁芯结构的不同,可分为心式变压器、壳式变压器;根据用途的不同,可分为电力变压器、仪用变压器、整流变压器等。

变压器在出厂时都会在外壳上附有铭牌,如图 2-7 所示。上面除标有该变压器的型号外,还有变压器主要的额定值。通过阅读铭牌,用户能够正确选择和使用变压器。

①额定电压 $U_{1N}/U_{2N}$:指在变压器的线圈上所允许施加的电压。$U_{1N}$ 是一次绕组的额定电压,$U_{2N}$ 是一次绕组施加额定电压时二次绕组的空载电压。

②额定电流 $I_{1N}/I_{2N}$:指变压器满载运行时一次绕组、二次绕组侧电流的额定值。变压器运行时不允许电流超过额定值,否则长时间过载会使变压器升温,降低变压器的使用寿命。

③额定容量 $S_N$:指绕组的视在功率(参见 6.4 节和 6.5 节)的额定值,单位为V·A。变压器一次绕组、二次绕组的额定容量相等,即:

单相:
$$S_N=U_{1N}I_{1N}=U_{2N}I_{2N} \tag{2-3}$$

三相:
$$S_N=\sqrt{3}U_{1N}I_{1N}=\sqrt{3}U_{2N}I_{2N} \tag{2-4}$$

④额定频率 $f_N$:指变压器的工作频率的额定值。

变压器的电压变换功能是利用电磁感应技术实现的,下面以单相双绕组变压器为例说明其基本工作原理。如图 2-8 所示,交流电源接在变压器一次绕组侧,会在一次绕组产生交变的电流 $i_1$,从而在铁芯内产生交变的磁场 $\Phi$。交变的磁场会在一次绕组、二次绕组感应出频率相同的交流电动势 $e_1$、$e_2$。又因为电动势有效值正比于绕组的匝数,所以在忽略一次绕组、二次绕组内阻抗的情况下,有:

$$\frac{U_1}{U_2}=\frac{N_1}{N_2} \tag{2-5}$$

即一次绕组、二次绕组电压之比等于绕组的匝数比。当 $N_1>N_2$ 时,一次绕组电压较高,称为高压绕组。二次绕组电压较低,称为低压绕组。该变压器称为降压变压器;反之,称为升压变压器。值得注意的是,变压器只能改变交流电压,不能改变直流电压。因为直流电流不随时间变化,电流通过变压器时不会产生交变的磁场,无法在绕组中产生感应电动势,所以不能实现直流电压变换。

图 2-7 变压器

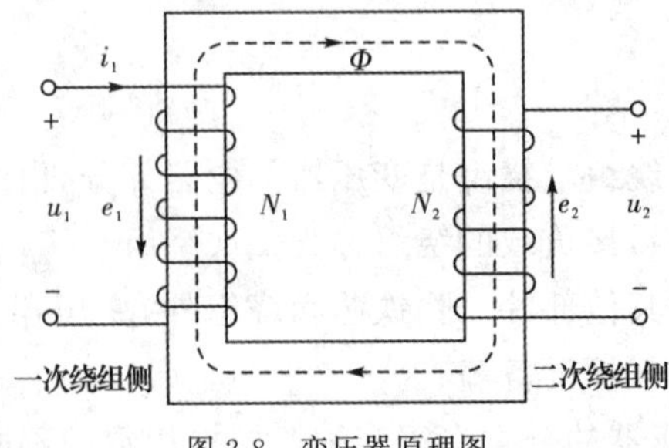

图 2-8 变压器原理图

## 2.2.2　变电站

变电站是电力系统中接收和分配电能的电力设施。它具有调整电压，控制电能流向的能力。变电站主要设备包括：起电压变换作用的变压器，通断电路的开关设备，汇集电流的母线，计量和控制用互感器，以及防雷设备、测量仪表、控制屏、配电屏、调度通信装置等。有的变电站还有无功功率（见 6.4.3 节）补偿设备。图 2-9 所示为变电站实景图。

图 2-9　变电站实景图

(1)开关设备

开关设备指断开与合上电路的设备，它包括断路器、隔离开关、负荷开关、高压熔断器等。

在电力系统发生故障时，断路器能在继电保护装置的控制下自动把故障设备和线路断开，故障修复后，还能自动重合闸。我国 220 kV 以上变电站多使用空气断路器和六氟化硫断路器。

隔离开关是没有设置专门灭弧装置的开关电器，主要用于设备或线路的检修和进行分段电气隔离。隔离开关分为户内用和户外用两类。户内隔离开关一般用于 35 kV 以下电压的配电装置中，户外隔离开关一般用于 35 kV 及以上电压的配电装置中。

按使用电压的大小，负荷开关可分为低压负荷开关和高压负荷开关两类。低压负荷开关又称开关熔断器组，适用于工频交流电路中通断不频繁的有载电路，也可用于线路的过载和短路保护。高压负荷开关的工作原理与断路器相似，但结构比较简单，一般装有简单的灭弧装置，主要有六种：

①固体产气式高压负荷开关，结构简单，适用于 35 kV 及以下场合；

②压气式高压负荷开关，结构也较简单，适用于 35 kV 及以下场合；

③压缩空气式高压负荷开关，结构复杂，开断电流较大，适用于 60 kV 及以上场合；

④$SF_6$ 式高压负荷开关，结构复杂，开断电流大，适用于 35 kV 及以上场合；

⑤油浸式高压负荷开关，结构较为简单，但质量大，适用于 35 kV 及以下户外场合；

⑥真空式高压负荷开关，寿命长，价格较高，适用于 220 kV 及以下场合。

高压负荷开关在正常运行时能断开负荷电流，但不具备断开故障电流的能力，因此经常与限流式高压熔断器组合在一起使用，借助限流式高压熔断器的限流功能开断电路。

(2)母线

在变电站中各电气设备和装置的连接，大都采用矩形或圆形截面的裸导线或绞线，这些裸导线和绞线统称为母线。母线的作用是汇集、分配和传送电能。在变电站正常运作时，会有巨大的电能通过母线，尤其是在短路时，母线需要承受很大的热效应，因此对母线的选择非常严格，截面形状和截面积都应符合安全、经济运行的要求。

按结构不同，母线可分为硬母线和软母线。硬母线又分为矩形母线和管形母线。其中矩形母线安装方便，运行时变化小，承载能力强，但造价较高，一般用于主变压器至配电室内。软母线安装简便，造价低廉，一般用于室外。

(3)互感器

互感器分为电压互感器和电流互感器两种，主要用途有两个：一是用来扩大交流电仪表的量程，二是使测试人员、测量仪表与高电压隔离，保障人身与设备安全。互感器的工作原理与变压器类似，是利用电磁感应原理把高压设备及母线上运行的高电压、大电流按一定比例耦合成测量仪表、控制设备允许的低电压、小电流。在额定运行情况下，电压互感器二次电压为 100 V，电流互感器二次电流为 5 A 或 1 A。

(4)防雷设备

防雷设备主要有避雷针和避雷器。避雷针是为了防止变电站遭受直接雷击，通过自身把雷电流引向大地，确保运行设备的安全。变电站附近的线路上一旦落雷，雷电流会沿导线进入变电站，产生过电压，此外断路器操作也会引起过电压。避雷器的作用是当过电压超过一定限值时，自动对地放电，降低电压。保护设备在放电结束后会迅速自动灭弧，保证系统正常运行。目前，使用最多的是氧化锌避雷器。

20 世纪 90 年代，六氟化硫气体绝缘变电站(GIS)逐渐兴起。GIS 打破了传统变电站的模式，向紧凑型高压、大容量新式变电站的方向发展。它把断路器、隔离开关、母线、接地开关、互感器等分别装在各自密封间中，集中组成一个整体外壳，充入六氟化硫气体作为绝缘介质。这种组合电器具有结构紧凑，体积小，质量轻，不受大气条件影响，检修间隔长，无触电事故和电噪声干扰等优点，但是价格高，制造和检修工艺要求严格。

### 2.2.3 交流输电系统的特点

由交流输电线路联结起来的电力系统具有以下特征：

①要求所有的发电机保持同步运行并且具有足够的稳定性；

②要求合理的无功分布和补偿来保证系统的电压水平；

③对邻近通信线路的危险影响和干扰比较严重。

750 kV 以上电压等级的交流输电，对环境和生态的影响已成为人们密切关注的问题。

这些特征在超高压以上的交流输电中更加显著，成为发展交流输电必须解决的重要技术课题，同时也促使越来越多的人关注直流输电系统。

## 2.3　直流输电系统

直流输电是指将交流发电机发出的电能经过整流（见 8.3 节）后采用直流电传输的方式。人们对电能的认识和应用最先是从直流开始的。1882 年，法国物理学家 Marcel Deprez 将装设在米斯巴赫煤矿中的直流发电机所发的电能，以 1 500～2 000 V 的直流电压送到了 57 km 以外的慕尼黑国际博览会上，完成了第一次输电试验。此后，试验性直流输电的电压、功率和距离分别达到 125 kV、20 MW 和 225 km。但由于直流输电是采用直流发电机串联来获得高压直流电源的，可靠性差，使得该项技术的发展因为电机的换向问题以及复杂的运行方式而受到限制，因此在随后的近半个世纪里交流输电占据了供输电领域的主导地位，而直流输电却没有得到进一步发展。

随着电力系统规模的扩大，交流输电的稳定性问题、线路干扰问题等局限性也逐渐暴露出来，直流输电技术重新受到重视。1954 年，瑞典本土和歌德兰岛之间建成一条 96 km 长的海底电缆直流输电线，直流电压为±100 kV，传输功率为 20 MW，是世界上第一条工业性的高压直流输电线。20 世纪 80 年代，伴随晶闸管的成功研制，高压直流输电技术进入了飞速发展时期。现如今，在全球范围内已经启动了高压直流输电电网规划和建设：欧洲计划在 2050 年前后建成以高压直流输电为骨干的泛欧超级智能电网（super smart grid），以综合利用整个欧洲、北非以及中东的可再生能源；美国在 2025 年前规划 40 余项柔性直流输电项目，以实现大区互联。我国的直流输电在短短三十年实现了跨越式的飞速发展：在 21 世纪先后投运了天广（天生桥—广州）、三广（三峡—广州）、三常（三峡—常州）、三沪（三峡—上海）等多项±500 kV 直流输电工程。2009 年，世界首个特高压直流输电工程——云南至广东±800 kV 特高压直流输电示范工程投运，标志着世界进入特高压直流输电时代；2013 年，世界首个多端柔性直流输电示范工程——广东南澳±160 kV 多端柔性直流输电示范工程投运；2014 年，世界容量最大的特高压直流输电工程——哈密南至郑州±800 kV 特高压直流输电工程投运，容量达 800 万千瓦，标志着特高压直流输电达到一个新的高度；2014 年，世界首个五端柔性直流输电工程——浙江舟山直流输电工程投运；2019 年，我国自主设计建设的世界首个±1 100 kV 特高压直流输电工程——昌吉—古泉±1 100 kV 特高压直流输电工程成功启动双极全压送电；2020 年，世界首个 800 kV 特高压多端柔性直流工程——昆柳龙直流工程投产，标志着世界特高压技术迈进柔性直流时代。

### 2.3.1　直流输电系统的构成

直流输电系统主要由换流站（整流站和逆变站）、直流线路组成，其中换流站是直流输电系统的核心，能完成交流电和直流电之间的变换，如图 2-10 所示。

交流电力系统Ⅰ送出交流功率给整流站，经换流变压器Ⅰ送到整流器，把交流电变换成直流电，然后由直流线路把电功率输送给逆变站内的逆变器，由逆变器将直流电变换成交流电，再经换流变压器Ⅱ，把交流功率送入接收端——交流电力系统Ⅱ。

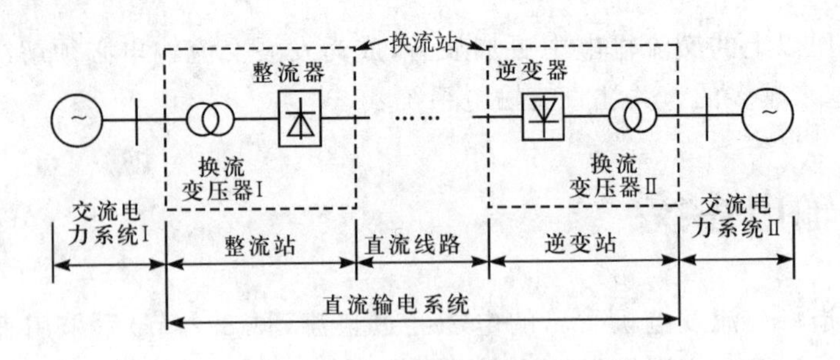


图 2-10　直流输电系统示意图

实际的直流输电系统除上述部分外,还包括保护、控制装置。此外大容量的换流装置本身是一个谐波源,会使电网的电压和电流波形产生畸变,因此在交流侧和直流侧均应装设滤波装置,以抑制谐波分量,而且线路两端的换流站会产生无功功率,需要装设无功补偿装置。

根据结构不同,直流输电系统可分为两端直流输电系统和多端直流输电系统两类。两端直流输电系统是只有一个整流站和一个逆变站的直流输电系统,它与交流系统只有两个接口,结构简单,常见的接线类型有单极系统(正极或负极)和双极系统(正、负两极)两种类型。

(1)单极系统

直流输电系统中换流站对地电位为正的出线端称为正极,对地电位为负的出线端称为负极。单极系统中,一般采用正极接地。因回流电路的不同,单极系统又分为两种:一线一地制(又称大地、海水回流方式)和两线制(又称导线回流方式),如图 2-11 所示。

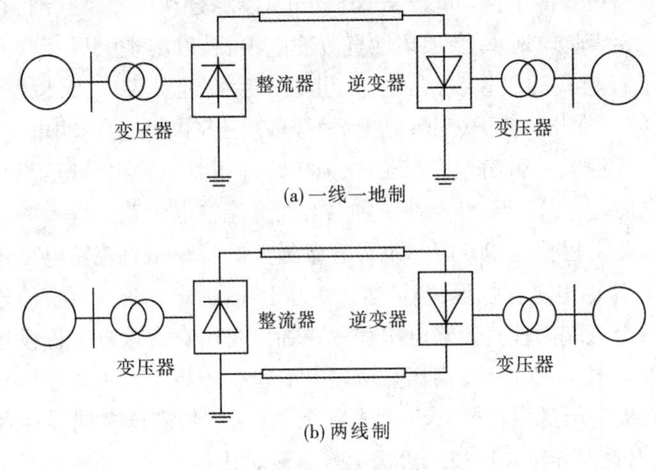


图 2-11　单极系统示意图

(2)双极系统

双极系统可分为两线一地制(又称两端中性点接地方式)、双极两线制(又称一端中性点接地方式)和三线制(又称中性线方式)三种,如图 2-12 所示。

双极系统运行时,当一极发生故障,另一极仍可以运行并输送一半的功率。因此在建设直流输电系统时,可以分期进行,将已建成的一极作为单极系统运行,能及早产生经济效益。

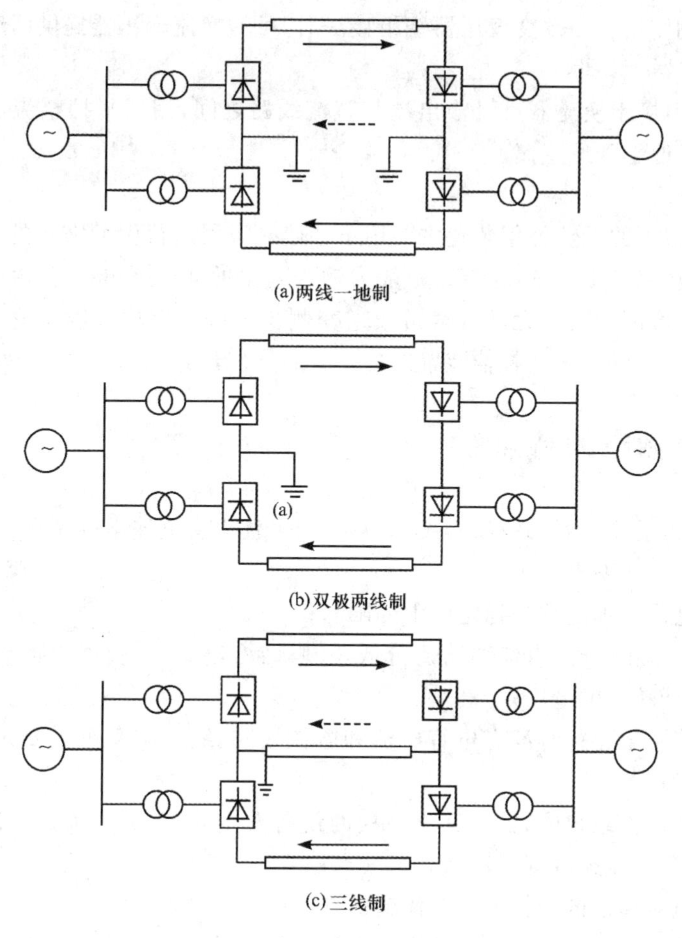


(a)两线一地制

(b)双极两线制

(c)三线制

图 2-12　双极系统示意图

## 2.3.2　换流站

高压直流输电系统通过换流站与交流系统相连，换流站内有换流阀、换流变压器、平波电抗器、无功补偿装置、(交流、直流)滤波器等一次设备，以及通信系统、控制与保护装置等二次设备。站内主接线包括交流侧接线、直流侧接线和连接换流器与换流变压器的换流单元接线。

(1)换流阀

换流阀是指三相桥式换流器的桥臂，由晶闸管、阻尼回路、均压电路等相应的电子电路构成，是直流输电系统的核心设备。换流阀的触发方式主要有光电转换触发和光直接触发两种，前者应用较为普遍。

(2)换流变压器

换流变压器安置在换流器与交流系统之间，对交流电进行电压变换，协同换流阀一同实现交流、直流的相互转换。此外，换流变压器还可实现交流、直流系统的电气隔离，对换流器的谐波电流也有一定的抑制作用。当改变变压器绕组接法时,可为换流变压器提供两组换相电压。

(3)平波电抗器

平波电抗器串接于换流器直流输出端与直流线路之间,用以平抑整流后直流中的纹波分量,使其输出接近于理想直流。

(4)无功补偿装置

装设于换流站中的无功补偿装置主要用于补偿换流器运行中所需要的无功功率。其补偿量与直流输送功率基本呈正比关系,一般为输送功率的40%～60%。由于换流器运行触发角不同,一般整流侧需要的无功补偿量较逆变侧少一些。无功补偿装置主要有同步调相机、电容器和电抗器、静止无功补偿装置。

### 2.3.3 直流输电的特点

直流输电作为迅速发展的一项新技术,具有很多优于交流输电的特点:

(1)直流输电的功率损耗小;

(2)直流输电系统不受系统稳定极限的限制;

(3)当输送功率相同时,直流线路造价低,杆塔结构较简单,线路走廊窄,绝缘水平相同的电缆可以运行于较高的电压;

(4)直流线路稳态运行时没有电容电流和电抗压降,线路本身不需要无功补偿,而且线损较小,节约能量;

(5)直流输电双极系统中,如果其中一极的设备发生故障,另一极仍能以大地作备用回路,带负载运行,而交流输电则无法做到这一点;

(6)直流输电对通信的干扰小于交流输电。

此外,直流输电线的功率和电流的调节控制比较容易并且迅速。如果交流、直流并列运行,有助于提高交流系统的稳定性和改善整个系统的运行特性;而且直流输电线联系的两端交流系统不需要同步运行,因此可用以实现不同频率或相同频率交流系统之间的非同步联系。

基于上述优点,直流输电被大量应用于远距离大容量输电、电力系统联网、远距离海底电缆或大城市地下电缆送电等方面,并与交流输电相互配合,构成现代电力传输系统。

然而不可忽视的是,直流输电也存在一些有待解决的问题,譬如:

(1)换流器在工作时需要消耗较多的无功功率;

(2)可控硅元件的过载能量较低;

(3)直流输电在以大地或海水作回流电路时,对沿途地下或海水中的金属设施会造成腐蚀,同时还会给通信和航海带来干扰;

(4)直流电流不同于交流电流,它没有电流波形的过零点,因此灭弧比较困难。

现已有不少国家试图从电力电子、微电子、绝缘新材料、超导等各个方面攻克这些技术难题。期待在不远的将来,直流输电的进一步发展为电能的传输带来新一轮的变革。

# 2.4　低压配电系统

低压配电是指将低电压电能进行分配的环节。我国规定低压配电电压等级为 220/380 V，但在石油、化工及矿井(矿山)场所可以采用 660 V 的配电电压。配电系统的供电方式有单相二线制、两相三线制、三相三线制和三相四线制。

## 2.4.1　配电方式

低压配电方式是指低压干线的接线方式，一般有放射式、树干式、链式和环形四种基本方式。

(1)放射式接线方式

放射式接线方式是指配电系统从一个中心点放射式地向各负载配电，如图 2-13 所示。这种配电方式不会因其中某一支线发生故障而影响其他支线的供电，供电的可靠性高，而且设备集中，便于操作和维护。但配电导线用量大，投资费用较高。所以放射式接线方式一般适用于设备容量大、负荷集中或对供电可靠性要求高的场合。

(2)树干式接线方式

树干式接线方式如图 2-14 所示。这种配电方式的特点与放射式接线方式截然不同，一旦某一干线出现故障或需要检修时，停电的面积大，供电的可靠性低。但配电导线的用量小，投资费用低，接线灵活性大。这种配电方式适用于容量较小且分布较均匀的用电设备。

(3)链式接线方式

链式接线是一种变形的树干式接线，如图 2-15 所示。其特点与树干式接线方式基本相同，但是施工安装上更方便。适用于彼此相距很近、容量都比较小的次要用电设备。一般来说，链式接线方式联结的设备不宜超过 5 台，相连的配电箱不宜超过 3 台，总容量不宜超过 10 kW，其中最大的一台不超过 5 kW。

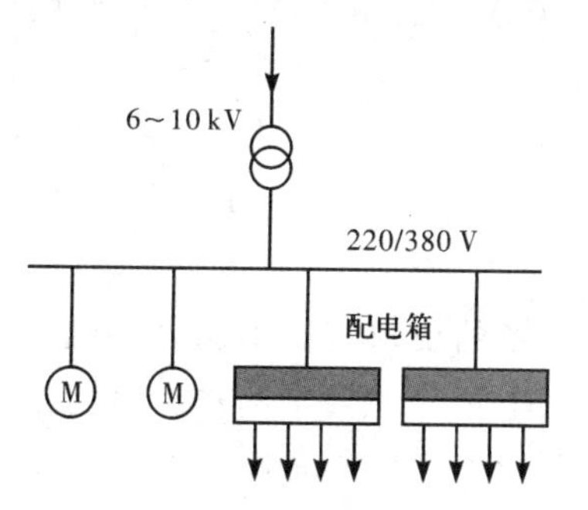


图 2-13　放射式接线方式

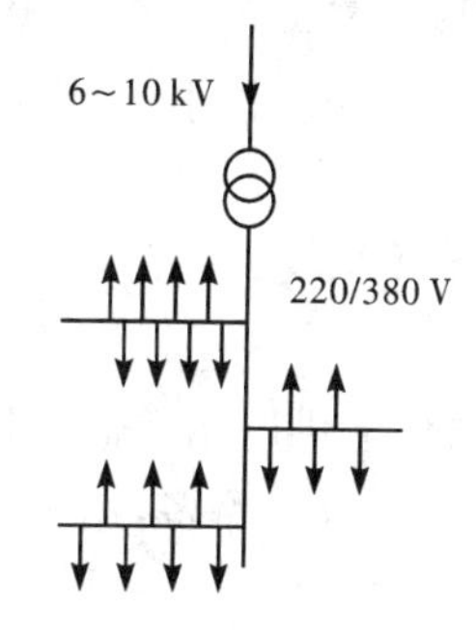


图 2-14　树干式接线方式

(4)环形接线方式

由一台变压器供电的低压环形接线方式如图 2-16 所示。这种配电方式供电可靠性高，任一线路发生故障都不会造成长时间供电中断，只需切换线路就能恢复供电，运行灵活，便于检修。但是环形接线方式对系统的保护装置、整体配合性要求较高。

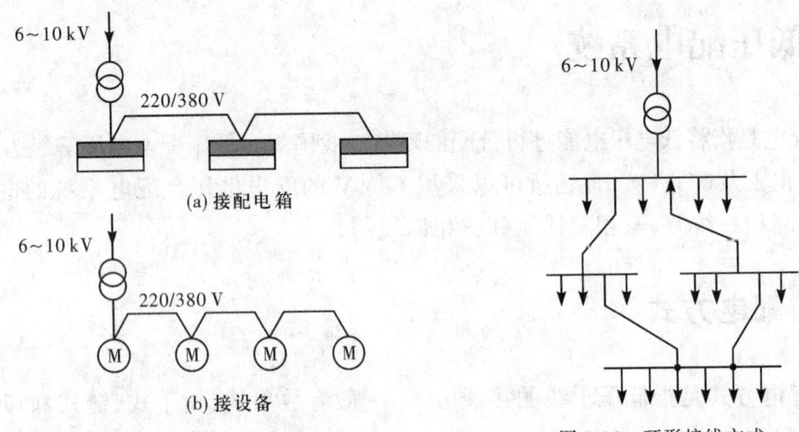

(a) 接配电箱

(b) 接设备

图 2-15　链式接线方式

图 2-16　环形接线方式

在实际运行的低压配电系统中,通常会将上述 4 种方式结合使用。但因树干式接线方式较其他几种方式更经济,技术上也更成熟,而且一般情况下已能满足生产、生活需要,所以大部分场合会采用树干式接线方式进行配电。

## 2.4.2　住宅供电

低压配电系统的主要服务对象之一是居民住宅。其低压配电系统一般具有以下特点:

①三相负荷不对称、三相电流不平衡的现象较为严重;

②居民住宅小区内人员密集,对配电系统的防火、防爆、防触电具有较高要求。

在我国,城镇居民住宅区通常由变电站通过架空线向其配电。配电电压可根据负荷大小采用 220 V 单相配电或 220/380 V 三相四线制配电。

(1)从进户配电总箱至单元配电总箱采用放射式或树干式接线方式。从单元配电总箱至各层电表箱采用树干式接线方式。从楼层电表箱至住户配电箱,当线路电流小于等于 60 A 时,采用 220 V 单相配电。当线路电流大于 60 A 时,采用 220/380 V 三相四线制配电。

(2)住宅用电计量采用一户一表式,分层安装。公用走廊、楼梯间照明以及电梯等公用电力装置用电,采用单独设电表计量的方式。

## 2.4.3　楼宇供电

楼宇供电与住宅供电相类似,但对电气设备的要求有所不同,主要表现在:高层建筑的用电设备种类多,电气线路多,用电量大,对供电可靠性要求高;电气设备的防火要求较高,自动化程度高等。

因此对于楼宇供电,低压配电方式通常采用放射式和树干式接线方式。大型的三相设备常采用放射式接线方式;分布于各楼层的用电设备常采用树干式接线方式,通过封闭母线或分支电缆向各楼层配电。封闭母线或分支电缆装于高层建筑竖井内(即电缆井道)。在每一楼层,可在电缆井道内装设配电箱或装设低压配电室向用电负荷配电。由楼层配电箱或配电室引出的配电线应穿管敷设。变电站主要有独立变电站和建筑内变电站两种。

此外，为了保障人身和设备安全，要求楼内拥有工作电源和事故电源两个独立的配电系统。从底层至顶层，工作电源可采用树干式接线方式向各层供电，一旦发生事故，可以切断事故电源。事故电源直接引自变电站，配电方式不受工作电源配电方式的影响，也采用树干式接线方式供电。

## 练习题

**2-1**　电力系统由(　　)组成。

A. 发电站、电力网和电力负荷　　B. 发电机、电动机和变压器

C. 发电机、变压器和配电箱　　D. 升压变压器、降压变压器和隔离开关

**2-2**　电力系统的接线方式有(　　)。

A. 双回路接线和两端式接线　　B. 放射式、链式和环式

C. 有备用接线和无备用接线　　D. 放射式、链式和干线式

**2-3**　远距离供电时采用高压输电的主要原因是(　　)。

A. 高压输电能够保护环境

B. 高压输电能降低输电线路上的损耗

C. 高压输电对电路干扰较小

D. 高压输电可加快输电速度

**2-4**　下列有关变压器的描述不正确的是(　　)。

A. 变压器主要包括铁芯、绕组、外壳、散热器、绝缘套管等部件

B. 变压器一次绕组、二次绕组上的电压之比近似等于两者匝数之比

C. 变压器的铭牌记录了该变压器的主要额定参数

D. 变压器既能改变直流电压，也能改变交流电压

**2-5**　变压器铁芯的结构一般分为(　　)和壳式两种。

A. 圆式　　B. 角式　　C. 心式　　D. 球式

**2-6**　有一单相变压器，额定电压为 10 kV/230 V，已知高压侧线圈匝数为 5 000 匝，则低压侧线圈匝数为(　　)匝。

A. 230　　B. 115　　C. 2 500　　D. 100

**2-7**　下列哪几项设备不属于变电站设备(　　)。

A. 隔离开关　　B. 变压器　　C. 直流发电机　　D. 互感器

E. 防雷设备　　F. 母线　　G. 电动机

**2-8**　下列哪项设备不属于直流输电系统(　　)。

A. 逆变站　　B. 换流变压器　　C. 整流站　　D. 交流发电机

**2-9**　与交流输电相比，直流输电的特点是(　　)。

A. 直流输电的功率损耗小　　B. 直流输电对通信的干扰大

C. 当输送相同功率时，直流线路造价高　　D. 双极直流输电系统可以单极运行

# 第3章

# 电能的转换

电能被人类利用已有很久的历史，每一次用电技术方面的重大发明都曾引起过划时代的工业革命，所以说电能的应用对推动人类文明的进步发挥了巨大的作用。电能可以转换为其他形态的能量，如电灯通电后将电能转换为光能，电炉通电后将电能转换为热能，电动机通电后将电能转换为机械能，等等；本章将分别从不同角度讨论电能的转换。

## 3.1 电能转换成光能

利用电能发光的光源称为电光源。电光源的种类很多，按工作原理可分为热辐射光源、气体放电光源、电致发光光源三大类。

### 3.1.1 热辐射光源

热辐射光源是根据物体受热发光的现象制作出来的一类光源。热辐射光源都是利用物体通电-加热-辐射发光的原理工作的，因此严格地讲，通过此类光源，电能不仅仅转换成光能，还转化成热能。常用的热辐射光源有白炽灯、卤钨灯等。

**1. 白炽灯**

白炽灯(incandescent lamp)是人类最早发明的一种电光源，也被称为第一代电光源。普通的白炽灯由灯头、灯丝和灯壳等组成，如图 3-1 所示。其中灯丝的材料是金属钨，在灯壳内通常充有氩或氮等惰性气体。灯壳可以是透明的，也可以是磨砂或涂反射涂层的玻璃泡，其外形多为梨形、蘑菇形和球形等。

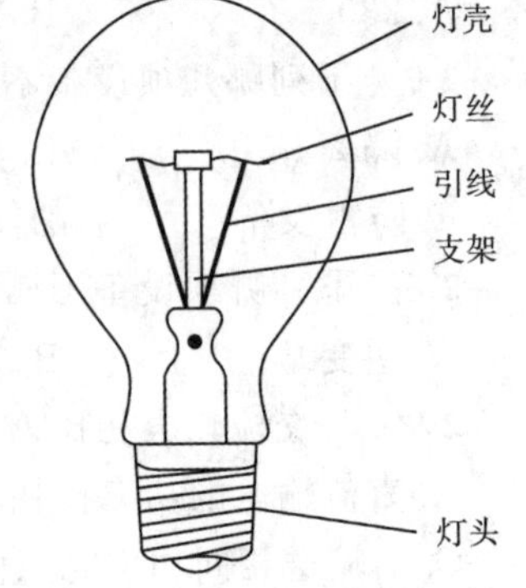

图 3-1 白炽灯结构示意图

当电流通过白炽灯中的钨丝时，钨丝被加热到白炽的程度而辐射发光。白炽灯的功率越大，发光越亮。白炽灯所消耗的功率(power)用 $P$ 表示，其单位为瓦(W)：

$$P=UI=\frac{U^2}{R}=I^2R \tag{3-1}$$

式中，$U$ 为白炽灯的端电压，$R$ 为灯丝的电阻，$I$ 为流过灯丝的电流。在 $t$ 时间内电灯所消耗的**电能**(electrical energy)用 $W$

表示,其单位为焦耳(J)。

$$W=Pt \tag{3-2}$$

在工程上电能的计量单位为千瓦·时(kW·h),1 千瓦·时即 1 度电,千瓦·时与焦耳的换算关系为 1 kW·h=$3.6\times10^6$ J。

白炽灯的寿命一般在 1 000～3 000 小时,仅有 10%的输入电能转化为可见光能,光效低,不利于节能,目前应用场合已经越来越少。我国已从 2016 年起禁止进口和销售 15 W 及以上普通照明白炽灯。

**2. 卤钨灯**

卤钨灯(halogen lamp)是在白炽灯的基础上,为了提高灯泡的光效和寿命,利用卤钨循环原理研制出来的。它和白炽灯一样,也是利用电流的热效应产生辐射而发光的。

卤钨灯主要由钨灯丝、石英灯管、支架和电极等构成,结构示意图如图 3-2 所示。卤钨灯的灯管使用石英玻璃,灯管直径为 9.5～13 mm,由于管径小,就能减小管内气体对流引起的热损失。灯管内充入卤族元素,如碘或溴气体,点燃时可使卤钨再生循环,使石英灯管在整个使用阶段都能保持良好的透明度,从而提高卤钨灯的使用寿命。

图 3-2 卤钨灯结构示意图

卤钨灯与普通白炽灯相比,寿命提高了 50%,光效提高了 30%,一般用于电视转播、舞台照明、建筑物外观照明等。

## 3.1.2 气体放电光源

依靠灯管内部的气体放电并发出可见光的电光源称为气体放电光源。与热辐射光源完全不同,气体放电光源不是热光,而是将电能转换为紫外线,再由紫外线转换为光能,因此气体放电光源也称为冷光。气体放电光源的类型很多,常用的气体放电光源有荧光灯、荧光高压汞灯、高压钠灯、氙灯和金属卤化物灯等,其中荧光灯在家庭、企业和学校等场所应用非常普遍。

荧光灯(fluorescent lamp)又称为日光灯,也被称为第二代电光源。荧光灯结构示意图如图 3-3 所示,它主要由灯丝、内壁涂有荧光粉的玻璃灯管以及灯头等组成,其中灯管内部抽成真空后,加入一定量的液态汞和氩、氪和氖等惰性气体。

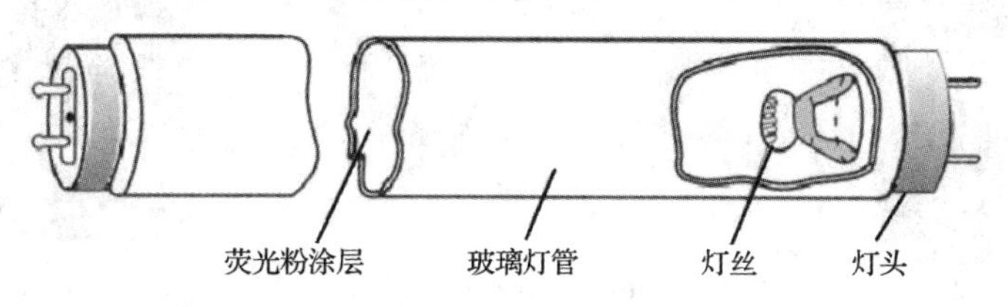


图 3-3 荧光灯结构示意图

点灯(启动)时,电流流过电极并加热,从灯丝向灯管内发射出热电子,并开始放电。放电产生的流动电子跟管内的汞原子碰撞,发出紫外线。这种紫外线照射到灯管内壁涂敷的荧光粉，变成可见光。荧光粉的种类不同，光的颜色也不同。荧光灯的正常使用寿命为3 000～5 000小时，比白炽灯高得多，发光效率约为相同功率白炽灯的4倍。

荧光灯在启动时需要一个比电源电压更高的电压，需要配上镇流器等辅助器件才能使用。常见的镇流器有电感镇流器和电子镇流器两种，前者因耗能、笨重、频闪等诸多缺点，已被电子镇流器所取代。电子镇流器可以和荧光灯的灯管和灯头紧密地连成一体，例如，如图3-4所示的紧凑型荧光灯（又称为节能灯）就是将电子镇流器放在灯头内，在一段时期内曾取代白炽灯而得到了推广和应用。

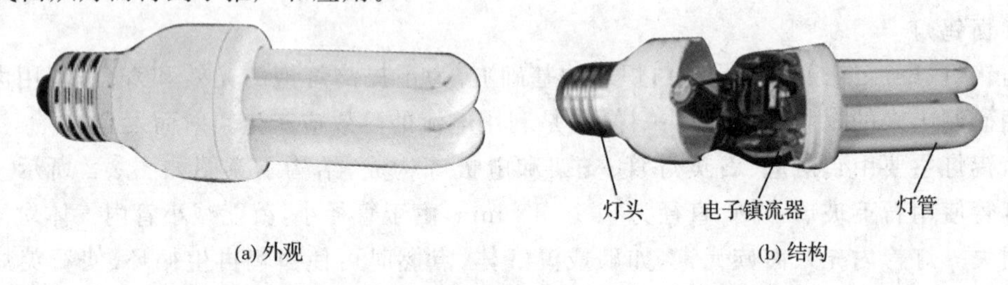


(a) 外观　　(b) 结构

图3-4　紧凑型荧光灯

## 3.1.3　电致发光光源

电致发光（electro luminescence，EL）又称为场致发光，是指将电能直接转换为光能的一类发光现象。利用电致发光现象制造的光源，即为电致发光光源，也被称为第三代电光源。发光二极管（light emitting diode，LED）是电致发光光源的典型代表，其工作原理可参见第7章。

LED具有耗电量低、使用寿命长（可达10万小时）、高光效、低热量、即开即亮、耐频繁开关、色彩丰富等诸多优点，特别是LED是由无毒的材料制成，不像荧光灯含水银会造成污染，因此是非常环保的光源，已得到推广和使用。例如，单个LED常用来做各种指示灯。如图3-5(a)所示，将单个LED拼排成符号、字符等，可显示符号、字符和图形；如图3-5(b)所示是将多个LED灯珠封装后制成的LED节能灯，是继紧凑型荧光灯后的新一代照明光源，已逐步取代紧凑型荧光灯。LED吸顶灯、LED台灯等也已逐步得到普及；如图3-5(c)所示是将LED灯珠矩阵式排列而制成的大型广告屏。

(a) LED显示图形

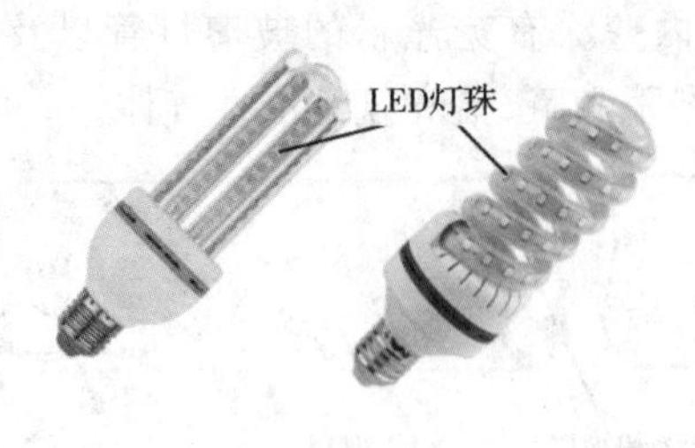


(b) LED节能灯

(c) LED广告屏

图3-5　LED的应用实例

# 3.2　电能转换成热能

导体中有电流通过时会发热，将电能转化为内能，这种现象称为电流的热效应。电热器就是利用电流的热效应将电能转换成热能的设备，已广泛应用于工业生产和日常生活中，例如，电烙铁、电取暖器、电饭锅、电褥子、电热水器、电锅炉等都是电热器。

## 3.2.1　电烙铁

电烙铁(electric soldering iron)是电子制作、维修和安装必不可少的手工焊接的基本工具，其作用是把适当的热量传送到焊接部位，以便熔化焊料，使焊料和被焊金属连接起来。

电烙铁主要由烙铁头、电热元件和手柄等组成，其中电热元件(又称烙铁芯)是电烙铁的核心部件。如图 3-6(a)所示，电热元件安装于烙铁头外部的为外热式电烙铁，否则为内热式，二者的工作原理相同，工作原理图如图 3-6(b)所示。

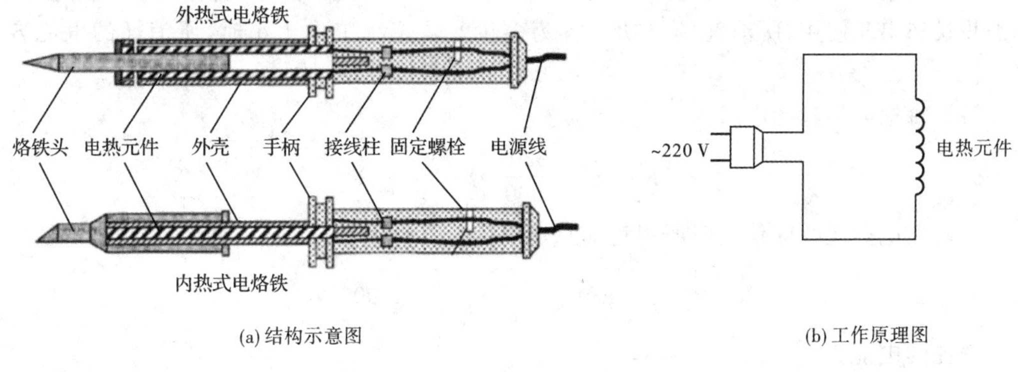


(a) 结构示意图　　(b) 工作原理图

图 3-6　电烙铁结构示意图与工作原理图

## 3.2.2　电取暖器

电取暖器(electric heater)是利用电热元件把电能转换成热能，再将热能以一定的传递方式供给取暖的电器。

在电取暖器里，将电能转换成热能的是电热元件，而控制电热元件发热程度以获得所需温度的是温控元件。因此，电热元件和温控元件是电取暖器的核心部件。在电取暖器中，除了使用发热材料，还使用绝缘材料和绝热材料，三者有机地组成一个整体才能使电取暖器正常工作。电取暖器的种类很多，并不断有各种新型电热元件的产品问世，其中电热油汀是近年来流行的一种安全可靠的空间加热器。

电热油汀是一种充油式取暖器，它主要由密封式电热元件、散热片、温控器、功率开关等组成，其外形与普通的暖气相似，如图 3-7 所示。这种取暖器是将电热元件安装在散热器腔体内部，在腔体内电热元件周围注有导热油。当接通电源后，电热元件周围的导热油被加热、升到腔体上部，沿散热管或散热片对流循环，通过腔体壁表面将热量辐射出去，从而加热空间环境。被空气冷却的导热油下降到电热管周围又被加热，开始新的循环。当油温达到调定温度时，温控器会自行断开电源。

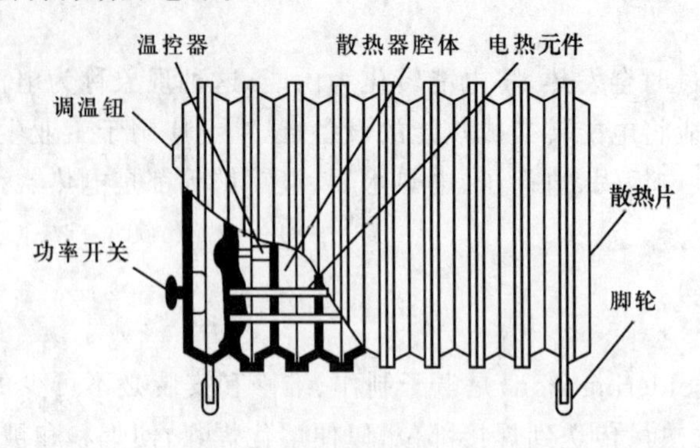


图 3-7 电热油汀结构示意图

电热油汀的表面温度设计较低，一般不超过 85 ℃，即使触及人体也不会造成灼伤，适合于人体有可能直接碰触的场所取暖。

**【例 3-1】** 有四根标有电压为 220 V、功率为 500 W 的电热丝，若在 220 V 的电压下，分别并联和串联使用，所消耗的总功率各为多少？若连续工作 1 小时，所消耗的电能各为多少？

**解** 每根电热丝的电阻为

$$R=\frac{U^2}{P}=\frac{220^2}{500}\ \Omega=96.8\ \Omega$$

当四根电热丝并联使用时所消耗的总功率为

$$P=4\times\frac{U^2}{R}=4\times\frac{220^2}{96.8}\ \mathrm{W}=2\ 000\ \mathrm{W}$$

消耗的电能为

$$W=Pt=2\ 000\times10^{-3}\times1\ \mathrm{kW\cdot h}=2\ \mathrm{kW\cdot h}=7.2\times10^6\ \mathrm{J}$$

当四根电热丝串联使用时所消耗的总功率为

$$P=\frac{U^2}{4R}=\frac{220^2}{4\times96.8}\ \mathrm{W}=125\ \mathrm{W}$$

消耗的电能为

$$W=Pt=125\times10^{-3}\times1\ \mathrm{kW\cdot h}=0.125\ \mathrm{kW\cdot h}=4.5\times10^5\ \mathrm{J}$$

### 3.2.3 电炊具

家用电炊具按用途来分种类很多，有电饭锅、电烤箱、电水壶、微波炉和电磁炉等。随着电子技术的飞速发展，各类电炊具的功能也越来越多。这里仅以功能较为单一的电饭锅为例，介绍其基本工作原理。

电饭锅(electric cooker)又称电饭煲，它是以煮饭为主的家用电炊具之一。普通的保温式电饭锅的结构示意图如图 3-8 所示，电路原理如图 3-9 所示。其中 $R_1$ 是电热盘加热电阻，$R_2$ 和 $R_3$ 是限流电阻。$S_1$ 是温控开关，当温度低于 70 ℃时会自动闭合，而温度高于

80 ℃时会自动断开。$S_2$ 是磁钢限温器开关，简称限温开关，当按下开关后，电饭锅处于加热状态，当电饭锅温度达到居里点(103 ℃)时，$S_2$ 会自动断开。

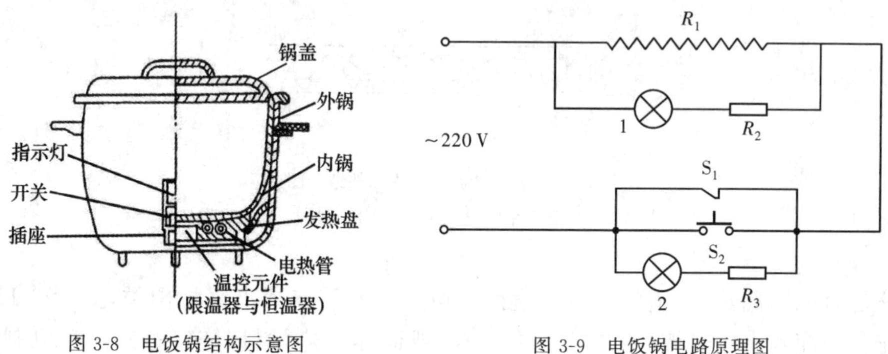


图 3-8　电饭锅结构示意图

图 3-9　电饭锅电路原理图

电源接通时，温控开关 $S_1$ 自动闭合。所以，电饭锅在未按下限温开关 $S_2$ 时，指示灯 1 便亮了。煮饭时，则需要按下限温开关 $S_2$，接通磁钢限温器，电饭锅的加热元件处于加热状态，当温度上升到 80 ℃时，温控开关 $S_1$ 受温度影响，自动断开。但此时电路仍然是接通的，电饭锅继续加热，直到水干饭熟后，电热盘温度上升到 103 ℃时，限温开关 $S_2$ 自动断开，指示灯 2 亮，电饭锅处于保温状态。随着电饭锅散热，温度慢慢下降到 70 ℃时，温控开关 $S_1$ 复位，电饭锅重新处于加热状态。温控开关 $S_1$ 的设定温度为 80 ℃，因此温度上升到 80 ℃时，$S_1$ 又自动断开。这样周而复始地循环，直至将米饭做熟，并保温在 70 ℃～80 ℃。

应该指出的是，如果在做饭时只接通电源插头，而未按下限温开关 $S_2$，将造成电饭锅内温度上限仅为 80 ℃，这样就无法保证做熟饭。

**【例 3-2】**　电饭锅电路图如图 3-9 所示，加热电阻 $R_1=50\ \Omega$，限流电阻 $R_2=R_3=500\ \Omega$，两个指示灯的电阻忽略不计。求电饭锅处于加热和保温状态时，消耗的功率各为多少？

**解**　当电饭锅处于加热状态时，消耗的功率 $P_1$ 为：

$$P_1=\frac{U^2}{R_1/\!/R_2}=\frac{220^2}{\dfrac{50\times500}{50+500}}\ \text{W}=1\ 064.8\ \text{W}$$

当电饭锅处于保温状态时，消耗的功率 $P_2$ 为：

$$P_2=\frac{U^2}{R_3+(R_1/\!/R_2)}=\frac{220^2}{500+\dfrac{50\times500}{50+500}}\ \text{W}=88.7\ \text{W}$$

### 3.2.4　电锅炉

电锅炉(electric boiler)以电力为能源，通过电加热管制热，产生的热能可通过蒸汽、高温水或有机热载体等形式输出。这种供热方式相较于燃煤锅炉等供热设备，对环境无污染，自动化程度高，在电力丰富的地区常用作民用采暖及工业供热的主要方式。

电锅炉本体主要由电锅炉钢制壳体、电脑控制系统、低压电气系统、电加热管、进出水管及检测仪表等组成。电锅炉基本上采用电阻加热方式，即采用电阻式管状加热元件加热，如图 3-10 所示。电锅炉在结构上易于叠加组合，控制灵活，维修更换方便。

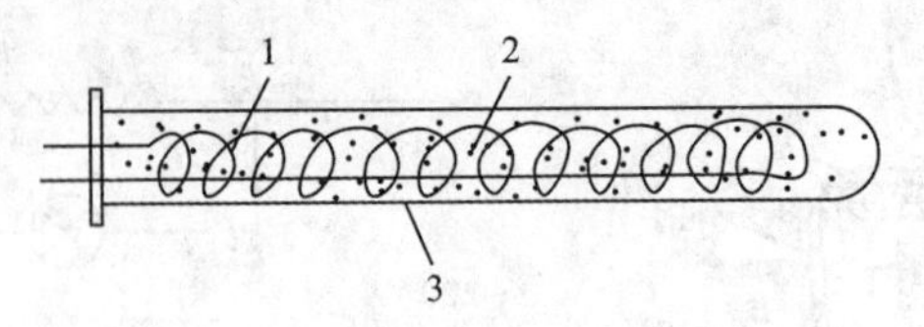


图 3-10　电阻式管状加热元件结构图

1—电阻丝；2—氧化镁；3—金属套管

按照是否能够储热，电锅炉可分为直热式电锅炉和蓄热式电锅炉两类，如图 3-11 所示。后者较前者多配置有蓄热罐（储热载体多为水）或固体蓄热材料（镁砖等），可对电制热能进行存储。由于用电负荷日内峰谷差值较大，蓄热式电锅炉在夜间电负荷较小时段进行电制热，并将存储的热能用于电负荷高峰期，对电负荷起到了“移峰填谷”的作用。蓄热式电锅炉还可用于新能源的本地消纳，以减少弃风、弃光现象，近年来在我国北方地区热电厂中得到了广泛应用。

(a) 直热式电锅炉

(b) 蓄热式电锅炉

图 3-11　电锅炉

## 3.3　电能转换成机械能

电机是实现电能和机械能相互转换的电磁装置。将机械能转换为电能的电机是**发电机**，而将电能转换为机械能的电机是**电动机**（electric motor）。按电流的种类不同，电动机可分为**直流电动机**（DC electric motor）和**交流电动机**（AC electric motor）两大类。

直流电动机是人类最早发明和应用的，但结构复杂和成本高等缺点制约了它的发展，其应用已不如交流电动机广泛。不过，由于直流电动机具有优良的启动和调速性能，因而目前在工业领域中仍占有一席之地，如在电力机车和轧钢机等工业中应用。

按照工作原理的不同，交流电动机按照工作原理的不同分为同步电动机（synchronous electric motor）和异步电动机（asynchronous electric motor）两种。每种电动机又有三相和单相之分。三相同步电动机常用于要求恒定速度、大功率的生产机械中，如大型水泵、鼓风机、空气压缩机等。此外，因其功率因数可调，可将其接入电网空载运行以提高电网的功率因数；单相同步电动机容量都很小，常用于要求恒定速度、遥控装置以及钟表和仪表工业中。三相异步电动机结构简单，价格便宜，运行可靠和维护方便，是当前工农业生产中应用最普遍的电动机，大部分生产机械都采用异步电动机拖动。据统计，异步电动机的总容量约占各类电动机总容量的85%以上。单相异步电动机结构简单，而且只需要单相电源供电，使用方便，在家用电器、电动工具和医疗器械等方面使用较多。

## 3.3.1 直流电动机

直流电动机是将直流电能转换成机械能的设备，图3-12是直流电动机工作原理图，它与图1-6直流发电机的原理图相同，只是去掉了原动机，并在两个电刷之间加上直流电源。此时电流 $i_a$ 从电刷A流入，流过电枢绕组a→b→c→d，再从电刷B流出。这样电枢电流与磁场相互作用，在有效边ab和cd上产生电磁力 $F$，根据左手定则判断 $F$ 的方向，如图3-12所示。该电磁力作用在电枢上形成电磁转矩，使之反时针方向旋转。当电枢绕组旋转了180°时，a端与电刷B接触，d端与电刷A接触，电枢电流 $i_a$ 的方向变为d→c→b→a，从而使电动机产生一个方向不变的电磁转矩，驱动转子继续沿反时针方向旋转。

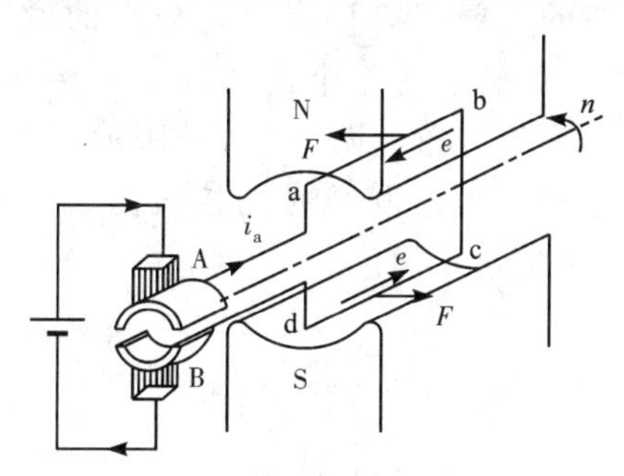


图3-12　直流电动机工作原理图

由此可见，在直流电动机中，电刷A、B间通入的直流电流经换向器逆变为电枢绕组中的交流电流，从而使电磁转矩方向不变。在电磁转矩的作用下，电动机带动生产机械旋转，从而在轴上输出机械能。按励磁方式的不同，直流电动机分为他励式、并励式、串励式和复励式四种，它们的接线图如图3-13所示。

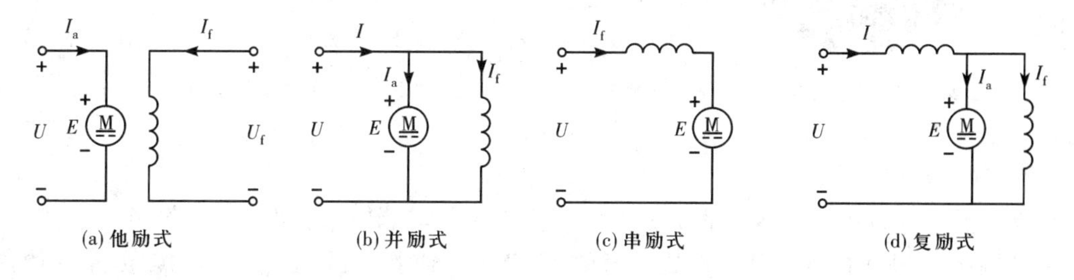


图3-13　直流电动机的励磁方式

## 3.3.2 三相异步电动机

### 1. 三相异步电动机的基本结构

三相异步电动机的结构包括定子和转子两大部分。图 3-14 为三相异步电动机的拆分部件图。

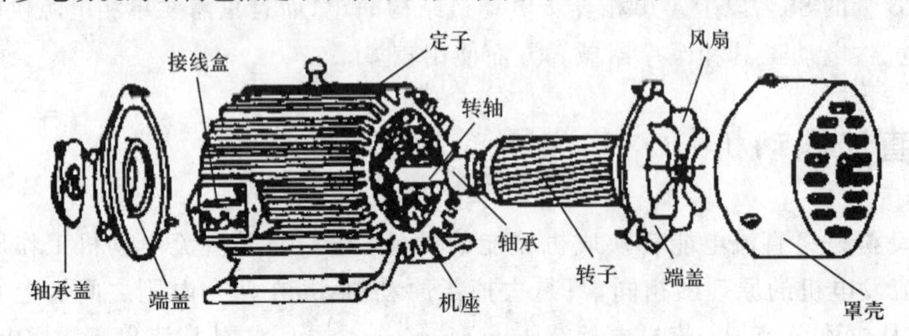


图 3-14　三相异步电动机的拆分部件图

(1)定子

定子是电动机中固定不动的部分，它包括定子铁芯、定子绕组、机座和端盖。定子铁芯是由如图 3-15 所示的彼此绝缘的硅钢片叠成圆筒形，固定在机座里面，机座由铸铁或铸钢制成。在定子铁芯的内壁上有许多均匀分布的槽，槽内嵌放着定子三相绕组 $U_1U_2$、$V_1V_2$、$W_1W_2$。定子三相绕组的 6 个出线端都引到机座外侧的接线盒内。在接线盒内定子三相绕组出线端头的分布如图 3-16(a)所示。图 3-16(b)和图 3-16(c)分别是定子三相绕组为星形联结和三角形联结时的接线图。端盖由铸铁或铸钢制成，固定在机座两端，用于支撑转子和防止外物侵入。

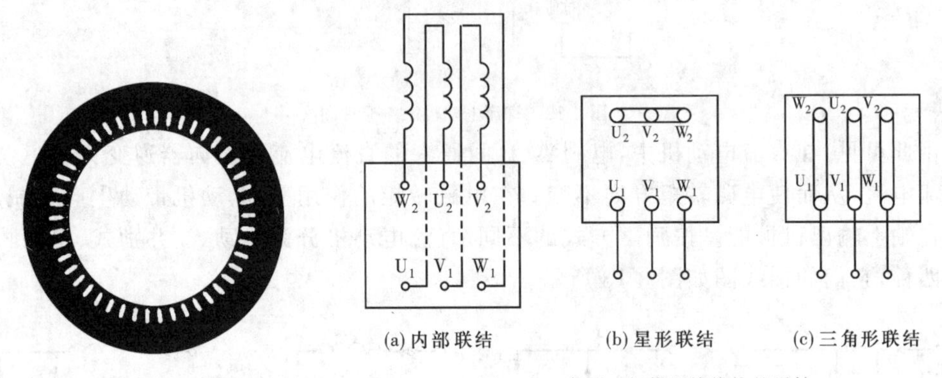


(a) 内部联结　(b) 星形联结　(c) 三角形联结

图 3-15　定子铁芯的硅钢片

图 3-16　定子三相绕组接线柱的联结

(2)转子

转子是电动机中可以转动的部分。它包括转子铁芯、转子绕组和转轴等。转子铁芯也是由如图 3-17 所示的硅钢片叠制成圆筒形，固定在转轴上，其外缘有许多均匀分布的槽，槽内嵌放着转子绕组。

按照转子绕组结构的不同，三相异步电动机又分为笼型异步电动机和绕线型异步电动机。

**笼型异步电动机**的转子绕组是在转子铁芯的槽内嵌放铜条，铜条的两端各用铜环焊接起来，形成闭合回路，如图 3-18(a)所示，由于其形状如同笼子，故此得名。为了节约铜材，一般 100 kW 以下的中小型电动机采用铸铝笼型转子，如图 3-18(b)所示，这样可以将转子绕组及其两端短路环和散热风扇叶片一并铸成。所以笼型异步电动机的结构简单，性能稳定，应用范围最广。

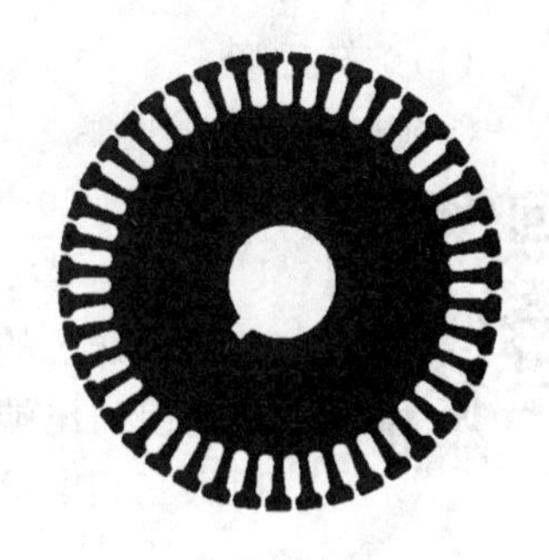

图 3-17　转子铁芯的硅钢片

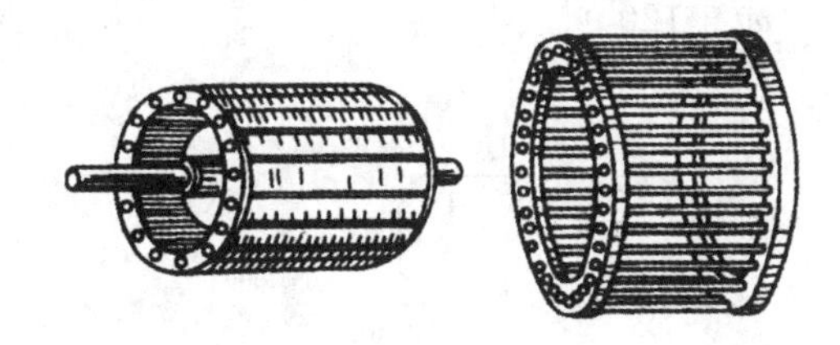

(a) 铜笼型转子

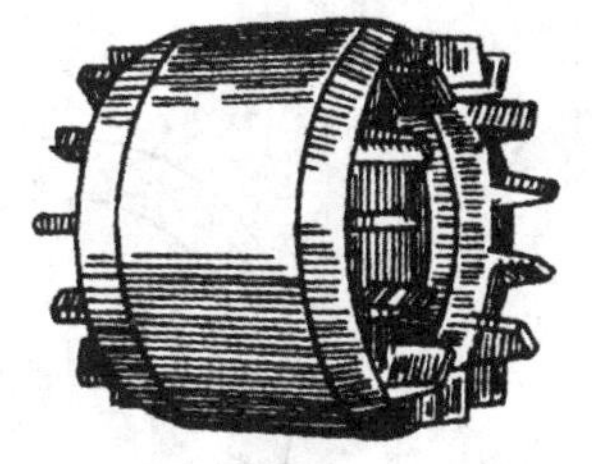

(b) 铸铝笼型转子

图 3-18　笼型转子

**绕线型异步电动机**的转子绕组和定子绕组一样，在铁芯槽内嵌放着由铜线绕制的三相绕组，三相绕组接成星形，即三个尾端连在一起，三个首端分别与转子上的三个彼此绝缘的铜滑环相连，其外形图和接线示意图如图 3-19 所示。每个滑环上都用弹簧压着一个固定不动的电刷，转子绕组通过电刷引到接线盒上，以便与外电路相连。其特点是通过在转子电路串入外加电阻可以改善电动机的启动和调速性能。与笼型异步电动机相比，绕线型异步电动机结构复杂，价格较贵，适用于要求启动电流小、启动转矩大和需要调速的场合，如起重设备和大型立式车床等。

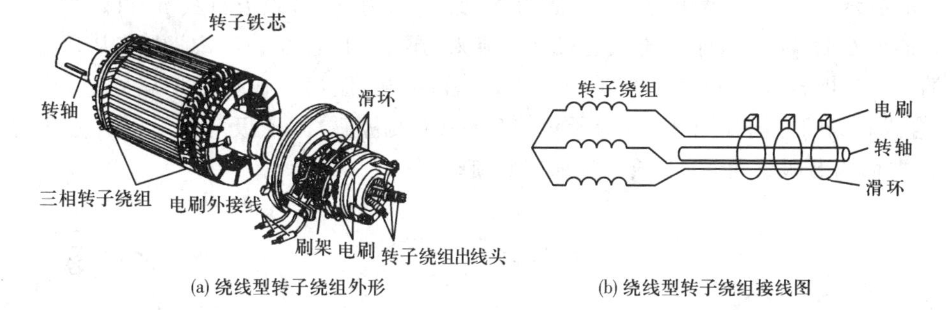


(a) 绕线型转子绕组外形　　(b) 绕线型转子绕组接线图

图 3-19　绕线型转子

**2. 三相异步电动机的工作原理**

电动机是利用电与磁的相互转化和相互作用而工作的。三相异步电动机是三相定子绕组通入三相电流后，产生旋转磁场，旋转磁场与转子绕组中的感应电流相互作用形成电磁力矩，推动着转子旋转，从而在轴上输出机械功率，实现能量的转换。因此，首先要了解旋转磁场。

(1)旋转磁场

①旋转磁场的产生

图 3-20 是三相异步电动机定子绕组的分布示意图。三相定子绕组 $U_1U_2$、$V_1V_2$、$W_1W_2$ 的结构和尺寸完全相同,在轴线上互差 120°,对称地嵌放在定子铁芯的线槽中,其中 $U_1$、$V_1$、$W_1$ 分别是绕组的首端,$U_2$、$V_2$、$W_2$ 分别是绕组的尾端。若将三相定子绕组接成星形,如图 3-21 所示,在定子绕组内通入三相电流 $i_U$、$i_V$ 和 $i_W$,则

$$\left.\begin{aligned} i_U &= I_m \sin \omega t \\ i_V &= I_m \sin(\omega t - 120°) \\ i_W &= I_m \sin(\omega t + 120°) \end{aligned}\right\} \tag{3-3}$$

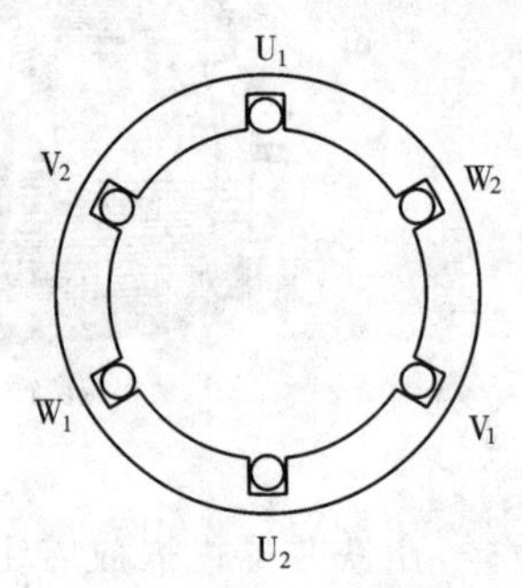


图 3-20 定子绕组分布示意图

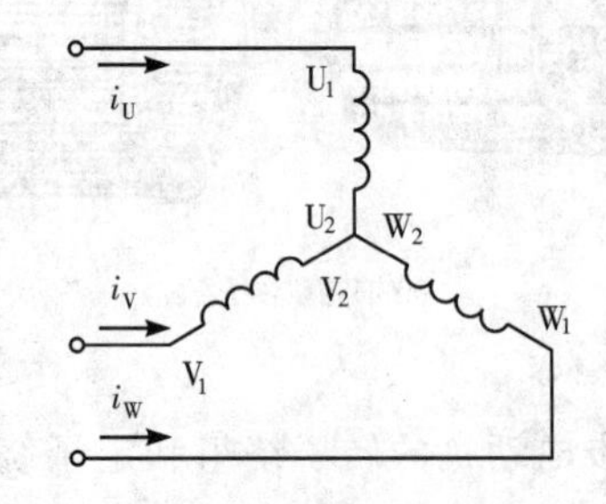


图 3-21 定子绕组星形联结

电流的波形如图 3-22 所示,设电流的参考方向是从绕组的首端流入,尾端流出。当三相电流通入定子绕组时,分别产生磁场,下面取几个时刻来分析产生合成磁场的情况。

当 $\omega t=0°$时,$i_U=0$,$U_1U_2$ 绕组中没有电流流过;$i_V<0$,实际方向与参考方向相反,电流从尾端 $V_2$ 流入(用⊗表示),首端 $V_1$ 流出(用⊙表示);$i_W>0$,实际方向与参考方向相同,电流从首端 $W_1$ 流入,尾端 $W_2$ 流出。根据右手螺旋定则,三相电流产生合成磁场的方向如图 3-23(a)所示,它是一个两极磁场,上面为 N 极,下面为 S 极,磁极对数 $p=1$。

当 $\omega t=90°$时,$i_U>0$,即电流从首端 $U_1$ 流入,尾端 $U_2$ 流出;$i_V<0$,电流从尾端 $V_2$ 流入,首端 $V_1$ 流出;$i_W<0$,电流从尾端 $W_2$ 流入,首端 $W_1$ 流出。根据右手螺旋定则,三相电流产生合成磁场的方向如图 3-23(b)所示,仍是一个两极磁场,磁极对数 $p=1$,但此时右面为 N 极,左面为 S 极。可见,合成磁场顺时针旋转了 90°。

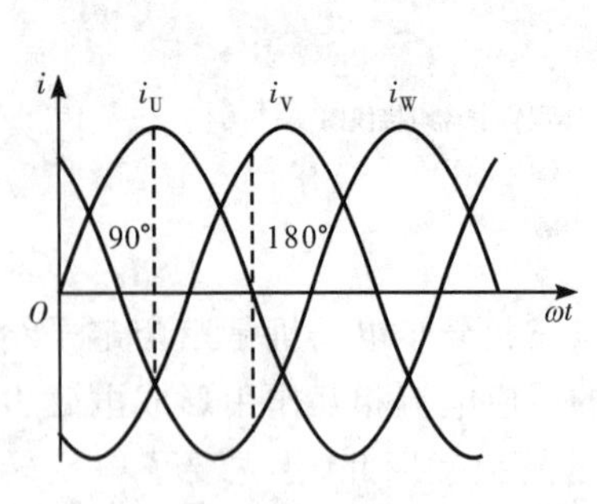


图 3-22 三相电流波形

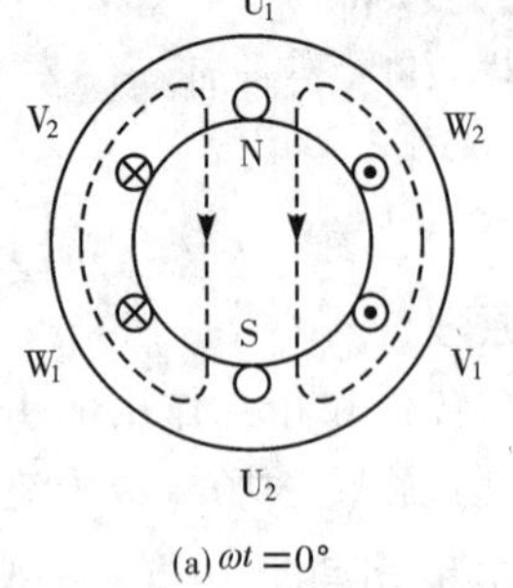


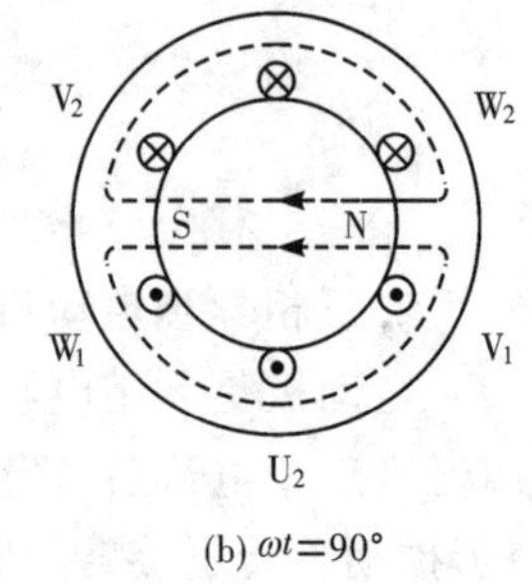


图 3-23 二极旋转磁场

同理可以得到其他角度如 $\omega t=180°$、270°和 360°等的合成磁场,可以证明合成磁场在空

间是旋转的。

旋转磁场的磁极对数 $p$ 与三相定子绕组的布置方式有关。如果像图 3-24 那样，每相绕组改由两个线圈串联组成，采用与前面同样的分析方法，可以看出此时三相电流产生的是一个四极旋转磁场，即磁极对数 $p=2$，如图 3-25 所示。当电流变化 90°时，磁场旋转了 45°，可见，其转速降为 $p=1$ 时的一半。

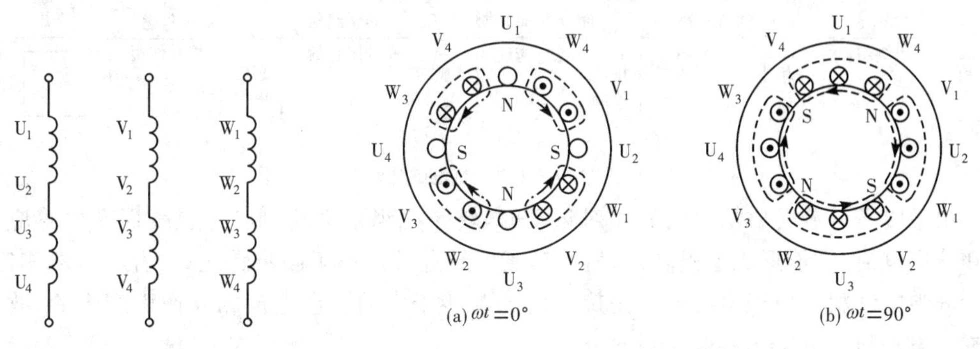


(a) $\omega t=0°$　　(b) $\omega t=90°$

图 3-24　三相绕组图　　图 3-25　四极旋转磁场

②旋转磁场的转速

旋转磁场的转速也称为**同步转速**，用 $n_0$ 表示。根据上述分析可知，对于二极旋转磁场（磁极对数 $p=1$），当电流变化一个周期时，磁场在空间旋转一周。如果电流的频率为 $f_1$，则同步转速 $n_0=60f_1$(r/min)。同理，对于四极旋转磁场（磁极对数 $p=2$），当电流变化一个周期时，磁场在空间旋转半周，即同步转速 $n_0=60f_1/2$(r/min)。依此类推，如果旋转磁场的磁极对数为 $p$，则同步转速为

$$n_0=\frac{60f_1}{p} \tag{3-4}$$

当电流的频率为工频 50 Hz 时，同步转速 $n_0$ 与磁极对数 $p$ 的对应关系如表 3-1 所示。

**表 3-1　同步转速 $n_0$ 与磁极对数 $p$ 的对应关系**

| $p$ | 1 | 2 | 3 | 4 | 5 | 6 |
|---|---|---|---|---|---|---|
| $n_0$/(r/min) | 3 000 | 1 500 | 1 000 | 750 | 600 | 500 |

③旋转磁场的转向

如前所述，旋转磁场是沿着 $U_1 \rightarrow V_1 \rightarrow W_1$ 方向旋转的，即与通入定子绕组的三相电流的相序一致。因此，要想改变旋转磁场的转向，就必须改变绕组中三相电流的相序。把三相绕组接到电源的三根导线中的任意两根对调，即可实现反转。

(2)工作原理

异步电动机的工作原理示意图如图 3-26 所示，用一对旋转的磁极（N 极和 S 极）来表示三相电流产生的旋转磁场，中间的 6 个小圆圈代表转子绕组。假设当前旋转磁场以同步转速 $n_0$ 沿顺时针方向旋转，则转子绕组逆时针方向切割磁感应线，将产生感应电动势；同时因为转子绕组是闭合的，因此在其中将产生感应电流。电流的方向用右手定则判断，标于图 3-26 中。靠近 N 极的绕组感应电流垂直纸面向外流，用⊙表示；靠近 S 极的

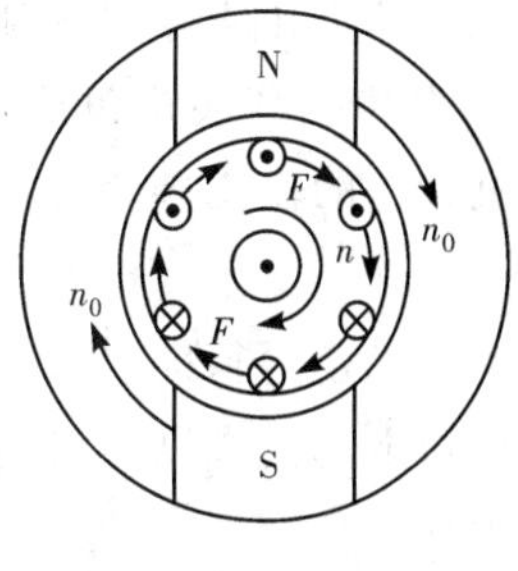

图 3-26　异步电动机工作原理示意图

绕组感应电流垂直纸面向里流，用⊗表示。转子电流与旋转磁场相互作用，就会在转子绕组上产生电磁力 $F$。电磁力 $F$ 的方向用左手定则判断，如图 3-26 中的箭头方向。这些电磁力作用在转子上，则形成顺时针方向的**电磁转矩**(electromagnetic torque) $T$，推动转子顺时针方向旋转，从而在轴上输出机械功率。上述原理如图 3-27 所示。

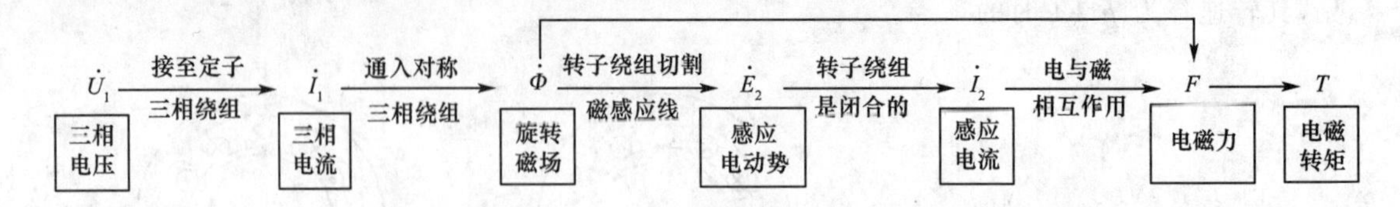


图 3-27　三相异步电动机电磁转矩的产生原理

由于转子与旋转磁场之间有相对运动时，转子绕组才会切割磁感应线而产生感应电动势和感应电流，才能形成电磁转矩，所以转子的转速总是小于同步转速，二者不可能相等，故称为**异步电动机**。由于电磁转矩是旋转磁场与转子中的感应电流相互作用产生的，故又称为**感应电动机**(induction electric motor)。

转子转速 $n$ 与同步转速 $n_0$ 之差称为转差，转差与同步转速 $n_0$ 的比值称为转差率(slip)，用 $s$ 表示，即

$$s=\frac{n_0-n}{n_0} \tag{3-5}$$

可得转子转速

$$n=(1-s)n_0 \tag{3-6}$$

转差率是分析异步电动机工作情况的重要参数。在电动机启动瞬间，即接通电源而尚未转动时，$n=0$，$s=1$，转差率最大；随着转速提高，转差率减小。在理想空载时，$n=n_0$，$s=0$，实际运行时，这种情况是不可能出现的。所以电动机在正常运行时，$0<n<n_0$，$0<s\leqslant 1$。一般异步电动机的额定转速很接近同步转速，所以额定转差率数值很小，为 0.01～0.06。

电磁转矩 $T$ 的大小与电源电压的平方成正比，还与转差率 $s$(或转速 $n$)和转子电路的参数 $R_2$、$X_2$ 有关。因此电源电压的波动对电磁转矩影响很大，这是异步电动机的不足之处。

转子的转向由电磁转矩 $T$ 的方向决定，而 $T$ 的方向又与旋转磁场的转向一致。因此，要想改变转子的转向，也就是要使转子反转，只要将三相异步电动机接至电源的三根导线中的任意两根对调即可。

电动机在工作时施加在转子上的转矩，除电磁转矩 $T$ 外，还有空载转矩 $T_0$ 和负载转矩 $T_L$。其中空载转矩包括风阻和轴承摩擦等形成的阻力转矩。电磁转矩减去空载转矩是电动机轴上的输出转矩 $T_2$，所以

$$T_2=T-T_0$$

电动机稳定运行时，输出转矩 $T_2$ 应与它所拖动的负载转矩 $T_L$ 相平衡，即 $T_2=T_L$。代入上式可得电动机在稳定运行时应满足的转矩平衡方程：

$$T=T_0+T_L \tag{3-7}$$

$T_0$ 一般很小，电动机在满载运行或接近满载运行时，$T_0$ 可以忽略不计，这时 $T\approx T_2=T_L$。

电动机在稳定运行时，若 $T_L$ 减小，则原来的平衡被打破。$T_L$ 减小瞬间，$T_2>T_L$，电动

机加速，$n$ 增加，$s$ 减小，转子电流 $I_2$ 减小，定子电流 $I_1$ 也随之减小；$I_2$ 减小又会使 $T$ 减小，直至恢复 $T_2=T_L$ 为止，电动机便在比原来高的转速和比原来小的电流下重新稳定运行。反之，若 $T_L$ 增加，$T$ 也相应地增加，电动机将在比原来低的转速和比原来大的电流下重新稳定运行。

三相异步电动机从轴上输出的机械功率用 $P_2$ 表示：

$$P_2=T_2\omega=\frac{2\pi}{60}\cdot T_2 n \tag{3-8}$$

式中，$\omega$ 是转子的旋转角速度，单位是 rad/s（弧度/秒）；$T_2$ 的单位是 N·m（牛顿·米）；$n$ 的单位是 r/min（转/分）；$P_2$ 的单位是 W（瓦）。

**3. 三相异步电动机的机械特性**

当定子电压 $U_1$ 和频率 $f_1$ 一定，电动机的参数保持不变时，三相异步电动机的转矩 $T$ 与转差率 $s$ 之间的关系 $T=f(s)$ 称为**转矩特性**（torque-slip characteristics），转速 $n$ 与转矩 $T$ 之间的关系 $n=f(T)$ 称为**机械特性**（speed-torque characteristics）。有时将二者统称为机械特性。

实验求得三相异步电动机的转矩特性和机械特性曲线如图 3-28 所示。特性曲线上的 $N$、$M$、$S$ 三个特殊工作点分别代表了三相异步电动机的三个重要工作状态。

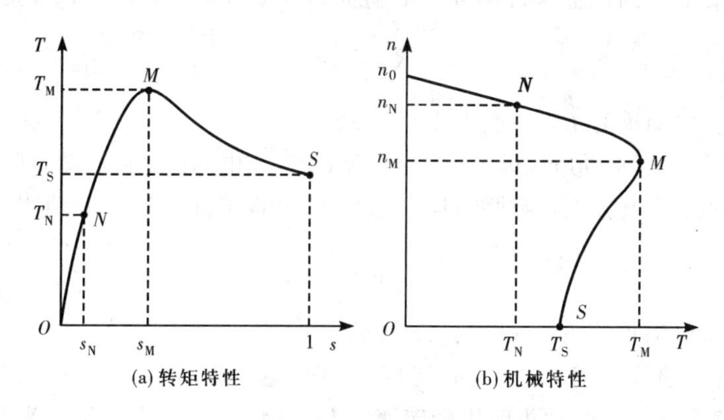


图 3-28　三相异步电动机的转矩特性和机械特性

①额定状态

额定状态是指电动机的电压、电流、功率和转速等都等于额定值时的状态，其工作点对应特性曲线上的 $N$ 点，此时的转差率 $s_N$、转速 $n_N$ 和转矩 $T_N$ 分别称为**额定转差率**（rated slip）、**额定转速**（rated speed）和**额定转矩**（rated torque）。

额定状态说明了电动机的长期运行能力。若负载转矩 $T_L>T_N$，则电流和功率都会超过额定值，电动机处于过载状态。长期过载运行，电动机的温度会超过允许值，将会降低电动机的使用寿命，甚至烧坏电机，这是不允许的。

②临界状态

临界状态是指电动机的电磁转矩最大时的状态，其工作点对应特性曲线上的 $M$ 点，这时的电磁转矩 $T_M$ 称为**最大转矩**（maximum torque），转差率 $s_M$ 和转速 $n_M$ 分别称为**临界转差率**（critical slip）和**临界转速**（critical speed）。

临界状态说明了电动机的短时过载能力。电动机虽然不允许长期过载运行，但是只要过载时间很短，电动机的温度还没有超过允许值，从发热的角度看，电动机短时过载是允许的。但是负载转矩不能超过最大转矩，否则电动机就会因为带不动负载，转速越来越低，直至停转，这种现象叫“堵转”。这时，$s=1$，转子与旋转磁场的相对运动速度大，因而电流要比额定电流大得多，时间一长，电动机会严重过热，甚至烧坏。通常用最大转矩 $T_M$ 和额定转矩 $T_N$ 的比值来说明异步电动机的短时过载能力，用 $K_M$ 表示，即

$$K_M=\frac{T_M}{T_N} \tag{3-9}$$

Y2 系列三相异步电动机的 $K_M$ 一般为 1.9～2.3。

③启动状态

启动状态是指电动机刚接通电源，转子尚未转动时的工作状态，其工作点对应着特性曲线上的 $S$ 点。此时的转差率 $s=1$，转速 $n=0$，对应的电磁转矩 $T_S$ 称为**启动转矩**(starting torque)，定子线电流 $I_S$ 称为**启动电流**(starting current)。

启动状态说明了电动机的直接启动能力。因为只有当 $T_S>T_L$ 时，电动机才能启动。$T_S$ 大，电动机才能重载启动；$T_S$ 小，电动机只能轻载、甚至是空载启动。因此通常用启动转矩 $T_S$ 和额定转矩 $T_N$ 的比值来说明异步电动机的直接启动能力，用 $K_S$ 表示，即

$$K_S=\frac{T_S}{T_N} \tag{3-10}$$

Y2 系列三相异步电动机的 $K_S$ 一般为 1.0～2.2。

电动机直接启动时，启动电流远大于额定电流，所以当电动机直接启动时要考虑减小启动电流的问题。电动机启动电流 $I_S$(启动瞬间定子线电流)和额定电流 $I_N$ 的比值用 $K_C$ 表示，即

$$K_C=\frac{I_S}{I_N} \tag{3-11}$$

Y2 系列三相异步电动机的 $K_C$ 一般为 4～7.5。

当电动机的启动转矩 $T_S$ 大于负载转矩 $T_L$ 时，电动机可带载启动，这时电动机从特性曲线的 $S$ 点过渡到 $M$ 点，电动机转矩随转速上升而增大，又促使转速迅速上升。到达点 $M$ 时，转矩最大。拐过 $M$ 点后，电动机转矩则随转速的上升而减小。但是只要电动机转矩还大于负载转矩，转速则保持继续上升，直到等于负载转矩时，电动机转速才稳定下来。所以电动机的稳定工作区间为 $n_0$～$n_M$，因为在这段区间，若 $T_L<T_M$，电动机的转矩能自动适应负载转矩的变化。当负载转矩增加时，电动机转矩能自动增大；当负载转矩减小时，电动机转矩又能自动减小。

当电动机的工作条件发生变化，机械特性也将随之发生变化。如定子电压降低时，由于同步转速 $n_0$、临界转差率和临界转速与电压无关，而转矩和电压的平方成正比，因此，定子电压降低时的特性如图 3-29 所示。

当转子电阻增加时，由于同步转速 $n_0$ 和最大转矩 $T_M$ 与转子电阻 $R_2$ 无关，因此保持不变；而临界转差率 $s_M$ 与 $R_2$ 成正比，因此 $s_M$ 增加。绕线型异步电动机在转子电阻增加时的特性如图 3-30 所示。

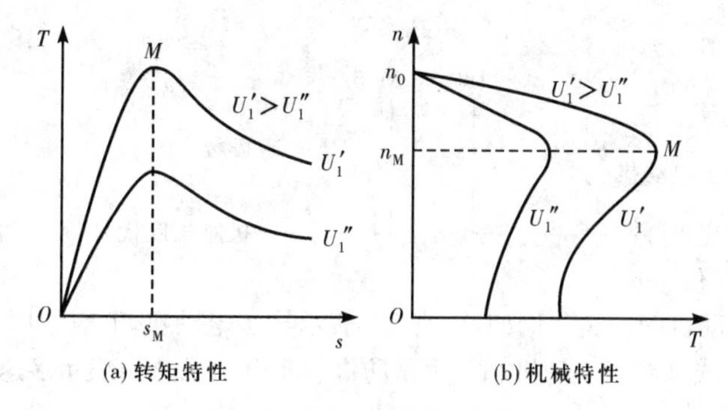


(a) 转矩特性　　(b) 机械特性

图 3-29　定子电压降低时的特性

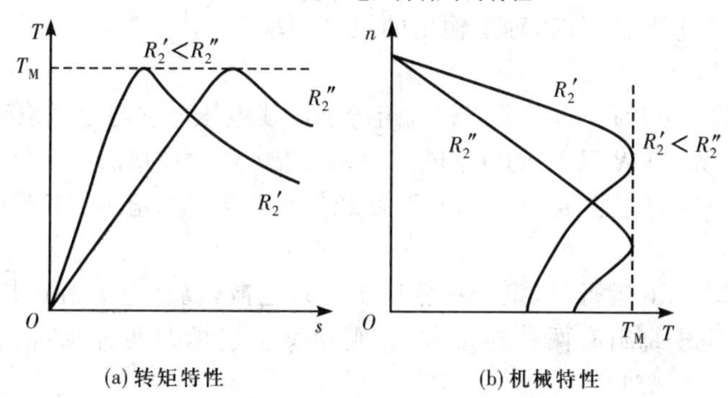


(a) 转矩特性　　(b) 机械特性

图 3-30　转子电阻增加时的特性

**【例 3-3】**　某三相异步电动机额定转矩 $T_N=145\ \mathrm{N\cdot m}$，$K_M=2.2$，$K_S=2.0$。若 $T_L=200\ \mathrm{N\cdot m}$，试问电动机能否带动此负载：(1)直接启动；(2)长期运行；(3)短时运行。

**解**　(1)电动机的启动转矩

$$T_S=K_S T_N=2.0\times145\ \mathrm{N\cdot m}=290\ \mathrm{N\cdot m}$$

由于 $T_S>T_L$，故可以带动此负载直接启动。

(2)由于 $T_L>T_N$，故不能带动此负载长期运行。

(3)电动机的最大转矩

$$T_M=K_M T_N=2.2\times145\ \mathrm{N\cdot m}=319\ \mathrm{N\cdot m}$$

由于 $T_M>T_L>T_N$，故可以带动此负载短时运行。

**4. 三相异步电动机的铭牌数据**

要正确使用电动机，就必须先读懂铭牌，理解其上各项数据的意义。通常在电动机的外壳上都附有铭牌，上面标有电动机的型号和主要额定数据。下面以某台 Y2 系列电动机为例说明铭牌数据的意义(图 3-31)。Y2 系列电动机是我国自行设计的封闭式笼型三相异步电动机，是取代 Y 系列的换代产品，不仅符合国家标准(GB)，也符合国际电工委员会(IEC)标准，已达到国际同期先进水平，具有体积小、质量轻、性能好等优点，已成为目前应用最为广泛的电动机。

| 三相异步电动机 | | |
|---|---|---|
| 型号　Y2-180M-4 | 功率　3 kW | 频率　50 Hz |
| 电压　380/220 V | 电流　6.5/11.2 A | 接法　Y/△ |
| 转速　1 440 r/min | 功率因数　0.79 | 绝缘等级　F |

图 3-31　某台 Y2 系列电动机的铭牌

(1)型号

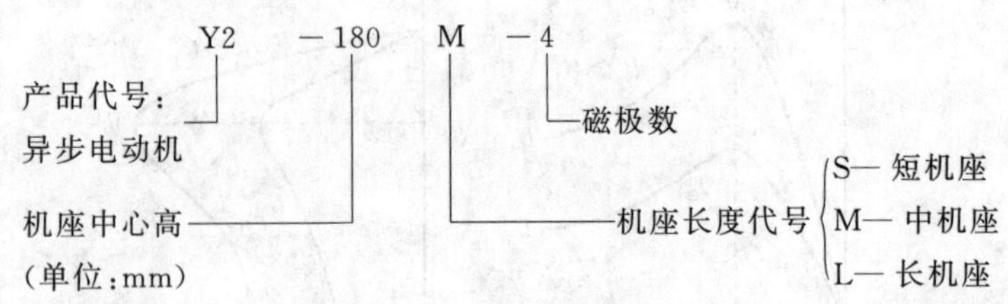


其中产品代号表示电动机的种类。例如,Y 或 Y2 表示异步电动机,T 表示同步电动机,Z 表示直流电动机,YR 表示绕线型异步电动机,YB 表示防爆异步电动机,YD 表示多速异步电动机等。

(2)额定功率 $P_N$

电动机在额定状态下运行时,轴上输出的机械功率。

(3)额定电压 $U_N$

电动机在额定状态下运行时,定子三相绕组应加的线电压。它与定子绕组的连接方式有对应关系,有些电动机(如 3 kW 以下)的额定电压为 380/220 V,对应接法为 Y/△,表示当电源电压为 380 V 时,电动机应为星形联结;当电源电压为 220 V 时,电动机应为三角形联结。

(4)额定电流 $I_N$

电动机在额定状态下运行时,定子三相绕组的线电流,也是电动机在长期运行时所允许的定子线电流。若定子绕组有两种连接方式,则铭牌上也标有两种相对应的额定电流。例如 380/220 V,Y/△,6.5/11.2 A。

当电动机的实际工作电压、电流和功率等都等于额定值时,这种运行状态称为额定状态。当电动机的实际工作电流等于额定电流时,电动机的工作状态称为满载。

(5)额定频率 $f_N$

电动机在额定状态下运行时,定子三相绕组所加电压的频率。

(6)额定转速 $n_N$

电动机在额定状态下运行时转子的转速。国产异步电动机的额定转速略小于同步转速,因此可以根据额定转速判断出同步转速及磁极对数(参考表 3-1)。例如,$n_N = 1\ 440$ r/min,则 $n_0 = 1\ 500$ r/min,$p = 2$,磁极数为 4。

(7)额定功率因数 $\lambda_N$

电动机在额定状态下运行时的功率因数,即 $\lambda_N = \cos\varphi_N$,为 0.7~0.9,空载时只有 0.2~0.3。

(8)绝缘等级

绝缘等级是指电动机所用绝缘材料的耐热等级,它决定电动机允许的最高工作温度。目前,Y2 系列电动机采用 F 级绝缘,允许的最高温度为 130 ℃。

**5. 三相异步电动机的使用**

(1)启动

启动是指电动机接通电源,从静止状态开始转动,直到进入稳定运行状态的过程。电动机在开始启动瞬间,$n = 0$,$s = 1$,转子和旋转磁场之间的相对运动速度最大,因此转子中的感应电动势和感应电流很大,同时定子启动电流 $I_S$ 也很大[见式(3-11)]。如果启动不频繁,启动电流对电动机本身影响不大,因为启动时间短,且启动后转速很快升高,电流随之减小了;但如果启动频繁,则会造成热量积累,引起过热,造成绝缘老化,会降低电动机的使用寿命。另一方面,过大的启动电流在短时间内会在线路上造成较大的电压降落,导致负载端的电压降低,影响临近负载的正常工作。鉴于上述原因,必须采用适当的启动方法减小启动电流。

此外，电动机启动瞬间要求启动转矩 $T_S$ 足够大，即启动转矩必须大于负载转矩，电动机才能带动负载一起启动。衡量异步电动机启动性能的好坏要从启动电流、启动转矩、启动过程的平滑性、启动时间及经济性方面来考虑，其中最重要的指标是启动电流 $I_S$ 和启动转矩 $T_S$ 的大小。下面介绍三相异步电动机的启动方法。

①直接启动

直接启动又称为全电压启动，就是将电动机的定子绕组直接加额定电压启动。如上所述，直接启动电流很大，但是启动时间很短，随着转子转动起来后，电流很快减小。如果电动机不频繁启动，不至于使电动机过热；或者电源的容量足够大，满足电源的额定电流远大于电动机的启动电流，不会引起供电电压的显著下降。这时只要启动转矩满足要求，就可以采用此方法启动。

直接启动方法的优点是操作简便、启动迅速，不需要专用的启动设备，是小型异步电动机常用的启动方法。

②减压启动

减压启动是指电动机启动时先将定子绕组上的电压降低，启动后再将电压恢复到额定电压。减压启动可以减小启动电流，但启动转矩也减小了，因此这种启动方法一般在对启动转矩要求不高的场合使用，即适用于轻载或空载情况下启动。减压启动的具体方法如下：

(a)星形-三角形减压启动

星形-三角形减压启动简称为 Y-△启动。启动时定子绕组先接成星形联结，启动后再换接成三角形联结。这种启动方法只适用于正常运行时为三角形联结的电动机。接线原理图如图 3-32 所示。启动时，先合上电源开关 $Q_1$，然后将 $Q_2$ 合向“启动”位置，电动机在星形联结下减压启动，待转速上升到接近正常转速时，再将开关 $Q_2$ 置于“运行”位置，电动机换成三角形联结，然后在额定电压下运行。

图 3-33 是电动机在三角形联结直接启动和星形联结减压启动时的电路图，可知星形联结相电压是三角形联结相电压的 $1/\sqrt{3}$，因此星形联结相电流也是三角形联结相电流的 $1/\sqrt{3}$。又由于三角形联结时线电流是相电流的$\sqrt{3}$倍，星形联结时线电流等于相电流，故星形联结的线电流只有三角形联结线电流的 1/3，这就大大减小了启动电流。但是，由于转矩与电压的平方成正比，所以启动转矩也减小到只有直接启动的 1/3。因此，这种方法只适合于轻载或空载启动。

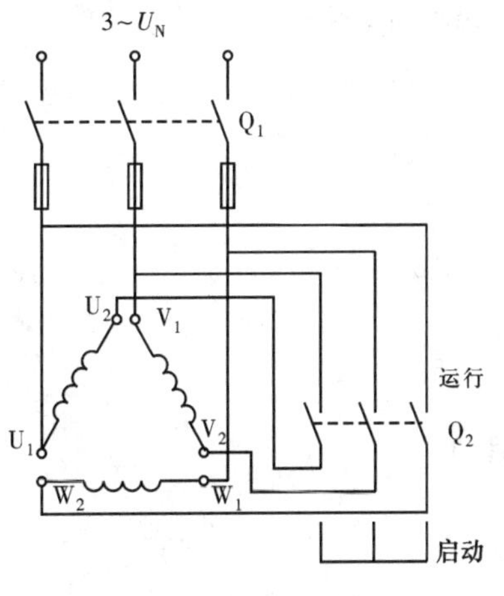


图 3-32　星形-三角形换接启动电路

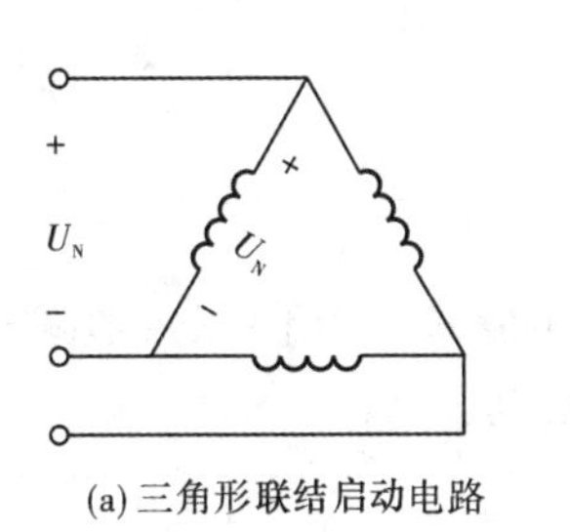


(a) 三角形联结启动电路

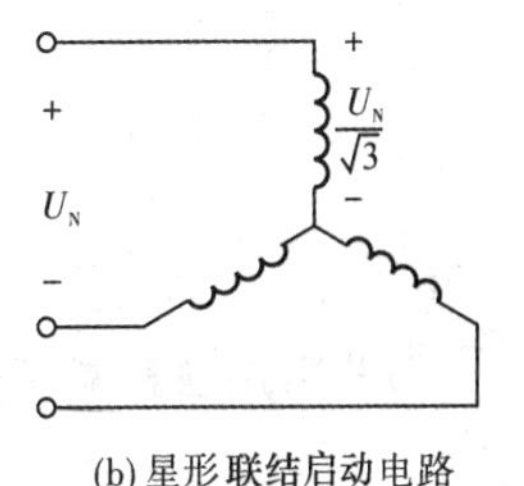


(b) 星形联结启动电路

图 3-33　星形-三角形联结电路

可见星形-三角形减压启动时的启动电流和启动转矩都只是直接启动的1/3。该启动方法的优点是附加设备少，操作简单。所以小型异步电动机常采用这种方法启动。

(b)自耦变压器减压启动

自耦变压器减压启动简称为自耦减压启动或自耦变压器启动。启动时利用三相自耦变压器将电动机的定子电压降低，启动后再将电压恢复到额定电压。这种启动方法既适用于正常运行时三角形联结的电动机，也适用于正常运行时星形联结的电动机。接线原理电路如图3-34所示，Tr是一台三相自耦变压器，每相绕组备有两个或三个抽头，以便根据需要选择不同的电压，若电动机所接抽头的降压比为 $K$

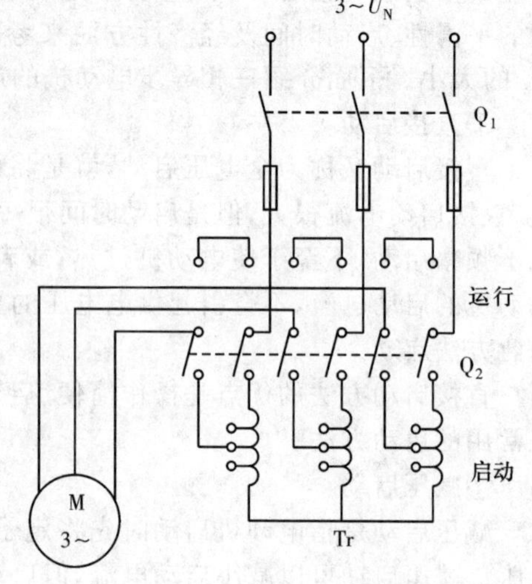


图 3-34 自耦变压器启动电路

$$K=\frac{U}{U_N} \tag{3-12}$$

其中 $U_N$ 为电动机的额定电压，$U$ 为变压器降压后的电压，所以 $K<1$，如 $K$ 可取0.8，0.6和0.4等。不同的 $K$ 值，可以得到不同的启动电流和启动转矩。

采用自耦减压启动时，启动转矩和从电源取用的电流都将减少为直接启动时的 $K^2$ 倍(分析从略)。自耦减压启动所需设备较笨重，且费用高，故一般只用于功率较大的电动机。

通常电动机如果不能直接启动，就必须考虑采用减压启动，而采用减压启动应先考虑星形-三角形减压启动，如果星形-三角形减压启动也满足不了要求，再考虑采用自耦减压启动。

**【例 3-4】** 某一台三相笼型异步电动机，$P_N=30$ kW，$U_N=380$ V，$I_N=58$ A，三角形联结，$K_S=1.6$，$K_C=6.5$，$T_N=195$ N·m，当 $T_L=190$ N·m，电源的额定电流为280 A时，试问：(1)电动机能否带动负载直接启动；(2)若不能应采用什么方法启动。

**解** (1)若采用直接启动，则启动转矩和启动电流分别为

$$T_S=K_S\times T_N=1.6\times195\ \text{N·m}=312\ \text{N·m}$$

$$I_S=K_C\times I_N=6.5\times58\ \text{A}=377\ \text{A}$$

由于 $I_S>280$ A，所以不能直接启动。

(2)若采用星形-三角形减压启动

$$T_{SY}=\frac{1}{3}T_S=\frac{1}{3}\times312\ \text{N·m}=104\ \text{N·m}$$

$$I_{SY}=\frac{1}{3}I_S=\frac{1}{3}\times377\ \text{A}=125.67\ \text{A}$$

由于 $T_{SY}<T_L$，所以不能采用星形-三角形减压启动。

(3)若采用自耦减压启动

$$T_{Sa}=K^2T_S>T_L$$

$$K^2\times312>190$$

$$K>0.78$$

选择 $K=0.8$，则

$$I_a=K^2 I_S=0.8^2\times 377\ \text{A}=241.28\ \text{A}$$

由于 $T_{Sa}>T_L$，$I_a<280$ A，故可以采用自耦减压启动，选 $K=0.8$。

③转子电路串电阻启动

这种启动方法只适用于绕线型异步电动机。绕线型异步电动机的转子电路串联外加电阻后，$R_2$ 增加，启动时的转子电流 $I_2$ 减小，定子电流 $I_1$ 也随之减小。只要转子电路中串联合适的电阻，还可以增大启动转矩。所以，采用这种启动方法既可以减小启动电流，又可以增大启动转矩。因而在要求启动转矩较大或启动频繁的生产机械常采用绕线型异步电动机拖动，如起重机、卷扬机等。

容量较小的三相绕线型异步电动机可以采用转子电路串联启动变阻器的方法启动，如图 3-35 所示。启动变阻器通过手柄接成星形，电动机启动前变阻器值调到最大，合上电源开关，电动机开始启动。随着转速的升高，逐渐减小启动变阻器的电阻，直到全部切除。

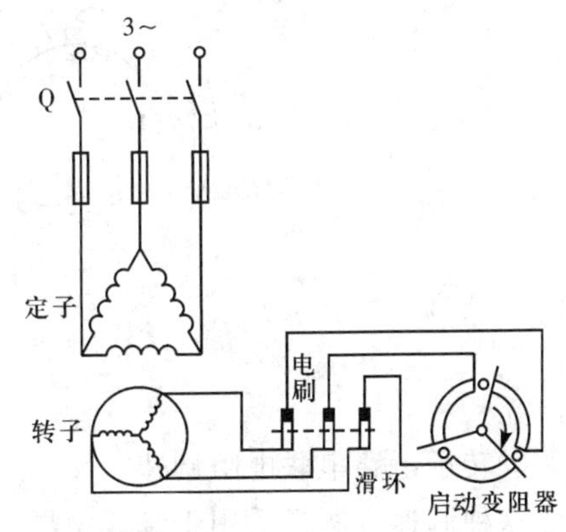


图 3-35　绕线型异步电动机的启动电路

(2)调速

调速是指在负载转矩一定的情况下，根据生产需要人为地改变电动机的转速。通常，电动机在满载时所得到的最高转速与最低转速之比称为调速范围。如果转速只能跳跃式地调节，这种调速称为有级调速；相反如果在一定范围内转速可以连续调节，这种调速称为无级调速。无级调速的平滑性较好，是目前的发展方向。

从转速公式

$$n=(1-s)n_0=(1-s)\frac{60f_1}{p} \tag{3-13}$$

可知异步电动机的调速方法分为两类：一是通过改变同步转速 $n_0$ 来改变电动机的转速 $n$。由上式可知，改变电源频率 $f_1$ 和磁极对数 $p$ 可以改变同步转速 $n_0$；二是通过改变转差率 $s$ 来改变电动机的转速 $n$，这就需要改变电动机的机械特性来实现调速。所以异步电动机的调速方法有以下几种。

①变频调速

变频调速是通过改变笼型异步电动机定子绕组的供电电源的频率 $f_1$，来改变同步转速 $n_0$，从而实现电动机调速。我国工业标准频率是 50 Hz，因此采用这种调速方法需要配备一套专业的变频电源(或变频器)，将 50 Hz 的工频交流电变换为频率连续可调的交流电，电路如图 3-36 所示。所以变频调速属于无级调速，调速性能较好，是当前笼型异步电动机的主要调速方法，广泛地应用在空调、电梯和电焊机等调速中。

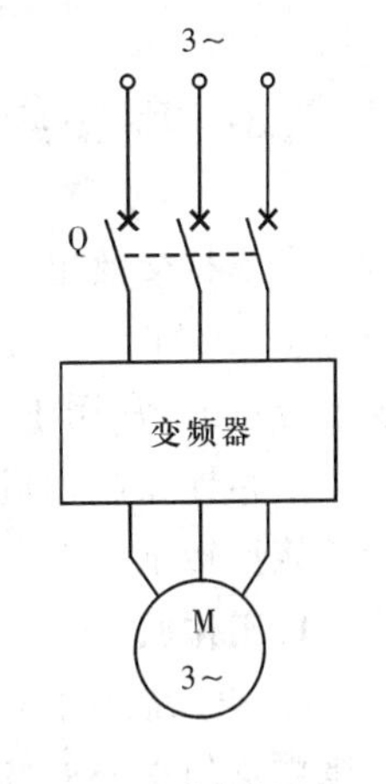


图 3-36　变频调速

②变极调速

旋转磁场的磁极对数和定子绕组的连接方式有关，改变定子每相绕组内部的连接方式，可以改变旋转磁场的磁极对数。若电动机每相定子绕组由两个线圈组成，当两个线圈串联时，如图 3-37(a)所示，磁极对数 $p=2$，同步转速 $n_0=1\ 500$ r/min；当两个线圈并联时，如图 3-37(b)所示，磁极对数 $p=1$，同步转速 $n_0=3\ 000$ r/min。按照这种方法制成的电动机称为多速电动机，常见的多速电动机有双速、三速和四速等几种。显然变极调速只能是有级调速，因此在调速要求较高的场合不适用。

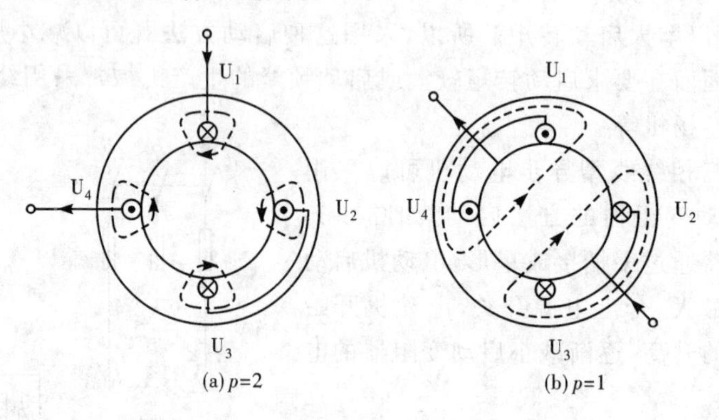


图 3-37 变极调速

③转子电路串联电阻调速

这种调速方法只适用于绕线型异步电动机。通过串接外加电阻，改变转子电路电阻，从而改变机械特性。由图 3-30 可知，转子电路电阻越大，转速越低。这种调速方法比较简单，但是串联的电阻要消耗电功率，会降低电动机的效率，而且转子电路串联电阻后，使机械特性变软。

(3)反转

异步电动机的旋转方向与定子绕组的电流相序一致。所以，要改变电动机的转向，只需任意对换电源与电动机相连的两根电源线即可。

## 3.3.3 单相异步电动机

由单相交流电源供电的异步电动机称为**单相异步电动机**(single phase asynchronous electric motor)。与同容量的三相异步电动机比较体积较大，运行性能稍差，因而一般只做成小容量的，常用于功率不大的电动工具、家用电器、医用机械和自动控制系统中。

单相异步电动机的结构也是由定子和转子两部分组成。其中定子绕组是单相绕组，转子是笼型转子。

**1. 工作原理**

在定子绕组中通入单相交流电流后，将产生一个方位不变而大小和方向随时间按正弦规律变化的交变磁场，称为**脉振磁场**(pulsating magnetic field)。它是在定子和转子之间的空气隙中近似按正弦规律分布的波形。脉振磁场可以分解为两个幅值相等、转速相同、转向相反的旋转磁场。这一结论可以利用反证法通过图 3-38 来证明。图中的上面部分画出了脉振磁场的磁通随时间按正弦规律变化的波形,下面画出了两个幅值相等、转速相同、转向相反的旋转磁场在转动不同位置时的合成结果。图中表明,合成磁通在任一瞬间都与对应磁通的瞬时值相等,从而证明了上述结论的正确性。

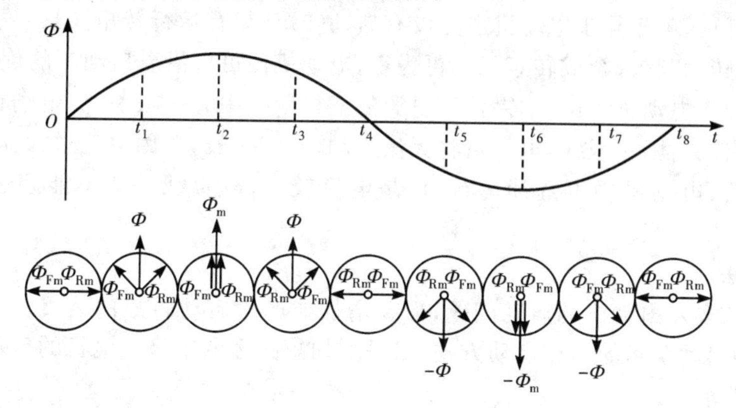


图 3-38 脉振磁场

所以,单相异步电动机可以看作是这两个旋转磁场分别对转子作用后的叠加,即两个方向相反的电磁转矩 $T_F$ 和 $T_R$ 的合成。

当转子静止时,$n=0$,两个旋转磁场与转子之间的相对运动速度相等,它们与转子之间的转差率 $s_F=s_R=1$,因而 $T_F=T_R$,合成转矩 $T=T_F-T_R=0$。可见,若不增加启动装置,单相异步电动机将没有启动转矩,不能自行启动。

当转子已经沿顺时针方向旋转时,转差率

$$s_F=\frac{n_0-n}{n_0}<1$$

$$s_R=\frac{n_0+n}{n_0}>1$$

由图 3-39(a)的转矩特性可知,$T_F>T_R$,合成转矩 $T=T_F-T_R>0$,电动机仍能按照顺时针方向继续运行。

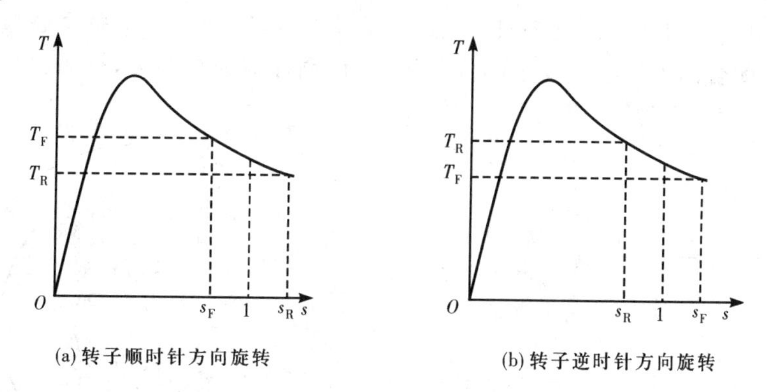


图 3-39 单相异步电动机的运行转矩

当转子已经沿逆时针方向旋转时,转差率

$$s_F=\frac{n_0+n}{n_0}>1$$

$$s_R = \frac{n_0 - n}{n_0} < 1$$

由图 3-39(b)转矩特性可知，$T_F < T_R$，合成转矩 $T = T_R - T_F > 0$，电动机仍能按照逆时针方向继续运行。可见，单相异步电动机虽然没有启动转矩，却有运行转矩。只要能解决其启动问题，让电动机转动起来，合成转矩就不再为零，电动机便可以沿着启动时的旋转方向运行。

对于三相异步电动机来说，如果接至电源的三根导线中有一根断线，电动机便处于单相状态。因而在启动时断一根线，电动机将无法启动，时间一长，会因电流过大而烧坏；如果在运行中断一根线，电动机仍可继续运行，但是电流较大，故负载一般不能超过额定负载的30％。

**2. 启动方法**

要解决单相异步电动机的启动问题，需要增加能产生启动转矩的装置。常用的方法有两种：一是增加启动绕组的两相启动方式，二是增加短路环的罩极式电机的启动方式。

(1)两相启动

单相异步电动机的定子装有两个在空间互差 90°的绕组，原理图如图 3-40 所示。其中 $W_1W_2$ 是工作绕组(或称为主绕组)，$S_1S_2$ 是启动绕组(或称为辅助绕组)，启动绕组和电容串联后，与工作绕组并联接在单相电源上。电容的作用是使 $i_S$ 和 $i_W$ 之间产生相位差，如果适当地选择两相绕组和电容的参数，在电动机启动时，可使电流 $i_S$ 超前于电流 $i_W$ 90°。这样相位相差 90°的两相电流，通过在空间上互差 90°的两相绕组，与三相电流通过三相绕组一样会产生旋转磁场，从而产生启动转矩使电动机启动。

电动机启动后的运行方式有两种：一种是两相启动单相运行，这种电动机在启动绕组电路中串联了一个离心式开关，电动机启动后开关自动断开，电动机进入单相运行，这种电动机称为**单相电容启动式电动机**。另一种是两相启动两相运行，启动绕组电路未接离心式开关，启动和运行时都是处于两相状态，这种电动机称为**单相电容运转式电动机。**

将两个绕组中的任何一个绕组接至电源的两端对调一下位置，即可改变两相电流的相序，旋转磁场的转向便会改变，从而可以改变转子的转向。

(2)罩极启动

罩极式电动机的结构如图 3-41 所示，定子铁芯为凸极形状，在每个磁极约 1/3 处开个凹槽，用一个闭合的铜环套在较小部分磁极上，该铜环称为短路环，被短路环套着的部分磁极称为罩极。转子仍为笼型转子。

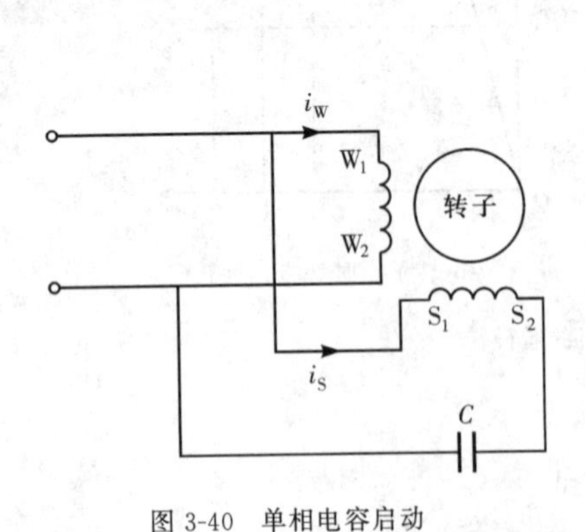


图 3-40 单相电容启动

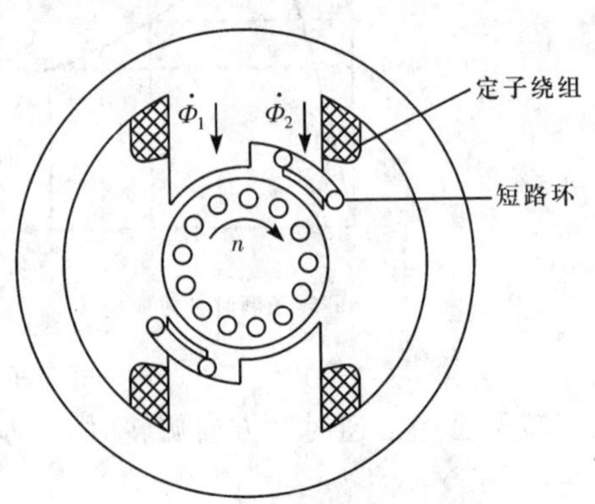


图 3-41 单相罩极式异步电动机

当定子绕组中通入单相电流后，产生脉振磁场，它由不穿过短路环的磁通 $\dot{\Phi}_1$和穿过短路环的磁通$\dot{\Phi}_2$两部分组成。穿过短路环的磁通$\dot{\Phi}_2$在短路环内产生感应电动势和感应电流，该电流也将产生磁通，使得罩极部分的磁通 $\dot{\Phi}_2$与其他部分磁通 $\dot{\Phi}_1$之间出现相位差。这两部分磁通在空间上相差一定角度，在时间上又有一定的相位差，因而形成了一个移动磁场，使转子产生启动转矩。转子的旋转方向即移动磁场的移动方向是由磁极未罩部分向被罩部分的方向旋转。所以这种电动机制造完后，转向就确定了，是不能改变的。罩极式电动机的优点是结构简单，制造容易，缺点是启动转矩小，短路环有功率损耗，容量比较小。

**3. 单相异步电动机的应用举例**

单相异步电动机的容量一般从几瓦到几百瓦。由于只需单相交流电源，使用方便，因而在家用电器和小型动力等设备中广泛应用。如电风扇、洗衣机、空调、电冰箱、电钻、小型鼓风机等。由于各种电动器具的使用场合和负载特性不同，所以用于不同家用电器的电动机有着不同的工作特点。这里仅以电风扇为例加以介绍。

电风扇(electric fan)是由电动机带动扇叶旋转，推动空气形成强制气流，以加速空气流动或使室内外空气交换，从而达到改变局部环境温度和湿度的一种电动器具。家用电风扇所使用的电动机主要有单相电容运转式异步电动机和单相罩极式异步电动机：前者启动及运行性能较为优越，应用广泛；后者构造简单，维修方便，仅在为数不多的小功率风扇中使用。

电风扇一般由扇头电机、扇叶、摇头装置、支架、网罩及控制电器等组成，典型的台扇结构如图 3-42 所示。扇头电机是电风扇的动力源，一般采用单相电容运转式电动机，其工作原理图如图 3-43 所示。它的主轴一般均为两端出轴，前端装有扇叶，直接带动扇叶旋转；后端则利用齿轮系统带动摇头机构。为了避免扇叶旋转所产生的强制气流不停地集中吹向一个方向给人造成不适，同时也为了增大强制气流的吹拂面积，使室内空气循环得更好，台扇均设有摇头机构。我国有关标准则规定 250 mm 及其以下的台扇的摆角不应小于 60°，300 mm 及其以上者摆角不应小于 80°，全速时摆频每分钟不应少于 4 次。

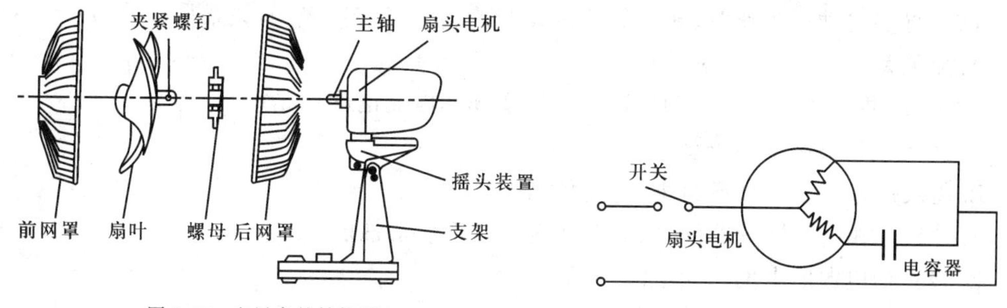


图 3-42 电风扇的结构图　　图 3-43 扇头电机的工作原理图

由于风扇的负载(扇叶阻力)随着扇叶转速的提高而增加，因此风扇电机是轻载启动的。所以要求风扇电机的启动转矩为额定转矩的 0.3～0.5 倍即可。为使风扇电机满足调速要求，电机的最大转矩不宜过高，一般为额定转矩的 1.1～1.7 倍。

电风扇电动机的磁极数是根据扇叶直径决定的。为保证风扇振动小、噪声低、安全可靠，风叶最大圆周速度不得过大。按国家标准规定，台扇和落地扇风叶的最大圆周速度应小于 2150 m/min。所以,当扇叶直径为 200 mm 时,可采用 2 极电机,而扇叶直径为 250～400 mm 时,则应采用 4 极电机。吊扇的最大圆周速度规定不得超过 1 500 m/min,而其扇叶直径较大,故采用多极慢速电机,如 12 极、16 极、18 极等。

## 练习题

**3-1** 电灯的额定电压 220 V、额定功率 40 W,接到 200 V 电源上使用时,其消耗的功率(　　)。

A. 大于 40 W　　B. 等于 40 W　　C. 小于 40 W　　D. 不确定

**3-2** 日光灯使用的电源是(　　)。

A. 直流电　　B. 单相交流电　　C. 三相交流电

**3-3** 下列电光源中属于热辐射光源的是(　　)。

A. 荧光灯　　B. 白炽灯　　C. LED 灯

**3-4** 有两只电热器,一只电压为 110 V、功率为 1.5 kW;另一只电压为 220 V、功率为 1.5 kW,两只电热器的电阻分别为(　　)。

A. 8 Ω、32 Ω　　B. 32 Ω、8 Ω　　C. 73 Ω、146 Ω　　D. 146 Ω、73 Ω

**3-5** 直流电动机有(　　)种励磁方式。

A. 1　　B. 2　　C. 3　　D. 4

**3-6** 在直流电动机和直流发电机中,电动势的方向与电枢电流方向分别(　　)。

A. 相同,相同　　B. 相同,相反　　C. 相反,相同　　D. 相反,相反

**3-7** 三相异步电动机的电磁转矩是由旋转磁场和(　　)相互作用而产生的。

A. 转子电流　　B. 转子频率　　C. 磁极对数　　D. 定子电流

**3-8** 三相笼式异步电动机的同步转速(　　)。

A. 与电源电压成正比　　B. 与轴上负载成正比

C. 与电源频率成正比　　D. 与定子磁极对数成正比

**3-9** 异步电动机工作时,转子的转速 $n$ 与旋转磁场转速 $n_0$ 的关系是(　　)。

A. 无关系　　B. $n>n_0$　　C. $n=n_0$　　D. $n<n_0$

**3-10** 三相绕线式异步电动机转子上的滑环和电刷的作用是(　　)。

A. 连接三相电源给转子绕组通入电流

B. 通入励磁电流来改善调速与启动性能

C. 外接三相电阻器等器件,以实现调速或改善启动性能

D. 接三相电源向电网回馈电能

**3-11** 三相异步电动机的机械特性描述了(　　)的对应关系。

A. 速度与电压　　B. 速度和电流　　C. 转矩和电压　　D. 速度和转矩

**3-12** 三相异步电动机采用 Y-△减压启动时,启动转矩 $T_{SY}$、启动电流 $I_{SY}$ 与直接启动时的 $T_S$、$I_S$ 之间的关系为(　　)。

A. $T_{SY}=\frac{1}{3}T_S$,$I_{SY}=\frac{1}{3}I_S$　　B. $T_{SY}=3T_S$,$I_{SY}=\frac{1}{3}I_S$

C. $T_{SY}=\frac{1}{3}T_S, I_{SY}=3I_S$　　D. $T_{SY}=3T_S, I_{SY}=3I_S$

**3-13**　三相异步电动机采用自耦变压器减压启动时，若降压比为 $K$，启动转矩与三相异步电动机直接启动时的启动转矩之比为(　　)。

A. $K$　　B. $1/K$　　C. $K^2$　　D. $1/K^2$

**3-14**　一台四极三相异步电动机，刚启动时瞬间转差率为(　　)。

A. 0　　B. 0.5　　C. 1　　D. 2

**3-15**　单相异步电动机产生的脉振磁场可以描述为(　　)。

A. 一个在空间不断旋转的磁场

B. 可以分解为两个幅值相等、转速相同、转向相反的旋转磁场

C. 一个方向和大小均不变的恒定磁场

D. 可以分解为两个幅值相等、转向相反但转速不同的旋转磁场

**3-16**　某三相异步电动机正常运行时，断开一根电源线，电机将(　　)。

A. 立即停转　　B. 飞车

C. 继续运转，但定子电流将减小　　D. 继续运转，但定子电流将增加

**3-17**　某三相异步电动机接至电源的三根导线在启动前已经断了一根，该电动机将(　　)。

A. 可以启动，定子电流较大　　B. 不能启动，定子电流很大

C. 不能启动，定子电流很小

**3-18**　电风扇工作时，扇头电机通常(　　)。

A. 轻载启动　　B. 空载启动　　C. 大负载启动

# 第4章

# 安全用电

电能的应用，给人类带来了高度的物质文明。但是电能使用不当，可能危及人的生命、引起电气火灾和爆炸等灾难，给社会造成巨大的经济损失。在各类火灾事故中，电气火灾占很大的比例。因此，掌握安全用电知识，对每个人特别是工程技术人员是极其重要的。本章首先简要介绍常见的触电事故，然后讨论在电气工程中采取的几种主要保护措施，最后介绍一些静电防护和电器防火防爆的常识。

## 4.1 触电事故

电能造福于人类的同时，由于设计、使用不当，会引起各种各样的电气事故。例如，触电事故、电气火灾和爆炸、静电事故、雷电灾害、射频危害，等等。其中触电事故是电气事故中最常见的一种，本章主要针对这类事故进行讨论。

所谓"触电"，是指人体接触带电体时，电流流过人体而对人体造成的伤害。触电事故可分为直接接触触电事故和间接接触触电事故两类。直接接触触电事故是指人体直接接触到电气设备正常带电部分的触电事故。例如，在380/220 V低压供电系统中，人体直接碰触到一根裸露相线时，称为单相触电，如图4-1所示。此时有事故电流 $I_d$ 通过人体。如果人体同时接触到两根裸露的相线，则称为两相触电，如图4-2所示。此时，作用于人体的电压为380 V，通过人体的电流 $I_d$ 将达到200 mA以上，承受如此大的电流不足0.2秒就会致人死亡。

触电事故

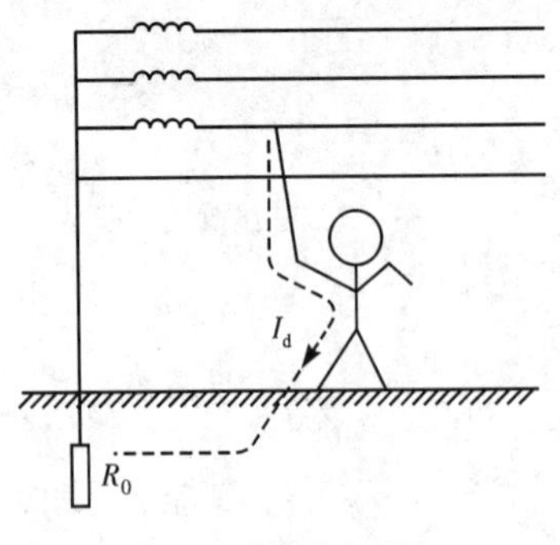

图4-1 单相触电事故

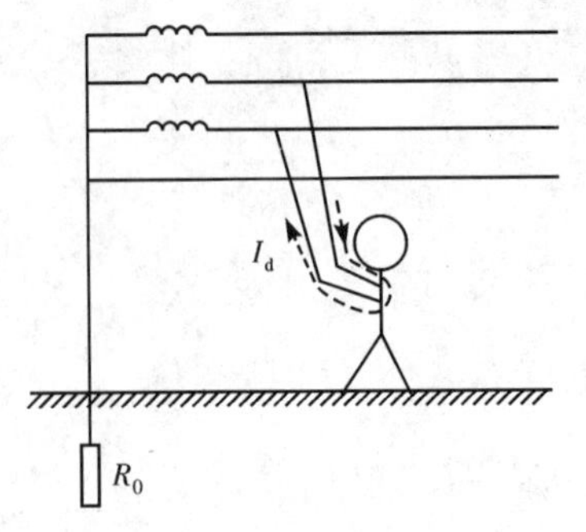

图4-2 两相触电事故

间接接触触电事故是指人体接触到正常情况下不带电，仅在事故情况接触到带电的设备金属外壳时所发生的触电事故。这里所说的事故是指电气设备或线路的绝缘能力降低、破损、老化时，内部带电部分会向外部不带电的金属部分“漏电”。因此，如果电气设备绝缘正常是不会发生这种事故的。近年来，随着家用电器使用的日趋增多，间接接触触电事故所占比例正在上升。

按人体所受伤害方式的不同，触电又可分为电击和电伤两种。电击主要是电流通过人体内部，影响呼吸系统、心血管系统和神经系统造成人体内部组织的破坏，甚至导致死亡。电伤主要是指电流的热效应、化学效应、机械效应等对人体表面或外部造成的局部伤害。当然，这两种伤害也可能同时发生。调查说明，绝大部分触电事故都是电击造成的，通常所说的触电事故基本上都是指电击。

电击伤害的程度取决于通过人体电流的大小、电流通过人体的持续时间、电流通过人体的途径、电流的频率以及人体的健康状况等。50～60 Hz 的交流电流通过心脏和肺部时危险性最大。

## 4.2　安全电压

选用安全电压是防止直接接触触电和间接接触触电的安全措施。根据欧姆定律，作用于人体的电压越高，通过人体的电流越大。因此，如果能限制可能施加于人体上的电压值，就能使通过人体的电流限制在允许的范围内。这种为防止触电事故而采用的由特定电源(例如隔离变压器)供电的电压系统称为安全电压。

安全电压值取决于人体的阻抗值和人体允许通过的电流值。人体对交流电是呈电容性的。在常规环境下，人体的平均总阻抗在 1 kΩ 以上。当人体处于潮湿环境、出汗、承受的电压增加以及皮肤破损时，人体的阻抗值都会急剧下降。IEC 规定了人体允许长期承受的电压的极限值，称为通用接触电压极限。在常规环境下，交流(15～100 Hz)电压为 50 V，直流(非脉动波)电压为 120 V，在潮湿环境下，交流电压为 25 V，直流电压为 60 V，这就是说，在正常和故障情况下，交流安全电压的极限值为 50 V，我国规定工频有效值 42 V、36 V、24 V、12 V 和 6V 为安全电压的额定值。电气设备安全电压值的选择应根据使用环境、使用方式和工作人员状况等因素选用不同等级的安全电压。例如，手提照明灯、携带式电动工具可采用 42 V 或 36 V 的额定工作电压；若在工作环境潮湿又狭窄的隧道和矿井内，周围又有大面积接地导体时，应采用额定电压为 24 V 或 12 V 的电气设备。

安全电压是有附加条件的，安全电压的供电电源要采用独立电源，供电电源的输入电路与输出电路之间必须实行电路上的隔离。例如采用安全隔离变压器作供电电源。这种变压器在高、低压绕组之间出现短路时，能防止一次绕组的高电压窜入低压二次绕组端，而没有这种安全隔离的一般变压器即使将电压降低到安全电压值，也是不能保障人身安全的。此外，工作在安全电压下的电路还必须与其他电气系统和任何无关的可导电部分实行电气上的隔离。

# 4.3 保护接地和保护接零

安全电压只是在特殊情况下采用的安全用电措施。事实上，目前大多数电气设备都是采用 380/220 V 低压供电系统供电的，其工作电压不是安全电压。因而当电气设备使用日久因绝缘老化而出现漏电，或者某一相绝缘损坏而使该相的带电体与外壳相碰而造成一相碰壳时，都会使外壳带电，人体触及外壳便有触电的危险。这是工矿企业和日常生活中常见的触电事故。为防止这类事故的发生，应该按供电系统的不同，分别采用接地或接零保护措施。根据我国《低压配电设计规范》的定义，低压配电系统根据接地方式的不同分为 IT、TN、TT 三种形式。其中第一个字母表示电源侧中性点的接地情况；第二个字母表示电气设备外壳的接地情况。

## 4.3.1 IT 系统

在电源的中性点不接地的三相三线制供电系统中（用 I 表示），将用电设备的金属外壳通过接地装置与大地作良好的导电连接，这种保护措施称为保护接地（用 T 表示）。这一系统称为 IT 系统（图 4-3）。接地装置是由埋入地下的接地体和将接地体引出的接地线组成。接地体是用埋入地下的钢管、角钢或扁钢等金属导体制成，有时也可利用埋在地下的金属管道（易燃、易爆的管道除外）或钢筋混凝土建筑物的基础。接地装置的电阻称为接地电阻，在 380 V 的低压供电系统中，一般要求接地电阻不超过 4 Ω。

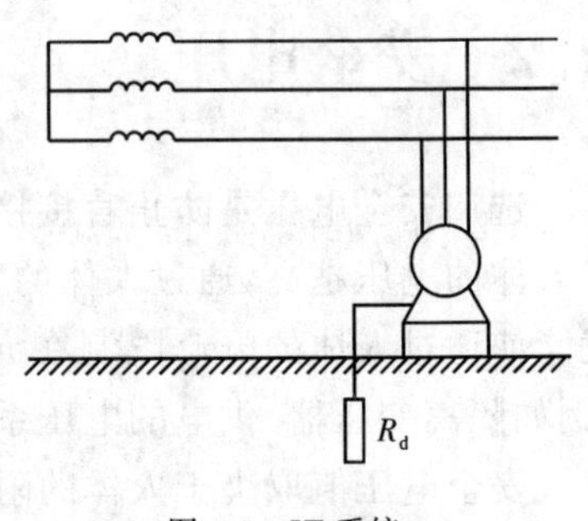


图 4-3 IT 系统

由于采用了保护接地，即使在出现漏电或一相碰壳时，外壳的对地电压也接近于零，人体触及外壳便比较安全。IT 系统在我国的煤矿等处普遍采用，其余地方因普遍采用的是电源中性点接地的三相四线制供电系统而很少采用。

## 4.3.2 TN 系统

在电源的中性点接地的三相四线制供电系统中（用 T 表示），将用电设备的金属外壳与零线可靠连接，这种保护措施称为保护接零（用 N 表示）。这一系统称为 TN 系统（图 4-4）。由于外壳与零线相接，如果出现漏电或一相碰壳时，该相线与零线之间形成短路或接近短路，接于该相上的短路保护装置或过电流保护装置便会动作，迅速切断电源，消除触电危险。

采用这种保护措施时，最好是从电源中性点引出两根零线，一为工作零线，用 N 表示，一为保护零线，用 PE 表示。工作零线 N 即第 1 章三相电路中介绍的中性线，其作用是保证三相负载不对称时，负载的相电压仍是对称的。正常工作时是有电流通过的。保护零线 PE 供保护接零用，在正常工作时是没有电流通过的，只是在发生设备漏电或一相碰壳时才有故障

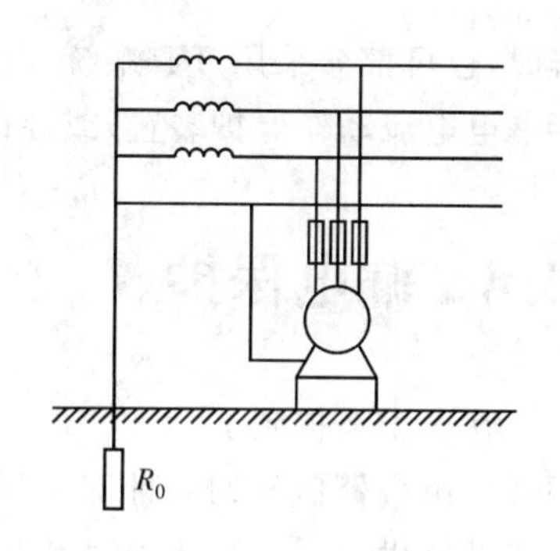


图 4-4 TN 系统

电流通过。但是由于经济上与线路敷设等方面的原因，现实中常将 N 线和 PE 线部分或全部合而为一。因此 TN 系统又分为以下三种：保护零线与工作零线完全分开的称为 TN-S 系统[图 4-5(a)]；保护零线与工作零线合而为一的称为 TN-C 系统[图 4-5(b)]，这时的零线用 PEN 表示；保护零线与工作零线部分合用的称为 TN-C-S 系统[图 4-5(c)]。

为了改善 TN-C 和 TN-C-S 系统的保护效果，可采取重复接地措施，即将 PE 线和 PEN 线上的多点与地接通，但工作零线 N 不允许重复接地。

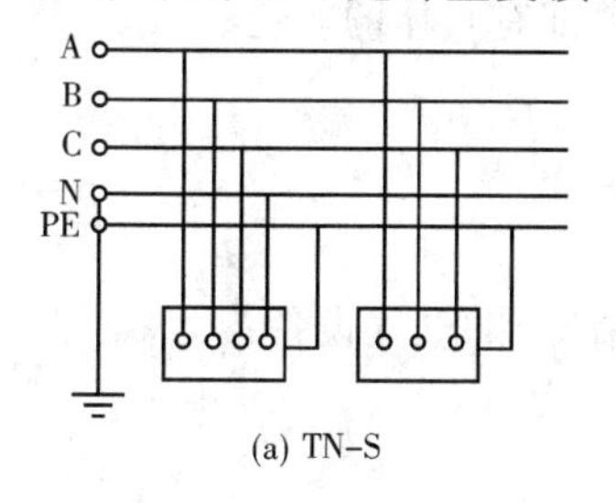


(a) TN-S

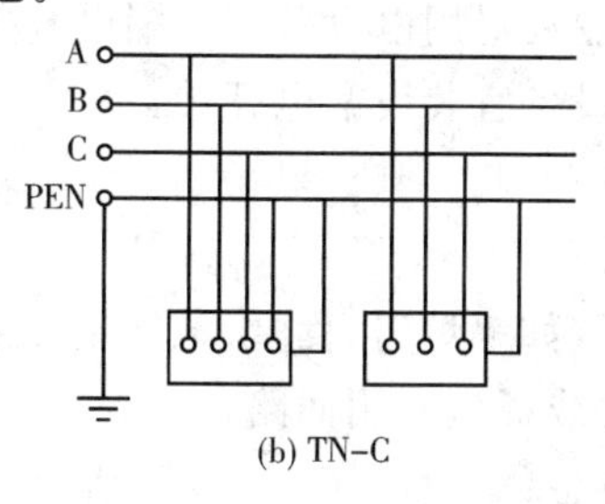


(b) TN-C

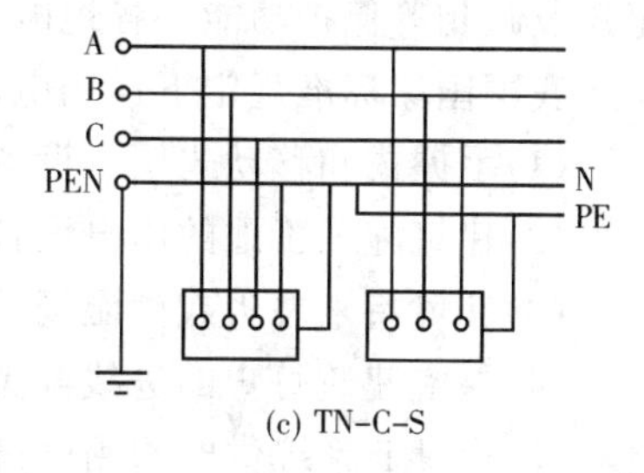


(c) TN-C-S

图 4-5 TN 系统的种类

## 4.3.3 TT 系统

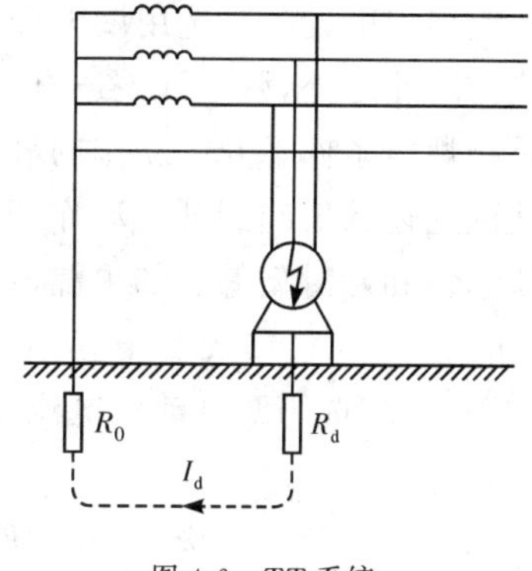


图 4-6 TT 系统

电源的中性点接地，而用电设备采用保护接地的系统称为 TT 系统(图 4-6)。这时如有一相漏电或碰壳，则有故障电流经接地电阻 $R_d$ 和 $R_0$ 构成回路，用电设备的对地电压 $U_d$ 和零线的对地电压 $U_0$ 之比为

$$\frac{U_d}{U_0}=\frac{R_0}{R_d}$$

同没有接地相比较，用电设备上的对地电压有所降低。但零线上却产生了对地电压，而且 $U_d$ 和 $U_0$ 都可能超过安全值。人触及用电设备或零线都有可能发生触电事故。另一方面，故障电流

$$I_d=\frac{U_P}{R_d+R_0}$$

以相电压 $U_P=220$ V，$R_d$ 和 $R_0$ 为 4 Ω 计算，$I_d$ 仅为 27.5 A，一般的短路保护装置和过电流保护装置不一定会动作，不能及时切断电源。因此，采用 TT 系统，必须使 $R_d$ 的大小能保证出现故障时在规定的时间内切断供电电源，或保证用电设备外壳的对地电压不超过 50 V。为了提高 TT 系统触电保护的灵敏度，使 TT 系统更安全可靠，国家标准规定由 TT 系统供电的用电设备宜采用漏电电流动作保护装置(漏电开关)。

在同一供电系统中，TN 和 TT 两种系统不宜同时采用，如果全部采用 TN 系统确有困

难时,也可部分采用 TT 系统。但采用 TT 系统的部分均应装设能自动切除故障的装置(包括漏电电流动作保护装置)或经由隔离变压器供电。

## 4.4 漏电保护

在 4.1 节提到了“漏电”现象,漏电保护则是当漏电流超过某一设定值时,能自动切断电源或发出报警信号的一种安全保护措施。漏电开关是漏电电流动作保护装置的简称,主要用于低压供电系统防止直接和间接接触引起的单相触电事故,同时还能起到防止由漏电引起的火灾和用于监测或切除各种一相接地的故障。有的漏电开关还兼备过载、过电压或欠电压及缺相等保护功能。各地电业局对用电设备安装漏电开关都有具体的规定。

我国国家标准规定下述用电设备宜装设漏电开关:

(1)手握式和移动式用电设备;

(2)建筑施工工地的用电设备;

(3)环境特别恶劣或潮湿场所(如锅炉房、食堂、地下室和浴室)的电气设备;

(4)住宅建筑每户的进线开关或插座专用回路;

(5)由 TT 系统供电的用电设备;

(6)由人体直接接触的医院电气设备(但急救和手术用电设备除外)。

漏电开关的作用是在被保护设备出现故障时,故障电流作用于自动开关,若该电流超过预定值,便会使开关自动断开,切断供电电路。

我国生产的漏电开关适用于 50 Hz、额定电压 380/220 V、额定电流 6～250 A 的低压供电系统和用电设备。选用漏电开关时应使其额定电压和额定电流与被保护的电路和设备相适应。除此之外,漏电开关还有漏电动作电流和漏电动作时间两个主要参数。漏电动作电流是在规定条件下开关动作的故障电流值,该值越小,灵敏度越高。漏电动作时间是故障电流达到上述数值起到开关动作切除供电电路为止的时间。按动作时间的不同,漏电开关分为快速型和延时型等。如果漏电开关是用于人身保护,应选用漏电动作电流为 30 mA 以下(30 mA、20 mA、15 mA、10 mA),漏电动作时间为 0.1 s 以下的漏电开关。如果用于线路保护与防火,应选用漏电动作电流为 50～100 mA 的漏电开关,漏电动作时间可延长到 0.2～0.4 s。

漏电开关还有二极、三极和四极之分。单相电路和单相负载选用二极漏电开关,仅带三相负载的三相电路可选用三极或四极漏电开关。动力与照明合用的三相四线制电路或三相照明电路必须选用四极漏电开关。

## 4.5 短路保护

短路保护是指在电气线路发生短路故障后可保证迅速、可靠切断电源,以避免电气设备受到短路电流的冲击而造成损坏的保护。一般情况下,短路保护器件应安装在尽量靠近供电电源端,通常安装在电源开关的下面,不仅可以扩大短路保护的范围,而且可起到电气线路与电源的隔离作用,更加便于安装与维修。对于一些有短路保护要求的设备,其短路保护器件,应安装在靠近被保护设备处。

低压供电系统中常用熔断器或断路器来实现短路保护。部分熔断器与刀开关组合为熔断器式刀开关,操作方便,可简化供电线路。

## 4.5.1　刀开关

刀开关(knife switch)是一种手动控制电器,用作电源的隔离开关,而不是用于切断负载电路的。常见的胶盖瓷底三刀开关的结构示意图如图4-7所示,它是由手柄、动触片(刀片)、静触头(刀座)、支座、绝缘底板和胶盖等组成。刀开关是靠手动操作的,即推动手柄将动触片插入静触头内,从而使电路接通。按刀片的数量不同,刀开关可分为单刀、双刀和三刀三种。刀开关的额定电压有250 V和500 V两种,额定电流有10 A、15 A、30 A、60 A等。

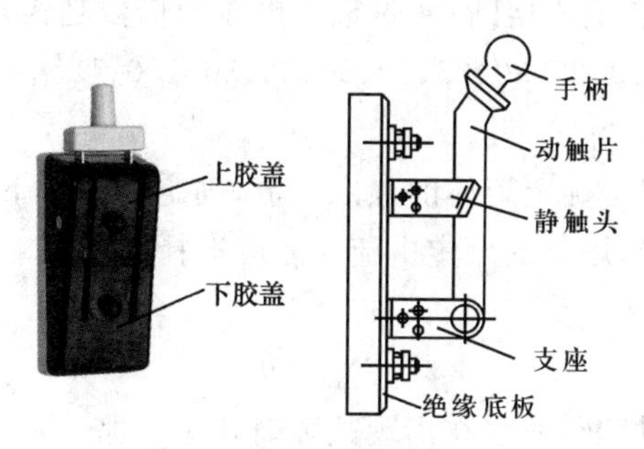


图4-7　刀开关

选择刀开关时,刀开关的额定电压应大于或等于电源电压,额定电流应大于或等于被控制电路中各负载的额定电流总和。安装时,电源进线应接在静触头一侧,负载线应接在动触片一侧。因此,当拉下手柄时,负载一侧就不会带电了。刀开关应垂直安装,静触头装在上方,防止支座松动时动触片因自重下落误合闸,造成意外事故。另外,用刀开关分断电感性负载电路时,在动触片和静触头之间会产生电弧。较大的电弧将会把动触片和静触头灼伤或烧熔,甚至使电源相间短路,造成火灾或人身事故。所以,应选择带有灭弧罩的刀开关,以便迅速熄灭电弧。

## 4.5.2　熔断器

熔断器(fuse)又称为保险丝,在电路中起短路保护作用。熔断器的主要部件是熔体,有的熔体做成丝状,故又称为熔丝。熔体由电阻率较高的易熔金属合金制成,如铅锡合金等。

常用的熔断器有插入式、螺旋式、管式和填料式等,它的外形和结构示意图如图4-8所示。熔断器是电路不可缺少的一部分,使用时熔体要串联在被保护电路中,即串联在电源与负载之间。当电路正常工作时,熔体不应熔断;只有当电路发生短路或严重过载时,通过熔体的电流超过一定值,熔体立即熔断,切断电源,从而达到保护电源和负载的目的。

熔体的熔断时间与通过熔体的电流大小有关,一般来说,当通过熔体的电流等于其额定

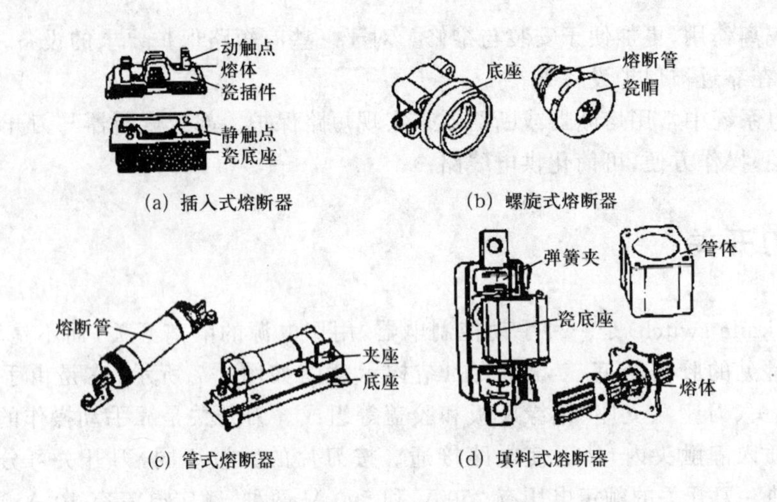


(a) 插入式熔断器　(b) 螺旋式熔断器

(c) 管式熔断器　(d) 填料式熔断器

图 4-8　熔断器

电流的 1.25 倍时,熔体可长期不熔断;超过额定电流的倍数越大,熔断时间越短。熔体的额定电流有 2、4、5、6、10、15、20、25、30、35、40、50、60、80、100、125、160、200、225、260、300、430、500、600 A 等。

选择熔断器时,主要就是确定熔体的额定电流,确定方法如下:在无冲击电流电路中,如电炉、照明等恒定负载电路,熔体的额定电流 $I_{FN}$ 应选择等于或略大于电路正常工作时的最大电流 $I$,即

$$I_{FN} \geqslant I$$

以保证正常工作时熔体不熔断,而仅在出现故障时切断电路。

在有冲击电流电路中,如三相异步电动机的控制电路,由于电动机的启动电流为额定电流的 4～7.5 倍,因此,不能按照上式来选择,否则,电动机启动时就会烧断熔体。为了保证既能使电动机启动,又能发挥熔体的短路保护作用,熔体的额定电流 $I_{FN}$ 可取

$$I_{FN} \geqslant (1.5 \sim 3) I_{MN}$$

式中,$I_{MN}$ 表示电动机的额定电流。若电动机频繁启动或启动时间长,系数可取较大值,否则可取较小值。当多台电动机合用一个熔断器时,熔体的额定电流 $I_{FN}$ 可取

$$I_{FN} \geqslant (1.5 \sim 3) I_{Mm} + \sum I_{MN}$$

式中,$I_{Mm}$ 表示容量最大一台电动机的额定电流,$\sum I_{MN}$ 表示其他电动机的额定电流之和。

## 4.5.3　断路器

断路器(circuit breaker)又称空气开关或自动开关,它兼有刀开关和熔断器的作用,可实现短路、过载和失压保护功能,是一种常用的低压保护电器。

图 4-9 是常用的 DZ 系列塑料壳自动开关的外形图和电路原理图。它主要由触点系统、保护装置、操作机构和灭弧装置等几部分构成。

主触点通常是由手动操作机构(手柄)来闭合的。当主触点闭合后,与触点相连的连杆

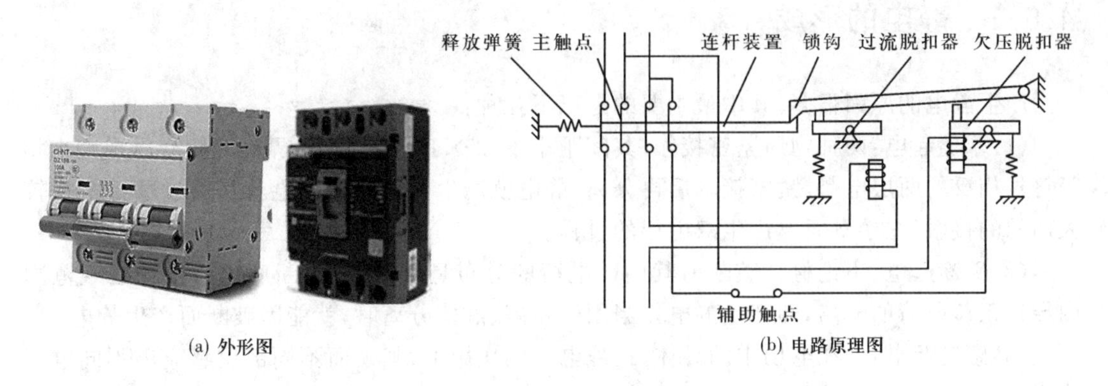


(a) 外形图　　(b) 电路原理图

图4-9　断路器

就被锁钩扣住，使主触点保持闭合状态。断路器的脱扣机构是一套连杆装置，脱扣器有过流脱扣器和欠压脱扣器等，它们都是由电磁铁和线圈组成的电路。在电路正常工作时，过流脱扣器的衔铁是释放的，欠压脱扣器的衔铁是吸合的，分别处于图4-9(b)所示位置，二者不影响锁扣闭锁。过流脱扣器是起短路和过载保护作用的，主电路和过流脱扣器的电磁铁线圈串联，当电路中发生严重过载或短路故障时，电流迅速增加，电磁铁吸力增大，带动衔铁下移，使过流脱扣器顺时针方向转动，将锁扣顶开，主触点在释放弹簧拉力的作用下迅速断开，切断电路，起到过流保护的作用。欠压脱扣器与过流脱扣器相反，正常电压时，衔铁吸合；当欠压或失压时，衔铁因吸力不足而释放，在弹簧力的作用下将锁扣顶开，主触点断开。当电源电压恢复正常时，必须重新合闸才能工作，因此，起到了欠压或失压保护作用。

断路器也有单相、两相和三相之分，其额定电压为交流380 V、500 V(50 Hz)或直流250 V，额定电流有10、16、20、32、40、50、63、80、100、250、600 A等。

选择断路器时，断路器的额定电压和额定电流应大于或等于电路的额定电压和最大工作电流；欠压脱扣器的额定电压应等于被保护电路的额定电压；断路器的极限通断能力不应小于线路的最大短路电流。另外，使用前还要根据负载的情况，调整过流脱扣器弹簧的拉力，以确定过流脱扣器动作保护电流的整定值。

断路器操作简单，动作后不必像熔断器那样更换熔体。断路器内装有灭弧装置，切断电流的能力大，分断时间短，工作安全可靠，而且体积小，目前应用非常广泛，在很多场合已经取代了刀开关。

## 4.6　静电防护

所谓静电是指在宏观范围内暂时失去平衡的相对静止的正、负电荷。静电现象是十分普遍的电现象，其产生极其容易，又极易被人忽视。目前，静电现象一方面被广泛应用，例如静电除尘、静电复印、静电喷漆、静电选矿、静电植绒，等等；但另一方面由静电引起的工厂、油船、仓库和商店的失火和爆炸又提醒我们应充分重视其危害性。

### 4.6.1 静电的形成

产生静电的原因很多，其中最主要的是以下几种：

(1)摩擦起电：两种物质紧密接触(其间距小于 $25\times10^{-8}$ cm)时，界面两侧会出现大小相等符号相反的两层电荷，紧密接触后再分离，静电就产生了。摩擦起电就是通过摩擦实现较大面积的接触，在接触面上产生双电层的过程。

(2)破断起电：不论材料破断前其内部电荷的分布是否均匀，破断后均可能在宏观范围内导致正负电荷的分离，即产生静电。当固体粉碎、液体分离时，就能因破断而产生静电。

(3)感应起电：处在电场中的导体，在静电场的作用下，其表面不同部位感应出不同电荷或引起导体上原有电荷的重新分布，使得本来不带电的导体可以变成带电的导体。

### 4.6.2 静电的防护

静电的产生虽然难以避免，但并不一定都会造成危害，危险的是这些静电的不断积累，形成了对地或两种带异性电荷的物体之间的高电压，这些高电压有时可达数万伏。这不仅会影响生产、危及人身安全，而且静电放电时产生的火花往往会造成火灾和爆炸。

防止静电危害的基本方法是：

(1)限制静电的产生

限制静电产生的主要办法是控制工艺过程。例如降低液体、气体和粉尘的流速，在易燃易爆场所不要采用皮带轮传动等。

(2)防止静电的积累

防止静电积累的主要方法是给静电一条随时可以入地或异性电荷中和的出路。例如增加空气的湿度，将容易产生静电的设备、管道采用金属等导电良好的材料制成，并予以可靠的接地，添加抗静电剂和使用静电中和器，等等。

(3)控制危险的环境

在易燃和易爆的环境中尽量减少易燃易爆物的形成，加强通风以减少易燃易爆物的浓度都可以间接防止静电引起的火灾和爆炸。

## 4.7 电器防火和防爆

在使用电器过程中引起火灾和爆炸的主要原因，一是电气设备使用不当，例如不适当地过载，通风冷却条件欠佳，使电器过热，导体之间接触不良，接触电阻过大，造成局部高温。电烙铁、电熨斗之类高温设备使用不注意，烤燃了周围易燃物质，等等；二是电气设备发生故障，例如绝缘损坏，引起短路而造成高温，因断路而引起火花或电弧，等等。

电器防火和防爆的主要措施如下：

(1)合理选用电气设备

不仅要合理选择电气设备的容量和电压，还要根据工作环境的不同，选用合适的结构型式。尤其是在易燃易爆场所，必须选用合理的防爆型电气设备。根据现行国家标准，我国爆炸性环境用电气设备分为如下几类：Ⅰ类电气设备用于煤矿瓦斯气体环境，Ⅱ类电气设备用于除煤矿瓦斯气体之外的其他爆炸性气体环境，Ⅲ类电气设备用于除煤矿以外的爆炸性粉尘环境。具体地，爆炸性气体环境中又分为隔爆型(d)、增安型(e)、本质安全型(i)、浇封型(m)、“n”型(无火花、火花保护、限制呼吸、限能)(n)、油浸型(o)、正压型(p)、充砂型(q)等；爆炸性粉尘环境中又分为外壳保护型(t)、本质安全型(i)、浇封型(m)、正压型(p)等。使用时应根据危险场所的等级、性质和使用条件来选择防爆电器的种类。

(2)保持电气设备的正常运行。

(3)保护必要的安全间距。

(4)保持良好的通风。

(5)装设可靠的接地装置。

(6)采取完善的组织措施。

## 练习题

**4-1** 电击伤害的程度与以下哪些因素有关(　　)。

A. 通过人体电流的大小和通过人体的持续时间

B. 电流通过人体的途径

C. 电流的频率

D. 以上因素都有关

**4-2** (　　)电流对人体危险性最大。

A. 直流　　B. 50～60 Hz 的交流

C. 1 kHz～10 kHz 的交流　　D. 10 kHz 以上的交流

**4-3** 单相触电和两相触电哪个更危险，答案是(　　)。

A. 单相触电　　B. 两相触电　　C. 都不危险

**4-4** 照明灯开关是接到照明灯的相线端安全，还是接到工作零线端安全，答案是(　　)。

A. 接到相线端　　B. 接到零线端　　C. 都不安全

**4-5** 由一般变压器提供的 36 V 电压和由隔离变压器提供的 36 V 电压是否属于安全电压，答案是(　　)。

A. 前者是、后者不是　B. 后者是、前者不是　C. 两者都是

**4-6** TN-C-S 系统是指(　　)。

A. 整个系统的保护线与中性线是分开的

B. 系统中有一部分保护线与中性线是合一的

C. 整个系统的保护线与中性线是合一的

**4-7** 保护接地和保护接零是防止(　　)的有效措施。

A. 直接接触触电　　B. 间接接触触电　　C. 直接和间接接触触电

**4-8** 电源的中性点接地，而用电设备采用保护接地的系统称为(　　)系统。

A. TN　　B. IT　　C. TT

**4-9**　在中点接地的三相四线制低压供电系统中，为了防止触电事故，对电气设备应采取(　　)措施。

A. 保护接中(接零)线　　B. 保护接地

C. 保护接中线或保护接地

**4-10**　在中点不接地的三相三线制低压供电系统中，为了防止触电事故，对电气设备应采取(　　)措施。

A. 保护接中(接零)线　　B. 保护接地

C. 保护接中线或保护接地

**4-11**　为实现短路保护，熔断器的熔体应(　　)在被保护电路中。

A. 并联　　B. 串联　　C. 串并联均可

**4-12**　降低液体、气体和粉尘的流速是防止静电危害基本方法中的(　　)。

A. 限制静电的产生　　B. 防止静电的积累　　C. 控制危险的环境

# 第5章

# 直流电路的分析

直流电源供电的电路中电流是不随时间变化的直流电流，这种电路称为直流电路。本章将介绍直流电路的基本分析方法。首先介绍理想电路元件，然后再介绍常用的基本定律和定理。

## 5.1 理想有源元件

供电设备通常统称为电源，用电设备通常统称为负载。由电源、负载、连接导线和控制电器组成的实际电路种类繁多，用途各异，不胜枚举。为了得到各种实际电路分析和计算的共同规律，以便为研究实际电路建立分析和计算的方法，通常把组成电路的各个实际电路元件都用表征其物理性质的理想电路元件来代替。这种用理想电路元件组成的电路称为实际电路的电路模型。电路理论就是以电路模型为研究对象的。

实际电路元件的物理性质，从能量转换的角度来看，有电能的产生、电能的消耗、电场能量的储存和磁场能量的储存。理想电路元件就是用来表征上述这些单一物理性质的元件。其中，用来表征电能产生的理想电路元件称为理想有源元件，本节先讨论理想有源元件。用来表征电能的消耗、电场能量的储存和磁场能量的储存的理想电路元件称为理想无源元件，理想无源元件留待下一节讨论。

理想有源元件是从实际电源元件中抽象出来的。当实际电源本身只产生电能，而不消耗电能，且不必考虑电场能量和磁场能量的储存时，这种电源便可以用一个理想有源元件来代替。理想有源元件又分为电压源和电流源两种。

### 5.1.1 电压源

电压源(voltage source)又称恒压源，符号如图 5-1 所示，它是一个内部具有固定电压 $U_S$ 的理想电路元件。电压源的特点是：输出电压的大小和方向是由它本身确定的，$U=U_S$ 为固定值，与输出电流和外电路的情况无关，而输出电流 $I$ 不是固定值，其大小和方向与输出电压和外电路的情况有关。例如：

负载时(输出端接有某一电阻 $R$)，输出电压 $U=U_S$，输出电流 $I=\dfrac{U}{R}$；

空载时(输出端开路,$R \to \infty$),输出电压 $U=U_S$,输出电流 $I=0$;

短路时(输出端短路,$R=0$),输出电压 $U=U_S$,输出电流 $I \to \infty$)。

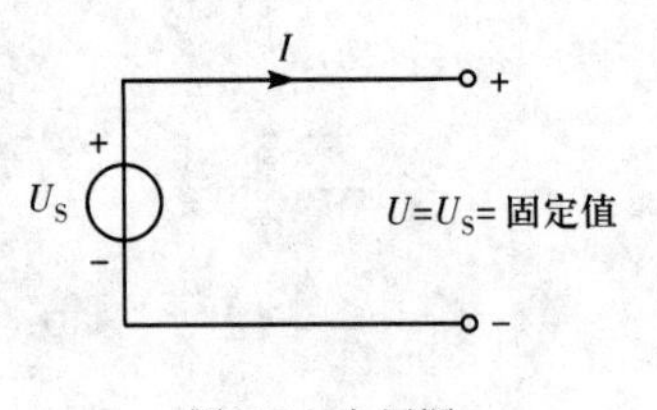


图 5-1 电压源

因此,凡是与电压源并联的元件,其两端的电压恒等于电压源的电压。

电压源的电压也可以改用电动势 $E$ 表示,它们的大小相等,方向相反,因为电压的方向是电位降的方向,而电动势的方向是电位升的方向。

当电压源的电流是由电压的正极端流出,从负极端流入时,该电压源输出电功率。否则输入电功率(相当于充电状态)。电压源输出或输入电功率的大小为

$$P=UI \tag{5-1}$$

式中,$U$ 的单位为伏(特)(V),$I$ 的单位为安(培)(A),$P$ 的单位为瓦(特)(W)。

## 5.1.2 电流源

电流源(current source)又称恒流源,符号如图 5-2 所示。它是一个内部具有固定电流 $I_S$ 的理想电路元件。电流源的特点是:输出电流的大小和方向是由它本身确定的,$I=I_S$ 为固定值,与输出电压和外电路的情况无关,而输出电压 $U$ 不是固定值,其大小和方向与输出电流和外电路的情况有关。例如:

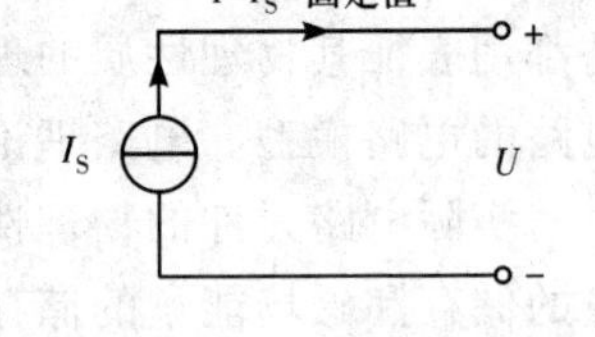


图 5-2 电流源

负载时(输出端接有某一电阻 $R$),输出电流 $I=I_S$,输出电压 $U=RI$;

空载时(输出端开路,$R \to \infty$),输出电流 $I=I_S$,输出电压 $U \to \infty$;

短路时(输出端短路,$R=0$),输出电流 $I=I_S$,输出电压 $U=0$。

因此,凡是与电流源串联的元件,其电流恒等于电流源的电流。

当电流源电压的正极端对应于电流的输出端,电压的负极端对应于电流的输入端时,该电流源输出电功率,否则输入电功率。电功率的计算公式仍为式(5-1)。

**【例 5-1】** 在图 5-3 所示电路中,已知 $U_S=3$ V,$I_S=5$ A。求电路中的电流 $I$ 和电压 $U$。

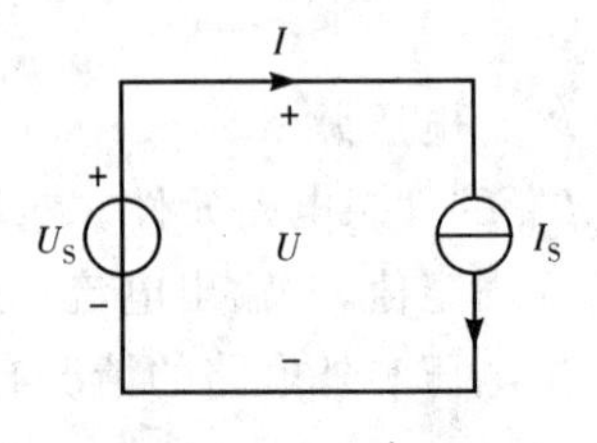


图 5-3 例 5-1 的电路图

**解** 由于 $U_S$ 和 $I_S$ 是固定的,所以电路中的

$$U=U_S=3\ \text{V}$$

$$I=I_S=5\ \text{A}$$

# 5.2 理想无源元件

理想无源元件包括电阻元件、电容元件和电感元件三种，简称电阻、电容和电感。其中：

电阻(resistor)是表征电能消耗的耗能元件；

电容(capacitor)是表征电场能储存的储能元件；

电感(inductor)是表征磁场能储存的储能元件。

## 5.2.1 电 阻

当电路的某一部分只具有消耗电能这一单一物理性质时，这一部分电路便可以用图5-4所示的电阻元件来代替。国家标准规定不随时间变化的物理量用大写字母表示，随时间变化的物理量用小写字母表示。图中的电压和电流都用小写字母标注，以表示它们可以是任意波形的电压和电流。电阻元件的电压 $u$ 与电流 $i$ 之比，用 $R$ 表示，即

$$R=\frac{u}{i} \tag{5-2}$$

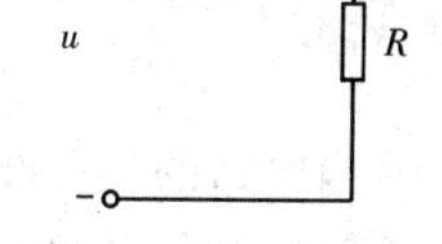


图5-4 电阻元件

称为电阻。因此，电阻这一名词既是电阻元件的简称，又是表征该元件量值大小的参数。式中，$u$ 的单位为伏(特)(V)，$i$ 的单位为安(培)(A)，$R$ 的单位为欧(姆)(Ω)。

在直流电路中，式(5-2)可改写成

$$R=\frac{U}{I} \tag{5-3}$$

电流通过电阻时要消耗电能，所以电阻是一种耗能元件。在直流电路中，电阻在单位时间内消耗的电能即电功率

$$P=UI=RI^2=\frac{U^2}{R} \tag{5-4}$$

单位为瓦(特)(W)。

$n$ 个电阻元件串联时，总电阻等于各个串联电阻之和，即

$$R=\sum_{i=1}^{n}R_i \tag{5-5}$$

$n$ 个电阻元件并联时，总电阻的倒数等于各个并联电阻的倒数之和，即

$$\frac{1}{R}=\sum_{i=1}^{n}\frac{1}{R_i} \tag{5-6}$$

$n=2$ 时，总电阻为

$$R=\frac{R_1R_2}{R_1+R_2} \tag{5-7}$$

## 5.2.2 电　容

电容是用来表征电路中电场能储存这一单一物理性质的理想电路元件。例如当电路中有如图 5-5(a)所示的电容器时,它的两个被绝缘物质隔开的金属极板上会聚集起等量异号的电荷。电压越高,聚集的电荷 $q$ 越多,产生的电场越强,储存的电场能就越多。$q$ 与 $u$ 的比值用 $C$ 表示,即

$$C=\frac{q}{u} \tag{5-8}$$

称为电容。因此,电容这一名词既是电容元件的简称,又是表征该元件量值大小的参数。式中,$q$ 的单位为库(伦)(C),$u$ 的单位为伏(特)(V),$C$ 的单位为法(拉)(F)。

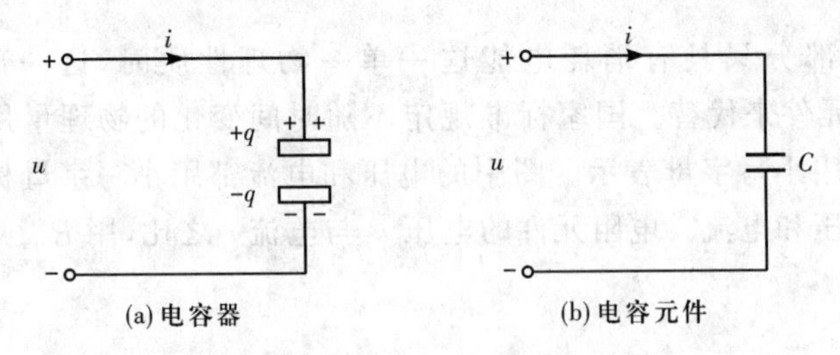


图 5-5　电容

当电路的某一部分只具有储存电场能这一单一的物理性质时,这一部分电路便可以用图 5-5(b)所示的电容元件来代替。当电容元件的电压 $u$ 随时间变化时,电容上的电荷 $q$ 将随之变化,电路中便出现了电荷的移动,即有了电流,其大小为

$$i=\frac{\mathrm{d}q}{\mathrm{d}t} \tag{5-9}$$

将式(5-8)代入式(5-9)便可得到电容电压与电流的关系为

$$i=C\frac{\mathrm{d}u}{\mathrm{d}t} \tag{5-10}$$

在直流电路中,由于 $u=U$ 是不随时间变化的,$\frac{\mathrm{d}u}{\mathrm{d}t}=\frac{\mathrm{d}U}{\mathrm{d}t}=0$,由式(5-10)可知,电流 $i=I=0$。电容相当于开路,即有隔离直流的作用,简称隔直作用。同时,电压不随时间变化,则电荷 $q=Q$ 也不随时间变化,电容中储存的电场能也不随时间变化。电容中储存的电场能为

$$W_e=\frac{1}{2}CU^2 \tag{5-11}$$

式中,$C$ 的单位为法(拉)(F),$U$ 的单位为伏(特)(V),$W_e$ 的单位为焦(耳)(J)。

$n$ 个电容元件串联时,总电容的倒数等于各个串联电容的倒数之和,即

$$\frac{1}{C}=\sum_{i=1}^{n}\frac{1}{C_i} \tag{5-12}$$

$n$ 个电容元件并联时,总电容等于各个并联电容之和,即

$$C=\sum_{i=1}^{n}C_i \tag{5-13}$$

### 5.2.3 电　感

电感是用来表征电路中磁场能储存的这一单一物理性质的理想电路元件。例如当电路中有如图 5-6(a)所示的电感器(线圈)存在时,电流通过线圈会产生比较集中的磁场。设线圈的匝数为 $N$,电流通过线圈时产生的磁通为 $\Phi$,两者的乘积用 $\Psi$ 表示,即

$$\Psi=N\Phi \tag{5-14}$$

称为线圈的磁链。它与电流的比值用 $L$ 表示,即

$$L=\frac{\Psi}{i} \tag{5-15}$$

称为线圈的电感。因此,电感这一名词既是电感元件的简称,又是表征该元件量值大小的参数。式中,$\Psi$ 和 $\Phi$ 的单位为韦(伯)(Wb),$i$ 的单位为安(培)(A),$L$ 的单位为亨(利)(H)。

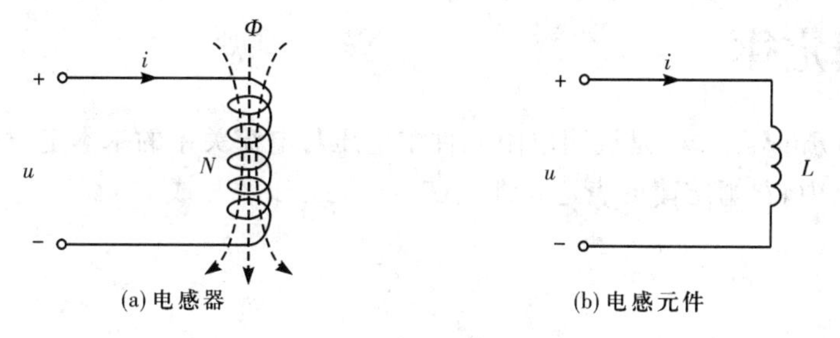


图 5-6　电感

当电路的某一部分只具有储存磁场能这一单一的物理性质时,这一部分电路便可以用图 5-6(b)所示的电感元件来代替。

当电感中的电流随时间变化时,会在电感中产生感应电动势 $N\dfrac{\mathrm{d}\Phi}{\mathrm{d}t}=\dfrac{\mathrm{d}\Psi}{\mathrm{d}t}$,在数值上等于其两端的电压。将此式中的 $\Psi$ 用式(5-15)代入便得到了电感电压与电流的关系为

$$u=L\frac{\mathrm{d}i}{\mathrm{d}t} \tag{5-16}$$

在直流电路中,电流 $i=I$ 不随时间变化,$\dfrac{\mathrm{d}i}{\mathrm{d}t}=\dfrac{\mathrm{d}I}{\mathrm{d}t}=0$,故电压 $u=U=0$,电感相当于短路,即电感有使直流短路的作用,简称短直作用。同时,电流不随时间变化,则磁通 $\Phi$ 和磁链 $\Psi$ 也不随时间变化,电感中储存的磁场能也不随时间变化。电感中储存的磁场能为

$$W_{\mathrm{m}}=\frac{1}{2}LI^{2} \tag{5-17}$$

式中,$L$ 的单位为亨(利)(H),$I$ 的单位为安(培)(A),$W_{\mathrm{m}}$ 的单位为焦(耳)(J)。

$n$ 个无互感的电感元件串联时,总电感等于各个串联电感之和,即

$$L=\sum_{i=1}^{n}L_{i} \tag{5-18}$$

$n$ 个无互感的电感元件并联时,总电感的倒数等于各个并联电感的倒数之和,即

$$\frac{1}{L}=\sum_{i=1}^{n}\frac{1}{L_{i}} \tag{5-19}$$

**【例 5-2】** 在图 5-7 所示直流电路中，已知 $U_S=2$ V，$I_S=2$ A，$R=2$ Ω。求 $R$、$C$、$L$ 的电压和电流。

**解** 由于电阻 $R$ 与电流源串联，电阻电流即电流源电流，所以

$$I_R=I_S=2 \text{ A}$$
$$U_R=RI_R=2\times2=4 \text{ V}$$

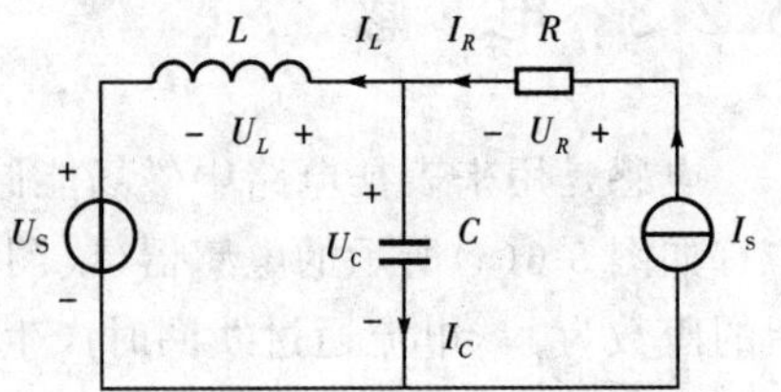

图 5-7 例 5-2 的电路图

由于电容相当于开路，电感相当于短路，故

$$I_C=0$$
$$U_C=U_S=2 \text{ V}$$
$$I_L=I_R=2 \text{ A}$$
$$U_L=0$$

# 5.3 欧姆定律

欧姆定律(Ohm's Law)是说明电阻元件中电压与电流关系的基本定律。

在直流电路中，欧姆定律的表达式即式(5-3)，也可以改写成

$$I=\frac{U}{R} \tag{5-20}$$

或者

$$U=RI \tag{5-21}$$

利用欧姆定律便可以对简单的直流电路进行分析和计算。

**【例 5-3】** 在图 5-8 所示电路中，已知 $U_S=18$ V，$R_1=R_4=12$ Ω，$R_2=20$ Ω，$R_3=30$ Ω。求图中所示的电流 $I_1$、$I_2$ 和 $I_3$。

**解** 由于 $R_2$ 与 $R_3$ 并联然后再与 $R_1$ 和 $R_4$ 串联，所以总等效电阻为

$$R=R_1+\frac{R_2R_3}{R_2+R_3}+R_4=\left(12+\frac{20\times30}{20+30}+12\right)\Omega=36 \text{ Ω}$$

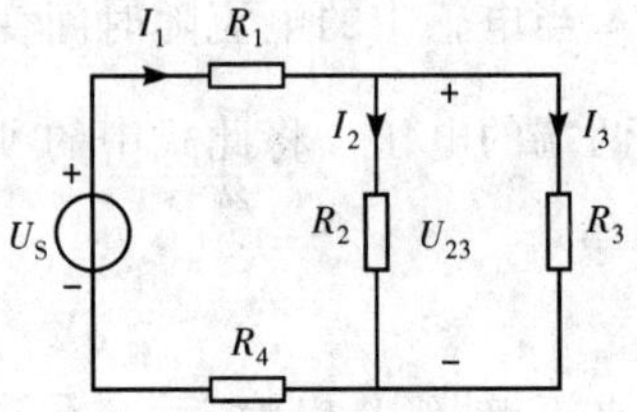

图 5-8 例 5-3 的电路图

由欧姆定律求得：

$$I_1=\frac{U_S}{R}=\frac{18}{36} \text{ A}=0.5 \text{ A}$$

$$U_{23}=\frac{R_2R_3}{R_2+R_3}I_1=\frac{20\times30}{20+30}\times0.5 \text{ V}=6 \text{ V}$$

$$I_2=\frac{U_{23}}{R_2}=\frac{6}{20} \text{ A}=0.3 \text{ A}$$

$$I_3=\frac{U_{23}}{R_3}=\frac{6}{30} \text{ A}=0.2 \text{ A}$$

或者

$$I_2=\frac{R_3}{R_2+R_3}I_1=\frac{30}{20+30}\times0.5 \text{ A}=0.3 \text{ A}$$

$$I_3=\frac{R_2}{R_2+R_3}I_1=\frac{20}{20+30}\times0.5\ \text{A}=0.2\ \text{A}$$

# 5.4　基尔霍夫定律

基尔霍夫定律(Kirchhoff's Law)是电路中电压和电流所遵循的基本规律,包括基尔霍夫电流定律和基尔霍夫电压定律。前者是关于结点处的电流方程式,后者是关于回路中的电压方程式。

## 5.4.1　基尔霍夫电流定律

电路中三个或三个以上电路元件的连接点称为结点。基尔霍夫电流定律(Kirchhoff's Current Law)简称 KCL,是说明电路中任何结点上各部分电流之间关系的基本定律。KCL 的内容是:在电路的任何结点上,流入结点的电流等于流出结点的电流,或者说电流的代数和等于零。对任何波形的电流而言,在任一瞬间 KCL 均适用。在直流电路中用公式表示即为

$$\sum_{i=1}^{n}I_i=0 \tag{5-22}$$

其中,流入结点的电流前面取正号,流出结点的电流前面取负号。

例如在图 5-9 所示电路中,4 个电路元件的连接点就是结点,流入该结点的电流为 $I_1$ 和 $I_2$,流出该结点的电流为 $I_3$ 和 $I_4$。因此

$$I_1+I_2=I_3+I_4$$

或者

$$I_1+I_2-I_3-I_4=0$$

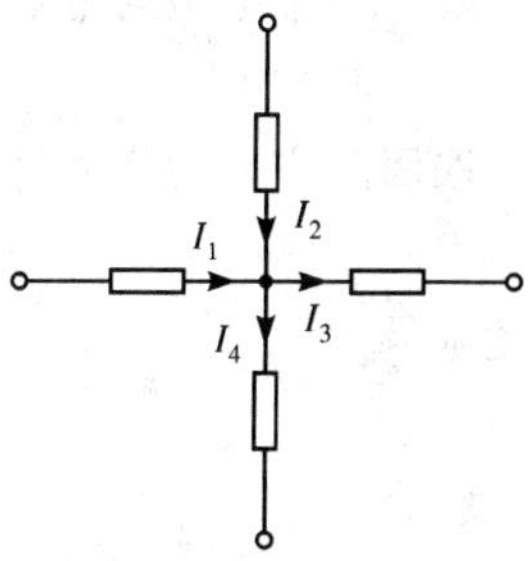

图 5-9　基尔霍夫电流定律

**【例 5-4】**　在图 5-10 所示直流电路中,已知 $U_S=3$ V,$I_S=2$ A,$R=10\ \Omega$。求通过电压源的电流 $I_U$。

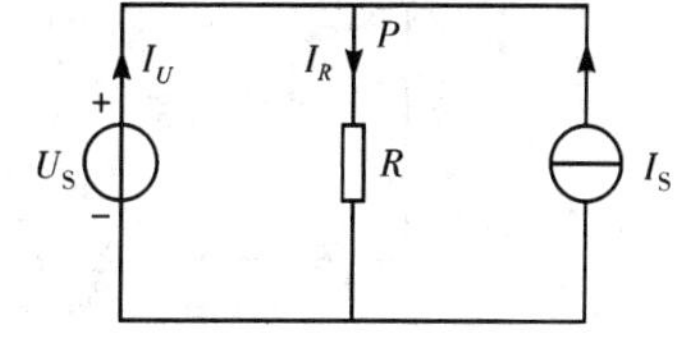


图 5-10　例 5-4 的电路图

**解**　由于电阻 $R$ 与电压源并联,电阻电压应等于 $U_S$,根据欧姆定律

$$I_R=\frac{U_S}{R}=\frac{3}{10}\ \text{A}=0.3\ \text{A}$$

电路中上下各有一个结点,任取其中一个结点,例如取上面的结点 $P$,由 KCL 求得

$$I_U-I_R+I_S=0$$

由此求得

$$I_U=I_R-I_S=(0.3-2)\ \text{A}=-1.7\ \text{A}$$

结果中的"－"表明 $I_U$ 的实际方向与图中标明的参考方向相反，即电压源的电流实际上是由电压的正极端流入，从负极端流出，该电压源输入电功率，处于充电状态。

### 5.4.2 基尔霍夫电压定律

由电路元件组成的闭合路径称为回路。基尔霍夫电压定律(Kirchhoff's Voltage Law)简称 KVL，是说明电路中任何回路内各部分电压之间关系的基本定律。KVL 的内容是：在电路的任何回路中，各部分电压的代数和等于零。对任何波形的电压而言，在任一瞬间 KVL 均适用。在直流电路中，用公式表示即为

$$\sum_{i=1}^{n} U_i = 0 \tag{5-23}$$

其中，与所取回路方面一致的电压前面取正号，不一致的电压前面取负号。

例如在图 5-11 所示电路中，只有一个回路。若取回路方向为顺时针方向，则电流源的电压 $U_I$ 与回路方向一致，电压源电压 $U_S$ 和两个电阻上的电压 $U_{R1}$ 和 $U_{R2}$ 与回路方向相反，所以

$$U_I - U_S - U_{R1} - U_{R2} = 0$$

**【例 5-5】** 在图 5-12 所示直流电路中，已知 $U_S = 3\ \text{V}$，$I_S = 2\ \text{A}$，$R = 10\ \Omega$。求电流源的电压 $U_I$。

**解** 由于电阻与电流源串联，电流相同，故电阻电压 $U_R$ 为

$$U_R = RI_S = 10 \times 2\ \text{V} = 20\ \text{V}$$

取回路方向为逆时针方向，由 KVL 求得

$$U_I - U_S - U_R = 0$$

由此求得

$$U_I = U_S + U_R = (3 + 20)\ \text{V} = 23\ \text{V}$$

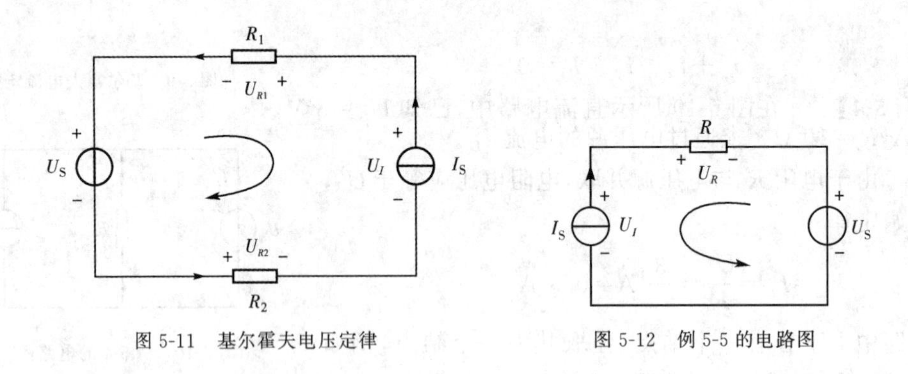


图 5-11 基尔霍夫电压定律　　图 5-12 例 5-5 的电路图

## 5.5 叠加定理

叠加定理(superposition theorem)的内容是：在多个有源元件共同作用的线性电路中，各处的电压和电流等于各个有源元件分别单独作用时在该处产生的电压和电流的代数和。

例如在图 5-13(a)所示电路中，假设 $U_S$、$I_S$、$R_1$ 和 $R_2$ 均已知，求通过 $R_1$ 和 $R_2$ 的电流 $I_1$ 和 $I_2$。根据叠加定理，可将该电路分解成如图 5-13(b)和图 5-13(c)所示两个含单个有源元件的电路。其中：

当电压源单独作用时，应令电流源的 $I_S=0$，即将电流源代之以开路。电路变成如图 5-13(b)所示。这时电阻 $R_1$ 和 $R_2$ 串联，通过它们的电流分别用 $I_1'$ 和 $I_2'$ 表示。由此求得：

$$I_1'=\frac{U_S}{R_1+R_2}$$

$$I_2'=\frac{U_S}{R_1+R_2}$$

当电流源单独作用时，应令电压源的 $U_S=0$，即将电压源代之以短路，电路变成如图 5-13(c)所示。这时电阻 $R_1$ 和 $R_2$ 并联，通过它们的电流分别用 $I_1''$ 和 $I_2''$ 表示，由此求得：

$$I''_1=\frac{R_2}{R_1+R_2}I_S$$

$$I_2''=\frac{R_1}{R_1+R_2}I_S$$

最后将所得结果叠加，便可求得图 5-13(a)中的电流 $I_1$ 和 $I_2$。由于 $I_1'$ 与 $I_1$ 方向相同，$I_1''$ 与 $I_1$ 方向相反，所以

$$I_1=I_1'-I_1''$$

由于 $I_2'$ 和 $I_2''$ 的方向都与 $I_2$ 的方向相同，所以

$$I_2=I_2'+I_2''$$

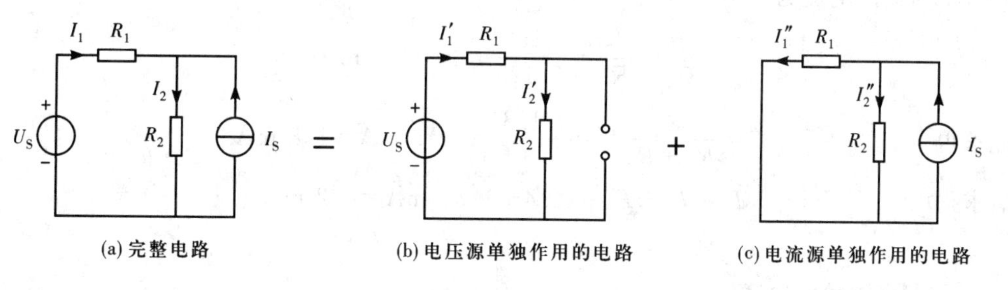

(a) 完整电路　(b) 电压源单独作用的电路　(c) 电流源单独作用的电路

图 5-13　叠加定理

用同样的方法还可以求出各部分的电压。可见，利用叠加定理可以将一个含多个有源元件的电路分解成若干个只含单个有源元件的电路，从而简化电路的分析和计算。

应用叠加定理时要注意以下几点：

(1)考虑某一有源元件单独作用时，应令其他有源元件中的 $U_S=0$，$I_S=0$，即应将其他电压源代之以短路，将其他电流源代之以开路。

(2)最后叠加时，一定要注意各有源元件单独作用时的电流和电压分量的方向是否与总电流和电压方向一致。一致时前面取正号，不一致时前面取负号。

(3)叠加定理只能用来分析和计算电流和电压，不能直接用来计算功率，因为功率与电流、电压的关系不是线性关系。

**【例 5-6】** 已知图 5-14(a)所示电路中的 $U_{S1}=18\ \mathrm{V}$,$U_{S2}=15\ \mathrm{V}$,$R_1=1.8\ \mathrm{k\Omega}$,$R_2=2\ \mathrm{k\Omega}$,$R_3=3\ \mathrm{k\Omega}$。求通过电阻 $R_3$ 的电流 $I_3$。

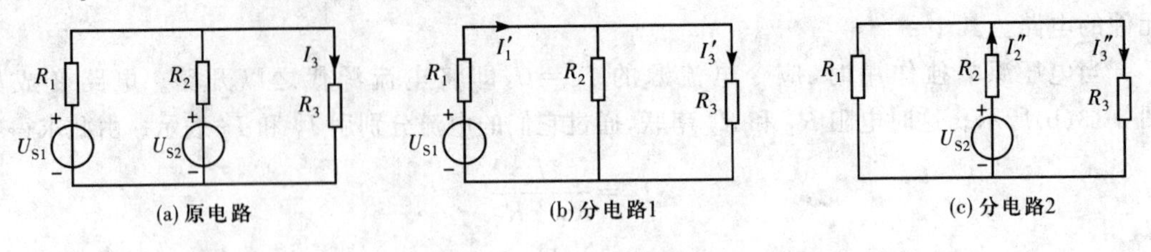


图 5-14 例 5-6 的电路图

**解** 根据叠加定理可将原电路分解成两个单有源元件的电路。

当电压源 $U_{S1}$ 单独作用时,电路如图 5-14(b)所示。$R_2$ 与 $R_3$ 并联后再与 $R_1$ 串联,总电阻

$$R'=R_1+\frac{R_2R_3}{R_2+R_3}=\left(1.8+\frac{2\times 3}{2+3}\right)\mathrm{k\Omega}=3\ \mathrm{k\Omega}$$

此时 $U_{S1}$ 的输出电流为

$$I'_1=\frac{U_{S1}}{R'}=\frac{18}{3}\ \mathrm{mA}=6\ \mathrm{mA}$$

由此求得

$$I'_3=\frac{R_2}{R_2+R_3}I'_1=\frac{2}{2+3}\times 6\ \mathrm{mA}=2.4\ \mathrm{mA}$$

当电压源 $U_{S2}$ 单独作用时,电路如图 5-14(c)所示。$R_1$ 与 $R_3$ 并联后再与 $R_2$ 串联,总电阻

$$R''=R_2+\frac{R_1R_3}{R_1+R_3}=\left(2+\frac{1.8\times 3}{1.8+3}\right)\mathrm{k\Omega}=3.125\ \mathrm{k\Omega}$$

此时 $U_{S2}$ 的输出电流为

$$I''_2=\frac{U_{S2}}{R''}=\frac{15}{3.125}\ \mathrm{mA}=4.8\ \mathrm{mA}$$

由此求得

$$I''_3=\frac{R_1}{R_1+R_3}I''_2=\frac{1.8}{1.8+3}\times 4.8\ \mathrm{mA}=1.8\ \mathrm{mA}$$

最后求得

$$I_3=I'_3+I''_3=(2.4+1.8)\ \mathrm{mA}=4.2\ \mathrm{mA}$$

## 5.6 戴维宁定理

电路有时又称电网络,简称网络(network)。当电路的某一部分只有两个端与外部连接时,可将这一部分电路视为一个整体,称为二端网络(two-termial network)。其中内部含有源元件的网络称为有源二端网络,内部只含无源元件的网络称为无源二端网络。

戴维宁定理(Thevenin's theorem)是将有源二端网络用一个等效电压源代替的定理。

如图 5-15(a)所示电路,若将 $R_2$ 所在支路提出来,剩下虚线框内的部分即为一个有源二端网络。对 $R_2$ 而言,有源二端网络相当于其电源,在对外部电路等效的条件下,即保持它们的输出电压和电流不变的条件下,可以用一个等效电压源来代替它。由于有源二端网络不仅产生电能,本身还消耗电能,其产生电能的作用可用一个总的理想电压源来表示;消耗电能的作用可用一个总的电阻元件来表示。由电压源与电阻串联组成了该有源二端网络的戴

维宁等效电源,如图 5-15(b)所示。

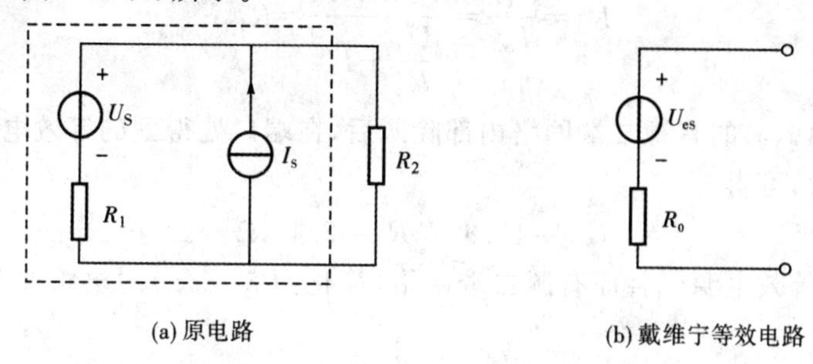


(a) 原电路　　(b) 戴维宁等效电路

图 5-15　有源二端网络的戴维宁等效电源

戴维宁定理的内容是:对外部电路而言,任何一个线性有源二端网络都可以用一个戴维宁等效电源来代替。等效电源中的电源电压 $U_{es}$ 等于原有源二端网络的开路电压 $U_{OC}$,内电阻 $R_0$ 等于原有源二端网络的开路电压 $U_{OC}$ 与短路电流 $I_{SC}$ 之比,也等于将原有源二端网络内部除源(即将所有电压源代之以短路,电流源代之以开路)后,在端口处得到的等效电阻。

**【例 5-7】**　运用戴维宁定理求解图 5-15(a)中通过 $R_2$ 的电流。已知 $U_S=6$ V,$I_S=2$ A,$R_1=2.4$ kΩ,$R_2=3.6$ kΩ。

**解**　利用戴维宁定理解题的一般步骤如下:

(1)将待求支路提出,使剩下的电路成为有源二端网络,如图 5-16(a)所示。

(2)求出有源二端网络的戴维宁等效电源。

用戴维宁等效电源代替原有源二端网络,代替前后的电路如图 5-16(a)和(b)所示。由于代替的条件是对外等效,因此在同一工作状态下,它们输出的电压和电流应该相同。

输出端开路时,两者的开路电压 $U_{OC}$ 应该相等,由图 5-16(b)可知

$$U_{eS}=U_{OC}$$

输出端短路时,两者的短路电流 $I_{SC}$ 应该相等,由图 5-16(b)可知

$$R_0=\frac{U_{eS}}{I_{SC}}=\frac{U_{OC}}{I_{SC}}$$

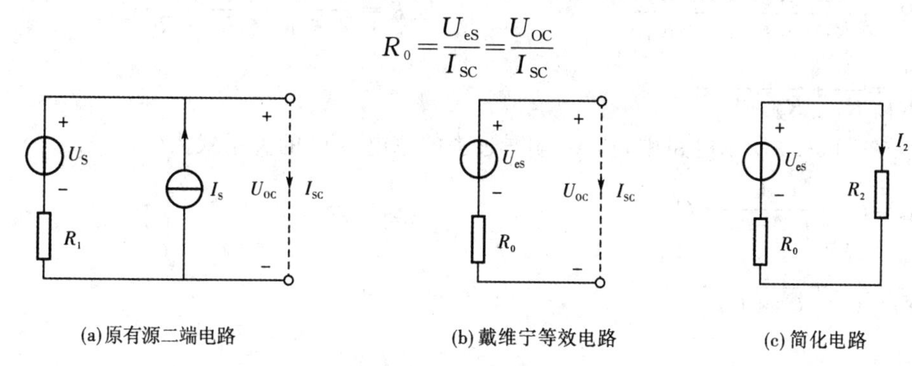


(a) 原有源二端电路　　(b) 戴维宁等效电路　　(c) 简化电路

图 5-16　例 5-7 的电路图

对于图 5-16(a)所示电路而言,可以求得

$$U_{OC}=U_S+R_1I_S$$

$$I_{SC}=\frac{U_S}{R_1}+I_S$$

因此

$$R_0=\frac{U_{OC}}{I_{SC}}=\frac{U_S+R_1I_S}{\frac{U_S}{R_1}+I_S}=R_1$$

$R_1$ 也就是将图 5-16(a)的有源二端网络内部除源后，在端口处得到的等效电阻。

代入元件参数，可得

$$U_{eS}=10.8\ \text{V},R_0=2.4\ \text{k}\Omega$$

(3)用戴维宁等效电源代替原有源二端网络，简化图 5-16(a)的电路如图 5-16(c)所示。所以

$$I_2=\frac{U_{eS}}{R_0+R_2}=\frac{10.8}{2.4+3.6}\ \text{A}=1.8\ \text{A}$$

## 练习题

**5-1** 在图 5-17 所示电路中，电流源电压的大小和方向为(　　)。

A. $U_S$，上正下负　　B. 0　　C. $U_S$，下正上负

**5-2** 在图 5-17 所示电路中，电压源电流的大小和方向为(　　)。

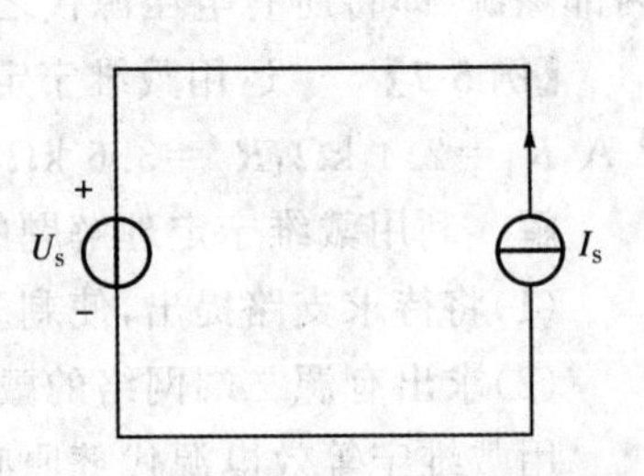

图 5-17　习题 5-1 和习题 5-2 的电路图

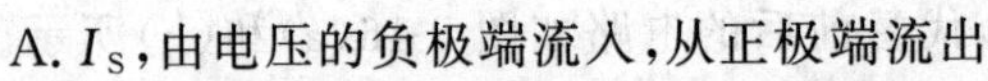
A. $I_S$，由电压的负极端流入，从正极端流出

B. 0

C. $I_S$，由电压的正极端流入，从负极端流出

**5-3** 在图 5-18 所示电路中，从 ab 端看过去的总电阻 $R$ 的关系式为(　　)。

A. $R=\frac{(R_1+R_4)(R_2+R_3)}{R_1+R_2+R_3+R_4}$　　B. $R=\frac{R_1R_2}{R_1+R_2}+\frac{R_3R_4}{R_3+R_4}$

C. $\frac{1}{R}=\frac{1}{R_1}+\frac{1}{R_2}+\frac{1}{R_3}+\frac{1}{R_4}$

**5-4** 在图 5-19 所示电路中，从 ab 端看过去的总电容 $C$ 的关系式为(　　)。

A. $C=C_1+\frac{C_2C_3}{C_2+C_3}+C_4$　　B. $\frac{1}{C}=\frac{1}{C_1}+\frac{1}{C_2+C_3}+\frac{1}{C_4}$

C. $\frac{1}{C}=\frac{1}{C_1}+\frac{C_2C_3}{C_2+C_3}+\frac{1}{C_4}$

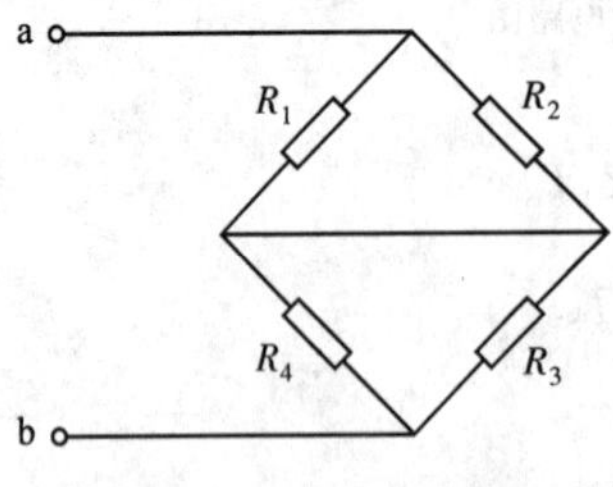

图 5-18　习题 5-3 的电路图

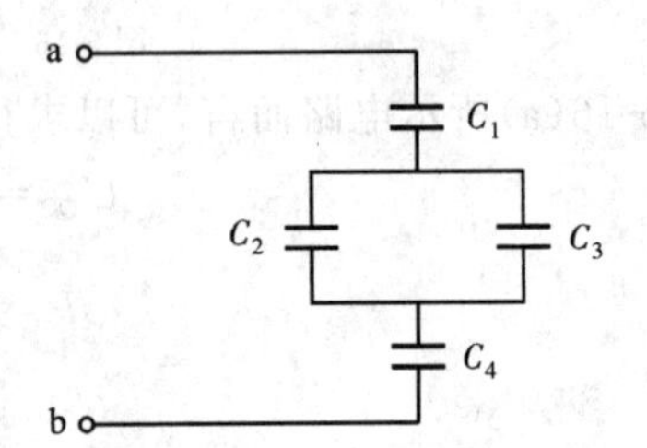

图 5-19　习题 5-4 的电路图

**5-5**　在图 5-20 所示直流电路中，通过电阻 $R$ 的电流为（　　）。

A. $I_S$　　B. 0　　C. ∞

**5-6**　在图 5-21 所示直流电路中，通过电阻 $R$ 的电流为（　　）。

A. $\frac{U_S}{R}$　　B. $I_S$　　C. $\frac{U_S}{R}+I_S$

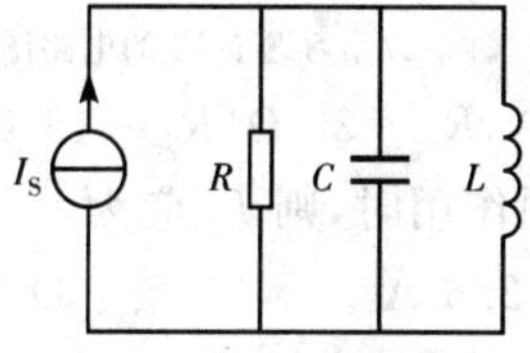
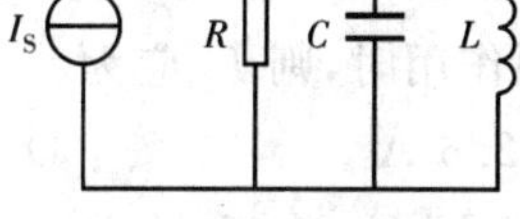


图 5-20　习题 5-5 的电路图

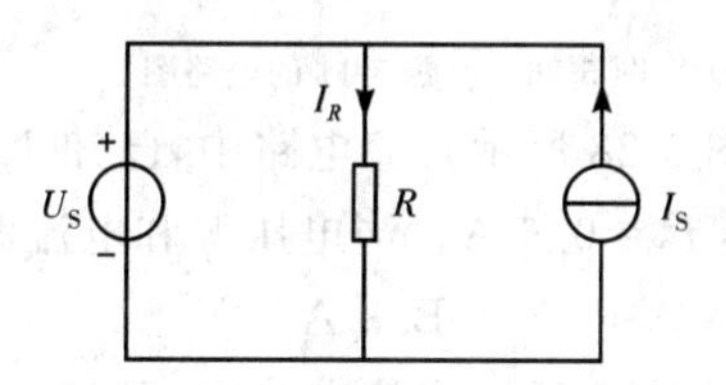


图 5-21　习题 5-6 的电路图

**5-7**　在图 5-22 所示直流电路中，通过电阻 $R$ 的电流的大小为（　　）。

A. $\frac{U_S}{R}$　　B. $I_S$　　C. $\frac{U_S}{R}+I_S$

**5-8**　在图 5-23 所示直流电路中，电阻两端电压的大小为（　　）。

A. $U_S$　　B. $RI_S$　　C. $U_S+RI_S$

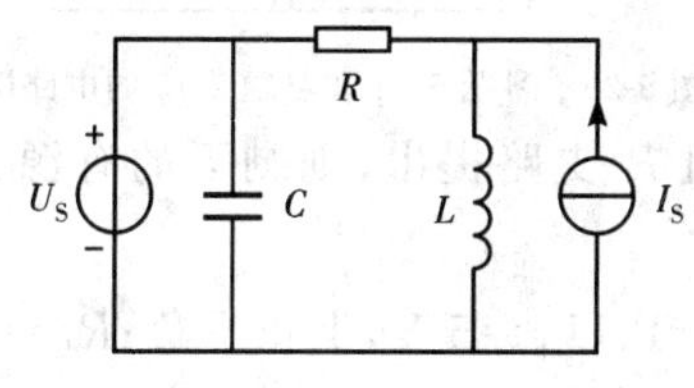


图 5-22　习题 5-7 的电路图

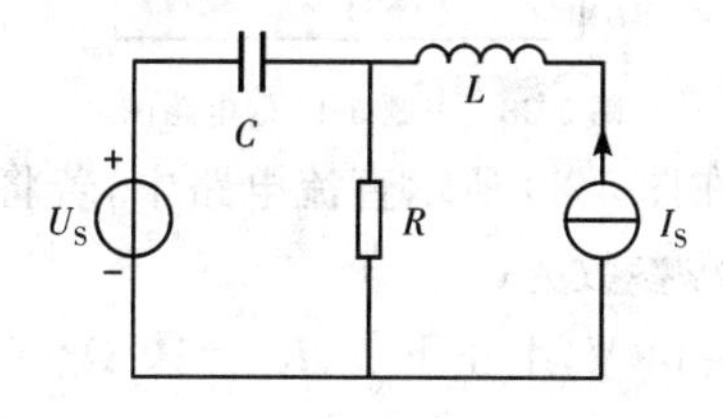


图 5-23　习题 5-8 的电路图

**5-9**　在图 5-24 所示直流电路中，已知 $I_1=1$ A，$I_2=2$ A，$I_3=3$ A，则 $I_4$ 为（　　）。

A. −6 A　　B. 5 A　　C. 3 A　　D. 6 A

**5-10**　在图 5-25 所示直流电路中，已知 $I_{S1}=4$ A，$I_{S2}=2$ A，则 $I$ 为（　　）。

A. 2 A　　B. 6 A　　C. −2 A　　D. −6 A

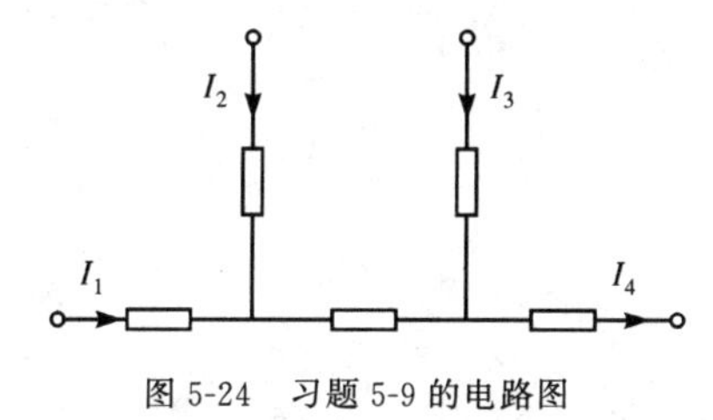


图 5-24　习题 5-9 的电路图

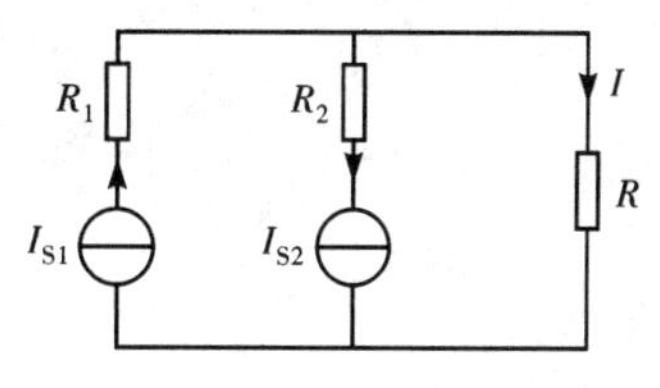


图 5-25　习题 5-10 的电路图

**5-11**　在图 5-26 所示直流电路中，已知 $U_S=9$ V，$I_S=1$ A，$R_1=20\ \Omega$，$R_2=10\ \Omega$，则电流源的电压 $U$ 等于（　　）。

A. 21 V　　B. −21 V　　C. 39 V　　D. 9 V

**5-12**　在图 5-27 所示直流电路中，电容电压 $U_C$ 的大小为（　　）。

A. 12 V　　B. 9 V　　C. 3 V　　D. 6 V

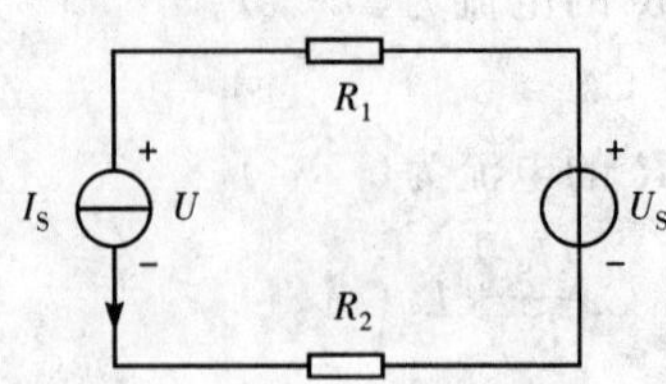


图 5-26　习题 5-11 的电路图

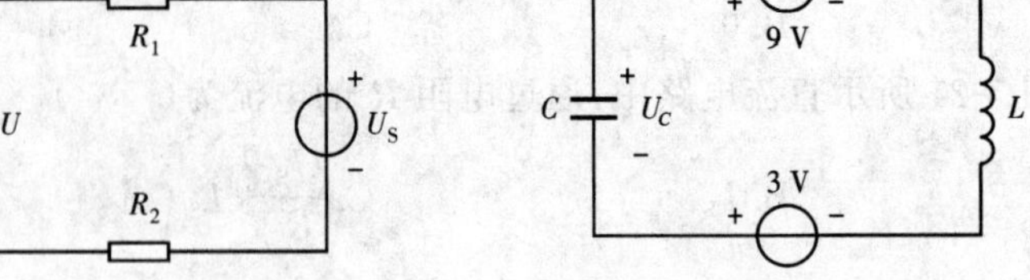


图 5-27　习题 5-12 的电路图

**5-13**　在图 5-28 所示直流电路中，已知 $I_S=3$ A，$R_1=30\ \Omega$，$R_2=15\ \Omega$。当电压源单独作用时，已求得 $I_2=0.6$ A。当电压源和电流源共同作用时，则 $I_2$ 应为（　　）。

A. 1.6 A　　　B. 3 A　　　C. 2.6 A　　　D. 0.6 A

**5-14**　在图 5-29 所示直流电路中，已知 $U_{S1}=12$ V，$U_{S2}=15$ V，$R_1=30\ \Omega$，$R_2=15\ \Omega$，$R=10\ \Omega$，则电路中所示的电流 $I$ 为（　　）。

A. 0.2 A　　　B. 0.7 A　　　C. 2.5 A　　　D. 0.5 A

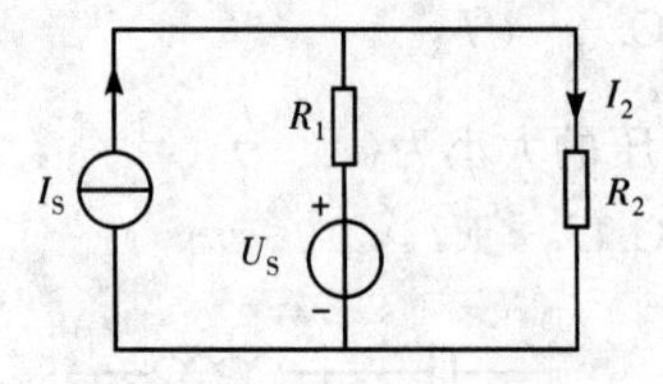


图 5-28　习题 5-13 的电路图

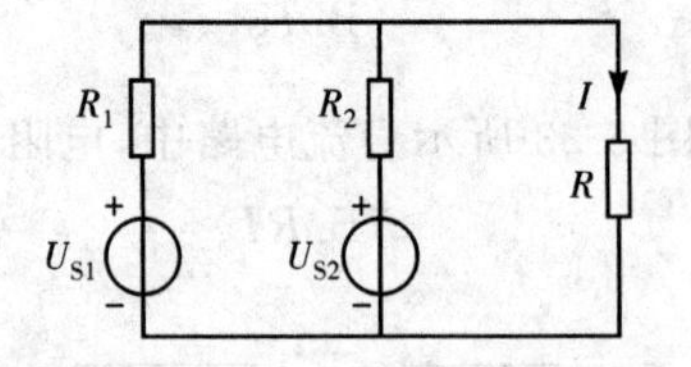


图 5-29　习题 5-14 和习题 5-15 的电路图

**5-15**　在图 5-29 所示直流电路中，若将电阻 $R$ 支路提出，则剩下的有源二端网络的戴维宁等效电源参数为（　　）。

A. $U_{eS}=14$ V，上正下负；$R_0=10\ \Omega$　　　B. $U_{eS}=5$ V，上正下负；$R_0=45\ \Omega$

C. $U_{eS}=5$ V，上负下正；$R_0=45\ \Omega$　　　D. $U_{eS}=14$ V，上正下负；$R_0=30\ \Omega$

# 第6章

# 交流电路的分析

在交流电源供电的电路中，电路的电流为交流电流，这种电路称为交流电路。本章将介绍交流电路的基本分析方法。首先介绍单相交流电路，然后再介绍三相交流电路。

## 6.1 交流电路的欧姆定律

在 5.6 节提到，二端网络中，内部只含无源元件的网络称为无源二端网络，如图 6-1 所示。

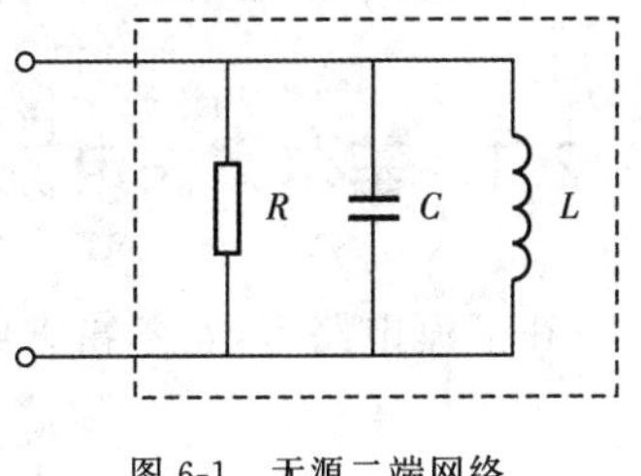


图 6-1 无源二端网络

在交流电路中，任何无源二端网络的端电压相量 $\dot{U}$ 与端电流相量 $\dot{I}$ 之比称为阻抗，用 $Z$ 表示，单位为欧姆(Ω)，即

$$\frac{\dot{U}}{\dot{I}}=Z \tag{6-1}$$

式(6-1)称为交流电路的欧姆定律或欧姆定律的相量形式。该式也可以改写为

$$\dot{I}=\frac{\dot{U}}{Z} \tag{6-2}$$

或者

$$\dot{U}=Z\dot{I} \tag{6-3}$$

$Z$ 是一个复数，用极坐标表示为

$$Z=|Z|\angle\varphi \tag{6-4}$$

式中，$|Z|$ 称为阻抗模，$\varphi$ 称为阻抗角。

设阻抗的端电压相量 $\dot{U}=U\angle\psi_u$，端电流相量 $\dot{I}=I\angle\psi_i$，则

$$\frac{U\angle\psi_u}{I\angle\psi_i}=|Z|\angle\varphi \tag{6-5}$$

由此得到电压和电流的有效值的关系为

$$\frac{U}{I}=|Z| \tag{6-6}$$

或者改写为

$$I=\frac{U}{|Z|} \tag{6-7}$$

$$U=|Z|I \tag{6-8}$$

上述三式也可以称为交流电路的欧姆定律。由式(6-5)还可以得到电压与电流的相位关系为

$$\psi_u-\psi_i=\varphi$$

即电压对电流的相位差等于阻抗角。

**【例 6-1】** 已知某阻抗 $Z=25\angle 60°\ \Omega$,其上的端电压相量 $\dot{U}=100\angle 0°\ \text{V}$,求通过该阻抗的电流的有效值和初相位。

**解** 根据交流电路的欧姆定律,得

$$\dot{I}=\frac{\dot{U}}{Z}=\frac{100\angle 0°}{25\angle 60°}\ \text{A}=4\angle -60°\text{A}$$

由此可知 $I=4\ \text{A}$,$\psi_i=-60°$。

# 6.2 交流电路的基尔霍夫定律

## 6.2.1 基尔霍夫电流定律

在交流电路中,基尔霍夫电流定律的表达形式为

$$\sum_{i=1}^{n} i_i=0 \tag{6-9}$$

即在电路的任何结点上,任一瞬间电流的代数和等于零。流入结点的电流前面取正号,流出结点的电流前面取负号。

若用相量表示,则交流电路基尔霍夫电流定律的相量形式为

$$\sum_{i=1}^{n} \dot{I}_i=0 \tag{6-10}$$

即在电路的任何结点上,电流的相量和等于零。流入结点的电流相量前面取正号,流出结点的电流相量前面取负号。

**【例 6-2】** 如图 6-2 所示交流电路中,已知 $\dot{I}_1=10\angle 53.13°\ \text{A}$,$\dot{I}_2=10\angle -36.87°\ \text{A}$。求 $\dot{I}_3$。

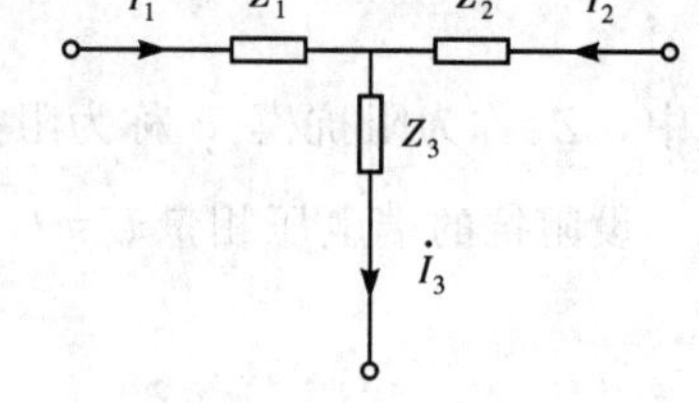

图 6-2 例 6-2 的电路图

**解** 根据交流电路的 KCL,得

$$\dot{I}_1+\dot{I}_2-\dot{I}_3=0$$

因此

$$\begin{aligned}\dot{I}_3&=\dot{I}_1+\dot{I}_2=(10\angle 53.13°+10\angle -36.87°)\ \text{A}\\&=[(6+\text{j}8)+(8-\text{j}6)]\ \text{A}=(14+\text{j}2)\ \text{A}\\&=14.14\angle 8.13°\ \text{A}\end{aligned}$$

### 6.2.2　基尔霍夫电压定律

在交流电路中，基尔霍夫电压定律的表达形式为

$$\sum_{i=1}^{n} u_i = 0 \tag{6-11}$$

即在电路的任何回路中，任一瞬间电压的代数和等于零。与回路方向一致的电压前面取正号，与回路方向不一致的电压前面取负号。

若用相量表示，则交流电路基尔霍夫电压定律的相量形式为

$$\sum_{i=1}^{n} \dot{U}_i = 0 \tag{6-12}$$

即在电路的任何回路中，电压的相量和等于零。与回路方向一致的电压相量前面取正号，与回路方向不一致的电压相量前面取负号。

**【例 6-3】**　如图 6-3 所示交流电路中，已知 $\dot{U}_{S1} = 10\angle 45^\circ$ V，$\dot{U}_{S2} = 10\angle -45^\circ$ V。求 $\dot{U}_Z$。

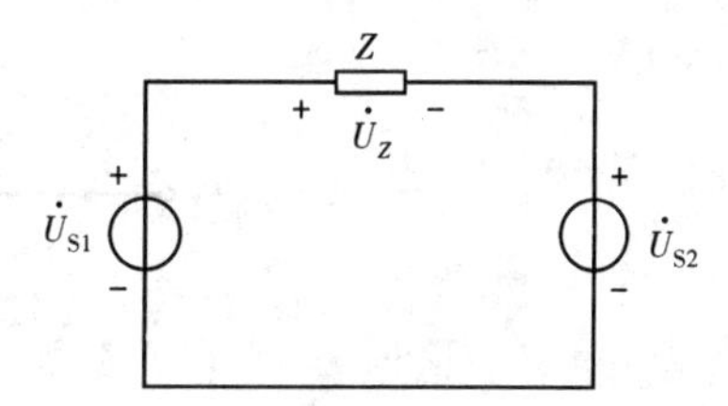


图 6-3　例 6-3 的电路图

**解**　根据交流电路的 KVL，得

$$\dot{U}_Z + \dot{U}_{S2} - \dot{U}_{S1} = 0$$

因此

$$\begin{aligned}\dot{U}_Z &= \dot{U}_{S1} - \dot{U}_{S2} = (10\angle 45^\circ - 10\angle -45^\circ)\text{V} \\ &= [(7.07 + \text{j}7.07) - (7.07 - \text{j}7.07)]\text{V} \\ &= \text{j}14.14\ \text{V} = 14.14\angle 90^\circ\ \text{V}\end{aligned}$$

## 6.3　交流电路的阻抗

通过前面两节的分析可知，只要已知电路的阻抗便可以由电压求出电流，反之亦可。电阻、电容和电感这三种无源元件在交流电路中的作用都是通过它们的阻抗来反映的。因此，如何计算无源元件及其组合电路的阻抗，成为求解交流电路问题的关键，这是本节所要解决的问题。

### 6.3.1　理想无源元件的阻抗

**1. 电阻元件的阻抗**

电阻元件的阻抗为

$$Z_R = R \tag{6-13}$$

即电阻元件的阻抗为一实数，在数值上就等于该元件的电阻。

证明如下：如图 6-4(a)所示，在电阻元件两端加上电压 $u$，则电路中将通过电流 $i$。设

$$i=I_{\mathrm{m}}\sin\omega t=\sqrt{2}I\sin\omega t$$

根据式(5-2),则

$$u=Ri=\sqrt{2}RI\sin\omega t=\sqrt{2}U\sin\omega t$$

比较上面两式,便可知道电阻元件的电压与电流之间有如下关系:

(1)电压和电流的频率相同;

(2)电压和电流的相位相同;

(3)电压和电流的有效值之间的关系为

$$U=RI \tag{6-14}$$

若将上述关系用相量表示,则

$$\dot{U}=R\dot{I} \tag{6-15}$$

相量图如图 6-4(b)所示。由此证明

$$Z_R=\frac{\dot{U}}{\dot{I}}=R$$

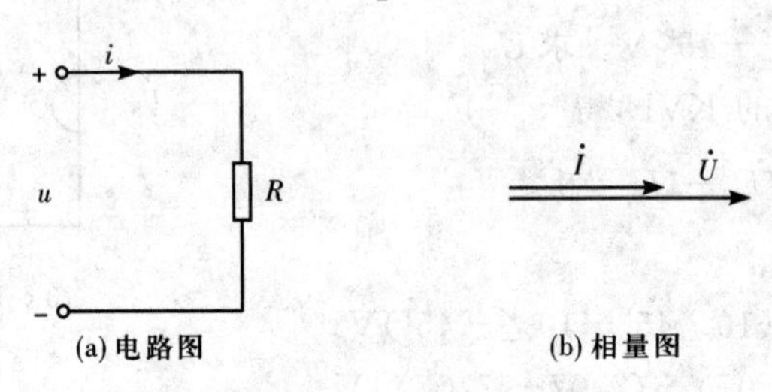


图 6-4　电阻电路

**2. 电容元件的阻抗**

电容元件的阻抗为

$$Z_C=-\mathrm{j}X_C \tag{6-16}$$

式中,

$$X_C=\frac{1}{\omega C} \tag{6-17}$$

称为容抗,单位为欧姆(Ω)。可见,电容元件的阻抗为一虚数,在数值上就等于该元件的容抗。

证明如下:如图 6-5(a)所示,在电容元件两端加上电压 $u$,则电路中将通过电流 $i$,设

$$u=U_{\mathrm{m}}\sin\omega t=\sqrt{2}U\sin\omega t$$

根据式(5-10),则

$$i=C\frac{\mathrm{d}u}{\mathrm{d}t}=C\frac{\mathrm{d}\sqrt{2}U\sin\omega t}{\mathrm{d}t}=\sqrt{2}\omega CU\cos\omega t$$

$$=\frac{\sqrt{2}U}{X_C}\sin(\omega t+90^\circ)=\sqrt{2}I\sin(\omega t+90^\circ)$$

比较上面两式,便可知道电容元件的电压与电流之间有如下关系:

(1)电压和电流的频率相同;

(2)电流在相位上超前于电压 90°,即电压在相位上滞后于电流 90°;

(3)电压和电流的有效值之间的关系为

$$U=X_C I \tag{6-18}$$

若将上述关系用相量表示,则

$$\dot{U}=-\mathrm{j}X_C\dot{I} \tag{6-19}$$

相量图如图 6-5(b)所示。由此证明

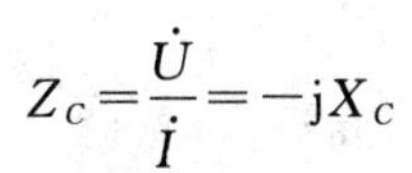

$$Z_C=\frac{\dot{U}}{\dot{I}}=-\mathrm{j}X_C$$

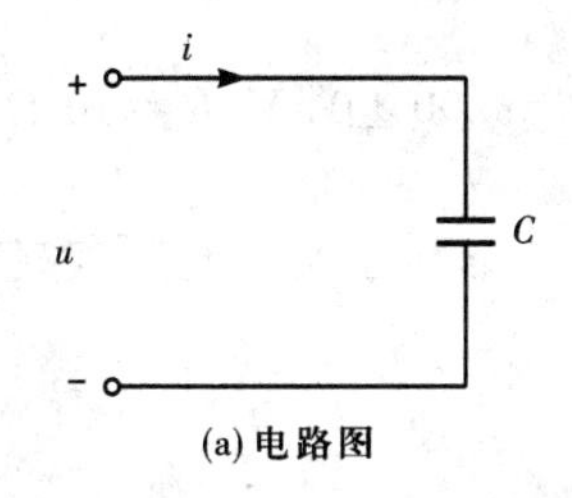

(a) 电路图

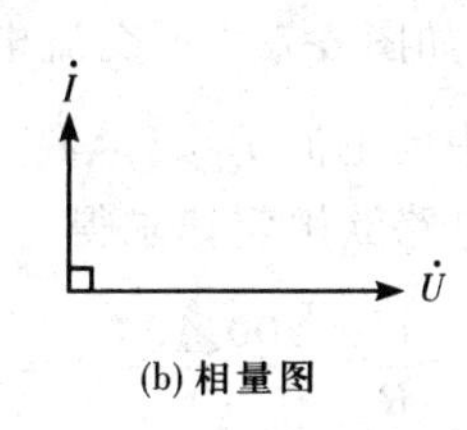

(b) 相量图

图 6-5　电容电路

**3. 电感元件的阻抗**

电感元件的阻抗为

$$Z_L=\mathrm{j}X_L \tag{6-20}$$

式中,

$$X_L=\omega L \tag{6-21}$$

称为感抗,单位为欧姆(Ω)。可见,电感元件的阻抗为一虚数,在数值上就等于该元件的感抗。

证明如下:如图 6-6(a)所示,在电感元件两端加上电压 $u$,则电路中将通过电流 $i$,设

$$i=I_{\mathrm{m}}\sin\omega t=\sqrt{2}I\sin\omega t$$

根据式(5-16),则

$$\begin{aligned}u&=L\frac{\mathrm{d}i}{\mathrm{d}t}=L\frac{\mathrm{d}\sqrt{2}I\sin\omega t}{\mathrm{d}t}=\sqrt{2}\omega LI\cos\omega t\\&=\sqrt{2}X_L I\sin(\omega t+90^\circ)=\sqrt{2}U\sin(\omega t+90^\circ)\end{aligned}$$

比较上面两式,便可知道电感元件的电压与电流之间有如下关系:

(1)电压和电流的频率相同;

(2)电压在相位上超前于电流 90°,即电流在相位上滞后于电压 90°;

(3)电压和电流的有效值之间的关系为

$$U=X_L I \tag{6-22}$$

若将上述关系用相量表示,则

$$\dot{U}=\mathrm{j}X_L\dot{I} \tag{6-23}$$

相量图如图 6-6(b)所示。由此证明

$$Z_L=\frac{\dot{U}}{\dot{I}}=\mathrm{j}X_L$$

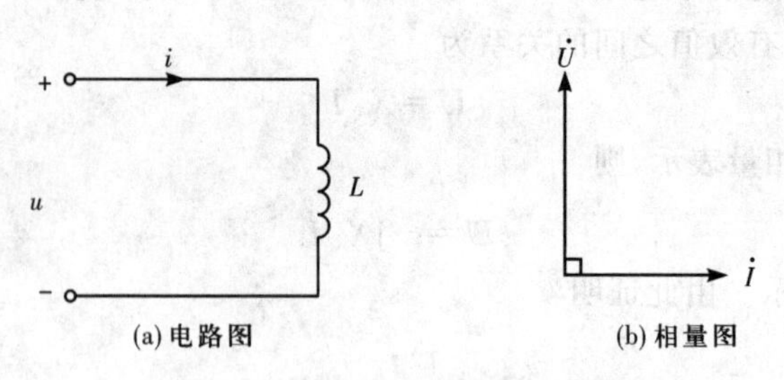


图 6-6　电感电路

**【例 6-4】**　如图 6-7 所示交流电路中，已知 $\dot{U}=200\angle 0°$ V，$R=10\ \Omega$，$X_C=10\ \Omega$，$X_L=10\ \Omega$。求电路中的电流 $\dot{I}_R$、$\dot{I}_C$、$\dot{I}_L$ 和 $\dot{I}$。

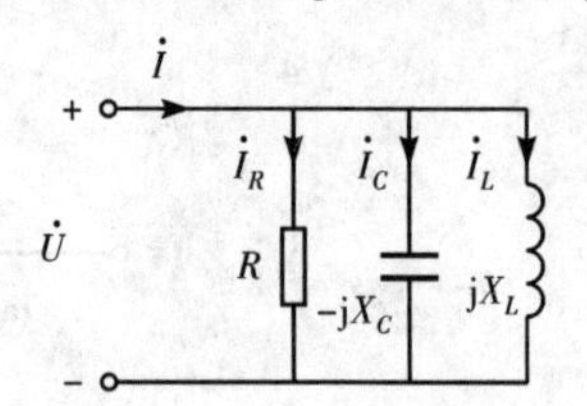


图 6-7　例 6-4 的电路图

**解**　由交流电路欧姆定律求得

$$\dot{I}_R=\frac{\dot{U}}{Z_R}=\frac{\dot{U}}{R}=\frac{200\angle 0°}{10}\ \text{A}=20\angle 0°\ \text{A}$$

$$\dot{I}_C=\frac{\dot{U}}{Z_C}=\frac{\dot{U}}{-\mathrm{j}X_C}=\frac{200\angle 0°}{10\angle -90°}\ \text{A}=20\angle 90°\ \text{A}$$

$$\dot{I}_L=\frac{\dot{U}}{Z_L}=\frac{\dot{U}}{\mathrm{j}X_L}=\frac{200\angle 0°}{10\angle 90°}\ \text{A}=20\angle -90°\ \text{A}$$

再由交流电路 KCL 求得

$$\begin{aligned}\dot{I}&=\dot{I}_R+\dot{I}_C+\dot{I}_L=(20\angle 0°+20\angle 90°+20\angle -90°)\ \text{A}\\&=(20+\mathrm{j}20-\mathrm{j}20)\ \text{A}=20\ \text{A}\end{aligned}$$

## 6.3.2 *RCL* 串联电路的阻抗

图 6-8 是 *RCL* 串联电路，各元件的阻抗分别为 $R$、$-\mathrm{j}X_C$ 和 $\mathrm{j}X_L$。根据 KVL 和欧姆定律，得

$$\begin{aligned}\dot{U}&=\dot{U}_R+\dot{U}_C+\dot{U}_L\\&=R\dot{I}-\mathrm{j}X_C\dot{I}+\mathrm{j}X_L\dot{I}\\&=[R+\mathrm{j}(X_L-X_C)]\dot{I}\\&=(R+\mathrm{j}X)\dot{I}\end{aligned}$$

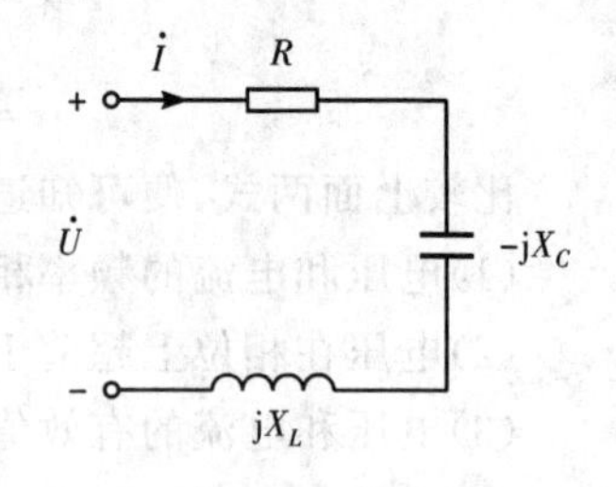


图 6-8　*RCL* 串联电路

式中，

$$X=X_L-X_C \tag{6-24}$$

称为串联电路的电抗，单位为欧姆(Ω)。由此得到 *RCL* 串联电路的阻抗为

$$Z=R+\mathrm{j}X \tag{6-25}$$

可见，*RCL* 串联电路的阻抗为一个复数，其实部为电阻，虚部为电抗。式(6-25)是阻抗的代数式，式(6-4)是阻抗的极坐标式。根据第 1 章中介绍的复数的模、辐角、实部和虚部间的关

系可知，$RCL$ 串联电路的阻抗模$|Z|$、阻抗角 $\varphi$ 与电阻 $R$、电抗 $X$ 之间有如下关系：

$$|Z|=\sqrt{R^2+X^2} \tag{6-26}$$

$$\varphi=\arctan\frac{X}{R}=\arccos\frac{R}{|Z|}=\arcsin\frac{X}{|Z|} \tag{6-27}$$

即$|Z|$、$R$ 和 $X$ 三者之间符合如图 6-9 所示的直角三角形关系。这一三角形称为阻抗三角形。

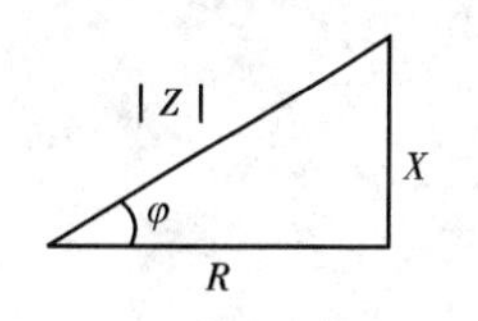

图 6-9　阻抗三角形

如图 6-8 所示的 $RCL$ 串联电路包含了三种不同的参数，是具有一般意义的典型电路。单一无源元件或两种无源元件串联的电路只是 $RCL$ 串联电路在 $R$、$X_C$、$X_L$ 中某两个或某一个等于零时的特例。

**【例 6-5】**　如图 6-10 所示电路中，已知 $R=40\ \Omega$，$L=500\ \text{mH}$，电源电压 $U=220\ \text{V}$，频率 $f=50\ \text{Hz}$。求电路中的电流 $I$。

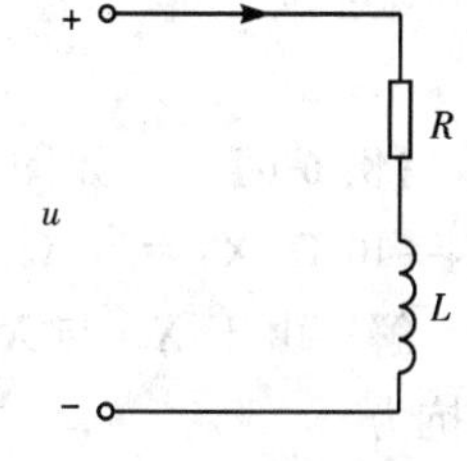

图 6-10　例 6-5 的电路图

**解**　电路中的感抗、电抗和阻抗模分别为

$$\begin{aligned}X_L&=\omega L=2\pi fL\\&=2\times3.14\times50\times500\times10^{-3}\ \Omega\\&=157\ \Omega\end{aligned}$$

$$X=X_L-X_C=(157-0)\ \Omega=157\ \Omega$$

$$|Z|=\sqrt{R^2+X^2}=\sqrt{40^2+157^2}\ \Omega=162\ \Omega$$

由此求得电流为

$$I=\frac{U}{|Z|}=\frac{220}{162}\ \text{A}=1.36\ \text{A}$$

## 6.3.3　阻抗的串联和并联

**1. 阻抗串联**

阻抗串联时，例如如图 6-11 所示两个阻抗串联时，电路的总阻抗为

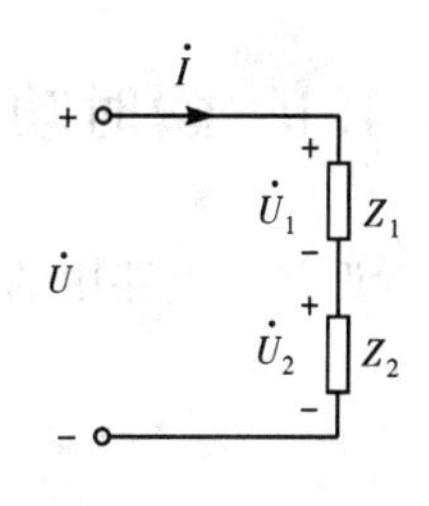

图 6-11　阻抗串联

$$\begin{aligned}Z&=\frac{\dot U}{\dot I}=\frac{\dot U_1+\dot U_2}{\dot I}\\&=\frac{\dot U_1}{\dot I}+\frac{\dot U_2}{\dot I}=Z_1+Z_2\end{aligned}$$

可见，$n$ 个阻抗串联时，总阻抗 $Z$ 的计算公式为

$$Z=\sum_{i=1}^{n}Z_i \tag{6-28}$$

但要注意，一般情况下

$$|Z|\neq\sum_{i=1}^{n}|Z_i|$$

**2. 阻抗并联**

阻抗并联时,例如如图 6-12 所示两个阻抗并联时,电路总阻抗的倒数为

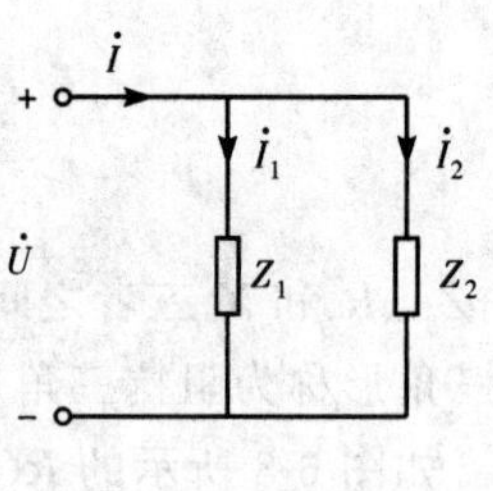

图 6-12 阻抗并联

$$\frac{1}{Z}=\frac{\dot{I}}{\dot{U}}=\frac{\dot{I}_1+\dot{I}_2}{\dot{U}}$$

$$=\frac{\dot{I}_1}{\dot{U}}+\frac{\dot{I}_2}{\dot{U}}=\frac{1}{Z_1}+\frac{1}{Z_2}$$

可见,$n$ 个阻抗并联时,总阻抗 $Z$ 的计算公式为

$$\frac{1}{Z}=\sum_{i=1}^{n}\frac{1}{Z_i} \tag{6-29}$$

但要注意,一般情况下

$$\frac{1}{|Z|}\neq\sum_{i=1}^{n}\frac{1}{|Z_i|}$$

**【例 6-6】** 如图 6-13 所示电路中,已知 $R=60\ \Omega$,$X_C=40\ \Omega$,$X_L=80\ \Omega$。求电路的总阻抗。

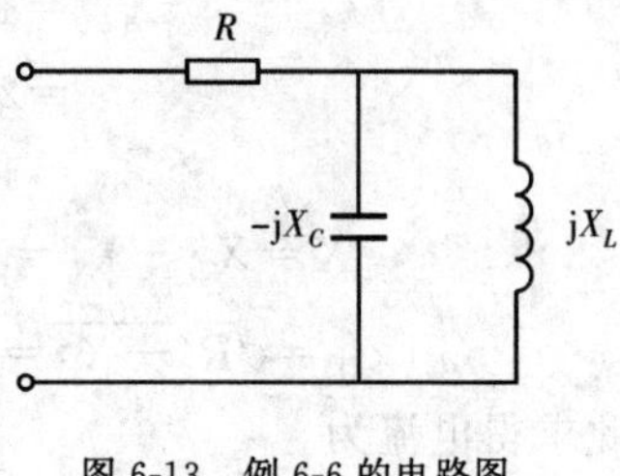

图 6-13 例 6-6 的电路图

**解** 由于 $X_C$ 与 $X_L$ 并联后再与 $R$ 串联,故电路的总阻抗为

$$Z=Z_R+\frac{Z_CZ_L}{Z_C+Z_L}=R+\frac{-\mathrm{j}X_C\cdot\mathrm{j}X_L}{-\mathrm{j}X_C+\mathrm{j}X_L}$$

$$=60+\frac{-\mathrm{j}40\times\mathrm{j}80}{-\mathrm{j}40+\mathrm{j}80}\ \Omega=\left(60+\frac{3\ 200}{\mathrm{j}40}\right)\ \Omega$$

$$=(60-\mathrm{j}80)\ \Omega=100\angle-53.1^\circ\ \Omega$$

# 6.4 交流电路的功率

## 6.4.1 瞬时功率

设某一电路中的电压对电流的相位差为 $\varphi$,且设

$$i=I_{\mathrm{m}}\sin\omega t$$

$$u=U_{\mathrm{m}}\sin(\omega t+\varphi)$$

由于 $u$ 和 $i$ 是随时间变化的,它们的乘积称为瞬时功率。瞬时功率也是随时间变化的,用小写字母 $p$ 表示,即

$$p=ui=U_{\mathrm{m}}\sin(\omega t+\varphi)\cdot I_{\mathrm{m}}\sin\omega t=2UI\sin(\omega t+\varphi)\sin\omega t$$

$$=2UI(\sin\omega t\cos\varphi+\cos\omega t\sin\varphi)\sin\omega t$$

$$=2UI\cos\varphi\sin^2\omega t+UI\sin\varphi\sin 2\omega t=p'+p'' \tag{6-30}$$

$p$ 的第一部分

$$p'=2UI\cos\varphi\sin^2\omega t$$

变化规律如图 6-14 所示。它虽然是变化的,但却是大于或等于零的。说明这部分功率是实

际消耗的，这是因为电路中有耗能元件存在。

$p$ 的第二部分

$$p''=UI\sin\varphi\sin 2\omega t$$

变化规律如图 6-15 所示。它在一个周期内的平均值等于零，说明这部分功率并未实际消耗掉，这是因为电路中有储能元件存在。当电容电压的绝对值增加时，电容从电源吸取电能并将之转化为电场能，电容中储存的电场能增加；当电容电压的绝对值减少时，电容又将电场能转换为电能送回电源，电容中储存的电场能减少。同样，当电感电流的绝对值增加时，电感从电源吸取电能并将之转换为磁场能，电感中储存的磁场能增加；当电感电流的绝对值减少时，电感又将磁场能转换为电能送回电源，电感中储存的磁场能减少。因而电路与电源之间不断有能量在往返互换。

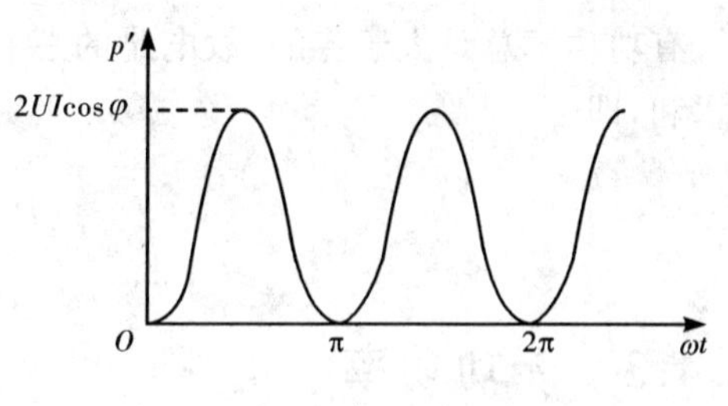


图 6-14　$p'$的变化规律

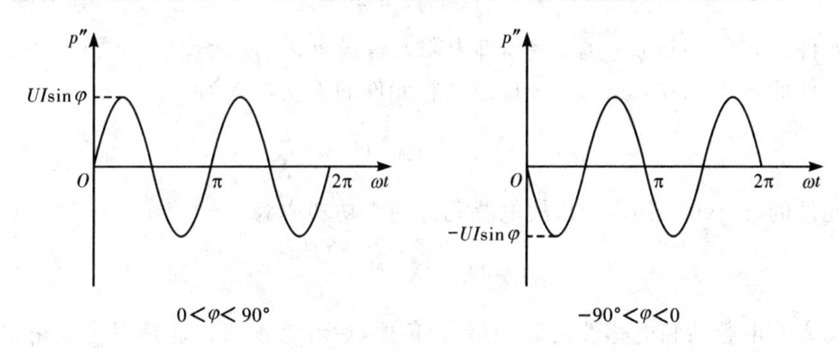


图 6-15　$p''$的变化规律

以上分析说明，一般而言，交流电路中存在着两部分功率：一部分是实际消耗的功率，其大小是用有功功率来表示的；另一部分是电路与电源之间往返互换的功率，其大小是用无功功率来表示的。两者的综合值则用视在功率来表示。下面将分别讨论有功功率、无功功率和视在功率。

## 6.4.2　有功功率

瞬时功率 $p$ 在一个周期内的平均值称为平均功率，又称为有功功率（active power）。有功功率用 $P$ 表示，单位为瓦（特）（W）。

有功功率代表电路消耗的功率。由于 $p''$在一个周期内的平均值为零，$p$ 的平均值等于 $p'$的平均值，由图 6-14 可知，其值应为最大值 $2UI\cos\varphi$ 的一半，因此，有功功率的计算公式为

$$P=UI\cos\varphi \tag{6-31}$$

电阻元件的电压与电流的相位差 $\varphi=0°$，故电阻消耗的有功功率为

$$P=UI=RI^2=\frac{U^2}{R} \tag{6-32}$$

电容元件的电压滞后于电流 90°，即 $\varphi=-90°$，$\cos\varphi=0$，$P=0$，即电容元件不消耗有功功率。

电感元件的电压超前于电流 90°，即 $\varphi=90°$，$\cos\varphi=0$，$P=0$，即电感元件不消耗有功功率。

有功功率总是大于零的,故电路的总有功功率应等于各支路或各电阻元件有功功率的算术和,即

$$P=\sum_{i=1}^{n}P_i \tag{6-33}$$

## 6.4.3 无功功率

瞬时功率中电路与电源之间往返互换功率的最大值称为无功功率(reactive power)。无功功率用 $Q$ 表示。为了与 $P$ 区别起见,无功功率单位用乏(尔)(var)。

无功功率代表电路与电源之间往返互换功率的规模,由图 6-15 可知,无功功率的计算公式为

$$Q=UI\sin\varphi \tag{6-34}$$

电阻元件的 $\varphi=0$,$\sin\varphi=0$,$Q=0$,即电阻元件没有无功功率。

电容元件的 $\varphi=-90°$,$\sin\varphi=-1$,故电容元件的无功功率为

$$Q_C=-UI=-X_CI^2=-\frac{U^2}{X_C} \tag{6-35}$$

电感元件的 $\varphi=90°$,$\sin\varphi=1$,故电感元件的无功功率为

$$Q_L=UI=X_LI^2=\frac{U^2}{X_L} \tag{6-36}$$

无功功率有电容性和电感性之分,前者为负值,后者为正值。这是因为电路中同时有电容和电感存在时,由于电容电压与电感电流的相位不同,使得电场能增加时,磁场能却在减少,反之亦然。因而两者的总无功功率为两者的无功功率的绝对值之差,即

$$Q=Q_L+Q_C=|Q_L|-|Q_C| \tag{6-37}$$

无功功率既然有正、负之分,故电路的总无功功率应等于各支路或各储能元件无功功率的代数和,即

$$Q=\sum_{i=1}^{n}Q_i \tag{6-38}$$

## 6.4.4 视在功率

电压与电流有效值的乘积称为视在功率(apparent power)或表观功率,用 $S$ 表示,即

$$S=UI \tag{6-39}$$

为了与 $P$ 和 $Q$ 区别起见,$S$ 的单位为伏安(V·A)。

视在功率可视为有功功率和无功功率的综合值,它的大小反映了电气设备的负载情况。由式(6-31)、式(6-34)和式(6-39)可知,三种功率间的关系为

$$P=S\cos\varphi \tag{6-40}$$

$$Q=S\sin\varphi \tag{6-41}$$

$$S=\sqrt{P^2+Q^2} \tag{6-42}$$

三者之间符合如图 6-16 所示直角三角形的关系。这个直角三角形称为功率三角形。

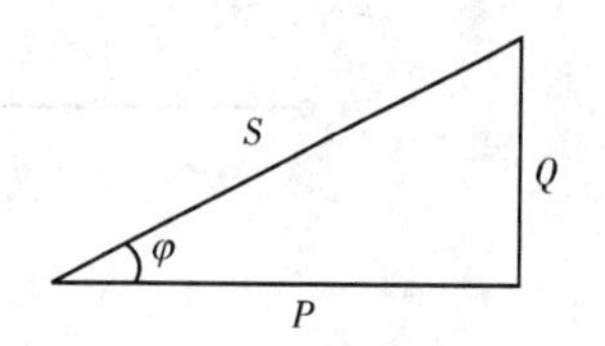

图 6-16　功率三角形

## 6.4.5　功率因数

在交流电路中，有功功率与视在功率的比值称为电路的功率因数(power factor)，用 λ 表示，即

$$\lambda=\frac{P}{S}=\cos\varphi \tag{6-43}$$

因而，电压与电流的相位差 $\varphi$ 又称为功率因数角，它是由电路的参数决定的。在纯电容和纯电感电路中，$P=0,S=Q,\lambda=0$，功率因数最低。在纯电阻电路中，$Q=0,S=P,\lambda=1$，功率因数最高。

功率因数是一项重要的力能经济指标。功率因数高会带来下述两个优点：

(1)提高供电设备的利用率。

交流供电设备都是按照一定的额定电压和额定电流设计制造的，两者的乘积即设备的额定视在功率，称为容量，例如 2.2 节中电力变压器的容量就是用视在功率表征的。使用时，若实际的视在功率超过了其容量，设备可能损坏。因而，容量 $S_N$ 一定的供电设备所允许输出的有功功率为

$$P=S_N\cos\varphi$$

$\cos\varphi$ 越大，$P$ 越大，供电设备可得到充分利用。

(2)减少供电设备和输电线路的功率损耗。

负载(用电设备)从供电设备取用的电流为

$$I=\frac{P}{U\cos\varphi}$$

在 $P$ 和 $U$ 一定的情况下，$\cos\varphi$ 越大，$I$ 就越小，供电设备和输电线路的功率损耗也就越少。

目前，在各种用电设备中，以电感性负载居多，例如工农业生产中广泛应用的异步电动机和日常生活中大量使用的日光灯等都属于电感性负载，而且它们的功率因数往往比较低。因而提高电感性电路的功率因数会带来显著的经济效益。

电路的功率因数低，是因为无功功率多，使得有功功率与视在功率的比值小。由于电感性无功功率可以由电容性无功功率来补偿，所以为了提高电感性电路的功率因数，除了尽量提高负载本身的功率因数外，还可以采取与电感性负载并联适当电容的方法。这时电路的工作情况可以通过如图 6-17 所示的电路图和相量图来说明。并联电容前，电路的总电流就是负载的电流 $\dot{I}_L$，它滞后于电压 $\dot{U}$ 的角度为 $\varphi_L$，电路的功率因数就是负载的功率因数 $\cos\varphi_L$。并联电容后，电容电流 $\dot{I}_C$ 超前于电压 $\dot{U}$ 的角度为 90°，电路总电流 $\dot{I}=\dot{I}_C+\dot{I}_L$，电路的功率因数变为 $\cos\varphi$。由于 $\varphi<\varphi_L$，所以 $\cos\varphi>\cos\varphi_L$。只要 $C$ 值选得恰当，便可将电路的功率因数提高到希望的数值。并联电容后，负载的工作未受影响，它本身的功率因数并没有提高，提高的是整个电路的功率因数。

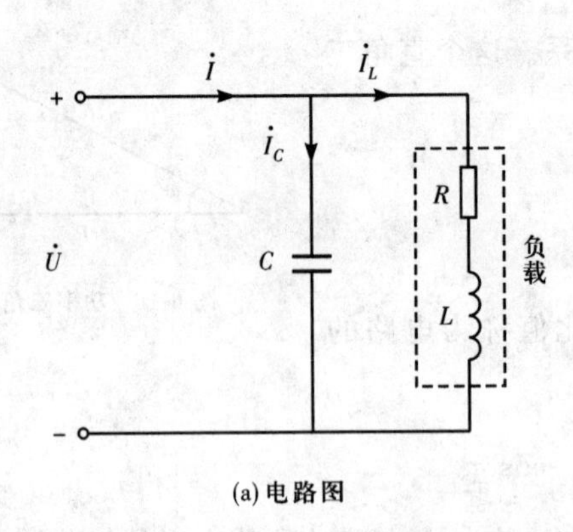

(a) 电路图

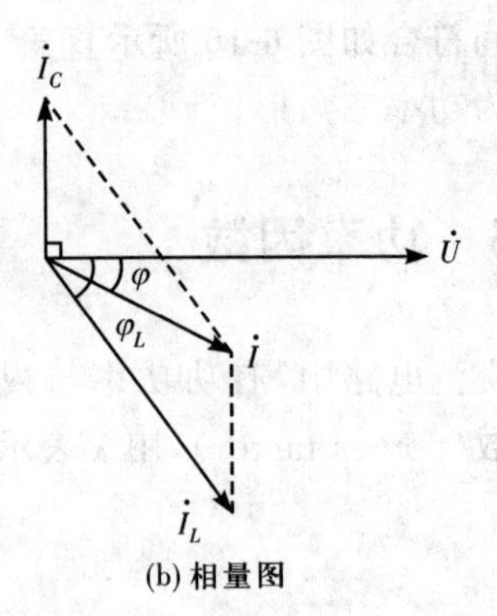

(b) 相量图

图 6-17 提高功率因数的方法

**【例 6-7】** 如图 6-18 所示电路中，已知 $\dot{U}=220\angle 0°\ \text{V}$，$R_1=20\ \Omega$，$R_2=40\ \Omega$，$X_C=114\ \Omega$，$X_L=157\ \Omega$。求：(1)电路的总电流 $\dot{I}$；(2)电路的总有功功率 $P$、无功功率 $Q$ 和视在功率 $S$；(3)电路的功率因数。

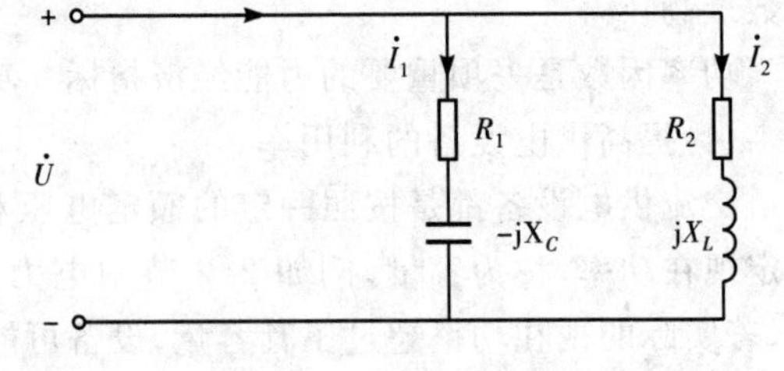

图 6-18 例 6-7 的电路图

**解** (1)求电流。

**解法 1** 先求支路电流，再求总电流。

$$\dot{I}_1=\frac{\dot{U}}{Z_1}=\frac{\dot{U}}{R_1-\text{j}X_C}=\frac{220\angle 0°}{20-\text{j}114}\ \text{A}$$

$$=\frac{220\angle 0°}{116\angle -80°}\ \text{A}=1.90\angle 80°\text{A}$$

$$\dot{I}_2=\frac{\dot{U}}{Z_2}=\frac{\dot{U}}{R_2+\text{j}X_L}=\frac{220\angle 0°}{40+\text{j}157}\ \text{A}$$

$$=\frac{220\angle 0°}{162\angle 75.7°}\ \text{A}=1.36\angle -75.7°\text{A}$$

$$\dot{I}=\dot{I}_1+\dot{I}_2=(1.90\angle 80°+1.36\angle -75.7°)\ \text{A}$$

$$=[(0.33+\text{j}1.87)+(0.33-\text{j}1.32)]\ \text{A}$$

$$=(0.66+\text{j}0.55)\ \text{A}=0.86\angle 39.6°\ \text{A}$$

**解法 2** 先求电路总阻抗，再求总电流。

$$Z=\frac{Z_1Z_2}{Z_1+Z_2}=\frac{116\angle -80°\times 162\angle 75.7°}{20-\text{j}114+40+\text{j}157}\ \Omega$$

$$=\frac{18\ 792\angle -4.3°}{60+\text{j}43}\ \Omega=\frac{18\ 792\angle -4.3°}{73.8\angle 35.3°}\ \Omega$$

$$=255\angle -39.6°\ \Omega$$

$$\dot{I}=\frac{\dot{U}}{Z}=\frac{220\angle 0°}{255\angle -39.6°}\ \text{A}=0.86\angle 39.6°\ \text{A}$$

(2)求功率。

**解法 1**　由总电压、总电流求总功率。

$$P=UI\cos\varphi=220\times0.86\times\cos(0°-39.6°)\ \text{W}=146\ \text{W}$$

$$Q=UI\sin\varphi=220\times0.86\times\sin(0°-39.6°)\ \text{var}=-121\ \text{var}$$

$$S=UI=220\times0.86\ \text{V·A}=189.2\ \text{V·A}$$

**解法 2**　由支路功率求总功率。

$$\begin{aligned}P&=P_1+P_2=UI_1\cos\varphi_1+UI_2\cos\varphi_2\\&=\{220\times1.90\times\cos(0-80°)+220\times1.36\times\cos[0-(-75.7°)]\}\ \text{W}\\&=(72+74)\text{W}=146\ \text{W}\end{aligned}$$

$$\begin{aligned}Q&=Q_1+Q_2=UI_1\sin\varphi_1+UI_2\sin\varphi_2\\&=\{220\times1.90\times\sin(0-80°)+220\times1.36\times\sin[0-(-75.7°)]\}\ \text{var}\\&=-121\ \text{var}\end{aligned}$$

$$S=\sqrt{P^2+Q^2}=\sqrt{146^2+(-121)^2}\ \text{V·A}=189.6\ \text{V·A}$$

**解法 3**　由元件功率求总功率。

$$P=R_1I_1^2+R_2I_2^2=(20\times1.90^2+40\times1.36^2)\ \text{W}=146\ \text{W}$$

$$Q=-X_CI_1^2+X_LI_2^2=(-114\times1.90^2+157\times1.36^2)\text{var}=-121\ \text{var}$$

$$S=\sqrt{P^2+Q^2}=\sqrt{146^2+(-121)^2}\ \text{V·A}=189.6\ \text{V·A}$$

(3)求功率因数。

$$\lambda=\cos\varphi=\cos(0-39.6°)=0.77$$

# 6.5　三相交流电路

正如第 2 章所介绍的,电力系统普遍采用三相交流电源供电。由三相交流电源供电的电路称为三相交流电路,简称三相电路。前几节所讨论的交流电路只是三相电路中某一相的电路,因而又称为单相交流电路。

在第 1 章中我们已学过三相交流电源,这里我们再来讨论三相负载问题。

## 6.5.1　三相负载

由三相电源供电的负载称为三相负载。三相负载一般可以分为两类。一类负载必须接在三相电源上才能工作,例如三相异步电动机、大功率三相电阻炉等。这类负载的特点是三个相的负载阻抗相等,即

$$Z_1=Z_2=Z_3 \tag{6-44}$$

这种负载称为对称三相负载,或称三相负载是对称的。由对称三相电源供电给对称三相负

载的电路称为对称三相电路。

另一类负载只需由单相电源供电即可工作，如电灯、家用电器等。但是为了使三相电源供电均衡，许多这样的负载实际上是大致平均分配到三相电源的三个相上。这类负载的三个相的阻抗一般不相等，属于不对称三相负载。

与三相电源相同，三相负载的基本连接方式也有星形（Y 形）联结（图 6-19）和三角形（△形）联结（图 6-20）两种。无论采用哪种连接方式，负载的相电压、线电压、相电流、线电流的定义是相同的。

负载相电压即每相负载首末端之间的电压，如图 6-19 和图 6-20 中的 $\dot{U}_1$、$\dot{U}_2$ 和 $\dot{U}_3$。

负载线电压即相邻两相负载两首端之间的电压，如图 6-19 和图 6-20 中的 $\dot{U}_{12}$、$\dot{U}_{23}$ 和 $\dot{U}_{31}$。

负载相电流即每相负载中通过的电流，如图 6-19 和图 6-20 中的 $\dot{I}_1$、$\dot{I}_2$ 和 $\dot{I}_3$。

负载线电流即负载从供电线上取用的电流，如图 6-19 和图 6-20 中的 $\dot{I}_{L1}$、$\dot{I}_{L2}$ 和 $\dot{I}_{L3}$。

负载的相电压、相电流与该相负载的阻抗之间应满足交流电路的欧姆定律。若电路对称，则相电压有效值 $U_P$、相电流有效值 $I_P$ 和负载每相的阻抗模 $|Z|$ 之间的关系为

$$I_P = \frac{U_P}{|Z|} \tag{6-45}$$

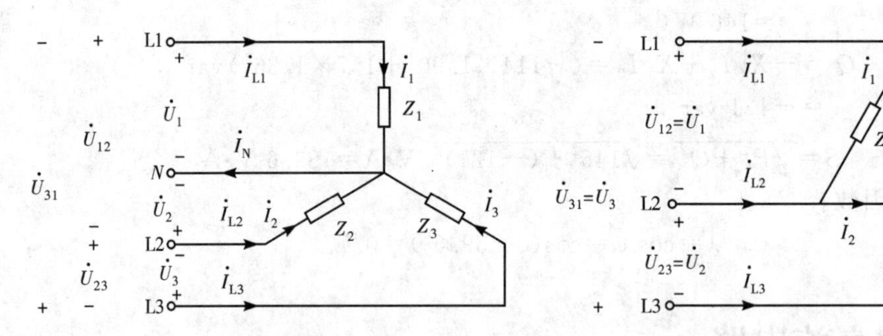


图 6-19 三相负载的星形联结　　　　图 6-20 三相负载的三角形联结

可见，线电压与相电压、线电流与相电流之间的关系与三相负载的连接方式有关。

**1. 三相负载的星形联结**

图 6-19 是三相负载的三相四线制星形联结。由于负载相电压即电源电压，因此它们是对称的。若负载也对称，则三相负载的相电流和线电流也是对称的。这时线电压与相电压、线电流与相电流的有效值间的关系为

$$\left.\begin{aligned} U_L &= \sqrt{3}U_P \\ I_L &= I_P \end{aligned}\right\} \tag{6-46}$$

中性线电流为

$$\dot{I}_N = \dot{I}_1 + \dot{I}_2 + \dot{I}_3 = \dot{I}_{L1} + \dot{I}_{L2} + \dot{I}_{L3}$$

当负载对称时，通过相量运算或相量图可知 $I_N = 0$。中性线中若没有电流，中性线便可省去，电路变成三相三线制星形联结，而式(6-46)的关系仍然成立。

当负载不对称时，$I_N \neq 0$，中性线不可省去，否则势必会引起相电压的变化，使负载的三相电压不对称，有的相电压过高，有的相电压过低，故使三相负载不能正常工作，甚至损坏。

**【例 6-8】**　星形联结的某对称三相负载接在对称三相电源上工作，负载的线电压 $U_L = 380$ V，每相负载的阻抗模 $|Z| = 22\ \Omega$。求负载的相电压 $U_P$、相电流 $I_P$ 和线电流 $I_L$。

**解**

$$U_P = \frac{U_L}{\sqrt{3}} = \frac{380}{1.73}\ \text{V} = 220\ \text{V}$$

$$I_P = \frac{U_P}{|Z|} = \frac{220}{22}\ \text{A} = 10\ \text{A}$$

$$I_L = I_P = 10\ \text{A}$$

**2. 三相负载的三角形联结**

图 6-20 是三相负载的三角形联结。显然这种连接方式只能是三相三线制。这时，负载的线电压与相应的相电压相等，线电流与相电流的关系可由 KCL 求得。当负载对称时，通过相量运算或相量图求得线电压与相电压、线电流与相电流的有效值间的关系为

$$\left.\begin{aligned} U_L &= U_P \\ I_L &= \sqrt{3} I_P \end{aligned}\right\} \tag{6-47}$$

**【例 6-9】**　三角形联结的某对称三相负载接在对称三相电源上工作，负载的线电压 $U_L = 380$ V，每相负载的阻抗模 $|Z| = 22\ \Omega$。求负载的相电压 $U_P$、相电流 $I_P$ 和线电流 $I_L$。

**解**

$$U_P = U_L = 380\ \text{V}$$

$$I_P = \frac{U_P}{|Z|} = \frac{380}{22}\ \text{A} = 17.3\ \text{A}$$

$$I_L = \sqrt{3} I_P = 1.73 \times 17.3\ \text{A} = 30\ \text{A}$$

**3. 三相负载联结方式的确定**

三相负载既然有两种联结方式，那么在什么情况下应该接成星形，什么情况下应该接成三角形呢？

三相负载应该采用哪一种联结方式，应该由电源电压和负载额定电压的大小来决定。原则上，应使负载的实际相电压等于其额定相电压，为此，可分为以下两种情况：

(1) 当负载的额定相电压等于电源线电压的 $1/\sqrt{3}$ 时，负载应采用星形联结；

(2) 当负载的额定相电压等于电源线电压时，负载应采用三角形联结。

例如，负载的额定相电压为 220 V 时：
- 若电源线电压为 380 V，应接成星形。
- 若电源线电压为 220 V，应接成三角形。

电源线电压为 380 V 时：
- 若负载的额定相电压为 380 V，应接成三角形。
- 若负载的额定相电压为 220 V，应接成星形。

## 6.5.2　三相功率

对于三相负载和三相电源，无论负载是否对称，无论采用何种联结方式，三相总有功功率应等于各相有功功率的算术和，即

$$P=P_1+P_2+P_3 \tag{6-48}$$

总无功功率应等于各相无功功率的代数和，即

$$Q=Q_1+Q_2+Q_3 \tag{6-49}$$

总视在功率为

$$S=\sqrt{P^2+Q^2} \tag{6-50}$$

如果负载对称，则各相的有功功率、无功功率均相等，即

$$P_1=P_2=P_3=U_P I_P \cos\varphi$$

$$Q_1=Q_2=Q_3=U_P I_P \sin\varphi$$

从而得到总有功功率、总无功功率和总视在功率与相电压、相电流的关系为

$$\left.\begin{aligned} P&=3U_P I_P \cos\varphi \\ Q&=3U_P I_P \sin\varphi \\ S&=3U_P I_P \end{aligned}\right\} \tag{6-51}$$

将式(6-46)或式(6-47)代入式(6-51)，得到负载对称时，这三种功率与线电压、线电流的关系为

$$\left.\begin{aligned} P&=\sqrt{3}U_L I_L \cos\varphi \\ Q&=\sqrt{3}U_L I_L \sin\varphi \\ S&=\sqrt{3}U_L I_L \end{aligned}\right\} \tag{6-52}$$

上述各式中的 $\cos\varphi$ 是一相负载的功率因数。2.2 节中提到的三相变压器的容量，就是用式(6-52)中视在功率的公式表征的，对应的电压、电流的额定值均是指线电压、线电流的额定值。

**【例 6-10】** 星形联结的某对称三相负载，由线电压为 380 V 的对称三相电源供电。每相负载阻抗 $Z=22\angle 60^\circ\ \Omega$。求三相负载的总有功功率、无功功率和视在功率。

**解** 负载相电压

$$U_P=\frac{U_L}{\sqrt{3}}=\frac{380}{1.73}\ \text{V}=220\ \text{V}$$

负载相电流和线电流

$$I_P=\frac{U_P}{|Z|}=\frac{220}{22}\ \text{A}=10\ \text{A}$$

$$I_L=I_P=10\ \text{A}$$

负载的功率因数角等于阻抗角

$$\varphi=60^\circ$$

由此求得：

$$P=3U_P I_P \cos\varphi=3\times 220\times 10\times \cos 60^\circ\ \text{W}=3.3\ \text{kW}$$

$$Q=3U_P I_P \sin\varphi=3\times 220\times 10\times \sin 60^\circ\ \text{var}=5.71\ \text{kvar}$$

$$S=3U_P I_P=3\times 220\times 10\ \text{V·A}=6.6\ \text{kV·A}$$

或者

$$P=\sqrt{3}U_L I_L \cos\varphi=1.73\times 380\times 10\times \cos 60^\circ\ \text{W}=3.29\ \text{kW}$$

$$Q=\sqrt{3}U_L I_L \sin\varphi=1.73\times 380\times 10\times \sin 60^\circ\ \text{var}=5.69\ \text{kvar}$$

$$S=\sqrt{3}U_L I_L=1.73\times 380\times 10\ \text{V·A}=6.57\ \text{kV·A}$$

## 练习题

**6-1**　某无源二端网络，端电压相量 $\dot{U}=100\angle-60°\ V$，端电流相量 $\dot{I}=10\angle-90°\ A$。则它的阻抗为(　　)。

A. $10\angle30°\ \Omega$　　B. $10\angle-30°\ \Omega$　　C. $0.1\angle-30°\ \Omega$　　D. $0.1\angle30°\ \Omega$

**6-2**　已知某阻抗 $Z=20\angle30°\ \Omega$，则该阻抗的电压对电流的相位差为(　　)。

A. $-30°$　　B. $0°$

C. $30°$　　D. 条件不足，无法确定

**6-3**　如图 6-21 所示电路中，$\dot{I}_1=50\angle60°\ A$，$\dot{I}_2=50\angle-30°\ A$，则 $\dot{I}$ 为(　　)。

A. $100\angle90°\ A$　　B. $100\angle15°\ A$　　C. $50\angle30°\ A$　　D. $70.7\angle15°\ A$

**6-4**　如图 6-22 所示电路中，$\dot{U}=20\angle0°\ V$，$\dot{U}_1=15\angle90°\ V$，则 $\dot{U}_2$ 为(　　)。

A. $5\angle45°V$　　B. $35\angle-90°\ V$　　C. $25\angle143.1°\ V$　　D. $25\angle-36.9°\ V$

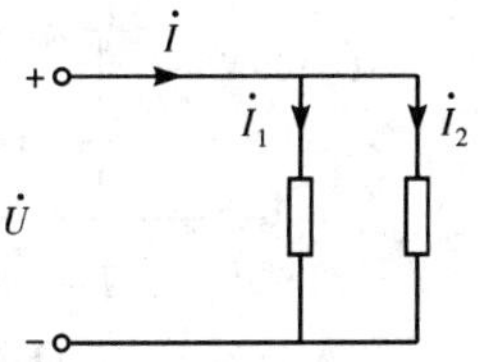

图 6-21　习题 6-3 的电路图

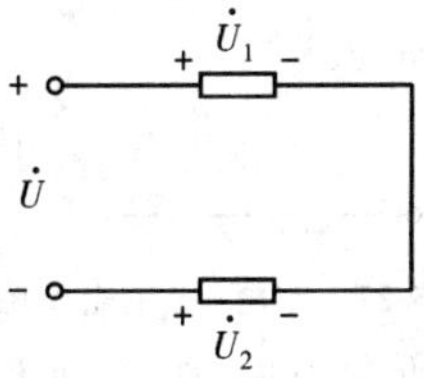

图 6-22　习题 6-4 的电路图

**6-5**　如图 6-23 所示串联电路中，电路的阻抗为(　　)。

A. $j12\ \Omega$　　B. $j4\ \Omega$　　C. $-j4\ \Omega$　　D. $-j12\ \Omega$

**6-6**　如图 6-24 所示电路的总阻抗为(　　)。

A. $7\ \Omega$　　B. $5\angle53.13°\ \Omega$　　C. $5\angle-90°\ \Omega$　　D. $5\angle-53.13°\ \Omega$

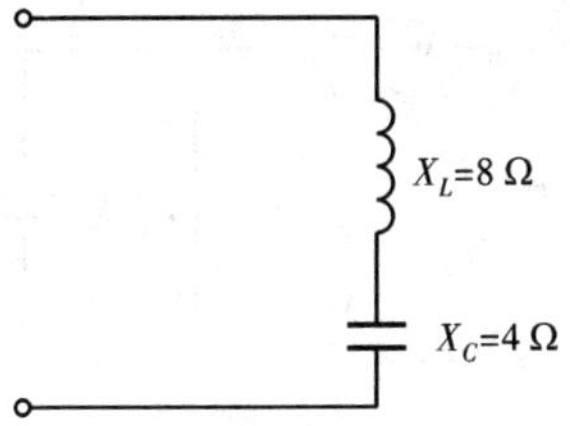

图 6-23　习题 6-5 的电路图

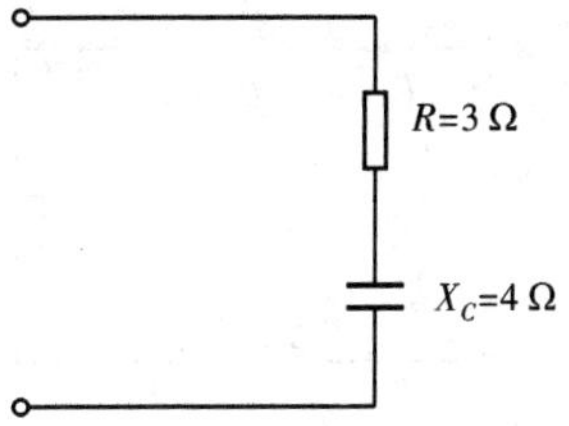

图 6-24　习题 6-6 的电路图

**6-7**　如图 6-25 所示电路中，$C$ 为可变电容。当调节 $C$ 使 $X_C=X_L$ 时，电路的阻抗模为(　　)。

A. 最大　　B. 中等　　C. 最小

**6-8**　在图 6-26 所示电路中，$C$ 为可变电容。当调节 $C$ 使 $X_C=X_L$ 时，电路的阻抗模为(　　)。

A. 最大　　B. 中等　　C. 最小

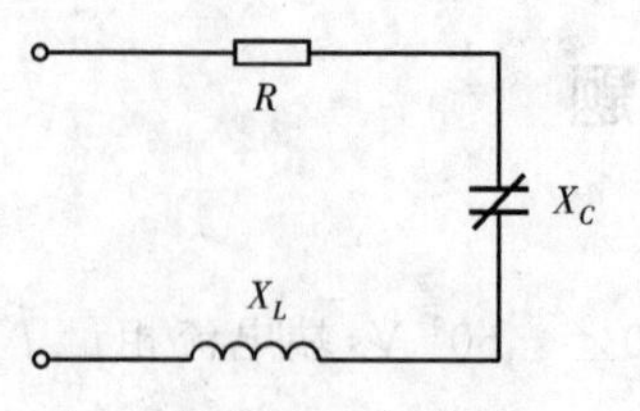


图 6-25　习题 6-7 的电路图

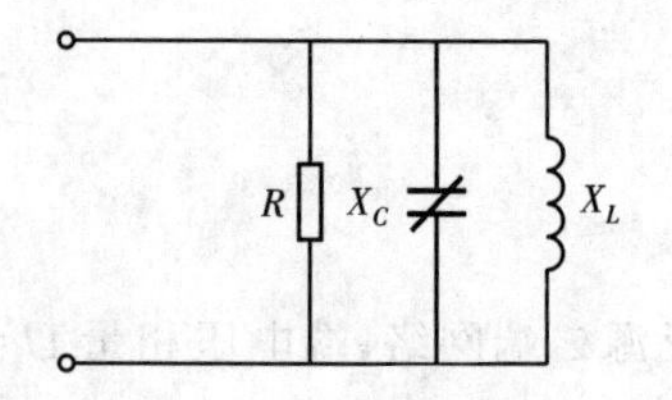


图 6-26　习题 6-8 的电路图

**6-9**　如图 6-27 所示电路中,$\dot{I}$ 为(　　)。

A. 31.43 A　　B. $44\angle -36.87°$ A

C. $44\angle 36.87°$ A　　D. $44\angle -53.13°$ A

**6-10**　如图 6-28 所示电路中,$\dot{I}$ 为(　　)。

A. $40\angle 0°$ A　　B. $28.28\angle -8.13°$ A

C. $28.57\angle 45°$ A　　D. $28.28\angle 8.13°$ A

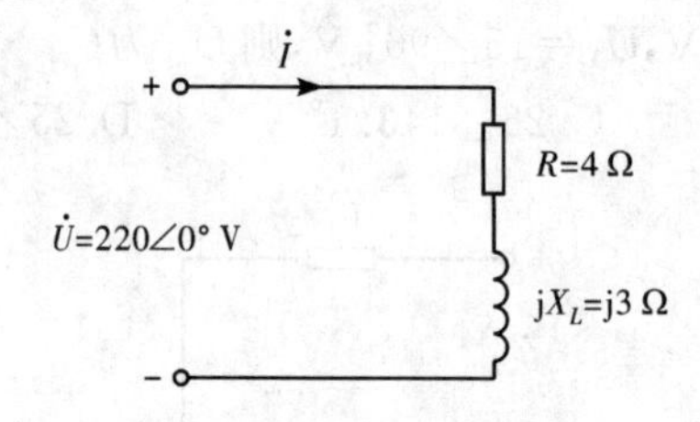


图 6-27　习题 6-9 的电路图

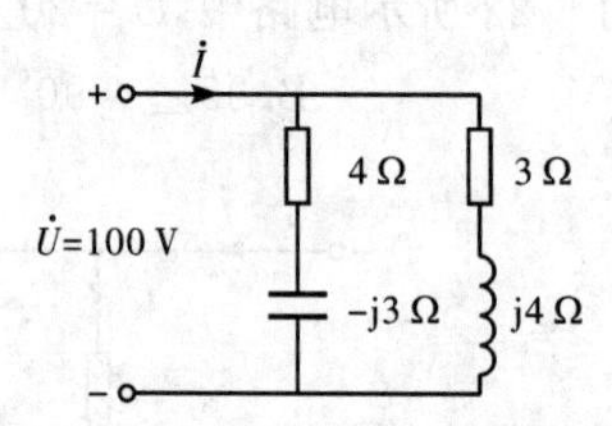


图 6-28　习题 6-10 的电路图

**6-11**　如图 6-29 所示电路中,$U=100$ V,$I=10$ A,$X_C=4$ Ω,$X_L=10$ Ω。电阻应为(　　)。

A. 4 Ω　　B. 6 Ω　　C. 8 Ω　　D. 10 Ω

**6-12**　如图 6-30 所示电路中,$U=100$ V,$R=3$ Ω,$X_{C1}=4$ Ω,$X_{C2}=6$ Ω,$X_L=6.4$ Ω。电路的电流 $I$ 为(　　)。

A. 5 A　　B. 8.5 A　　C. 10.77 A　　D. 20 A

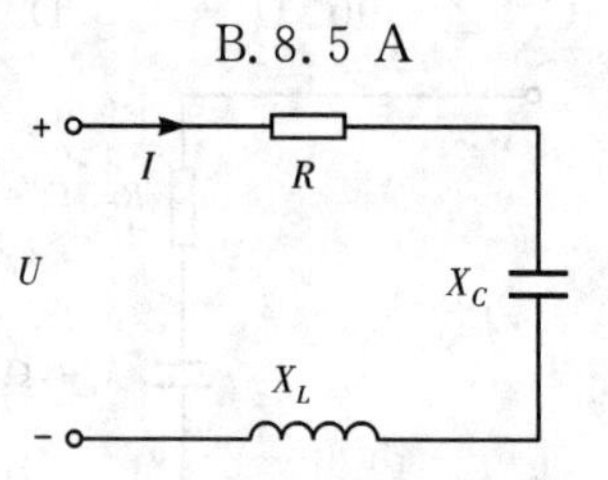


图 6-29　习题 6-11 的电路图

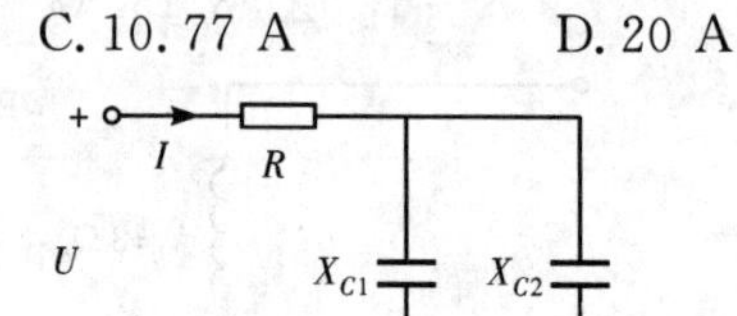


图 6-30　习题 6-12 的电路图

**6-13**　在正弦交流电路中,电压有效值与电流有效值的乘积称为(　　)。

A. 有功功率　　B. 无功功率　　C. 视在功率　　D. 瞬时功率

**6-14**　在某交流电路中,$\dot{U}=220\angle 30°$ V,$\dot{I}=10\angle 60°$ A,则有功功率和无功功率分别为(　　)。

A. 1 905 W,1 100 var　　B. 1 905 W,−1 100 var

C. 0 W,−2 200 var　　D. 1 905 W,0 var

**6-15**　某两条支路并联的交流电路中,已求得两支路的有功功率分别为 $P_1=100$ W,$P_2=200$ W,无功功率分别为 $Q_1=-300$ var,$Q_2=700$ var,则电路总视在功率为(　　)。

A. 700 V·A　　B. 104.4 V·A　　C. 1 000 V·A　　D. 500 V·A

**6-16**　视在功率一定的交流电源,功率因数低,则它输出的有功功率(　　)。

A. 小　　B. 不定　　C. 大

**6-17**　电感性负载并联电容以提高电路的功率因数时,电路的功率变化情况是(　　)。

A. $P$ 不变、$Q$ 减少、$S$ 减少　　B. $P$、$Q$、$S$ 都减少

C. $P$ 和 $Q$ 不变,$S$ 减少　　D. $P$ 减少、$Q$ 不变、$S$ 减少

**6-18**　三相负载对称是指(　　)。

A. 阻抗模相等　　B. 阻抗角相等　　C. 阻抗相等

**6-19**　一个星形联结的对称三相负载,线电压为 380 V,每相负载的阻抗模为 10 Ω,则相电流和线电流分别为(　　)。

A. 38 A,38 A　　B. 22 A,22 A　　C. 22 A,38 A　　D. 38 A,22 A

**6-20**　一个三角形联结的对称三相负载,相电压为 220 V,每相负载的阻抗模为 10 Ω,则相电流和线电流分别为(　　)。

A. 22 A,22 A　　B. 22 A,38 A　　C. 38 A,22 A　　D. 38 A,38 A

**6-21**　额定相电压为 380 V 的三相负载,采用星形联结时的电源线电压应为(　　)。

A. 220 V　　B. 380 V　　C. $380\sqrt{2}$ V　　D. 660 V

**6-22**　星形联结的对称三相负载,$U_L=220$ V,$I_P=10$ A,$\lambda=0.8$,有功功率为(　　)。

A. 5 280 W　　B. 3 048 W　　C. 1 760 W　　D. 1 016 W

**6-23**　三角形联结的对称三相负载,$U_L=220$ V,$I_P=10$ A,$\lambda=0.6$,有功功率为(　　)。

A. 2 286 W　　B. 3 960 W　　C. 6 858 W　　D. 2 286 W

**6-24**　在对称三相负载中,$S=\sqrt{P^2+Q^2}$ 是否成立,答案是(　　)。

A. 不成立　　B. 成立　　C. 不一定,视联结方式而定

**6-25**　在不对称三相负载中,$S=3U_PI_P=\sqrt{3}U_LI_L$ 是否成立,答案是(　　)。

A. 不成立　　B. 成立　　C. 不一定,视联结方式而定

# 第7章

# 电子器件

电子技术是研究电子器件、电子电路及其应用的科学,因此,学习电子技术必须了解电子器件。目前,电子器件已从真空器件(电子管、离子管)、分立半导体器件(半导体二极管、晶体管等)、小规模集成电路、中规模集成电路发展到大规模、超大规模以及巨大规模集成电路。集成电路特别是超大规模和巨大规模集成电路的出现,使电子设备在微型化等方面前进了一大步,进一步促进了电子技术的飞速发展。

本章在简要复习物理学中已学过的半导体基础知识后,先介绍半导体二极管和晶体管,它们既是分立半导体器件,也是集成电路的基础器件。然后介绍电力电子器件、光电半导体器件以及显示器件,最后介绍集成电路的相关知识。

## 7.1 半导体基础知识

物质按导电能力的不同,可分为导体、半导体和绝缘体三类。半导体的导电能力介于导体和绝缘体之间,在常态下更接近于绝缘体,但在掺杂、受热或光照后,其导电能力明显增强,接近于导体。用于制造电子器件的半导体材料有锗、硅和砷化镓等。

### 7.1.1 本征半导体

纯净的具有晶体结构的半导体称为**本征半导体**(intrinsic semiconductor)。在物理学中已经学过,半导体中存在着两种载流子:带负电的自由电子和带正电的空穴。两种载流子同时存在,是半导体区别于导体的重要特点。

在本征半导体中,两种载流子是成对出现的,两者数量相等。但温度对其影响很大,温度越高,载流子的数量越多。

本征半导体中载流子总数很少,导电能力很差,如果掺入微量的其他合适的元素,这种做法称为掺入杂质,简称**掺杂**。掺杂可以使半导体的导电能力有很大的提高。

### 7.1.2 杂质半导体

掺入杂质的半导体称为**杂质半导体**(extrinsic semiconductor)。

如果所掺杂质带来了很多空穴，使得空穴的总数远大于自由电子的总数，则空穴成为多数载流子，自由电子成为少数载流子，这种半导体主要靠空穴导电，称为空穴型半导体，简称 **P 型半导体**（P-type semiconductor）。

如果所掺杂质使得自由电子的总数远大于空穴的总数，则自由电子成为多数载流子，空穴成为少数载流子，这种半导体主要靠自由电子导电，称为电子型半导体，简称 **N 型半导体**（N-type semiconductor）。

杂质半导体中多数载流子的数量主要取决于掺杂的浓度，而少数载流子的数量则与温度有密切关系。温度越高，少数载流子越多。

单个的 P 型半导体或 N 型半导体与本征半导体相比，只不过导电能力增强，仅能用来制造电阻元件，半导体集成电路中的电阻就是这样做成的。但是由它们所形成的 PN 结却是制造各种半导体器件的基础。

## 7.1.3　PN 结

**1. PN 结的形成**

如图 7-1 所示，将一块半导体的两边分别做成 P 型半导体和 N 型半导体。由于 P 型半导体区内空穴的浓度大，N 型半导体区内自由电子的浓度大，它们将越过交界面向对方区域扩散。这种多数载流子因浓度上的差异而形成的运动称为**扩散运动**（diffusion motion）。多数载流子扩散到对方区域后被复合而消失，但在交界面的两侧分别留下了不能移动的正负离子，呈现出一个空间电荷区。这个空间电荷区就称为 **PN 结**（PN junction）。由于 PN 结内的载流子因扩散和复合而消耗殆尽，故又称**耗尽层**。同时正、负离子将产生一个方向为由 N 型区指向 P 型区的电场，这个电场称为**内电场**。内电场反过来对多数载流子的扩散运动又起着阻碍作用，同时，那些做杂乱无章运动的少数载流子在进入 PN 结时，在内电场的作用下，必然会越过交界面向对方区域运动。这种少数载流子在内电场作用下的运动称为**漂移运动**（drift motion）。在无外加电压的情况下，最终扩散运动和漂移运动达到了平衡，PN 结的宽度保持一定而处于稳定状态。

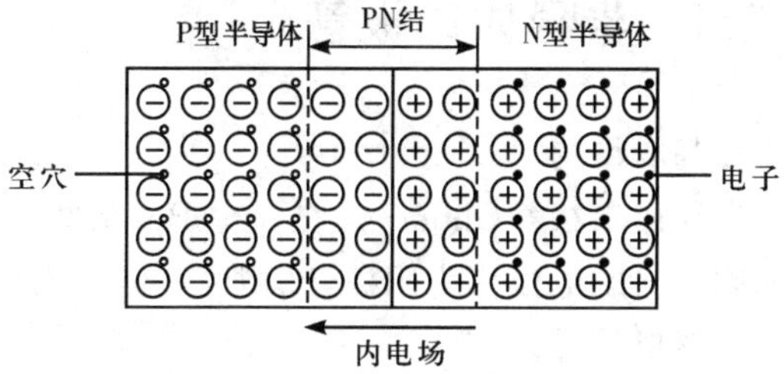

PN 结两边既然带有正负电荷，这与极板带电时的电容器的情况相似。PN 结的这种电容称为结电容。结电容的数值不大，只有几个皮法。工作频率不高时，容抗很大，可视为开路。

图 7-1　PN 结的形成

**2. PN 结的特性**

PN 结的特性主要是**单向导电性**（unilateral conductivity）。如果在 PN 结两端加上不同极性的电压，PN 结便会呈现出不同的导电性能。PN 结上外加电压的方式通常称为偏置方式，所加电压称为偏置电压。

(1)PN 结外加正向电压，即 PN 结正向偏置，是指将外部电源的正极接 P 端，负极接 N 端[图 7-2(a)]。这时，由于外加电压在 PN 结上所形成的外电场与内电场方向相反，破坏了原来的平衡，使扩散运动强于漂移运动，外电场驱使 P 型电导体的空穴和 N 型电导体的自由电子分别由两侧进入空间电荷区，从而抵消了部分空间电荷的作用，使空间电荷区变窄，内电场被削弱，有利于扩散运动不断地进行。这样，多数载流子的扩散运动大为增强，从而形成较大的扩散电流。由于外部电源不断地向半导体提供电荷，因此该电流得以维持。这时 PN 结所处的状态称为**正向导通**，简称**导通**(on)。处于正向导通时，通过 PN 结的电流(正向电流)大，而 PN 结呈现的电阻(正向电阻)小。

(2)PN 结外加反向电压，即 PN 结反向偏置，是指将外部电源的正极接 N 端，负极接 P 端[图 7-2(b)]。这时，由于外加电压在 PN 结上所形成的外电场与内电场方向相同，破坏了原来的平衡，PN 结变厚，扩散运动几乎难以进行，漂移运动却被加强，从而形成反向的漂移电流。由于少数载流子的浓度很小，故反向电流很微弱。PN 结这时所处的状态称为**反向截止**，简称**截止**(cut-off)。处于反向截止时，通过 PN 结的电流(反向电流)小，而 PN 结呈现的电阻(反向电阻)大。

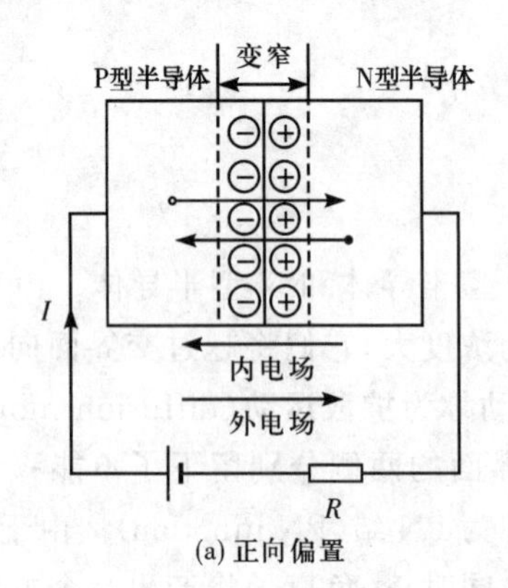


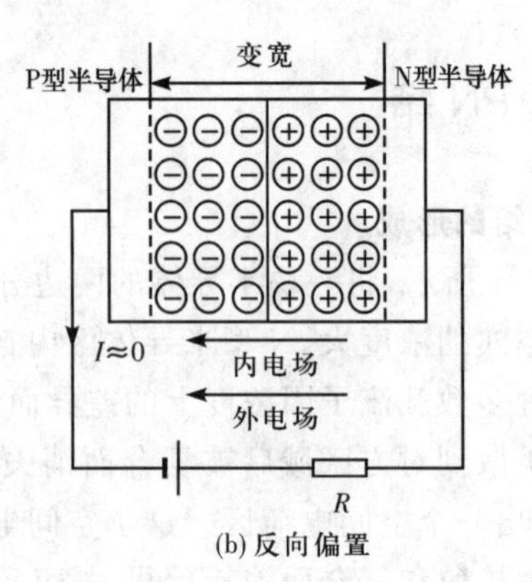


图 7-2 PN 结的单向导电性

# 7.2 基本半导体器件

## 7.2.1 半导体二极管

**1. 基本结构**

半导体**二极管**(diode)是在一个 PN 结两端加上电极引线而做成的，如图 7-3 所示，P 型区一侧引出的电极称为阳极，N 型区一侧引出的电极称为阴极，图 7-3 中还给出了半导体二极管的图形符号。

按结构的不同，半导体二极管分为点接触型和面接触型两种。点接触型的二极管的 PN 结的面积小，结电容小，只能通过较小的电流，可用于高频电路或小电流整流电路。面接触型的二极管的 PN 结的面积大，结电容大，可以通过较大的电流，可用于低频电路或大电流整流电路。

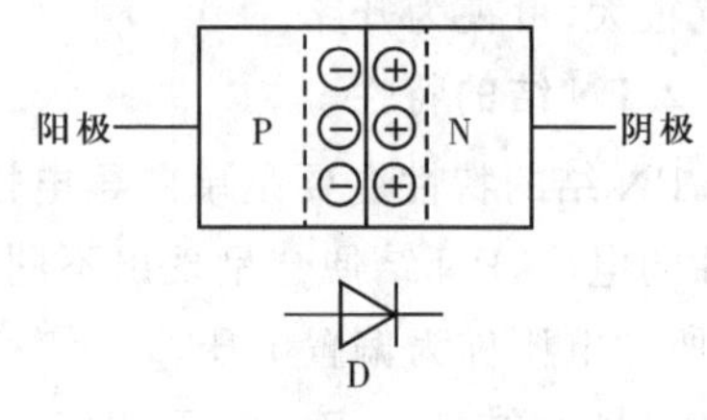


图 7-3 半导体二极管

按材料的不同，二极管可分为硅二级管（一般为面接触型）和锗二级管（一般为点接触型）两种。

**2. 伏安特性**

二极管的电流与电压之间的关系曲线称为二极管的伏安特性。硅二极管和锗二极管的伏安特性如图7-4所示，它们可以分为正向特性和反向特性两部分。

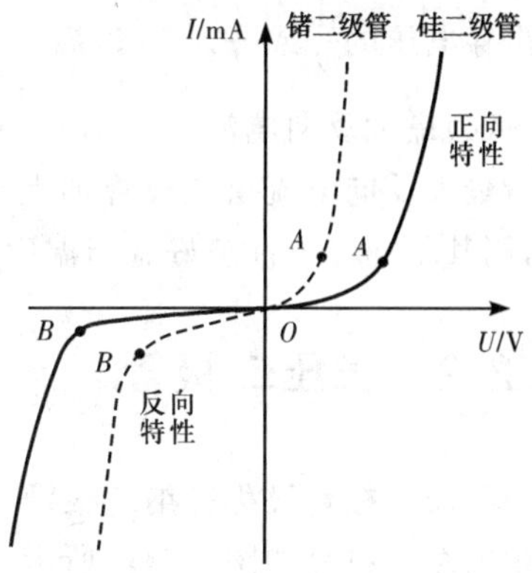


图7-4　二极管的伏安特性

正向特性反映了二极管外加正向电压时电流与电压的关系。在正向电压很小时，由于外电场不足以克服内电场对多数载流子扩散运动的阻力，使得正向电流几乎为零（曲线 *OA* 段），这时二极管并未真正导通，这一段所对应的电压称为二极管的**死区电压**（dead-zone voltage）或**阈值电压**（threshold voltage），通常硅二级管的阈值电压约为0.5 V，锗二级管的阈值电压约为0.2 V。当正向电压大于阈值电压后，内电场被大大削弱，正向电流迅速增加，这时的二极管才真正导通，由于这一段特性很陡，在正常工作范围内，二极管两端的电压几乎恒定。硅二级管正常工作时的端电压约为0.7 V，锗二级管正常工作时的端电压约为0.3 V。

温度增加时，在同样的正向电流下，二极管两端的电压 $U$ 下降，伏安特性向左平移。温度每升高1 ℃，正向电压降减小2～2.5 mV。

反向特性反映了二极管外加反向电压时电流和电压的关系。在反向电压不超过一定范围时（曲线 *OB* 段），少数载流子的漂移运动形成了很小的反向电流。由于该电流几乎恒定，故称为**反向饱和电流**（reverse saturation current）。一般硅二极管的反向饱和电流比锗二极管小，前者在几微安以下，后者则可达数百微安。当外加反向电压过高，超过特性曲线上 *B* 点对应的电压时，反向电流会突然急剧增加，这是因为外电场太强，将PN结内的束缚电子拉出并形成自由电子和空穴，同时又使电子运动速度增加，高速运动的电子与原子碰撞产生更多的自由电子和空穴，并引起连锁反应，终因少数载流子的大量增加而导致反向电流的剧增。这种现象称为**反向击穿**（reverse breakdown）。*B* 点对应的电压称为**反向击穿电压**（reverse breakdown voltage）。普通二极管被击穿后，PN结的温度过高，会失去单向导电性，而且不可能再恢复其原有性能，将造成永久性损坏。

温度增加时，反向特性下移，反向饱和电流显著增加，而反向击穿电压则显著下降，尤其是锗二极管，对温度更敏感。实验和理论研究都表明，温度每升高10 ℃，反向饱和电流增加约一倍。

**3. 主要参数**

二极管的参数是正确选择和使用二极管的依据。主要参数有：

（1）额定正向平均电流 $I_F$

额定正向平均电流有时又称最大整流电流，是二极管长时间使用时，允许通过二极管的最大正向电流的平均值。当实际电流超过该值时，二极管将因PN结过热而损坏。在使用大功率二极管时，应按规定加装规定尺寸的散热片才能在该值下工作。

(2)正向电压降 $U_F$

正向电压降指通过二极管的电流为额定正向平均电流时,二极管两端的电压值。

(3)最高反向工作电压 $U_R$

最高反向工作电压指保证二极管不被击穿所允许施加的最大反向电压,一般规定为反向击穿电压的$\frac{1}{2}$或$\frac{2}{3}$。

(4)最大反向电流 $I_{Rm}$

最大反向电流指二极管加上最大反向电压时的反向电流。所选用的管子反向电流愈小,则其单向导电性愈好。当温度升高时,反向电流会显著增加,使用时应特别注意。

## 7.2.2 稳压二极管

**稳压二极管**又称**齐纳二极管**(Zener diode)。它是一种特殊的面接触型二极管。在电路图中的图形符号如图 7-5(a)所示。

稳压二极管的伏安特性[图 7-5(b)]与普通二极管相似,但反向击穿电压小,而且稳压二极管应工作在反向击穿区。由于采取了特殊的设计和工艺,只要反向电流在一定范围内,PN 结的温度不会超过允许值,不会造成永久性击穿。

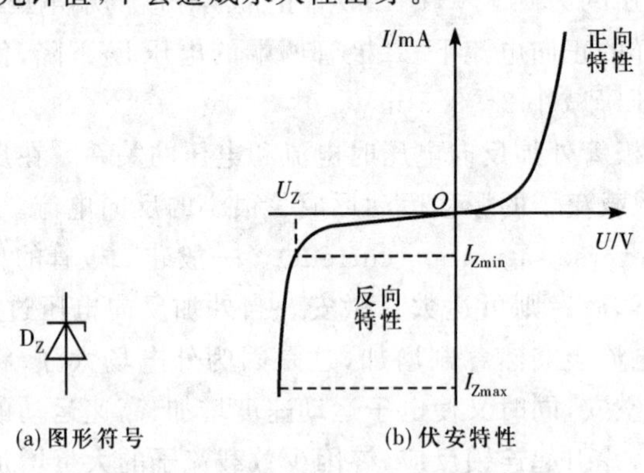


图 7-5　稳压二极管的图形符号和伏安特性

由于稳压二极管在反向击穿区的伏安特性十分陡峭,电流在较大范围内变化时,稳压二极管两端的电压变化很小,让稳压二极管工作在伏安特性的这一部分,就能起稳压和限幅的作用。这时稳压二极管两端的电压 $U_Z$ 称为稳定电压。由伏安特性可知,稳压二极管的稳压范围是在 $I_{Zmin} \sim I_{Zmax}$。如果电流小于最小稳定电流 $I_{Zmin}$,则电压不稳定。如果电流大于最大稳定电流 $I_{Zmax}$,稳压二极管将因过热而损坏。因此,使用时要根据负载和电源电压的情况设计好外部电路,以保证稳压二极管在稳压范围内工作。

**【例 7-1】**　如图 7-6(a)所示电路中,稳压二极管的稳定电压 $U_Z=5$ V,正向电压可以忽略不计。试求:(1)当输入电压 $U_I$ 分别为 10 V、3 V 和 −5 V 时的输出电压 $U_O$;(2)若输入电压为交流 $u_i=10\sin \omega t$ V,求这时输出电压 $u_O$ 的波形。

**解**　(1)$U_I=10$ V 时,由于 $U_I=10\ \text{V}>U_Z=5$ V,$D_Z$ 工作于反向击穿区,起稳压作用,故 $U_O=U_Z=5$ V。

$U_I=3$ V时，由于$U_I=3\ \text{V}<U_Z=5$ V，$D_Z$不在反向击穿区工作，它相当于反向截止的二极管，电路中的电流等于零，故$U_O=U_I=3$ V。

$U_I=-5$ V时，由于$D_Z$工作在正向导通状态，故$U_O=0$ V。

(2)$u_i=10\sin\omega t$ V时，在$u_i$的正半周中，当$u_i<U_Z=5$ V时，$D_Z$工作在反向截止状态，故$u_O=u_i$；当$u_i>U_Z=5$ V时，$D_Z$工作在反向击穿区，起稳压作用，故$u_O=U_Z=5$ V。

在$u_i$的负半周中，$D_Z$处在正向导通状态，故$u_O=0$ V。

最后求得$u_O$的波形如图7-6(b)所示。可见，这时$D_Z$起限幅作用。

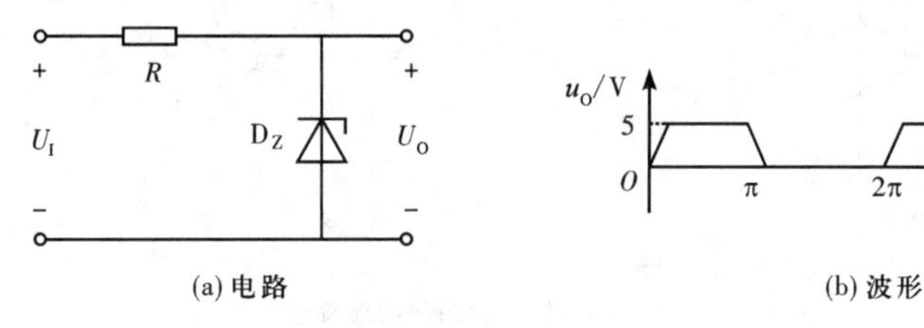


(a) 电路　　(b) 波形

图7-6　例7-1的电路和波形

## 7.2.3　双极型晶体管

**1. 基本结构**

有两种极性的载流子(自由电子和空穴)在其内部做扩散、复合和漂移运动的半导体三极管称为**双极型晶体管**(bipolar junction transistor，BJT)，简称**晶体管**(transistor)。它是在一块半导体上制成两个PN结，再引出三个电极而构成的。

按PN结组合方式的不同，晶体管可分为NPN型和PNP型两种。它们的结构示意图和图形符号如图7-7所示。每种晶体管都有三个导电区域：发射区、集电区和基区。发射区的作用是发射载流子，掺杂的浓度较高；集电区的作用是收集载流子，掺杂的浓度较低，尺寸较大；基区位于中间，起控制载流子的作用，掺杂浓度很低，而且很薄。位于发射区和基区之间的PN结称为**发射结**(emitter junction)，位于集电区和基区之间的PN结称为**集电结**(collector junction)。从对应的三个区引出的电极分别称为**发射极**E(emitter)，**基极**B(base)和**集电极**C(collector)。

按半导体材料的不同，晶体管也有锗晶体管和硅晶体管之分。目前我国生产的硅晶体管大多数是NPN型，锗晶体管大多数是PNP型。

**2. 工作状态**

二极管有正向导通和反向截止两种工作状态，二极管处于什么状态取决于PN结的偏置方式。同样，晶体管处于什么状态，也取决于两个PN结的偏置方式。由于晶体管有两个PN结、三个电极，故需要两个外加电压，因而有一个极必然是共用的。按共用极的不同，晶体管电路可分为共发射极、共基极和共集电极三种接法。无论采用哪种接法，无论是哪一种类型的晶体管，其工作原理都是相同的。现在以NPN型晶体管为主，以共发射极接法为例说明晶体管的工作状态。

晶体管的工作状态有放大、饱和与截止三种，下面分别讨论。

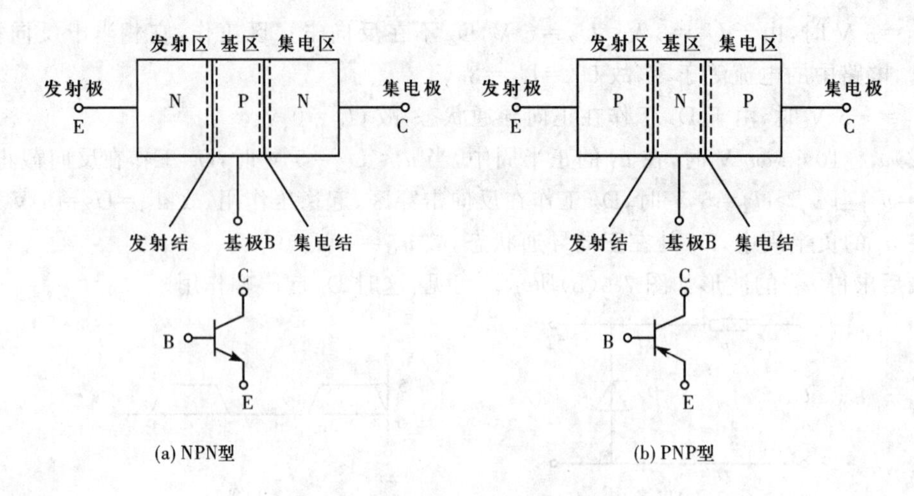


图 7-7　晶体管的结构示意图和图形符号

(1)放大状态

晶体管处于**放大状态**(amplification state)的条件是发射结正向偏置,集电结反向偏置,电路如图 7-8 所示。若是 PNP 型晶体管,只需将两个电源的正、负极颠倒过来即可。

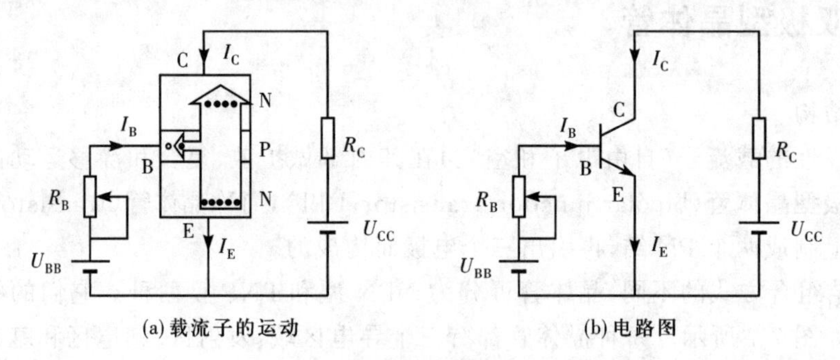


图 7-8　晶体管中载流子的运动过程

由于发射结正向偏置,发射区的多数载流子(自由电子)便会源源不断地越过发射结向基区扩散,并由电源不断补充电子,形成发射极电流 $I_E$[图 7-8(a)]。虽然与此同时,基区的多数载流子也会向发射区扩散,但因基区掺杂浓度很小,由它形成的电流可忽略不计。

发射区的自由电子到达基区后,一部分与基区中的多数载流子(空穴)相遇而复合。靠基极电源 $U_{BB}$ 从基区抽走电子来补充空穴,从而形成了基极电流 $I_B$。

由于基区很薄,掺杂的浓度又很小,由发射区过来的自由电子只有极少部分被空穴复合,而大部分扩散到集电结附近。在基区中自由电子在性质上属于少数载流子,集电结加的是反向电压,因此这些自由电子都将越过集电结向集电区漂移,被集电区收集流入集电极电源 $U_{CC}$,从而形成集电极电流 $I_C$。

可见,在上述条件下,晶体管内载流子的运动过程是:发射区发射载流子形成 $I_E$,其中少数部分在基区被复合形成 $I_B$,大部分被集电区收集形成 $I_C$。三者的关系是

$$I_E = I_B + I_C \tag{7-1}$$

三者的大小取决于 $U_{BE}$ 的大小,$U_{BE}$ 增加,发射区发射的载流子增多,$I_E$、$I_B$ 和 $I_C$ 都相应增加。

$I_B$、$I_C$ 和 $I_E$ 各占多少比例呢?如图 7-9(a)所示,当基极开路时,$I_B=0$,这时的集电极电流

用 $I_{CEO}$ 表示，称为**穿透电流**(penetration current)。晶体管的两个 PN 结是反向串联的，如图 7-9(b)所示。显然在常温下 $I_{CEO}$ 很小，通常可忽略不计。但是温度对它的影响较大，温度增加，$I_{CEO}$ 会明显增加，因而它的存在是一种不稳定的因素。在基极与电源 $U_{BB}$ 接通时，如图 7-8(b)所示，基极电流由零增加到 $I_B$，集电极电流由 $I_{CEO}$ 增加到 $I_C$，两者的数量之比，即

$$\bar{\beta}=\frac{I_C-I_{CEO}}{I_B}\approx\frac{I_C}{I_B} \tag{7-2}$$

称为晶体管的**直流(或静态)电流放大系数**(DC current amplification coefficient)。当改变 $R_B$ 使得发射结电压变化了 $\Delta U_{BE}$ 时，各极电流将会随之变化，在保持 $U_{CE}$ 不变的情况下，集电极电流的变化量与基极电流的变化量之比，即

$$\beta=\left.\frac{\partial I_C}{\partial I_B}\right|_{U_{CE}=\text{常数}}\approx\frac{\Delta I_C}{\Delta I_B} \tag{7-3}$$

称为晶体管的**交流(或动态)电流放大系数**(AC current amplification coefficient)。$\bar{\beta}$ 和 $\beta$ 一般不等，且不为常数，但晶体管工作在放大状态时，两者数值相近，可近似认为两者相等且为一常数，均用 $\beta$ 表示。

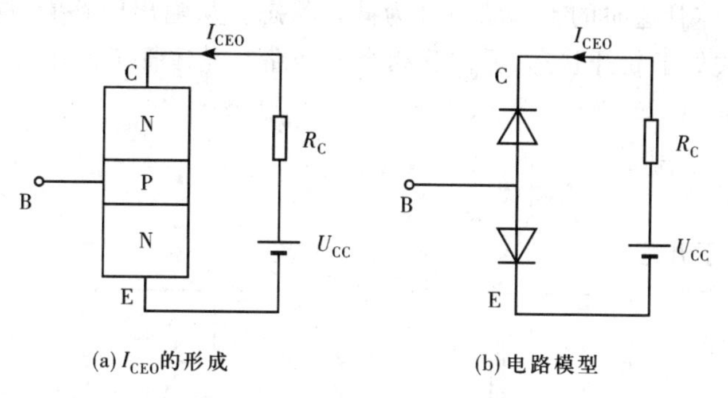


图 7-9　穿透电流

温度增加时，由发射区扩散至基区的载流子，在基区内的扩散速度加快，使基区复合的载流子减少，导致 $\beta$ 增大。

通常将图 7-8 所示电路中左边的回路作为输入回路或控制回路，右边的回路作为输出回路或工作回路。$U_{BB}$ 只要向输入回路提供较小的电流，便可使 $U_{CC}$ 向输出回路提供较大的电流，$I_B$ 的微小变化可得到 $I_C$ 的较大变化，且 $\Delta I_C$ 和 $\Delta I_B$ 的比值基本上保持为定值。这种现象称为晶体管的电流放大作用。因此晶体管这时的工作状态称为放大状态。晶体管工作在放大状态的特征是：

①$I_B$ 的微小变化可得到 $I_C$ 的较大变化。

②$I_C=\beta I_B$，$I_C$ 是由 $\beta$ 和 $I_B$ 决定的。

③$0<U_{CE}<U_{CC}$，$U_{CE}=U_{CC}-I_C R_C$。

④晶体管相当于通路。

(2)饱和状态

晶体管处于**饱和状态**(saturation state)的条件是发射结正向偏置，集电结也正向偏置。电路仍如图 7-8 所示。若减小 $R_B$，使 $U_{BE}$ 增加，则开始时，因工作在放大状态，$I_B$ 增加，$I_C$ 也增加，$U_{CE}$ 减小。当 $U_{CE}$ 减小到接近为零时，$I_C\approx\frac{U_{CC}}{R_C}$已达到了所示电路可能的最大数值，

再增加 $I_B$,$I_C$ 已不可能再增加,即已经饱和,故晶体管这时的状态称为饱和状态。这时集电结已正向偏置。实际上只要 $U_{CE}<U_{BE}$,集电结都处于正向偏置,晶体管已进入饱和状态。由于饱和时,$U_{CC}\gg U_{CE}$,故可认为 $U_{CE}\approx 0$,$I_C\approx\dfrac{U_{CC}}{R_C}$。从输出回路看,这时的晶体管如图 7-10 所示,相当于一个开关处于闭合状态,晶体管相当于短路。晶体管处于饱和状态的特征是:

①$I_B$ 增加时,$I_C$ 基本不变。

②$I_C\approx\dfrac{U_{CC}}{R_C}$,$I_C$ 是由 $U_{CC}$ 和 $R_C$ 决定的。

③$U_{CE}\approx 0$。

④晶体管相当于短路。

(3)截止状态

晶体管处于**截止状态**(cut-off state)的条件是发射结反向偏置,集电结也反向偏置。

电路结构仍如图 7-8 所示,但将 $U_{BB}$ 的极性颠倒过来。由于两个 PN 结都是反向偏置,$I_B=0$,$I_C=0$,故晶体管这时的工作状态称为截止状态。从输出回路看,晶体管如图 7-11 所示,相当于一个开关处于断开状态,晶体管相当于开路。晶体管工作在截止状态的特征是:

①基极电流 $I_B=0$。

②集电极电流 $I_C=0$。

③$U_{CE}=U_{CC}$。

④晶体管相当于开路。

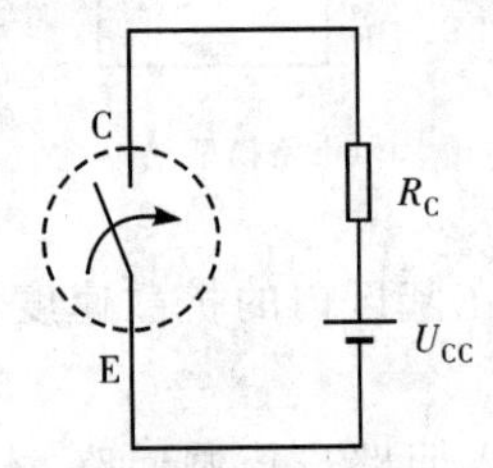


图 7-10 饱和状态时的晶体管

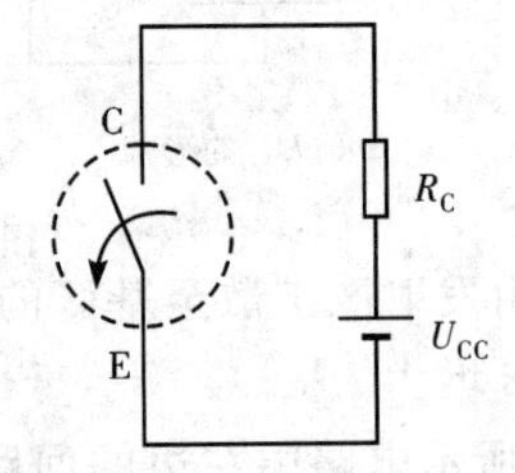


图 7-11 截止状态时的晶体管

电子电路大体上可分为模拟电路和数字电路两类。在模拟电路中,晶体管主要工作在放大状态,起放大作用;在数字电路中,晶体管一般交替工作在截止和饱和两种状态,起开关作用。

**【例 7-2】** 如图 7-12 所示电路中,晶体管的 $\beta=100$,求开关 S 合向 a、b、c 时的 $I_B$、$I_C$ 和 $U_{CE}$,并指出晶体管所处的工作状态。计算时 $U_{BE}$ 可忽略不计。

**解** 开关 S 合向 a 时

$$I_B=\frac{U_{BB1}}{R_{B1}}=\frac{5}{500\times 10^3}\ \text{A}=0.01\times 10^{-3}\ \text{A}=0.01\ \text{mA}$$

$$I_C=\beta I_B=100\times 0.01\ \text{mA}=1\ \text{mA}$$

$$U_{CE}=U_{CC}-R_C I_C=(15-5\times 10^3\times 1\times 10^{-3})\ \text{V}=10\ \text{V}$$

晶体管处于放大状态。

开关 S 合向 b 时

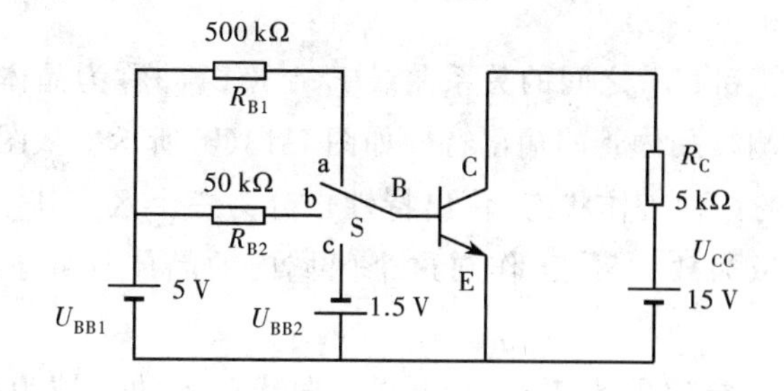


图 7-12　例 7-2 的电路图

$$I_B=\frac{U_{BB1}}{R_{B2}}=\frac{5}{50\times10^3}\ \text{A}=0.1\times10^{-3}\ \text{A}=0.1\ \text{mA}$$

$$I_C=\frac{U_{CC}}{R_C}=\frac{15}{5\times10^3}\ \text{A}=3\times10^{-3}\ \text{A}=3\ \text{mA}$$

$$U_{CE}=0$$

晶体管处于饱和状态。因为若

$$I_C=\beta I_B=100\times0.1\ \text{mA}=10\ \text{mA}>\frac{U_{CC}}{R_C}=3\ \text{mA}$$

$$U_{CE}=U_{CC}-R_C I_C=(15-5\times10^3\times10\times10^{-3})\ \text{V}=-35\ \text{V}<0$$

这是不可能的，即不可能处于放大状态。

开关 S 合向 c 时

$$I_B=0$$

$$I_C=0$$

$$U_{CE}=U_{CC}=15\ \text{V}$$

晶体管处于截止状态。

**3. 特性曲线**

晶体管的性能可以通过各极间的电流和电压的关系来反映。表示这种关系的曲线称为晶体管的特性曲线，它们可以由实验求得。常用晶体管的特性曲线有以下两种。

(1)输入特性

当 $U_{CE}=$常数时，$I_B$ 与 $U_{BE}$ 之间的关系曲线 $I_B=f(U_{BE})$称为晶体管的**输入特性**(input characteristic)。实验测得在不同温度下晶体管的输入特性如图 7-13(a)所示。从图中可以看到：

①这是 $U_{CE}\geqslant1$ V 时的输入特性，晶体管处于放大状态。由于各极电流主要受 $U_{BE}$ 控制，$U_{CE}$ 的变化对 $I_B$ 的影响不大，故 $U_{CE}>1$ V 以后的输入特性基本上是重合的，也就是说这条输入特性基本上可以代表整个放大状态时的情况。

②输入特性的形状与二极管的伏安特性相似，也有一段死区，$U_{BE}$ 超过死区电压后，晶体管才完全进入放大状态。这时输入特性很陡，在正常工作范围内，$U_{BE}$ 几乎不变，硅晶体管约为 0.7 V，锗晶体管约为 0.3 V。

③温度增加时，由于热激发形成的载流子增多，在同样的 $U_{BE}$ 下，$I_B$ 增加。若想保持 $I_B$ 不变，可减小 $U_{BE}$。

(2)输出特性

当 $I_B$=常数时,$I_C$ 和 $U_{CE}$ 之间的关系曲线 $I_C=f(U_{CE})$ 称为晶体管的**输出特性**(output characteristic)。实验测得晶体管的输出特性如图 7-13(b)所示。从图中可以看到:

①对应于晶体管的三种工作状态,输出特性也分为三个区。其中输出特性曲线之间间距比较均匀的平直区域为放大区,工作在这个区域内的晶体管处于放大状态。$I_B$ 变化很小,而 $I_C$ 变化很大。

②$I_B=0$ 时的 $I_C$ 有穿透电流 $I_{CEO}$,$I_B=0$ 的曲线以下的区域为截止区。温度增加时,$I_{CEO}$ 增加,整个输出特性曲线向上平移。

③输出特性曲线迅速上升和弯曲部分之间的区域为饱和区。这时 $U_{CE}$ 很小。

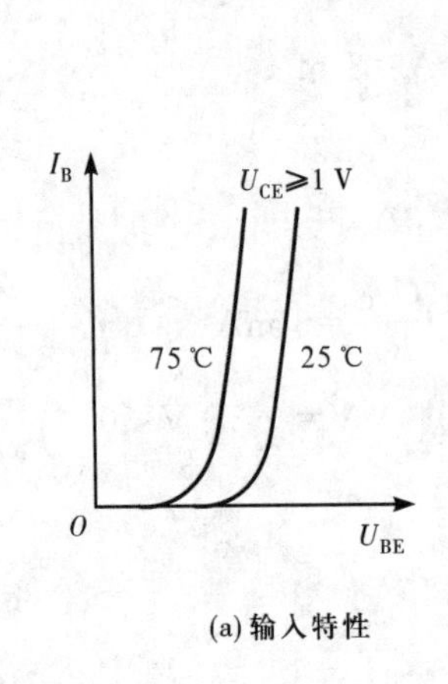

(a) 输入特性

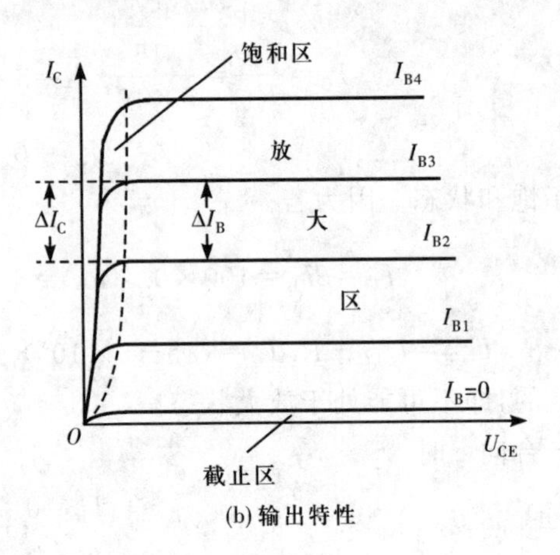

(b) 输出特性

图 7-13 特性曲线

**4. 主要参数**

(1)电流放大系数 $\bar{\beta}$ 和 $\beta$

$\bar{\beta}$ 和 $\beta$ 的定义已在前面介绍过了。在手册中 $\bar{\beta}$ 常用 $h_{FE}$ 表示,$\beta$ 常用 $h_{fe}$ 表示。手册中给出的数值都是在一定的测试条件下得到的。由于制造工艺和原材料的分散性,即使同一型号的晶体管,其电流放大系数也有很大的差别。常用的小功率晶体管,$\beta$ 值为 20~150,而且还与 $I_C$ 的大小有关。$I_C$ 很小或者很大时,$\beta$ 值将明显下降。$\beta$ 值太小,电流放大作用差;$\beta$ 值太大,对温度的稳定性又太差,也不一定合适,通常以 100 左右为宜。

(2)穿透电流 $I_{CEO}$

$I_{CEO}$ 的定义也已经在前面介绍过了。该值大的晶体管,温度的稳定性差。

(3)集电极最大允许电流 $I_{CM}$

当集电极电流 $I_C$ 超过一定值时,晶体管的参数开始变化,特别是电流放大系数 $\beta$ 将下降。当 $\beta$ 值下降到正常值的 $\frac{2}{3}$ 时,所对应的集电极电流称为集电极最大允许电流。

(4)集电极最大允许耗散功率 $P_{CM}$

晶体管集电结上允许的最大功率损耗称为集电极最大允许耗散功率。晶体管集电极耗散功率

$$P_C = U_{CE} I_C \tag{7-4}$$

$P_C$ 超过 $P_{CM}$，集电结的温度过高，有烧坏晶体管的危险。根据式(7-4)，取 $P_C = P_{CM}$，在输出特性上画出一条曲线，称为功耗曲线，如图7-14所示。曲线右上方的区域称为过损耗区；左下方的区域为安全工作区。$P_{CM}$ 还与环境温度有关，降低环境温度和加装散热器可提高 $P_{CM}$ 的值。

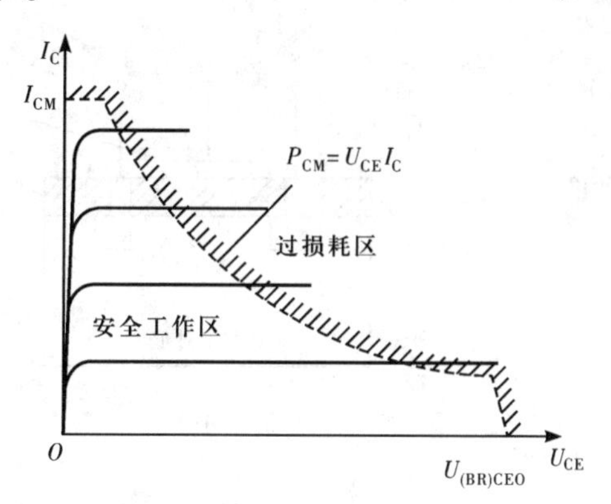

图7-14　功耗曲线

(5)反向击穿电压 $U_{(BR)CEO}$

基极开路时，集电极与发射极之间的最大允许电压称为反向击穿电压。实际值超过此值时，将会导致晶体管的击穿而被损坏。温度升高时，$U_{(BR)CEO}$ 的值会降低。

## 7.2.4　场效应晶体管

场效应晶体管(field-effect transistor，FET)是一种新型的半导体三极管。它与双极型晶体管的主要区别是场效应晶体管只靠一种极性的载流子(电子或者空穴)导电，所以有时又称为单极型晶体管。在场效应晶体管中，导电的途径称为沟道。场效应晶体管的基本工作原理是通过外加电场对沟道的厚度和形状进行控制，以改变沟道的电阻，从而改变电流的大小，场效应晶体管也因此而得名。

按结构的不同，场效应晶体管可分为结型和绝缘栅型两大类。由于后者的性能更优越，并且制造工艺简单，便于集成化，无论是在分立元件还是在集成电路中，其应用范围远胜于前者，所以这里只介绍后者。

**1. 基本结构**

场效应晶体管是用一种掺杂浓度较低的P型硅片[图7-15(a)]或者N型硅片[图7-15(b)]作衬底，在P型硅衬底上制成两个掺杂浓度很高的N型区(用 $N^+$ 表示)，或者在N型硅衬底上制成两个掺杂浓度很高的P型区(用 $P^+$ 表示)。分别从这两个 $N^+$ 区或 $P^+$ 区引出两个电极，一个称为**源极** S(source)，一个称为**漏极** D(drain)。然后在衬底表面生成一层二氧化硅的绝缘薄层，并在源极和漏极之间的表面上覆盖一层金属铝片，引出**栅极** G(grid)。由于栅极与其他电极是绝缘的，所以称为**绝缘栅场效应晶体管**(insulated gate type FET)，也称为金属-氧化物-半导体(metal-oxide-semiconductor，MOS)场效应晶体管，简称为 **MOS场效应晶体管**(MOSFET)。图7-15中B为衬底引线，通常将它与源极或地相连，以减少B与S之间可能出现的电压对管子性能产生不良的影响。有的分立元件产品在出厂时已将B与S连接好，因而这类产品只有3个管脚；有的产品只将B引出，有待使用时用户自己连接，因而这类产品有4个管脚。

按导电沟道类型的不同，MOS场效应晶体管可分为N型沟道(N channel)MOS管和P

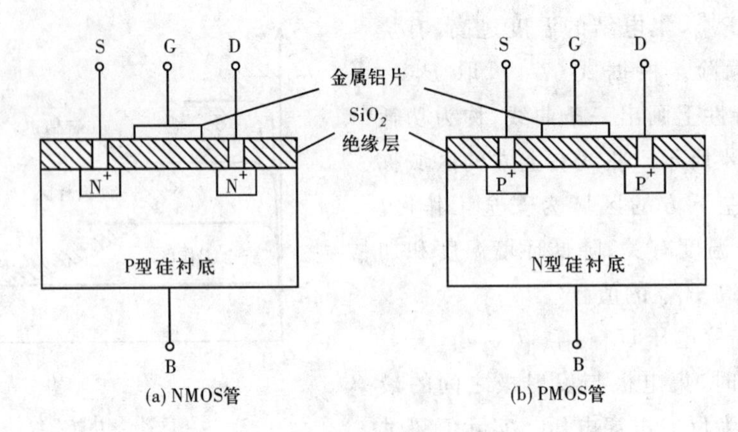


图 7-15　场效应管的结构示意图

型沟道(P channel)MOS 管两种，分别简称为 NMOS 管和 PMOS 管。图 7-15(a)(P 型硅衬底)为 NMOS 管，图 7-15(b)(N 型硅衬底)为 PMOS 管。NMOS 管的导电沟道是电子型的，PMOS 管的导电沟道是空穴型的。

按导电沟道形成方式的不同，MOS 场效应晶体管又分为**增强型**(enhancement type)和**耗尽型**(depletion type)两种，分别简称为 **E 型和 D 型**。E 型中的二氧化硅薄层中不掺或略掺带电荷的杂质，D 型中的二氧化硅薄层中掺有大量带正电荷(NMOS 管)或负电荷(PMOS 管)的杂质。

可见，MOS 场效应晶体管共有四种，它们的图形符号、电压极性和特性曲线见表 7-1。

**2. 工作原理**

无论是增强型还是耗尽型，它们的 NMOS 管和 PMOS 管的工作原理都是相同的，只是工作电压的极性相反而已，因此在讨论工作原理时，都以 NMOS 管为例。

(1)增强型 NMOS 场效应晶体管

如果在漏极和源极之间加上电压 $U_{DS}$，由图 7-15(a)可知，由于 $N^+$ 漏区和 $N^+$ 源区与 P 型硅衬底之间形成两个 PN 结，无论 $U_{DS}$ 极性如何，两个 PN 结中总有一个因反向偏置而处于截止状态，漏极电流 $I_D$ 几乎为零。

如果在栅极和源极之间加上正向电压 $U_{GS}$，如图 7-16 所示，由于栅极铝片与 P 型硅衬底之间为二氧化硅绝缘体，它们构成一个电容器，$U_{GS}$ 产生一个垂直于衬底表面的电场，把 P 型硅衬底中的电子吸引到表面层。当 $U_{GS}$ 小于某一数值 $U_{GS(th)}$ 时，吸引到表面中的电子很少，而且立即被空穴复合，只形成不能导电的耗尽层；当 $U_{GS}$ 大于这一数值时，吸引到表面层的电子除填满空穴外，多余的电子在原为 P 型硅衬底表面形成一个自由电子占多数的 N 型层，故称为**反型层**。反型层沟通了漏极和源极，成为它们之间的导电沟道。使场效应晶体管刚开始形成导电沟道的这个临界电压 $U_{GS(th)}$ 称为**开启电压**(threshold voltage)。

如果 $U_{GS}>U_{GS(th)}$，$U_{DS}>0$，如图 7-17 所示，就能产生漏极电流 $I_D$。$U_{GS}$ 越大，导电沟道

越厚,沟道电阻越小,$I_D$ 越大。由于这种 MOS 管必须依靠外加电压来形成导电沟道,故称为增强型。加上 $U_{DS}$ 后,导电沟道会变成如图 7-17 所示的厚薄不均匀状态,这是因为 $U_{DS}$ 使得栅极与沟道不同位置间的电位差变得不同。靠近源极一端的电位差最大为 $U_{GS}$,靠近漏极一端的电位差最小为 $U_{GD}=U_{GS}-U_{DS}$,因而反型层呈楔形不均匀分布。

可见,改变栅极电压 $U_{GS}$,就能改变导电沟道的厚薄和形状,从而实现对漏极电流 $I_D$ 的控制。

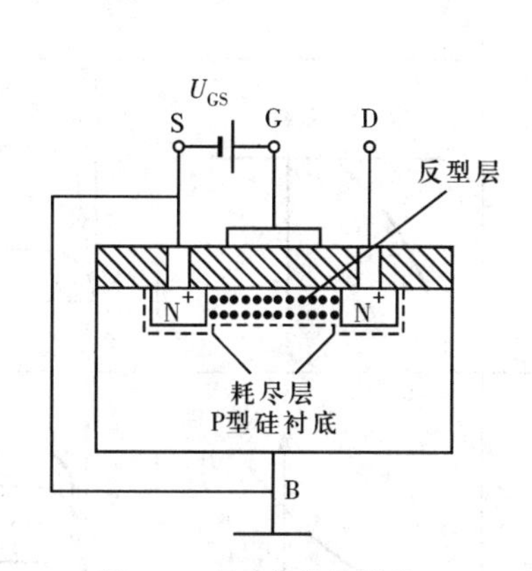


图 7-16 导电沟道的形成

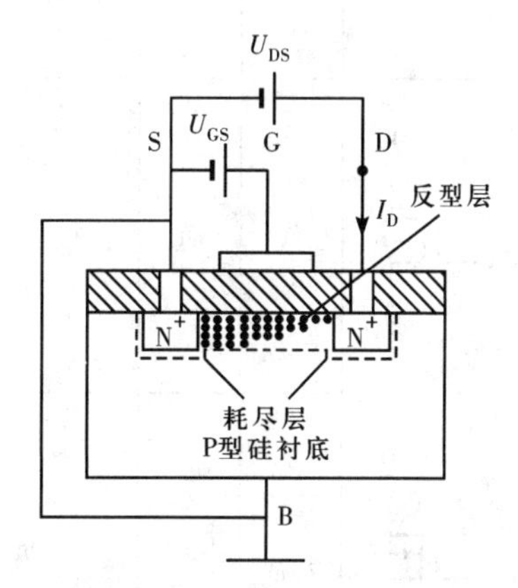


图 7-17 E 型 NMOS 管导通状态

(2)耗尽型 NMOS 场效应晶体管

耗尽型 NMOS 场效应晶体管的二氧化硅绝缘薄层中掺入大量的带正电荷的杂质,当 $U_{GS}=0$,即不加栅源电压时,这些正电荷所产生的内电场也能在衬底表面形成自建的反型层导电沟道。若 $U_{GS}>0$,则外电场与内电场方向一致,使导电沟道变厚。若 $U_{GS}<0$,则外电场与内电场方向相反,使导电沟道变薄。当 $U_{GS}$ 的负值达到某一数值 $U_{GS(off)}$ 时,导电沟道消失。这一临界电压 $U_{GS(off)}$ 称为**夹断电压**(pinch-off voltage)。可见,这种 MOS 管通过外加 $U_{GS}$ 既可使导电沟道变厚,也可使其变薄,直至耗尽为止,故名耗尽型。只要 $U_{GS}>U_{GS(off)}$,$U_{DS}>0$,都会产生 $I_D$。改变 $U_{GS}$,便可改变导电沟道的厚薄和形状,实现对漏极电流 $I_D$ 的控制。

**3. 特性曲线**

(1)转移特性

在 $U_{DS}$ 一定时,漏极电流 $I_D$ 与栅极电压 $U_{GS}$ 之间的关系 $I_D=f(U_{GS})$ 称为场效应晶体管的**转移特性**(transfer characteristic)。四种场效应晶体管的转移特性见表 7-1。转移特性可由实验求得,也可由下述的漏极特性求得。

(2)漏极特性

在 $U_{GS}$ 一定时,漏极电流 $I_D$ 与漏极电压 $U_{DS}$ 之间的关系 $I_D=f(U_{DS})$ 称为场效应晶体管的**漏极特性**(drain characteristic)。实验测得四种场效应晶体管的漏极特性见表 7-1。

通过转移特性和漏极特性可以更清楚地了解这四种场效应晶体管的特点。

表 7-1　MOS 场效应晶体管的图形符号、电压极性和特性曲线

| 类型 | 图形符号 | 电压极性 | | | 转移特性 | 漏极特性 |
|---|---|---|---|---|---|---|
| | | $U_{GS}$ | $U_{DS}$ | $U_{GS(th)}$ 或 $U_{GS(off)}$ | $I_D=f(U_{GS})$ | $I_D=f(U_{DS})$ |
| E 型 NMOS | D, G, S | 正 | 正 | 正 | $I_D$, $O$, $U_{GS}$ | $I_D$, $U_{GS}$=5 V, 4 V, 3 V, $O$, $U_{DS}$ |
| E 型 PMOS | D, G, S | 负 | 负 | 负 | $I_D$, $O$, $U_{GS}$ | $-I_D$, $U_{GS}$=−5 V, −4 V, −3 V, $O$, $-U_{DS}$ |
| D 型 NMOS | D, G, S | 可正<br>可负 | 正 | 负 | $I_D$, $O$, $U_{GS}$ | $I_D$, $U_{GS}$=2 V, 1 V, 0 V, −1 V, $O$, $U_{DS}$ |
| D 型 PMOS | D, G, S | 可正<br>可负 | 负 | 正 | $I_D$, $O$, $U_{GS}$ | $-I_D$, $U_{GS}$=−1 V, 0 V, 1 V, 2 V, $O$, $-U_{DS}$ |

**4. 主要参数**

(1)开启电压 $U_{GS(th)}$ 和夹断电压 $U_{GS(off)}$

$U_{GS(th)}$ 和 $U_{GS(off)}$ 的定义已在前面介绍过了。前者适用于增强型场效应晶体管，后者适用于耗尽型场效应晶体管。

(2)跨导 $g_m$

**跨导**(transconductance)是用来描述 $U_{GS}$ 对 $I_D$ 的控制能力的，其定义为

$$g_m=\left.\frac{\partial I_D}{\partial U_{GS}}\right|_{U_{DS}=\text{常数}}\approx\frac{\Delta I_D}{\Delta U_{GS}} \tag{7-5}$$

式中，$g_m$ 的单位是西[门子](S)。

(3)漏源击穿电压 $U_{DS(BR)}$

$U_{DS(BR)}$ 是漏极与源极之间的反向击穿电压。

(4)最大允许漏极电流 $I_{DM}$

$I_{DM}$ 是场效应晶体管在给定的散热条件下所允许的最大漏极电流。

### 7.2.5　电力电子器件

**电力电子器件**(power electronic device)又称为功率半导体器件,在电力设备中实现电能的变换或控制的大功率电子器件(通常指电流为数十至数千安,电压为数百伏以上)。电力电子器件自 20 世纪 50 年代出现以来得到了迅猛的发展,使得半导体器件从弱电领域进入了强电领域,从而形成了一个新的学科——电力电子技术,并广泛应用于各工业部门中。

电力电子器件按照导通、关断的受控情况可分为不可控、半控和全控型器件。例如,电力二极管(power diode)是不可控器件,即不能用控制信号来控制其通断;晶闸管(thyristor)为半控器件,通过控制信号可以控制其导通,但不能控制其关断;而绝缘栅极双极型晶体管(insulated gate bipolar transistor, IGBT)、门极可关断晶闸管(gate turn-off thyristor, GTO)、功率场效应晶体管(P-MOSFET)等均为全控型器件,通过控制信号既可以控制其导通,又可控制其关断,又被称为自关断器件。目前,高频化、模块化、智能化是电力电子器件的主要发展方向。这里以普通晶闸管为例,介绍其基本结构和工作原理。

普通晶闸管是在一块半导体上制成三个 PN 结,再引出电极并封装加固而成。如图 7-18(a)所示,从外层 P 区、外层 N 区和内层 P 区分别引出三个电极:阳极 A,阴极 K 和控制极(又称触发极或门极)G。普通晶闸管在电路图中的符号如图 7-18(b)所示。

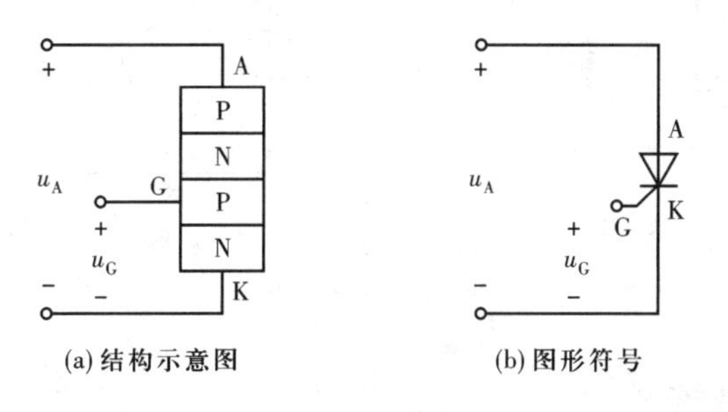


图 7-18　普通晶闸管

按外形的不同,普通晶闸管有螺栓式和平板式两种。螺栓式晶闸管一般为额定电流在 100 A 以下的小功率管,平板式晶闸管一般为额定电流在 100 A 以上的大功率管。

普通晶闸管在工作时,作用于阳极和阴极之间的电压 $u_A$ 称为阳极电压,作用于控制极和阴极之间的电压 $u_G$ 称为控制电压或触发电压。

普通晶闸管同二极管一样,也具有单向导电性,但何时导通是受控制极控制的。若 $u_A>0$ 并且 $u_G>0$,晶闸管由截止变为导通;晶闸管导通后,控制极便失去了作用,因而 $u_G$ 一般都采用脉冲电压。若 $u_A\leqslant 0$,或者阳极电流 $i_A$ 小于某一很小的电流 $I_H$(称为维持电流)时,晶闸管由导通变为截止。

普通晶闸管目前广泛用于可控整流和电源开关电路中。

# 7.3 光电半导体器件

## 7.3.1 发光二极管

发光二极管是一种将电能转化为光能的特殊二极管。和普通二极管相似，LED 也是由一个 PN 结构成，PN 结封装在透明管壳内，且同样具有单向导电的特性。LED 之所以能发光，是由于它在结构、材料等方面与普通二极管有所不同。正向电流通过发光二极管时，会发出光来，光的颜色视发光二极管的制造材料而定，有红、黄、绿等颜色，外形有圆形、方形和矩形等[图 7-19(a)]。如图 7-19(b)所示，发光二极管处于正向偏置状态，其中 $R$ 为限流电阻。正向工作电压一般为 1.5～3 V，正向电流为几毫安到十几毫安。它具有很强的抗振动和抗冲击能力，体积小、可靠性高、耗电低、寿命长，因此发光二极管有着非常广泛的应用，通常在各类电子设备中用于信号指示和传递。

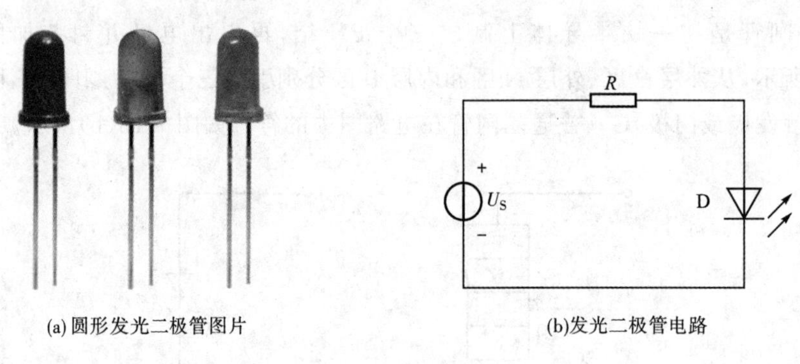


(a) 圆形发光二极管图片　　(b)发光二极管电路

图 7-19　发光二极管

## 7.3.2 光电二极管

**光电二极管**也称为**光敏二极管**(photo diode)，是一种将光信号转换成电信号的特殊二极管。基本结构与普通二极管相似，管壳上装有玻璃窗口以便接收光照。如图 7-20 所示，光电二极管处于反向偏置状态。无光照时，反向电流很小，称为暗电流。有光照时，电流会急剧增加，称为光电流。光照越强，电流越大。

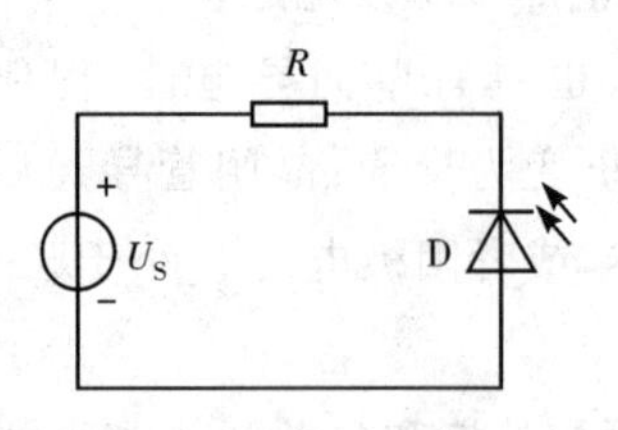


图 7-20　光电二极管电路

## 7.3.3 光电三极管

**光电三极管**(photo transistor)也称为**光敏三极管**，也是一种能将光信号转换成电信号的半导体器件。一般光电三极管只引出两个管脚(E、C极)，基极B不引出，管壳上也开有方便光线射入的窗口。

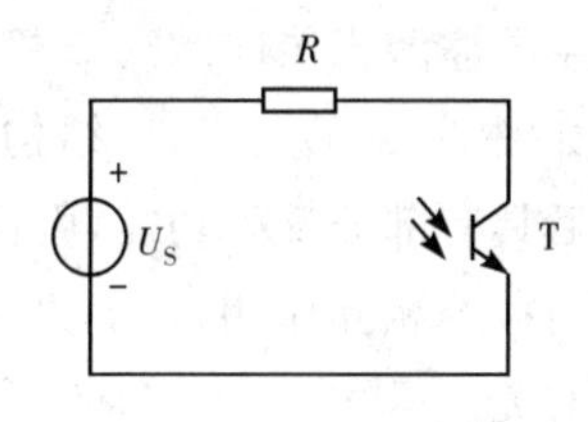

图7-21 NPN型光电三极管电路

与普通三极管一样，光电三极管也有两个PN结，且有PNP型和NPN型之分。使用时，必须使发射结正偏、集电结反偏，以保证管子正向工作。图7-21所示为NPN型光电三极管电路。当无光照时，流过管子的电流非常小。当有光照时，电流迅速增大。因为三极管有电流放大作用，所以在相同的光照下，光电三极管的光电流比光电二极管约大$\beta$倍。通常$\beta$值在100～1 000，可见光电三极管比光电二极管的灵敏度高得多。

## 7.3.4 光电耦合器

**光电耦合器**(photoelectric coupler)是发光器件和受光器件的组合体。使用时将电信号送入光电耦合器输入侧的发光器件，发光器件将电信号转换成光信号，由输出侧的受光器件接收并再转换成电信号。由于信号传输是通过光耦合的，输出与输入之间没有直接电气联系，两电路之间不会相互影响，可以实现两电路之间的电气隔离，所以光电耦合器也称为**光电隔离器**(photoelectric isolator)。

光电耦合器的发光器件和受光器件封装在同一不透明的管壳内，由透明的绝缘材料隔开。发光器件常用发光二极管。受光器件则根据输出电路的不同要求用光敏二极管、光敏三极管、光敏集成电路等。图7-22是一种三极管输出型的光电耦合器。

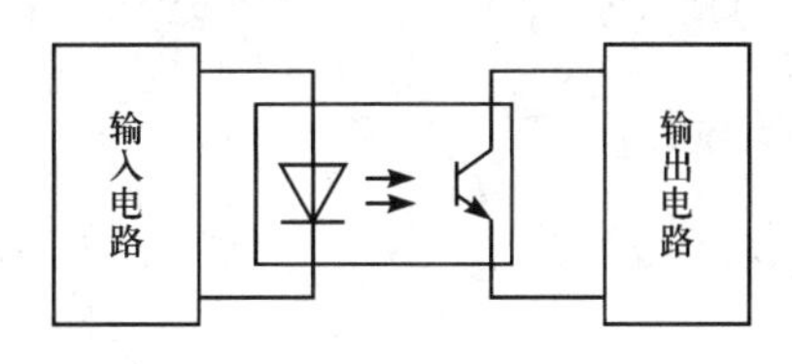

图7-22 光电耦合器

光电耦合器具有如下特点：

(1)光电耦合器的发光器件与受光器件互不接触，绝缘电阻很高，可达$10^{10}\ \Omega$以上，并能承受2 000 V以上的高压，因此经常用来隔离强电和弱电系统。

(2)光电耦合器的发光二极管是电流驱动器，输入电阻很小，而干扰源一般内阻较大，且能量很小，很难使发光二极管误动作，所以光电耦合器有极强的抗干扰能力。

(3)光电耦合器具有较高的信号传递速度，响应时间一般为微秒。高速型光电耦合器的响应时间可以小于100 ns。

光电耦合器的用途很广，如作为信号隔离转换、脉冲系统的电平匹配、微机控制系统的输入/输出回路等。

### 7.3.5 半导体激光器

**半导体激光器**即**激光二极管**(laser diode),简称 LD,它是以半导体材料作为工作介质的。如图 7-23(a)所示,其结构通常由 P 型层、N 型层和光活性半导体层构成。其端面经过抛光后具有部分反射功能,因而形成一光谐振腔。在正向偏置的情况下,PN 结发射出光并与光谐振腔相互作用,从而进一步激励从 PN 结上发射出单波长的光,这种光的物理性质与材料有关。

激光二极管本质上是一个半导体二极管,在正向偏压下可产生红、绿、蓝等光。按照 PN 结材料是否相同,可以把激光二极管分为同质结、单异质结(SH)、双异质结(DH)和量子阱(QW)激光二极管。量子阱激光二极管具有阈值电流低、输出功率高的优点,是市场应用的主流产品。如图 7-23(b)所示为某小功率激光二极管的实物图,有三条引脚,这是因为在管内还封装有一个光电二极管,用于监控激光二极管工作电流。

半导体激光器在激光指示器(激光笔)、激光通信、光存储、光陀螺、激光模拟武器、激光打印、测距以及雷达等方面得到了广泛的应用。

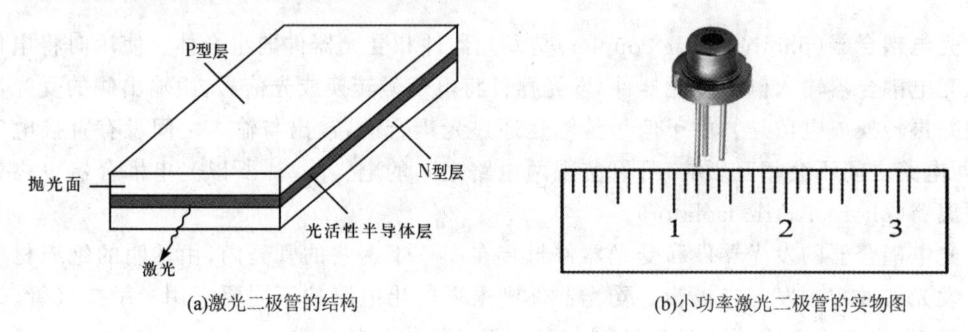


(a)激光二极管的结构　　(b)小功率激光二极管的实物图

图 7-23　激光二极管的结构与实物图

## 7.4 电子显示器件

随着信息技术的飞速发展,现代显示技术经历了阴极射线管(cathode ray tube,CRT)、发光二极管、液晶(liquid crystal display,LCD)、等离子体(plasma display panel,PDP)等的发展过程。其中 CRT 因体积大、较笨重、功耗大等缺点,已被 LCD 所取代;PDP 无法在小型化和高分辨率方面取得突破,在与 LCD 的竞争中逐渐被淘汰。

### 7.4.1 发光二极管显示器

发光二极管显示器(LED display)是以发光二极管(LED)作为显示字段、点或像素的显示器件,最常见的有数码管、符号管、米字管及点阵式显示屏(简称矩阵管)等。

如图 7-24(a)所示为 LED 数码管,它是由 7 个条状发光二极管(用来显示字段)和 1 个圆点型发光二极管(主要用来显示小数点)组成的,其中用 $a \sim g$ 表示对应的 7 个字段,用 $dp$ 表示小数点,如图 7-24(b)所示。这种 LED 数码管也称为 7 段数码显示器(或 8 段数码显示器)。LED 数码管中发光二极管根据其连接的方法有共阴极和共阳极两种结构。前者如图 7-25(a)所示,7 个发光二极管阴极一起接地,阳极加高电平时发光;后者如图 7-25(b)所示,7 个发光二极管阳极一起接正电源,阴极加低电平时发光。通过控制 7 个字段发光二极管的亮暗的不同组合,可以显示多种数字、字母及其他符号。此类数码管通常在电子产品中用作显示输出器件。

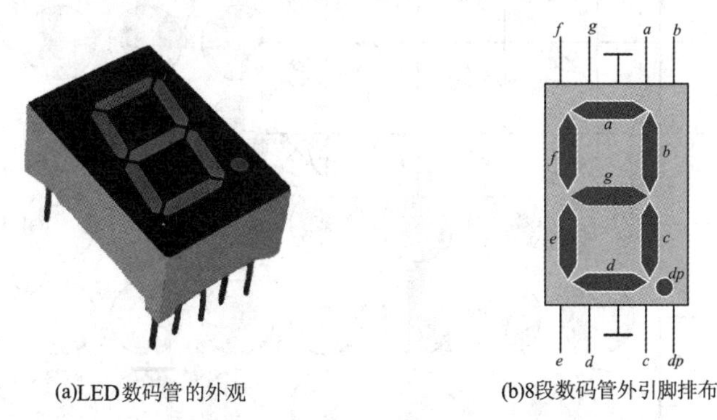


(a)LED数码管的外观　　(b)8段数码管外引脚排布

图 7-24　LED 数码管外观与引脚排布

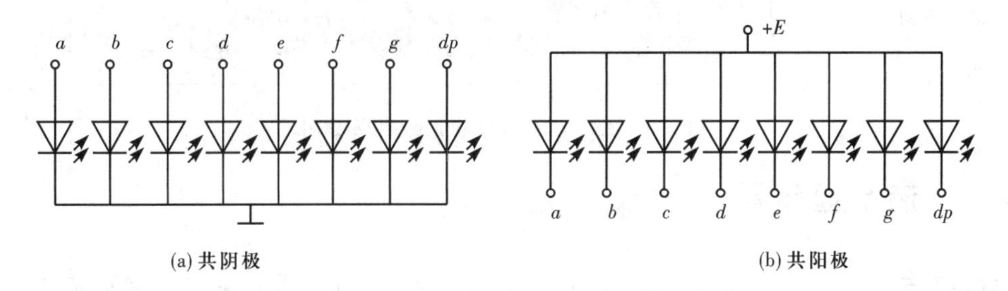


(a) 共阴极　　(b) 共阳极

图 7-25　LED 数码管的两种接法

LED 显示屏的每个像素都是一个圆点型 LED,通过 LED 灯珠的亮灭来显示文字、图片、视频等各种信息。图 7-26 所示为 8×8 点阵 LED 显示屏的结构示意图。8×8 点阵共需要 64 个发光二极管,且每个发光二极管放置在行线和列线的交叉点上,构成屏幕中的一个像素。当对应的某一行置高电平,某一列置低电平时,则相应的二极管点亮。

单基色 LED 显示屏的每个像素由 1 个单色 LED 发光二极管组成,双基色 LED 显示屏的每个像素由 2 个 2 种单色的 LED 发光二极管组成。而对于三基色全彩 LED 显示屏来说,组成像素点的二极管有 3 个或 3 个以上。例如,由分别发红光、绿光和蓝光的 3 个二极管组成,这样就可以根据三基色的配色原理,达到彩色显示的目的;而有些显示屏为了改善显示效果,可能由 4 个二极管组成:2 个红光 LED、1 个绿光 LED 和 1 个蓝光 LED。

点阵式 LED 显示器集微电子技术、信息处理技术于一体,以其色彩鲜艳、动态范围广、清晰度高、功耗小和工作稳定可靠等优点,成为最具优势的新一代显示媒体,已广泛应用于公众场合(如医院、机场、车站、体育场馆等)的广告信息播放。

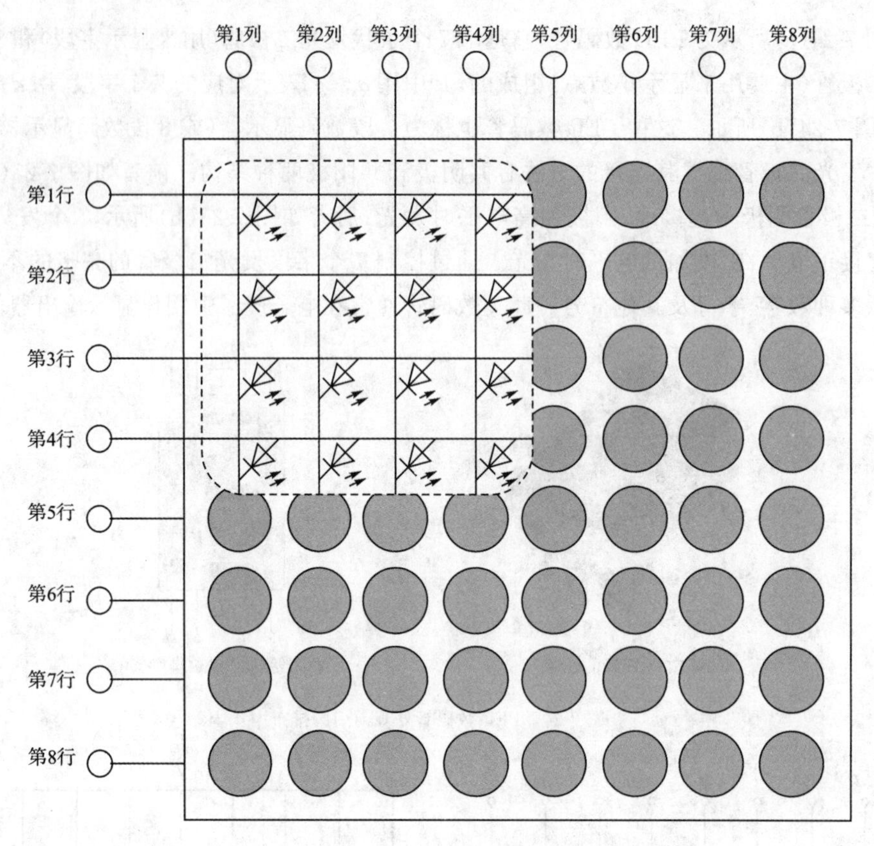


图 7-26　8×8 点阵 LED 显示屏结构示意图

## 7.4.2　液晶显示器

**液晶显示器**(liquid crystal display)简称 LCD,它是基于液晶电光效应的显示器件。如图 7-27 所示为段显示方式的字符段显示器。vk 图 7-28 所示为矩阵显示方式的字符、图形、图像显示器。液晶显示器的工作原理是利用液晶的物理特性,在通电时导通,使液晶排列变得有秩序,使光线容易通过;不通电时,排列则变得混乱,阻止光线通过。

图 7-27　LCD 字符段显示器

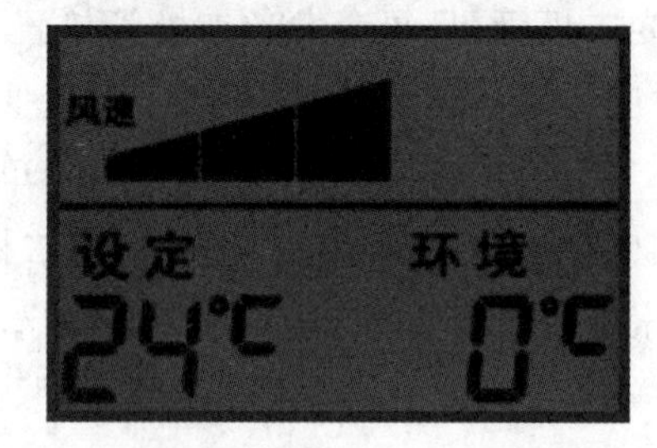


图 7-28　矩阵显示方式的 LCD 图形显示器

液晶显示器具有体积小、质量轻、省电、辐射低、易于携带等优点。目前大量应用于各种小型和便携式仪器仪表以及电脑显示器、电视等电器中。

# 7.5　集成电子器件

**集成电子器件**又称为**集成电路**(integrated circuit,IC),是20世纪60年代初期发展起来的一种新型电子器件。它采用半导体制造工艺,把二极管、晶体管、场效应晶体管及电阻、电容等元器件以及它们的连线都放在同一块半导体晶片上,然后封闭在外壳里,是一种将“管”和“路”紧密结合的器件。

## 7.5.1　集成电子器件的分类与特点

集成电子器件具有体积小、质量轻、性能好、功耗低、可靠性高等优点,同时成本低,便于大规模生产。它不仅在工业、民用电子设备如计算机、电视机、手机等方面得到了广泛的应用,同时在军事、通信等方面也得到广泛的应用。

按照集成度(每块半导体晶片上所包含的元器件数)的大小,可将IC分为小规模集成电路(small-scale integration, SSI)、中规模集成电路(medium-scale integration, MSI)、大规模集成电路(large-scale integration, LSI)、超大规模集成电路(very large-scale integration, VLSI)、特大规模集成电路(ultra large-scale integration, ULSI)和巨大规模集成电路(giga scale integration, GSI)。

1962年制造出包含12个晶体管的小规模集成电路,小规模集成电路一般指元器件数不超过100个;

1966年发展到集成度为100～1 000个晶体管的中规模集成电路;

1967～1973年,研制出1 000～100 000个晶体管的大规模集成电路;

1977年研制出在30平方毫米的硅晶片上集成15万个晶体管的超大规模集成电路,这是电子技术的重大突破,从此真正迈入了微电子时代;

1993年,随着集成了1 000万个晶体管的16M FLASH(闪存)和256M DRAM(动态随机存储)的研制成功,进入了特大规模集成电路时代;

1994年,由于集成1亿个元件的1 G DRAM的研制成功,进入巨大规模集成电路时代。

集成电子器件在制造工艺方面具有以下特点:

(1)所有元器件处于同一晶片上,由同一工艺做成,易做到电气特性对称、温度特性一致。

(2)高阻值的电阻制作成本高,占用面积大。必需的高阻值电阻可以外接。

(3)难于制作电感元件,较大容量的电容元件也较难实现,一般电容值不超过200 pF,若需大电容时可以外接。

(4)制作三极管比制作二极管容易,所以集成电路中的二极管都是用三极管基极与集电极短接后的发射结代替的。

按照电气功能分类,一般可以把集成电路分成模拟电路和数字集成电路两大类。这是一种传统的分类方法。近年来由于技术的进步,新的集成电路层出不穷,已经有越来越多的品种难以简单地按此归类。

## 7.5.2 模拟集成电路

现实世界提供的信号许多都是模拟信号，如语音信号、传感器输出信号、雷达回波等。模拟电路主要用来产生、放大和处理在时间和数值上都连续的模拟信号，它又分为线性模拟电路和非线性模拟电路。由模拟电路构成的集成电路叫作**模拟集成电路**(analog IC)。

**1. 线性模拟集成电路**

线性模拟集成电路的输出信号和输入信号具有线性关系。电路中晶体管大多工作在特性曲线的放大区，例如各种类型的放大器、通用运算放大器以及低功耗、低漂移、低噪声等各类特殊运算放大器、宽频带放大器、功率放大器等，均为线性模拟集成电路。

**2. 非线性模拟集成电路**

非线性模拟集成电路是指电路的输出信号与输入信号之间的关系是非线性的。非线性模拟集成电路大多是特殊集成电路，其输入、输出信号通常是模拟—数字、交流—直流、高频—低频、正—负极性信号的混合，很难用某种模式统一起来。例如，用于通信设备的混频器、检波器、鉴频器，用于工业检测控制的模拟—数字转换器、数字—模拟转换器、交流—直流变换器、集成采样保持电路、稳压电路以及一些家用电器中的专用集成电路等，都是非线性集成电路。

## 7.5.3 数字集成电路

数字集成电路用来产生、放大和处理各种数字信号(指在时间上和数值上离散取值的信号)。例如，数字电视的音频信号和视频信号，计算机中运行的信号等。其内部主要是由各种逻辑门和触发器组成的逻辑电路。一般情况下，它所要求的晶体管工作在开关状态，而不像在模拟电路中晶体管工作在信号放大状态。因此，数字电路中晶体管必须具备速度快、抗干扰能力强等特点。数字集成电路的主要逻辑部件有寄存器、译码器、编码器、计数器、存储器等。电路的形式简单，重复单元多，制造容易，是目前超大规模集成电路的主流。

## 练习题

**7-1** 以下说法正确的是(　　)。

A. P 型半导体多数载流子是空穴，少数载流子是自由电子；N 型半导体多数载流子是自由电子，少数载流子是空穴

B. P 型半导体多数载流子是空穴，少数载流子是自由电子；N 型半导体中的自由电子和空穴是成对出现的

C. P 型半导体中的空穴和自由电子是成对出现的，而 N 型半导体多数载流子是自由电子，少数载流子是空穴

D. P 型半导体多数载流子是自由电子，少数载流子是空穴；N 型半导体多数载流子是空穴，少数载流子是自由电子

**7-2** 在杂质半导体中，多数载流子的浓度主要取决于(　　)。

A. 温度　　B. 杂质浓度　　C. 电压　　D. 电流

**7-3** 二极管的最主要特性是(　　)；它的主要参数中，(　　)和(　　)是反映正向特性的，(　　)是反映反向特性的。

A. 最高反向工作电压　　B. 正向平均电流

C. 单向导电性　　D. 正向工作电压

**7-4** 如图7-29(a)所示电路是一个能将交流电转化成脉动直流的整流电路，设D为理想二极管，$u_2$ 的波形如图7-29(b)所示，则 $u_O$ 的波形应为图7-29(c)中的(　　)所示。

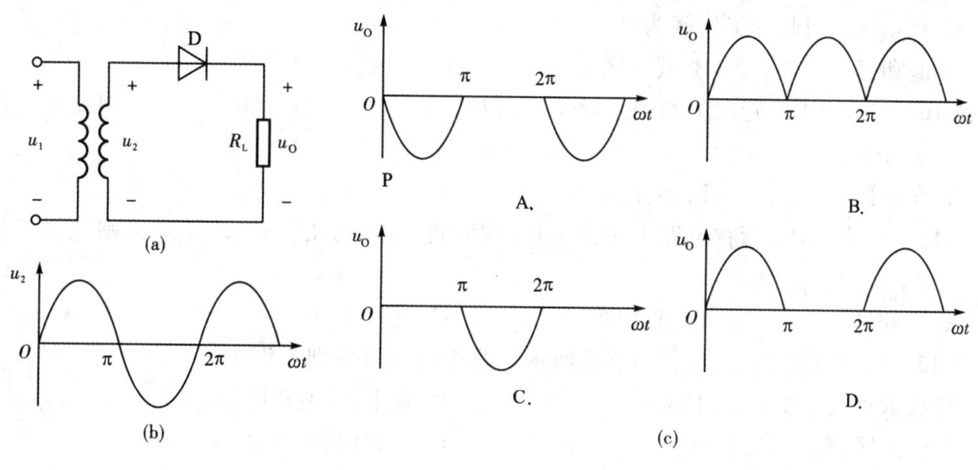


图7-29　习题7-4的电路和波形图

**7-5** 如图7-30(a)所示电路是一个单向限幅电路。已知 $u_i = 0.9\sin \omega t$ V，D为锗二极管，其正向电压降 $U_F = 0.3$ V，则输出 $u_O$ 的波形应为图7-30(b)中的(　　)所示。

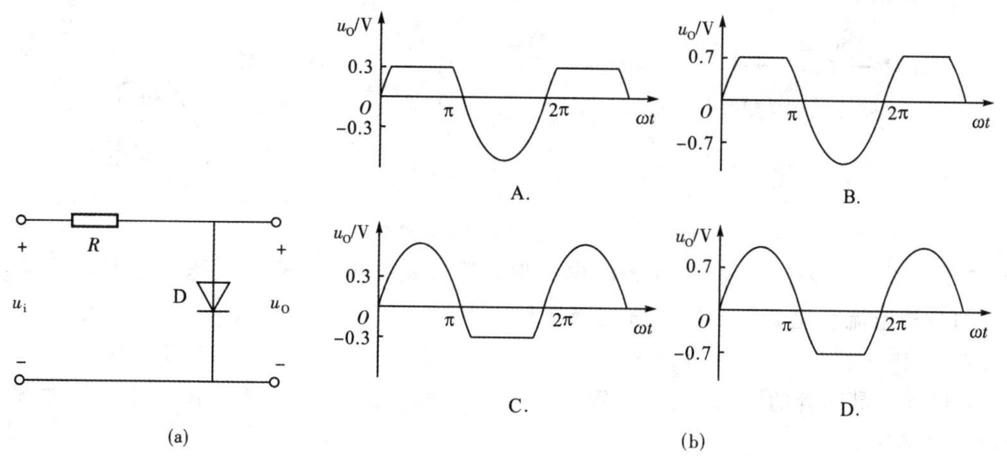


图7-30　习题7-5的电路和波形图

**7-6** 稳压二极管反向击穿后，其后果为(　　)。

A. 永久性损坏

B. 只要流过稳压管电流不超过规定值允许范围，二极管无损

C. 由于击穿而导致性能下降

**7-7** 稳压二极管起稳压作用时，是工作在其伏安特性的(　　)。

A. 反向饱和区　　B. 正向导通区　　C. 反向击穿区

**7-8** 电路如图 7-31 所示，设 $D_{Z1}$ 的稳定电压为 5 V，$D_{Z2}$ 的稳定电压为 7 V，两管正向压降均为 0 V。在输入 $U_I=9$ V 时，输出 $U_O$ 的值为(　　)。

A. 5 V　　B. 7 V

C. 12 V　　D. 0 V

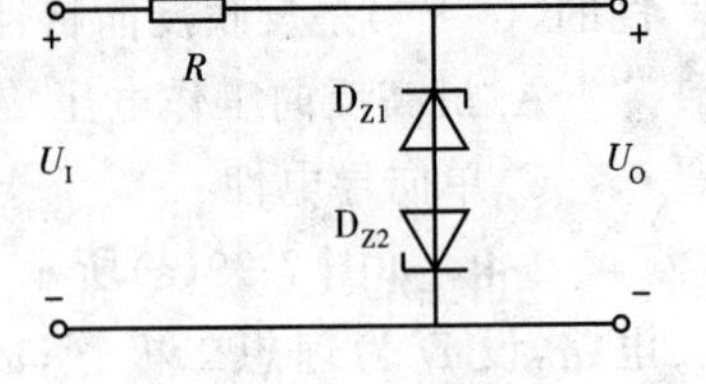


图 7-31　习题 7-8 的电路图

**7-9** 一个 NPN 管在电路中正常工作，现测得 $U_{BE}>0$，$U_{BC}>0$，$U_{CE}>0$，则此管工作区为(　　)。

A. 饱和区　　B. 截止区　　C. 放大区

**7-10** 一个 NPN 管在电路中正常工作，现测得 $U_{BE}>0$，$U_{BC}<0$，$U_{CE}>0$，则此管工作区为(　　)。

A. 饱和区　　B. 截止区　　C. 放大区

**7-11** 一个 NPN 管在电路中正常工作，现测得 $U_{BE}<0$，$U_{BC}<0$，$U_{CE}>0$，则此管工作区为(　　)。

A. 饱和区　　B. 截止区　　C. 放大区

**7-12** 试问在图 7-32(a)、(b)、(c)所示电路中晶体管分别工作于(　　)。

A. 放大区、饱和区、截止区　　B. 截止区、饱和区、放大区

C. 放大区、截止区、饱和区　　D. 饱和区、放大区、截止区

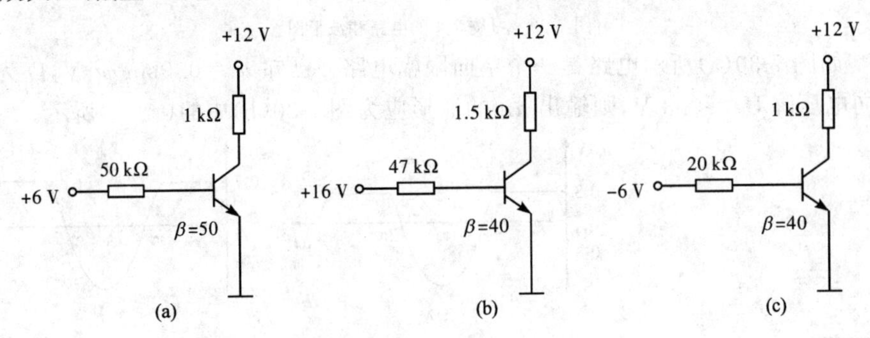


图 7-32　习题 7-12 的电路图

**7-13** 有一场效应晶体管，在漏源电压保持不变的情况下，栅源电压 $U_{GS}$ 变化 3 V 时，相应的漏极电流变化 2.4 mA，该管的跨导是(　　)。

A. 1.25 kΩ　　B. $0.8\times10^{-3}$ S　　C. 5.4 S　　D. 7.2 S

**7-14** 某晶体管的 $P_{CM}=100$ mW，$I_{CM}=20$ mA，$U_{(BR)CEO}=15$ V。试问在下述情况下，哪种工作是正常的(　　)。

A. $U_{CE}=3$ V，$I_C=10$ mA

B. $U_{CE}=2$ V，$I_C=40$ mA

C. $U_{CE}=6$ V，$I_C=20$ mA

# 第8章

# 直流稳压电源

目前市电供给的都是交流电,但在某些场合却需要直流电,例如直流电磁铁、直流电动机和大多数电子设备等。除利用干电池、蓄电池和直流发电机等获得直流电外,较为经济和方便的方法是使用将交流电变换为直流电的直流稳压电源(DC voltage-stabilized source)。

本章主要介绍直流稳压电源的分类、组成及其各部分的工作原理。

## 8.1 直流稳压电源的分类

直流稳压电源的种类繁多,工作原理相差较大,习惯上将直流稳压电源分为两类:线性直流稳压电源和开关型直流稳压电源。

线性直流稳压电源的功率器件调整管工作在线性区,靠调整管之间的电压降来稳定输出。这类直流稳压电源有很多种。根据输出性质,可分为稳压电源、稳流电源、集稳压与稳流于一体的稳压稳流(双稳)电源。根据输出值,可分为定点输出电源、波段开关调整式和电位器连续可调式。根据输出指示,可分为指针指示型和数字显示式型等。

线性直流稳压电源技术很成熟,制作成本较低,可以达到很高的稳定度,纹波较小,自身的干扰和噪声都比较小,而且易做成多路、输出连续可调的产品。但因为工作在工频(50 Hz),一般满载工作的效率大约只有80%,效率偏低。又由于变压器的体积比较大,因此整体体积较大,显得较笨重,且对输入电压范围要求高。

开关型直流稳压电源(简称开关电源)就是利用电子开关器件(如电力晶体管、功率场效应管、晶闸管等),通过控制电路,使电子开关器件不停地“接通”和“关断”,让电子开关器件对输入电压进行脉冲调制,从而实现交流—直流、直流—直流电压变换,电压输出可调,并且可以自动稳压。电路形式主要有单端反激式、单端正激式、半桥式、推挽式和全桥式。

开关电源工作在高频状态,变压器的体积比较小,相对比较轻便,但是输出纹波较线性直流稳压电源要大。因结构简单、成本低、效率高(市面上的开关电源满载工作的效率可达90%以上),在很多场合已经替代了线性直流稳压电源,是未来直流稳压电源发展的趋势。

## 8.2 线性直流稳压电源的组成

如图 8-1 所示，线性直流稳压电源一般是由电源变压器、整流电路、滤波电路和稳压电路等组成。

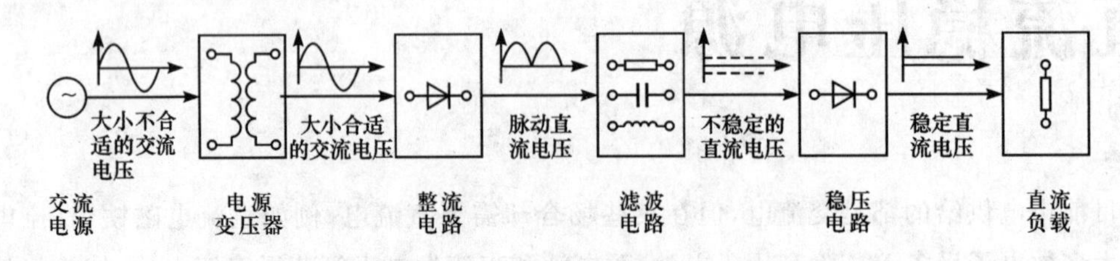


图 8-1 线性直流稳压电源的组成

电源变压器的作用是将市电交流电压变换为整流电路所需要的交流电压，有时也起到隔离交流电源和整流电路的作用。

整流电路的作用是将交流电变换为方向不变的直流电。但整流电路输出的是脉动直流电压，只能用于电镀、电解和蓄电池充电等对波形要求不高的工艺和设备中。大多数电子设备中的直流电源需要脉动程度小的平滑直流电压，这就需要在整流之后再进行滤波。

滤波电路的作用是将脉动直流电压变换为平滑直流电压。由于交流电源电压的波动和负载电流的变化会引起输出直流电压的不稳定，直流电压的不稳定会使电子设备、控制装置、测量仪表等设备的工作不稳定，产生误差，甚至不能正常工作，为此，在需要稳定直流电压的情况下，还需要在滤波电路之后再加上稳压电路。

稳压电路的作用是将不稳定的直流电压变换为不随交流电源电压波动和负载电流变化而变动的稳定直流电压。

## 8.3 整流电路

本节主要介绍由二极管、晶闸管组成的整流电路。按照整流元件的不同，整流电路分为不控整流电路和可控整流电路。

### 8.3.1 不控整流电路

目前广泛应用的是如图 8-2(a)所示的单相桥式整流电路。四个二极管 $D_1 \sim D_4$ 构成桥式电路。在 $u_2$ 的正半周，a 点电位最高，b 点电位最低，二极管 $D_1$ 和 $D_3$ 导通，$D_2$ 和 $D_4$ 截止，电流的通路是 $a \to D_1 \to R_L \to D_3 \to b$。在 $u_2$ 的负半周，a 点电位最低，b 点电位最高，二极管 $D_2$ 和 $D_4$ 导通，$D_1$ 和 $D_3$ 截止，电流的通路是 $b \to D_2 \to R_L \to D_4 \to a$。这样，在 $u_2$ 变化的一个周期内，负载 $R_L$ 上始终流过自上而下的电流，其电压和电流的波形为全波脉动直流电压和电流，如图 8-2(b)所示。设 $u_2=\sqrt{2}U_2\sin\omega t$，则该电路中电压、电流的定量分析如下：

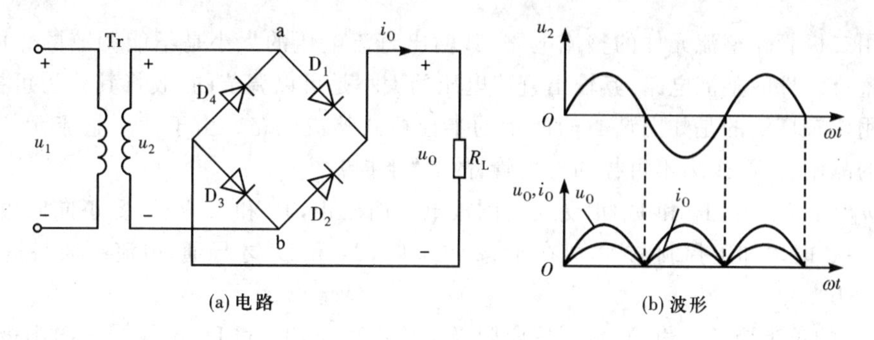


图 8-2　单相桥式整流电路

(1)负载直流电压

负载直流电压的平均值为

$$U_O=\frac{1}{\pi}\int_0^{\pi}\sqrt{2}U_2\sin\omega t\,d(\omega t)=\frac{2\sqrt{2}}{\pi}U_2=0.9U_2 \tag{8-1}$$

(2)负载直流电流

$$I_O=\frac{U_O}{R_L} \tag{8-2}$$

(3)二极管平均电流

由于每个二极管只在半个周期内导通，因此

$$I_D=\frac{1}{2}I_O \tag{8-3}$$

(4)二极管反向电压最大值

$$U_{Rm}=\sqrt{2}U_2 \tag{8-4}$$

式(8-1)和式(8-2)是计算负载直流电压和电流的依据。式(8-3)和式(8-4)是选择二极管的依据。所选用的二极管参数必须满足

$$I_F\geqslant I_D \tag{8-5}$$

$$U_R\geqslant U_{Rm} \tag{8-6}$$

目前封装成一体的多种规格的整流桥块批量生产，给使用者带来了很多方便。其外形如图 8-3 所示。使用时，只要将交流电压接到标有“～”的管脚上，从标有“＋”和“－”的管脚引出的就是整流后的直流电压。

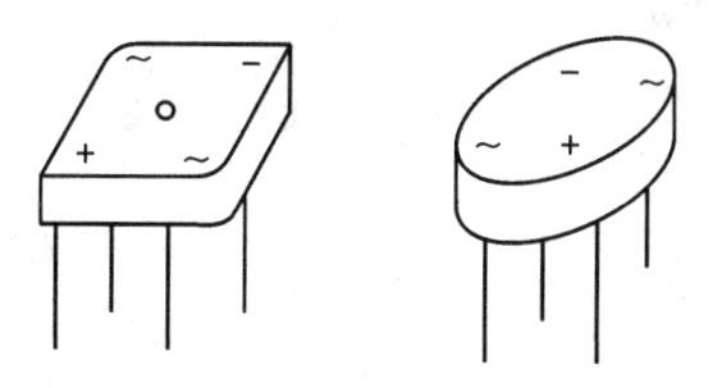


图 8-3　整流桥块

### 8.3.2 可控整流电路

利用二极管作整流元件的整流电路,其输出直流电压的大小是不能调节的。而利用晶闸管作整流元件的整流电路,其输出直流电压的大小是可以调节的,故将其称为可控整流电路。应用比较广泛的是如图 8-4(a)所示的半控桥式整流电路。由于四个整流元件中,两个为可控的晶闸管,两个为不可控的二极管,故名“半控”。

在 $u_2$ 的正半周,$T_2$ 和 $D_1$ 承受反向阳极电压而截止,$T_1$ 和 $D_2$ 虽承受正向阳极电压,但 $T_1$ 在 $\omega t=\alpha$ 时才加上控制电压,故在 $\alpha \leqslant \omega t \leqslant \pi$ 时,$T_1$ 和 $D_2$ 才导通,电流的通路是 $a \rightarrow T_1 \rightarrow R_L \rightarrow D_2 \rightarrow b$。

在 $u_2$ 的负半周,$T_1$ 和 $D_2$ 承受反向阳极电压而截止,$T_2$ 和 $D_1$ 虽承受正向阳极电压,但 $T_2$ 在 $\omega t=\alpha+\pi$ 时才加上控制电压,故在$(\alpha+\pi) \leqslant \omega t \leqslant 2\pi$ 时,$T_2$ 和 $D_1$ 才导通,电流的通路是 $b \rightarrow T_2 \rightarrow R_L \rightarrow D_1 \rightarrow a$。

可见,在 $R_L$ 上得到的是如图 8-4(b)所示的不完整的全波脉动电压,它相当于在输出直流电压 $u_O$ 每个周期的波形中都切去了一部分。$\alpha$ 越大,切去的部分越多,输出直流电压的平均值 $U_O$ 就越小。$\alpha$ 是晶闸管在正向阳极电压作用下开始导通的角度,称为控制角。图中 $\theta$ 是晶闸管在一个周期内导通的范围,称为导通角。

控制电压 $u_G$ 采用尖峰脉冲电压,它是由专门的触发电路供给的,图中未画出。通过触发电路改变产生 $u_G$ 的时间,即改变 $\alpha$ 角,就可以调节输出直流电压的大小。

该电路的输出直流电压和直流电流分别为

$$U_O=\frac{1}{\pi}\int_{\alpha}^{\pi}\sqrt{2}U_2\sin\omega t\,\mathrm{d}(\omega t)=\frac{1+\cos\alpha}{2}0.9U_2 \tag{8-7}$$

$$I_O=\frac{U_O}{R_L} \tag{8-8}$$

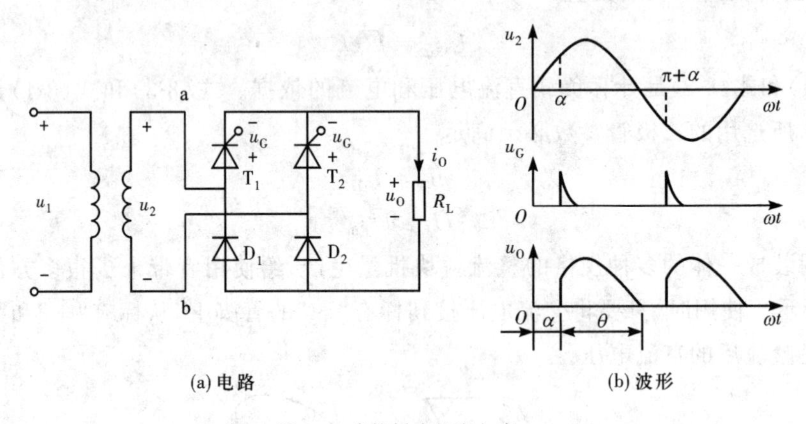


(a) 电路　　(b) 波形

图 8-4 半控桥式整流电路

## 8.4 滤波电路

**滤波电路**(filter circuit)有电容、电感和复式滤波等多种形式,下面分别进行介绍。

## 8.4.1　电容滤波电路

图 8-5(a)是一个桥式整流-电容滤波电路，它是在整流电路之后与负载并联一个电容器。图 8-5(a)中桥式整流电路部分采用简化画法。电容滤波的原理是利用电源电压$|u_2|$上升时，给 $C$ 充电，将电能储存在 $C$ 中，当$|u_2|$下降时利用 $C$ 放电，将储存的电能输送给负载，从而使负载波形如图 8-5(b)所示，填补了相邻两峰值电压之间的空白，不但使输出电压的波形变平滑，而且还使 $u_C$ 的平均值 $U_O$ 增加。$U_O$ 的大小与电容放电的时间常数 $\tau=R_LC$ 有关。$\tau$ 较小，放电快，如图 8-5(b)中的虚线 1，$U_O$ 较小；$\tau$ 较大，放电慢，如图 8-5(b)中的虚线 2，$U_O$ 较大。空载时，$R_L\to\infty$，$\tau\to\infty$，如图 8-5(b)中的虚线 3，$U_O=\sqrt{2}U_2$ 最大。为了得到经济而又较好的滤波效果，一般取

$$\tau\geqslant(3\sim5)\frac{T}{2}=\frac{1.5\sim2.5}{f} \tag{8-9}$$

式中，$T$ 和 $f$ 分别为交流电源电压的周期和频率。

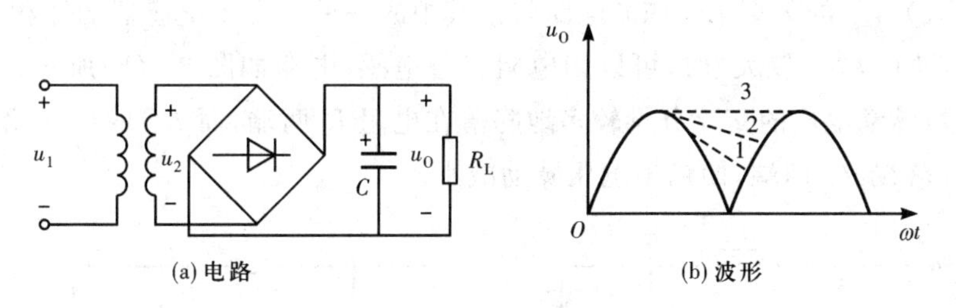


图 8-5　桥式整流-电容滤波电路

在桥式整流-电容滤波电路中，空载时的负载直流电压为

$$U_O=\sqrt{2}U_2 \tag{8-10}$$

有载时，在满足式(8-9)的条件下，有

$$U_O=1.2U_2 \tag{8-11}$$

其余公式与式(8-2)至式(8-4)相同。

选择整流元件时，考虑到整流电路在工作期间，一方面向负载供电，同时还要对电容充电，而且通电的时间缩短，通过二极管的电流是一个冲击电流，冲击电流峰值较大，其影响应予以考虑，因此一般取 $I_F\geqslant2I_D$，$U_R\geqslant U_{Rm}$。滤波电容值可按式(8-9)选取，即取

$$C\geqslant(3\sim5)\frac{T}{2R_L}=\frac{1.5\sim2.5}{R_Lf} \tag{8-12}$$

电容器的额定工作电压(简称耐压)应不小于其实际电压的最大值，故取

$$U_{CN}\geqslant\sqrt{2}U_2 \tag{8-13}$$

由于滤波电容的电容值较大，需要采用电解电容器，这种电容器有规定的正、负极，使用时必须使正极(图中标以“＋”)的电位高于负极的电位，否则会被击穿。

### 8.4.2 电感滤波电路

图 8-6 是一个桥式整流-电感滤波电路，它是在整流电路之后与负载串联一个电感器。当脉动电流通过电感线圈时，线圈中产生自感电动势阻碍电流的变化，从而使得负载电流和电压的脉动程度减小。脉动电流的频率越高，滤波电感越大，则滤波效果越好。电感滤波适用于负载电流较大并且变化大的场合。

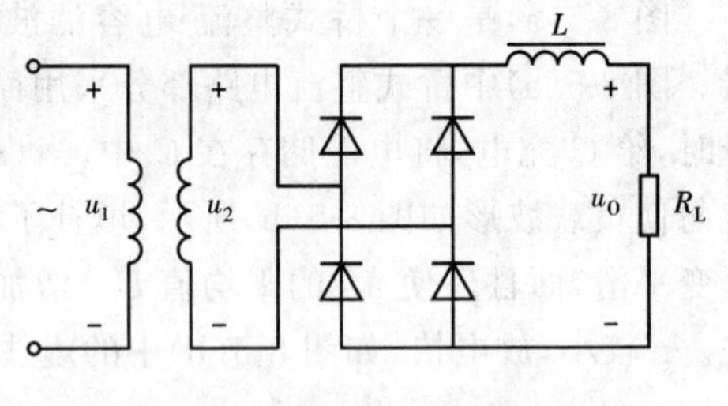


图 8-6 桥式整流-电感滤波电路

### 8.4.3 复式滤波电路

为了得到更好的滤波效果，还可以将电容滤波和电感滤波混合使用而构成复式滤波电路。如图 8-7(a)所示的 π 型 $LC$ 滤波电路就是其中的一种。由于电感器的体积大、成本高，在负载电流较小（即 $R_L$ 较大）时，可以用电阻代替电感，电路如图 8-7(b)所示。因为 $C_2$ 的容抗较小，所以脉动电压的交流分量较多地降落在电阻 $R$ 两端，而 $R_L$ 的值又比 $R$ 大，故直流分量主要降落在 $R_L$ 两端，使输出电压脉动减小。

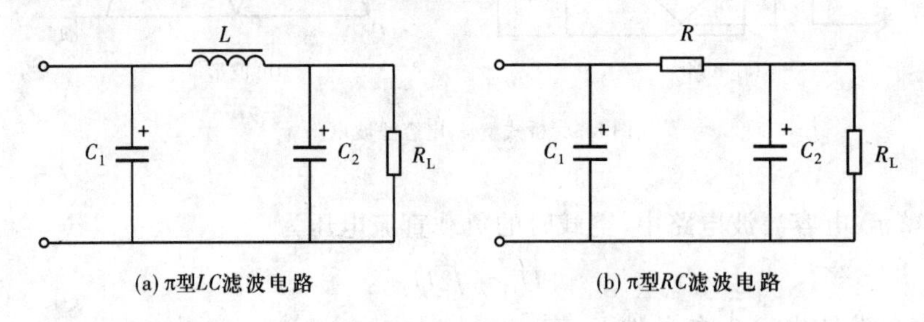


(a) π型$LC$滤波电路　　(b) π型$RC$滤波电路

图 8-7 π 型滤波电路

## 8.5 稳压电路

经整流和滤波后的电压会随着电源电压和负载变化而变化，所以需要利用稳压电路进一步稳定电压。最简单的稳压电路是利用稳压管，而目前广泛应用的是集成稳压电路，本节主要介绍上述两种稳压电路。

### 8.5.1 稳压管稳压电路

如图 8-8 所示，将稳压管与适当数值的限流电阻 $R$ 相配合即组成了稳压管稳压电路。图 8-8 中 $U_I$ 为整流、滤波电路的输出电压，也就是稳压电路的输入电压；$U_O$ 为稳压电路的

输出电压，也就是负载电阻 $R_L$ 两端的电压，它等于稳压管的稳定电压 $U_Z$。由图 8-8 可知

$$U_O=U_I-RI=U_I-R(I_Z+I_O)$$

当电源电压波动或负载电流变化而引起 $U_O$ 变化时，该电路的稳压过程如下：只要 $U_O$ 略有增加，$I_Z$ 便会显著增加，$I$ 随之增加，$RI$ 增加，使得 $U_O$ 自动降低，保持近似不变。如果 $U_O$ 降低，则稳压过程与上述过程相反。

这种稳压电路结构简单，但受稳压管最大稳定电流的限制，输出电流不能太大，而且输出电压不可调，稳定性也不是很理想。

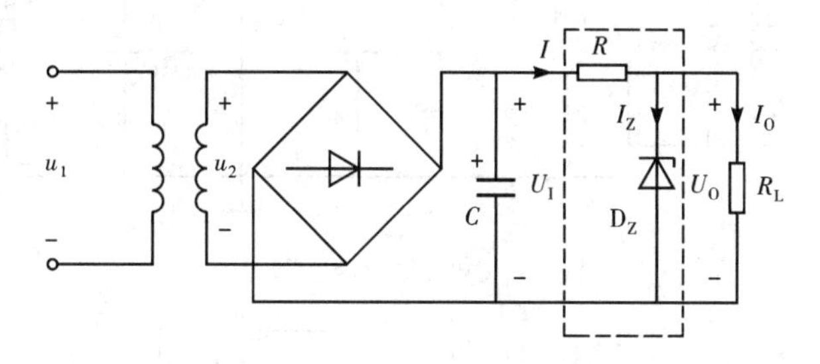


图 8-8　稳压器稳压电路

## 8.5.2　集成稳压电路

随着半导体集成技术的发展，从 20 世纪 70 年代开始，集成稳压电路迅速发展起来，并得到了日益广泛的应用。集成稳压电路分为线性集成稳压电路和开关集成稳压电路两种。前者适用于功率较小的电子设备，后者适用于功率较大的电子设备。

本节将介绍一种目前国内外广泛使用的三端集成稳压器，它具有体积小、使用方便、内部含有过流和过热保护电路，使用安全可靠等优点。三端集成稳压器又分为三端固定式集成稳压器和三端可调式集成稳压器。前者输出电压是固定的，后者输出电压是可调的。下面主要介绍三端固定式集成稳压器。

国产三端固定式集成稳压器有 CW78XX 系列和 CW79XX 系列两种，外形如图 8-9 所示，它只有三个管脚。CW78XX 系列为正电压输出，管脚 1 为输入端，管脚 2 为输出端，管脚 3 为公共端，接线图如图 8-10 所示。CW79XX 系列为负电压输出，管脚 1 为公共端，管脚 2 为输出端，管脚 3 为输入端，接线图如图 8-11 所示。输入端和输出端各接有电容 $C_i$ 和 $C_o$。$C_i$ 用来抵消输入端接线较长时的电感效应，防止产生振荡，一般 CW78XX 系列的 $C_i$ 为 0.33 μF，CW79XX 系列的 $C_i$ 为 2.2 μF。$C_o$ 是为了在负载电流瞬时增减时，不致引起输出电压有较大的波动。一般 CW78XX 系列的 $C_o$ 为 0.1 μF，CW79XX 系列的 $C_o$ 为 1 μF。输出电压有 5 V、6 V、8 V、9 V、12 V、15 V、18 V、24 V 等不同规格，型号的后两位数字表示输出电压值，例如 CW7805 表示

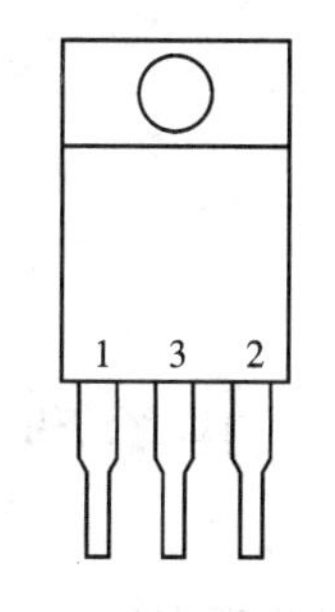


图 8-9　三端固定式集成稳压器外形图

输出电压为 5 V,CW7915 表示输出电压为 −15 V。使用时,除了输出电压值外,还要了解它们的输入电压和最大输出电流等数值,这些参数可查阅有关手册。

如果需要同时输出正、负两组电压,可选用正、负两块集成稳压器,按如图 8-12 所示电路接线。

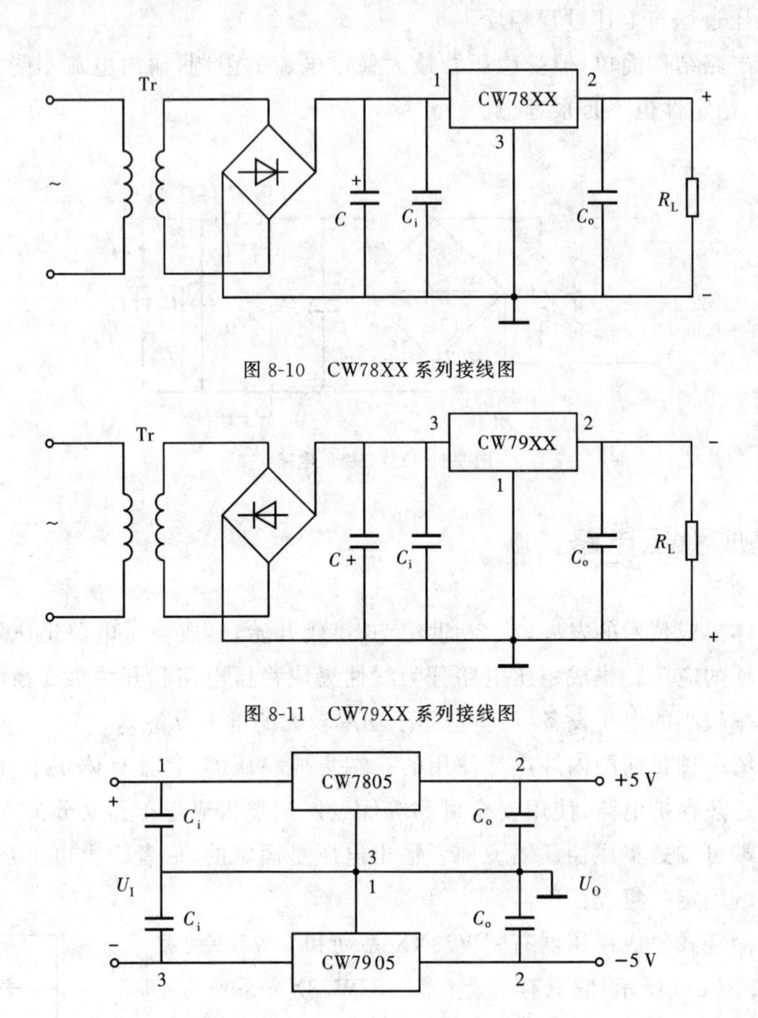


图 8-10　CW78XX 系列接线图

图 8-11　CW79XX 系列接线图

图 8-12　同时输出正、负两组电压的接线图

# 8.6　开关型直流稳压电源

开关型直流稳压电源(简称开关电源)的原理框图如图 8-13 所示。单相交流电压或三相交流电压经 EMI(电磁干扰)滤波器,直接进行整流、滤波,然后再将滤波后的直流电压经变换电路变换为数十千赫或数百千赫的高频方波或准方波电压,通过高频变压器隔离并降压(或升压)后,再经高频整流、滤波电路,最后输出直流电压。通过采样、比较、放大及控制、驱动电路,控制变换器中功率开关器件的占空比,便能得到稳定的输出电压。

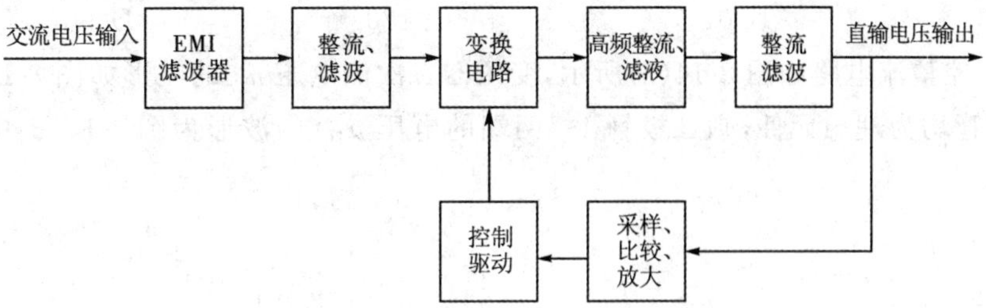

图 8-13　开关型直流稳压电源的原理框图

开关电源的特点主要有：

(1)功耗小、效率高。开关电源中的开关器件交替工作在导通—截止和截止—导通的开关状态，这使得开关器件的功耗很小，电源的效率可以大幅度提高，可达 90%～95%。

(2)体积小、质量轻。开关电源效率高，损耗小，可以省去较大体积的散热器，而且隔离变压时用高频变压器取代工频变压器，可大大减小体积，减轻质量；又因为开关频率高，输出滤波电容的容量和体积可大大减小。

(3)稳压范围宽。开关电源的输出电压由占空比来调节，输入电压的变化可以通过调节占空比的大小来补偿，甚至在工频电网电压变化较大时，它仍能保证有较稳定的输出电压。

(4)电路形式灵活多样。设计者可以发挥各种类型电路的特长，设计出满足不同应用场合的开关电源。

开关电源的缺点是输出纹波较线性直流稳压电源要大，存在开关噪声干扰。在开关电源中，开关器件工作在开关状态，它产生的交流电压和电流会通过电路中的其他元器件产生尖峰干扰和谐振干扰，如果不采取一定的措施对这些干扰进行抑制、消除和屏蔽，就会严重地影响整机的正常工作。此外，这些干扰还会窜入工频电网，使附近的其他电子仪器、设备和家用电器受到干扰。因此，设计开关电源时，必须采取合理的措施来抑制其本身产生的干扰。

## 练习题

**8-1**　直流稳压电源中整流电路的目的是(　　)。

A. 将交流变为直流　　B. 将直流变为交流

C. 将高频变为低频　　D. 将交直流混合量中的交流成分滤掉

**8-2**　可控整流电路的整流元件是(　　)。

A. 晶闸管　　B. 稳压管　　C. 二极管　　D. 双极晶体管

**8-3**　不控整流电路中，设变压器二次电压有效值为 $U_2$，输出电压平均值为 $U_O$，则二极管所承受的最高反向电压是(　　)。

A. $U_2$　　B. $\sqrt{2}U_2$　　C. $U_O$　　D. $\sqrt{2}U_O$

**8-4**　不控整流电路中，在一个周期内二极管的导通角为(　　)。

A. 360°　　B. 0°　　C. 180°　　D. 90°

**8-5** 不控整流电路如图 8-14(a)所示，变压器二次侧电压 $u_2$ 的波形如图 8-14(b)所示。设四个二极管均为理想元件，则二极管 $D_1$ 两端的电压 $u_{D_1}$ 的波形为图 8-14(c)中(　　)所示。

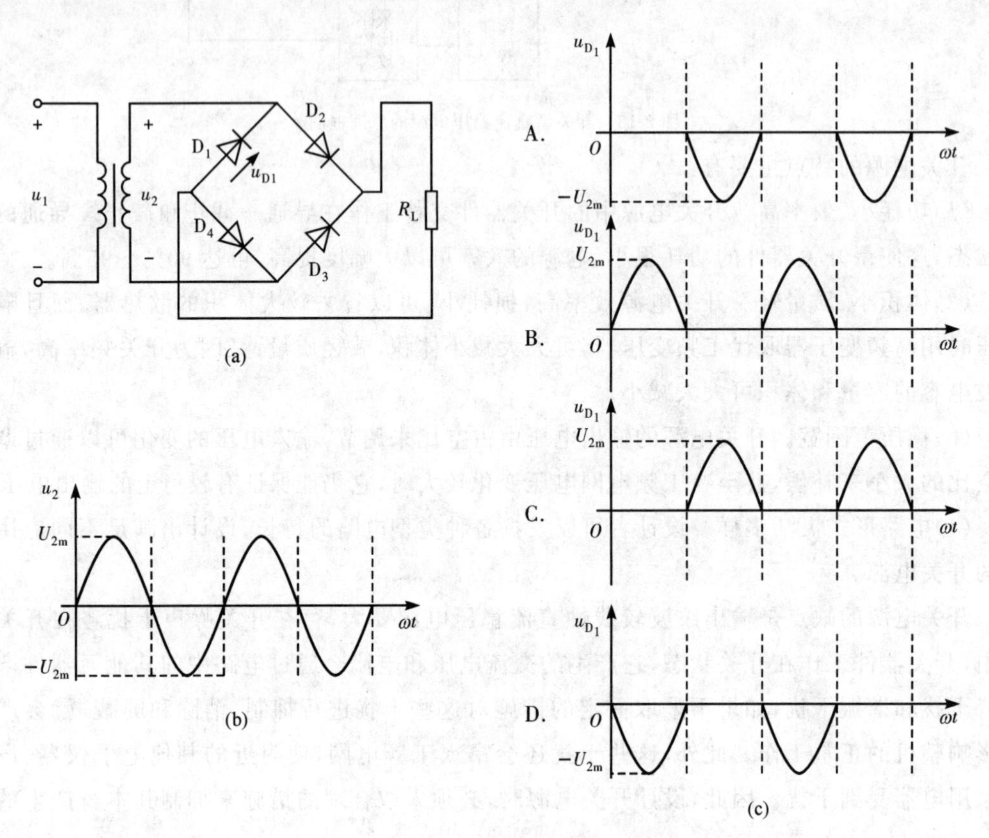


图 8-14　习题 8-5 的电路与波形图

**8-6** 在半导体直流电源中，为了减少输出电压的脉动程度，除有整流电路外，还需要增加的环节是(　　)。

A. 滤波电路　　B. 放大电路　　C. 振荡电路　　D. 采样电路

**8-7** 如图 8-15 所示电路中，已知变压器二次电压 $U=10$ V，当 $S_1$、$S_3$ 闭合，$S_2$ 断开，则电压 $U_O$ 为(　　)。

A. 10 V　　B. 12 V　　C. 9 V　　D. 4.5 V

**8-8** 桥式整流-电容滤波电路中，滤波电容选择的依据是(　　)。

A. $C \geqslant \frac{(3\sim5)T}{2R_L}$　　B. $C \leqslant \frac{(3\sim5)T}{2R_L}$　　C. $C=1\,000\ \mu F$　　D. $C>1\,000\ \mu F$

**8-9** 电路如图 8-8 所示，稳压管稳压值 $U_Z=6$ V。设电路正常工作，当电网电压波动而使 $U_2$ 增大时(负载不变)，则 $I_Z$ 将(　　)。

A. 增大　　B. 减小　　C. 基本不变　　D. 无法确定

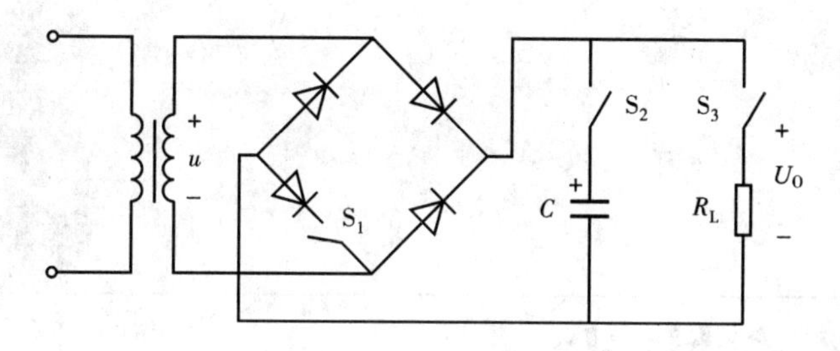


图 8-15　习题 8-7 的电路图

**8-10**　CW7805 表示输出电压为（　　）。

A. −5 V　　B. +5 V　　C. +7 V　　D. +7.8V

**8-11**　CW7912 表示输出电压为（　　）。

A. −9 V　　B. +12 V　　C. −7.9V　　D. −12 V

**8-12**　与线性直流稳压电源相比，开关型直流稳压电源中变压器的体积（　　），电源的功耗（　　）。

A. 小　　B. 大　　C. 相同　　D. 无法确定

# 第9章

# 模拟电子技术

模拟电路是处理模拟信号的电路，而模拟电子技术是研究模拟电路及其应用的技术。放大是模拟电路最重要的一种功能。放大电路就是将微弱的电信号(电压、电流、功率)放大到所需要的量级。随着电子技术的发展，集成放大电路占了主导地位。分立元件放大电路在实际应用中虽已不多见，但由分立元件组成的基本放大电路是所有模拟集成放大电路的基本单元。对初学者来说，从分立元件组成的放大电路入手，掌握一些放大电路的基本原理、概念等是非常必要的。

本章将分别介绍双极型晶体管放大电路和场效应晶体管放大电路，在此基础上，介绍多级放大电路的基本概念和差分放大电路的工作原理。集成运算放大器是模拟集成电路最主要的代表器件，一直在模拟集成电路中居主导地位。本章将介绍集成运算放大器的基本组成和特性，然后介绍放大电路中反馈的概念，最后介绍集成运算放大器的应用。

## 9.1　双极型晶体管放大电路

在生产和科学实验中，往往要求用微弱的信号去控制较大功率的负载。例如，在电动单元组合仪表中，首先将温度、压力、流量等非电量通过传感器变换为微弱的电信号，经过放大以后(使用的放大器的放大倍数从几百倍到几万倍)，从显示仪表上读出非电量的大小，或者用来推动执行元件以实现自动调节。再比如在常见的收音机和电视机中，也是将天线接收到的微弱信号放大到足以推动扬声器和显示屏的程度。可见放大电路的应用十分广泛，是电子设备中最普遍的一种基本单元。本节所要介绍的放大电路都利用双极型晶体管的放大作用来实现信号的放大，此类电路称为双极型晶体管放大电路。

### 9.1.1　放大电路工作原理

由于正弦信号是一种基本信号，在对放大电路进行性能分析和测试时，常以它作为输入信号。因此，这里也以输入信号为正弦信号，并以双极型晶体管共发射极接法的电路为例来说明放大电路的工作原理。

如图9-1所示，为了将待放大信号输送进来，由基极B引出一根输入线并与地之间构成一对输入端，输入端接信号源或前级放大电路。为了将已放大的信号输送出去，由集电极C引出一根输出线并与地之间构成一对输出端，输出端接负载或下级放大电路。该电路以三极管的发射极作为输入、输出回路的公共端，故称为共发射极放大电路。双极型晶体管放大电路有共集电极放大电路（信号的输入回路和输出回路都以集电极为公共端）和共基极放大电路（信号的输入回路和输出回路都以基极为公共端）两种类型。图9-1所示电路采用了两个电源，实用不便，可将 $R_B$ 接到 $U_{BB}$ 正极的一端改接到 $U_{CC}$ 的正极上，这样可省去 $U_{BB}$，电路改为如图9-2所示。

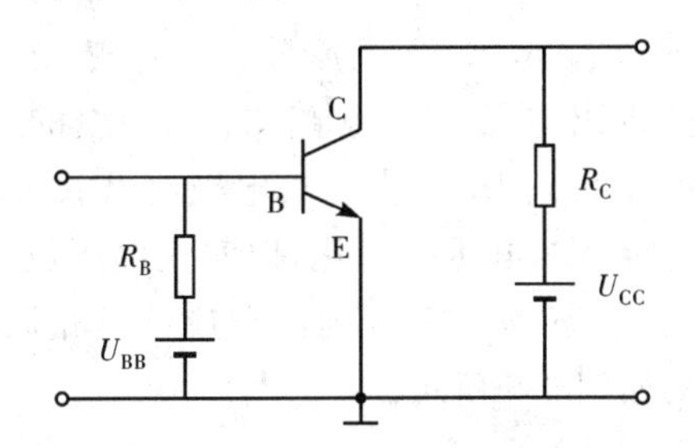

图9-1 两个电源的放大电路

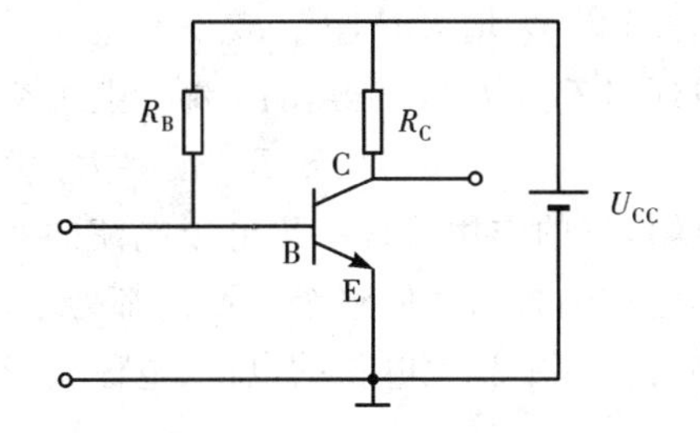

图9-2 一个电源的放大电路

在输入信号为正弦信号的情况下，如图9-3所示，通常在输入端与信号源之间、输出端与负载之间分别接电容 $C_1$ 和 $C_2$，它们的作用是传递交流信号，隔离直流信号，也就是既要保证交流信号能顺利地输送（又称耦合）进来或输送出去，又要使放大电路中的直流电源与信号源或负载隔离，以免影响它们的工作。电容 $C_1$ 和 $C_2$ 称为输入和输出耦合电容或隔直电容。由于耦合作用要求 $C_1$ 和 $C_2$ 的容抗值很小，即电容值很大，一般为几微法至几百微法，因而需采用有极性的电解电容器。习惯上图9-3中电源 $U_{CC}$ 省去未画，只标出它对地的电位值和极性。上述电路采用的是NPN管，如果改用PNP管，只需将电源 $U_{CC}$ 的极性以及电容 $C_1$、$C_2$ 的极性颠倒一下即可。

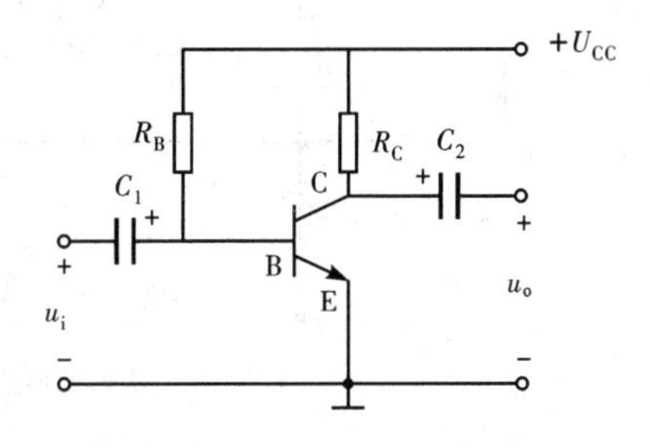

图9-3 共发射极放大电路

输入端未加输入信号 $u_i$ 时，放大电路的工作状态称为静态（statics）。这时电源 $U_{CC}$ 经基极电阻 $R_B$ 给发射结加上了正向偏置电压 $U_{BE}$，经集电极电阻 $R_C$ 给集电结加上了反向偏置电压 $U_{CB}$，晶体管处于放大状态，于是发射极发射载流子形成了静态基极电流 $I_B$、集电极电流 $I_C$ 和发射极电流 $I_E$。静态时的基极电流又称偏置电流，简称偏流（biasing current）。基极电阻 $R_B$ 的作用是获得合适的偏流以保证晶体管工作在放大状态，因此又称偏置电阻。$I_C$ 通过 $R_C$ 时产生直流电压降 $I_CR_C$，$U_{CC}$ 减去 $I_CR_C$ 便是 $U_{CE}$。由于电容的隔直作用，输入端和输出端都不会有直流电压和电流。

输入端加上输入信号 $u_i$ 时，放大电路的工作状态称为动态（dynamics）。此时，晶体管的极间电压和电流都是直流分量和交流分量的叠加。交流输入信号 $u_i$ 通过 $C_1$ 传送到晶体管的发射结两端,使发射结电压 $u_{BE}$ 以静态值 $U_{BE}$ 为基准上下波动,但方向不变,即 $u_{BE}$ 始终大于零,发射极保持正向偏置,晶体管始终处于放大状态。这时的发射结电压 $u_{BE}$ 包含两个分量,一个是由 $U_{CC}$ 产生的静态直流分量 $U_{BE}$,另一个是由 $u_i$ 引起的交流分量 $u_{be}$,即 $u_{BE}=U_{BE}+u_{be}$。忽略 $C_1$ 上产生的交流电压降,则 $u_{be}=u_i$。

如图 9-4(a)所示,根据晶体管的输入特性,与发射结的交流分量 $u_{be}$ 相对应,基极电流也会产生一个交流分量 $i_b$,使基极电流 $i_B$ 以静态值 $I_B$ 为基准上下波动。由于晶体管的电流放大作用,在集电极也相应地引起一个放大了 $\beta$ 倍的交变的集电极电流 $i_c$,叠加在静态电流 $I_C$ 上。当 $i_C(=i_c+I_C)$流过集电极电阻 $R_C$ 时,产生电压 $i_CR_C$。由于 $u_{CE}=U_{CC}-i_CR_C$,因此 $u_{CE}$ 中的交流分量 $u_{ce}$ 与 $i_c$ 反相[图 9-4(b)],亦即 $u_{ce}$ 与 $u_i$ 反相。$u_{CE}$ 将以静态值 $U_{CE}$ 为基准上下波动。$i_C$ 增大时,$u_{CE}$ 减小。$i_C$ 减小时,$u_{CE}$ 增大,其直流分量 $U_{CE}$ 被 $C_2$ 隔离,而交流分量通过 $C_2$ 输出,使得输出端产生了交流输出电压 $u_o$。忽略 $C_2$ 上产生的交流电压降,则 $u_o=u_{ce}=-i_cR_C$。只要 $R_C$ 足够大,就可以使 $u_o$ 比 $u_i$ 大。集电极电阻 $R_C$ 又称集电极负载电阻,它的作用就是将集电极电流的变化转换成电压的变化,以实现电压放大。而且只要晶体管在输入信号的整个周期内都处于放大状态,$u_o$ 与 $u_i$ 的波形应该是相同的,只不过相位相反。基本放大电路的电压、电流波形图如图 9-5 所示。

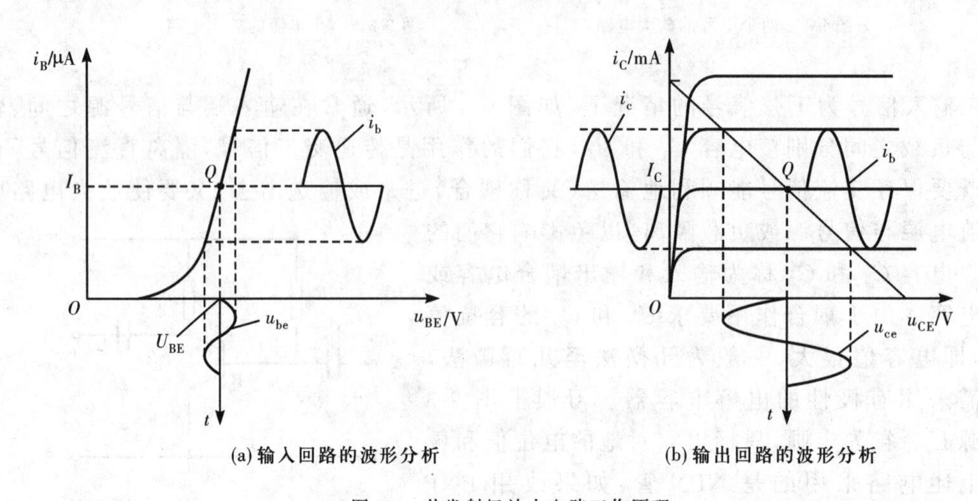


图 9-4 共发射极放大电路工作原理

由于输入回路的电流为 $i_B$,输出回路的电流为 $i_C$,因此在这种电路中,输出电流大于输入电流,输出信号的功率也大于输入信号的功率。请注意,根据能量守恒原理,能量只能转换,不能凭空产生,当然也不可能放大,所增加的能量是由直流电源 $U_{CC}$ 提供的。晶体管起电流放大作用,故称为放大元件。

通过以上的分析可以看到,放大电路需具备以下两点:一是要设置偏置电阻或偏置电路,以产生合适的偏流 $I_B$,建立合适的静态工作点(详见 9.1.2 节),保证输出信号与输入信号的波形相同;二是能将输入信号耦合到晶体管发射结两端,经晶体管放大后的电流通过集电极负载电阻,转换成电压输送出去。

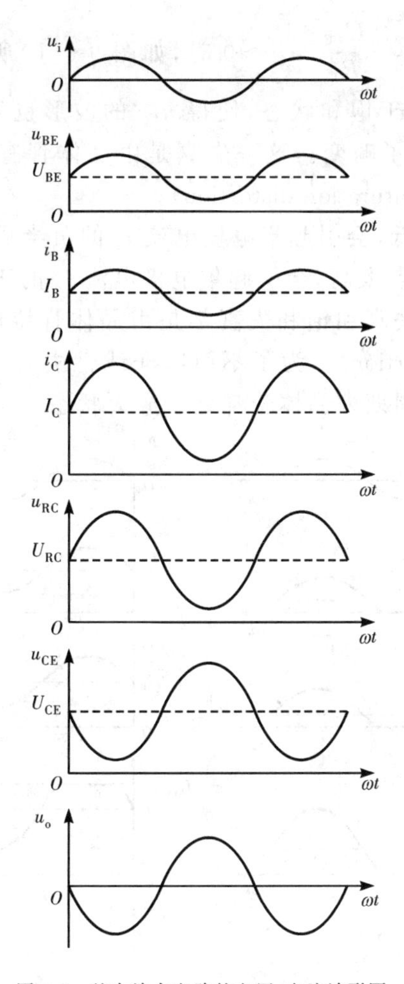


图 9-5　基本放大电路的电压、电流波形图

## 9.1.2　放大电路的静态工作点

静态时，在晶体管的输入特性和输出特性上所对应的工作点称为**静态工作点**(quiescent point)，如图 9-4 中的 $Q$ 点，对应的物理量有 $I_B$、$U_{BE}$、$I_C$ 和 $U_{CE}$。静态工作点既与所选用的晶体管的特性曲线有关，也与放大电路的结构有关。

在放大电路中，必须通过选取合适的元件参数设置合适的静态工作点。静态工作点设置得是否合适会影响动态时的放大质量，关系到输出和输入信号的波形是否相同。

当偏流 $I_B$ 太小，使得 $I_B$ 小于基极电流交流分量 $i_b$ 的幅值时，如图 9-6(a)所示，在输入信号 $u_i$ 的负半周中，$i_B$ 将有一段时间为零，晶体管处于截止状态。因而 $i_C$ 和 $u_{CE}$ 的波形也发生了如图 9-6(a)所示的变化。经 $C_2$ 后得到的输出电压 $u_o$ 的波形在后半周发生了畸变，输出电压与输入电压波形不同的现象称为失真。这一失真是由晶体管有一段时间进入截止状态引起的，故称为**截止失真**(cut-off distortion)。

当偏流 $I_B$ 太大，使得 $i_C \approx \frac{U_{CC}}{R_C}$，$u_{CE} \approx 0$ 时，如图 9-6(b)所示，在输入信号 $u_i$ 的正半周中，晶体管有一段时间处于饱和状态，使得 $u_{CE}$ 的波形也发生了相应的变化，输出电压 $u_o$ 的波形在前半周发生了畸变。这一失真是由晶体管有一段时间进入饱和状态而引起的，故称为**饱和失真**(saturation distortion)。

可见，$I_B$ 太小，$Q$ 点太低，会引起集电极电流 $i_c$ 的负半周、输出电压 $u_o$ 的正半周期出现截止失真；$I_B$ 太大，$Q$ 点太高，会引起集电极电流 $i_c$ 的正半周、输出电压 $u_o$ 的负半周期出现饱和失真。截止失真和饱和失真都是由晶体管特性的非线性引起的，统称为**非线性失真**(nonlinear distortion)。为了不引起非线性失真，静态工作点的设置应保证动态时在输入信号的整个周期内晶体管都处于放大状态。

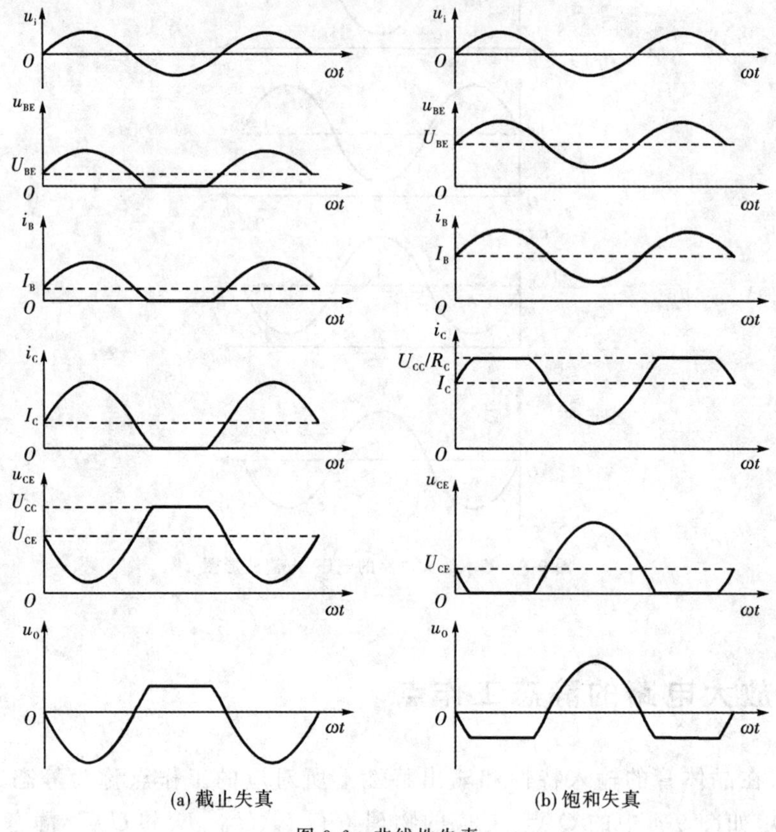


图 9-6 非线性失真

## 9.1.3 放大电路的主要性能指标

一个放大电路必须具有优良的性能指标才能较好地完成放大任务。放大电路的性能常用如下指标来衡量。

(1)电压放大倍数(或增益)$A_u$

**电压放大倍数**(voltage amplification factor)是衡量放大电路对输入信号放大能力的主要指标。它定义为输出电压的变化量与输入电压的变化量之比，用 $A_u$ 表示，即

$$A_u=\frac{\Delta U_o}{\Delta U_i} \tag{9-1}$$

在输入信号为正弦交流信号时，$A_u$ 也可以用输出电压与输入电压的相量之比表示，即

$$A_u=\frac{\dot{U}_o}{\dot{U}_i} \tag{9-2}$$

其绝对值为

$$|A_u|=\frac{U_o}{U_i}=\frac{U_{om}}{U_{im}} \tag{9-3}$$

若用**电压增益**(voltage gain)表示，则其值($dB$)为

$$|A_u|=20\lg|A_u| \tag{9-4}$$

放大器放大倍数反映了放大电路对信号的放大能力，其大小取决于放大电路的结构和组成电路的各元器件的参数。

(2)输入电阻 $r_i$

放大电路的输入信号是由信号源(前级放大电路也可看成是本级的信号源)提供的。对信号源来说，放大电路相当于它的负载，如图 9-7 左边所示，其作用可用一个电阻 $r_i$ 来等效代替。这个电阻就是从放大电路输入端看进去的等效动态电阻，称为放大电路的**输入电阻**(input resistance)。

输入电阻 $r_i$ 在数值上应等于输入电压的变化量与输入电流的变化量之比，即

$$r_i=\frac{\Delta U_i}{\Delta I_i} \tag{9-5}$$

当输入信号为正弦交流信号时

$$r_i=\frac{\dot{U}_i}{\dot{I}_i} \tag{9-6}$$

输入电阻反映了放大电路与信号源之间的配合问题。由图 9-7 可知，放大电路的输入电压 $U_i$ 和输入电流 $I_i$ 与信号源的电压 $U_S$、信号源内阻 $R_S$ 和输入电阻 $r_i$ 的关系为

$$\left.\begin{aligned}U_i&=\frac{r_i}{R_S+r_i}U_S\\ I_i&=\frac{1}{R_S+r_i}U_S\end{aligned}\right\} \tag{9-7}$$

当 $U_S$ 和 $R_S$ 一定时，$r_i$ 越大，$U_i$ 越大，可增大放大电路的输出电压 $U_o(=|A_u|U_i)$；$r_i$ 越大，$I_i$ 越小，可减轻信号源的负担。因此，一般都希望 $r_i$ 能大些，最好能远大于信号源内阻 $R_S$。

(3)输出电阻 $r_o$

放大电路的输出信号要送给负载(后级放大电路也可看成本级的负载)，对负载来说，放大电路相当于它的电源，如图 9-7 右边所示，其作用可用一个戴维宁等效电源来代替，其中电阻 $r_o$ 也是一个动态电阻，称为放大电路的**输出电阻**(output resistance)，戴维宁等效电源中电压源 $\dot{U}_{es}$ 即放大电路的空载输出电压(负载开路时输出端的电压)$\dot{U}_{OC}$，它应等于放大电路的空载电压放大倍数 $A_o$ 与输入电压 $\dot{U}_i$ 的乘积，即

$$\dot{U}_{es}=\dot{U}_{OC}=A_o\dot{U}_i \tag{9-8}$$

由于$\dot{U}_{es}$并非固定值，而是受输入电压$\dot{U}_i$控制的，故称为电压控制电压源，简称**受控电压源**(controlled voltage source)，在电路图中用菱形符号表示。

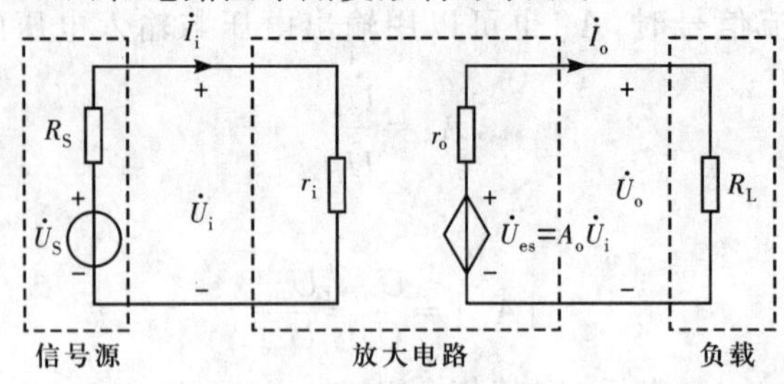


图 9-7 输入电阻和输出电阻

输出电阻反映了放大电路与负载之间的配合问题。由图 9-7 可知，放大电路有载和空载时电压之间的关系为

$$U_{OL}=\frac{R_L}{R_L+r_o}U_{OC} \tag{9-9}$$

放大电路有载和空载时电压放大倍数之间的关系为

$$|A_u|=\frac{R_L}{R_L+r_o}|A_o| \tag{9-10}$$

可见，放大电路的输出端接负载后，其输出电压和电压放大倍数都比空载时有所下降。$r_o$小则下降得少，这说明放大电路带负载的能力强；反之，$r_o$大则下降得多，这说明放大电路带负载的能力差。因此，一般都希望$r_o$能小一些，最好能远小于负载电阻$R_L$。

(4)放大电路的频率特性

频率特性反映了信号源在不同频率时放大电路的放大效果。

由于放大电路中存在着耦合电容$C_1$和$C_2$，晶体管的 PN 结又有结电容存在，它们的容抗随频率而变化。频率很低时，耦合电容的容抗大，其分压作用不可忽略。频率很高时，结电容的容抗小，其分流作用不可忽略。同时晶体管的电流放大系数$\beta$等参数也与频率有关，频率很高时，$\beta$将下降。因此，同一放大电路对不同频率信号的电压放大倍数不完全相同，而且输出电压的相位也会发生变化。电压放大倍数$|A_u|$与信号频率$f$的关系称为放大电路的**幅频特性**(amplitude-frequency characteristic)，输出电压和输入电压的相位差$\varphi$与信号频率$f$的关系称为**相频特性**(phase-frequency characteristic)，两者总称为**频率特性**(frequency characteristic)。

实验求得交流放大电路的频率特性如图 9-8 所示。从图中可以看出，在中间频率(中频段)时，$|A_u|$最大，且与$f$几乎无关，这时用$|A_m|$表示，这时输出电压与输入电压的相位差$\varphi$是 180°。当频率很低(低频段)和频率很高(高频段)时，$|A_u|$都将下降，而且$\varphi$也偏离了 180°。通常把$|A_u|$下降到$\frac{|A_m|}{\sqrt{2}}=0.707|A_m|$时所对应的频率$f_1$称为**下限频率**，对应的频率$f_2$称为**上限频率**。两者之间的频率$f_1\sim f_2$称为放大电路的**通频带**(pass-band)，它是表示放大电路频率特性的一个重要指标。

由于放大电路的输入信号通常不是单一频率的正弦波，而是包括各种不同频率的正弦分量，输入信号所包含的正弦分量的频率范围称为输入信号的**频带**(frequency band)。放大

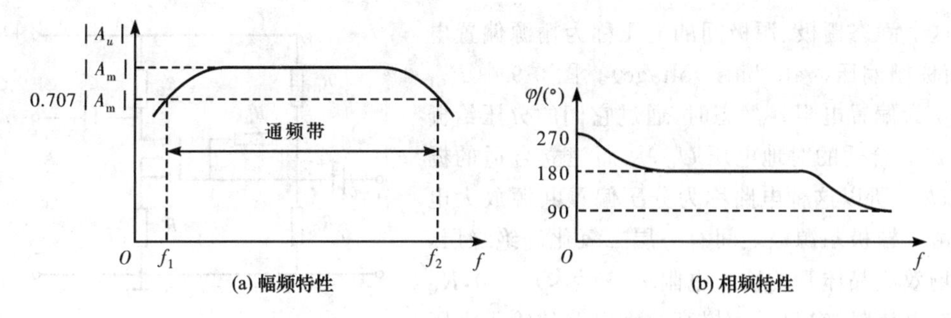


图 9-8　放大电路的频率特性

电路必须对输入信号的各个不同频率的正弦分量都具有相同的放大能力，否则会引起波形失真。这种因电压放大倍数随频率变化而引起的失真称为**频率失真**(frequency distortion)。要想不引起频率失真，输入信号的频带应在放大电路的通频带内。

**【例 9-1】**　某放大电路的空载电压放大倍数$|A_o|=100$，输入电阻$r_i=9\ \text{k}\Omega$，输出电阻$r_o=1\ \text{k}\Omega$，试问：(1)输入端接到$U_S=10\ \text{mV}$，$R_S=1\ \text{k}\Omega$的信号源上，开路电压$U_{OC}$应等于多少？(2)输出端再接上$R_L=9\ \text{k}\Omega$的负载电阻时，负载上的电压$U_{OL}$应等于多少？这时的电压放大倍数$|A_u|$是多少？

**解**　(1)$U_i=\dfrac{r_i}{R_S+r_i}U_S=\dfrac{9\times10^3}{(1+9)\times10^3}\times10\ \text{mV}=9\ \text{mV}$

$$U_{OC}=|A_o|U_i=100\times9\times10^{-3}\ \text{V}=0.9\ \text{V}=900\ \text{mV}$$

(2)$U_{OL}=\dfrac{R_L}{R_L+r_o}U_{OC}=\dfrac{9\times10^3}{(1+9)\times10^3}\times900\times10^{-3}=0.81\ \text{V}=810\ \text{mV}$

$$|A_u|=\frac{R_L}{R_L+r_o}|A_o|=\frac{9\times10^3}{(1+9)\times10^3}\times100=90$$

或者

$$|A_u|=\frac{U_o}{U_i}=\frac{U_{OL}}{U_i}=\frac{810}{9}=90$$

# 9.2　场效应晶体管放大电路

和双极型晶体管放大电路类似，场效应晶体管放大电路也有共源、共漏和共栅三种基本组态的电路，其中以共源放大电路应用较多，下面以它为例来说明场效应晶体管放大电路的工作原理。

## 9.2.1　增强型 MOS 管共源放大电路

图 9-9 所示是增强型 NMOS 管的分压偏置共源放大电路，它与双极型晶体管的共发射极放大电路相似，源极 S 相当于发射极 E，漏极 D 相当于集电极 C，栅极 G 相当于基极 B。场效应晶体管放大电路也必须建立合适的静态工作点，与双极型晶体管放大电路不同的是：双极型晶体管是电流放大元件，合适的静态工作点主要依靠调节偏流$I_B$来实现；而场效应晶体管是电压控制元件，合适的静态工作点主要依靠给栅极、源极间提供合适的$U_{GS}$来实

现。这个静态栅极、源极间的电压称为栅源偏置电压，简称**栅偏压**(gate bias voltage)。图 9-9 中 $R_{G1}$ 和 $R_{G2}$ 为偏置电阻。静态时，通过它们的分压给栅极 G 建立合适的对地电压 $U_G$，从而建立合适的栅偏压 $U_{GS}$，所以这种电路称为分压偏置共源放大电路。由于栅极与源极之间有一层二氧化硅绝缘层，所以场效应晶体管的输入电阻 $r_{GS}\to\infty$，$I_G=0$，$R_G$ 上没有电压降，它只是为提高放大电路的输入电阻而设置的。因而

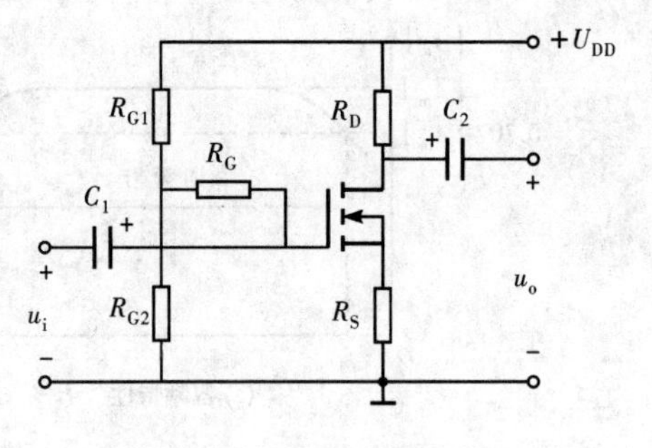


图 9-9　分压偏置共源放大电路

$$U_G=\frac{R_{G2}}{R_{G1}+R_{G2}}U_{DD}$$

增强型 NMOS 管只有在 $U_{GS}>U_{GS(th)}$（开启电压）时，才能建立起反型层导电沟道。这时在 $U_{DD}$ 的作用下，才会形成电流 $I_D=I_S$，因而

$$U_{GS}=U_G-R_SI_S$$

$$U_D=U_{DD}-R_DI_D$$

$U_G$ 的值必须在保证有信号输入时，NMOS 管处于 $U_{GS}>U_{GS(th)}$ 的状态，而且工作在漏极特性的平直部分。静态时各级电压和电流都是直流，波形如图 9-10 中的虚线所示。

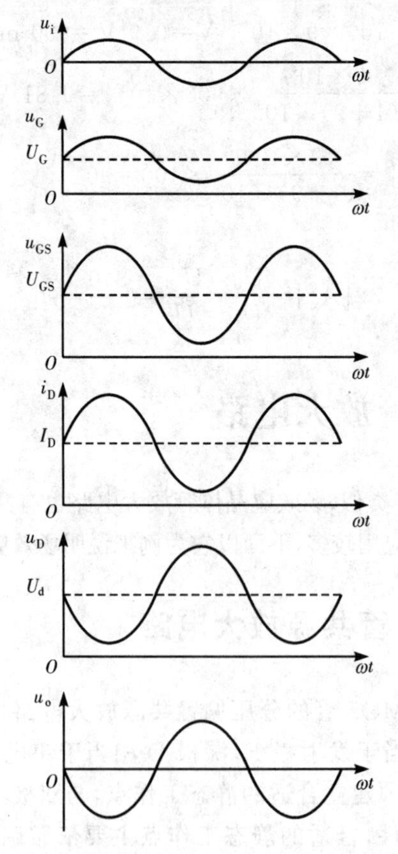


图 9-10　分压偏置共源放大电路电压和电流的波形

动态时，输入电压 $u_i$ 通过 $C_1$ 耦合到栅极和地之间，$u_G=U_G+u_i$，$u_G$ 的变化引起 $u_{GS}$ 的变化，由于工作在漏极特性的平直部分，$i_D$ 与 $u_{GS}$ 的交流分量之间基本呈正比关系，波形相同，如图 9-10 所示。$i_D$ 增大时，$R_Di_D$ 增大，$u_D(=U_{DD}-R_Di_D)$ 减小；$i_D$ 减小时，$R_Di_D$ 减小，$u_D(=U_{DD}-R_Di_D)$ 增大，它的直流分量被 $C_2$ 隔离，交流分量通过 $C_2$ 输出，在输出端得到一个被放大的交流电压 $u_o$，它的相位与 $u_i$ 相反。

### 9.2.2　耗尽型 MOS 管共源放大电路

耗尽型 NMOS 管共源放大电路既可采用如图 9-9 所示的分压偏置共源放大电路，也可采用如图 9-11 所示的自给偏置共源放大电路。

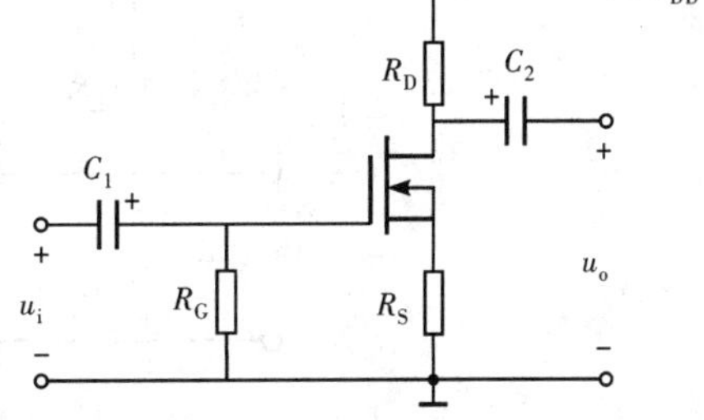

图 9-11　自给偏置共源放大电路

耗尽型场效应晶体管有自建的反型层导电沟道，而且 NMOS 管的夹断电压 $U_{GS(off)}$ 为负值，$U_{GS}$ 在大于、等于和小于零时，只要 $U_{GS}>U_{GS(off)}$，导电沟道都不会消失。由于 $I_G=0$，$R_G$ 上没有电压降，$R_G$ 的作用只是沟通栅极与地，为栅极、源极间提供直流通路，因此，这一电路虽未设置偏置电阻，但是，只要接通 $U_{DD}$，因此 $I_S$ 通过 $R_S$，便有 $U_{GS}=-I_SR_S$。可见，它是利用自身电路中的电流和电压来提供所需要的栅偏压的，故称为自给偏置共源放大电路。

动态时的工作情况与如图 9-9 所示的电路相同，波形仍如图 9-10 所示。图 9-9 和图 9-11 中的电路采用的是 NMOS 管，若改用 PMOS 管，只需将电源 $U_{DD}$ 的极性，以及电解电容 $C_1$、$C_2$ 的极性颠倒一下即可。

由于场效应晶体管的 $r_{GS}\to\infty$，所以场效应晶体管放大电路的输入电阻也很大，在模拟集成电路中常用作输入级。

## 9.3　多级放大电路

一级放大电路的放大倍数等指标不能满足要求时，可以将若干个基本放大电路级联起来组成多级放大电路。放大电路的级间连接称为耦合。对耦合方式的基本要求：信号的损失要尽可能小，各级放大电路都有合适的静态工作点。

放大电路的级间耦合方式有变压器耦合、阻容耦合、直接耦合三种。变压器耦合使用变压器作为耦合元件，由于变压器体积大，质量大，目前已很少采用。阻容耦合也称为电容耦合，使用电容作为耦合元件，如图 9-12 所示就是一个两级阻容耦合放大电路，前级为共源放大电路，后级为共发射极放大电路。利用 $C_2$ 和 $R_B$ 将前、后两级连接起来，故名阻容耦合。直接耦合不需另加耦合元件，而是直接将前后两级连接起来，如图 9-13 所示就是一个两级直接耦合放大电路（$R_D$ 和 $R_B$ 也可以合并）。

不难理解，不论是阻容耦合还是直接耦合，都有以下结论：

(1)多级放大电路的电压放大倍数 $A_u$ 等于各级电压放大倍数 $A_{u1}$，$A_{u2}$，…的乘积，当为

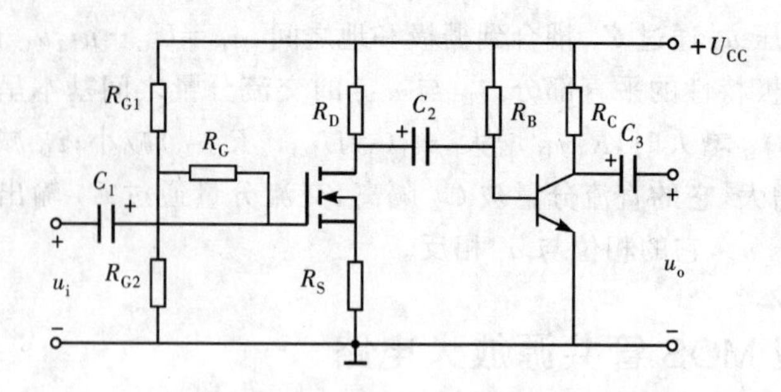


图 9-12　两极阻容耦合放大电路

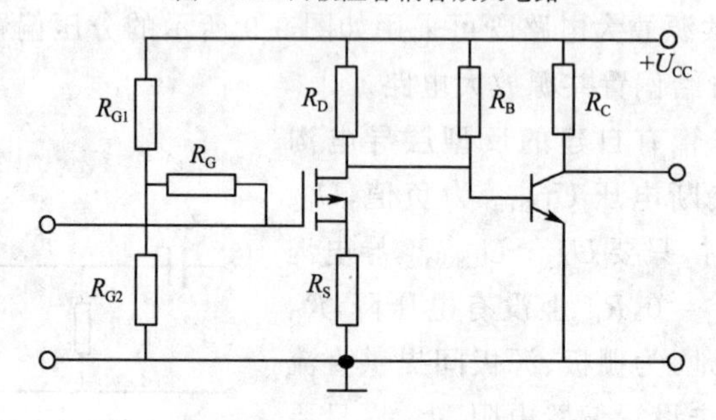


图 9-13　两极直接耦合放大电路

两级放大电路时

$$A_u = A_{u1} \cdot A_{u2} \tag{9-11}$$

(2)多级放大电路的输入电阻 $r_i$ 一般就是最前级的输入电阻 $r_{i1}$,即

$$r_i = r_{i1} \tag{9-12}$$

(3)多级放大电路的输出电阻 $r_o$ 一般就是最末级的输出电阻 $r_{o末}$,即

$$r_o = r_{o末} \tag{9-13}$$

由于耦合电容的隔直作用,阻容耦合只能用于放大交流信号,而且在集成电路中要制造大电容值的电容很困难,因此,在集成电路中一般都采用直接耦合方式。但是,直接耦合的结果又带来了零点漂移问题。

在直接耦合放大电路中,当输入端无输入信号时,输出端的电压会偏离初始值而做上下漂动,这种现象称为**零点漂移**。零点漂移是由温度的变化、电源电压的不稳定等引起的,这与 9.1.2 节中介绍的静态工作点的不稳定的原因是相同的。例如,当温度升高时,$I_{C1}$ 增大,$U_{CE1}$ 下降,前级电压的这一变化直接传递到后一级而被放大,使得输出电压远远偏离了初始值而出现了严重的零点漂移,放大电路将因无法区分漂移电压和信号电压而失去工作的能力。因此,必须采取适当的措施加以限制,使得漂移电压远小于信号电压。下节所要介绍的差分放大电路是解决这一问题所普遍采用的有效措施。

# 9.4　差分放大电路

## 9.4.1　抑制零点漂移原理

**差分放大电路**(differential amplifier circuit)又称差动放大电路,它是模拟集成电路中应用最广泛的基本电路，几乎所有模拟集成电路中的多级放大电路都采用它作为输入级。它不仅可以与后级放大电路直接耦合，而且能够很好地抑制零点漂移。

差分放大电路既可以由双极型晶体管组成，也可以由场效应晶体管组成。如图 9-14 所示电路就是用双极型晶体管组成的差分放大电路的基本电路。其结构特点：①电路对称，即要求左右两边的元件特性及参数尽量一致；②双端输入，可以分别在两个输入端与地之间接输入信号 $u_{i1}$、$u_{i2}$；③双电源，即除了集电极电源 $U_{CC}$ 外，还有一个发射极电源 $-U_{EE}$，一般取 $|U_{CC}|=|U_{EE}|$。

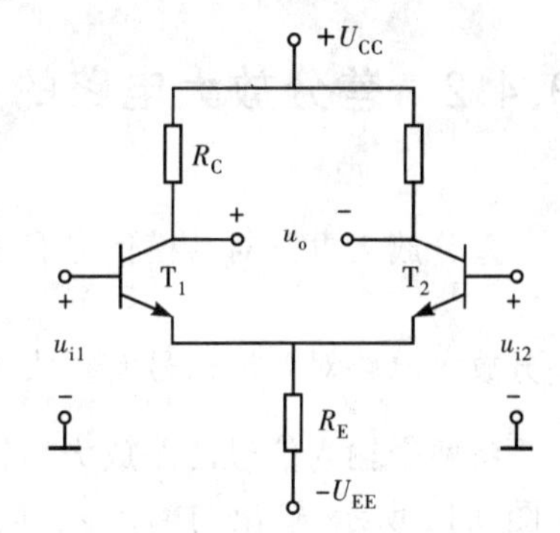

图 9-14　差分放大电路的基本电路

差分放大电路的两个输入信号 $u_{i1}$ 与 $u_{i2}$ 间存在三种可能：①$u_{i1}$ 与 $u_{i2}$ 大小相等，方向相同，称为共模输入；②$u_{i1}$ 与 $u_{i2}$ 大小相等，方向相反，称为差模输入；③$u_{i1}$ 与 $u_{i2}$ 既非共模输入，又非差模输入时，称为比较输入。比较输入时，可将输入信号分解为一对共模信号 $u_{ic}$ 和一对差模信号 $\pm u_{id}$。

$$u_{ic}=\frac{u_{i1}+u_{i2}}{2} \tag{9-14}$$

$$u_{id}=\pm\frac{u_{i1}-u_{i2}}{2} \tag{9-15}$$

对于共模信号而言，它们通过 $-U_{EE}$ 和 $R_{EE}$ 加到左、右两个晶体管的发射结上。由于电路对称，因而两晶体管的集电极对地电压 $u_{c1}=u_{c2}$，因此输出电压

$$u_o=u_{c1}-u_{c2}=0$$

即差分放大电路对共模信号无放大作用，共模电压放大倍数 $A_c=0$。

由温度变化等在两边电路中引起的漂移量是大小相等、极性相同的，相当于在输入端加上一对共模信号。由上述分析可知，左、右两个单晶体管放大电路因零点漂移引起的输出端电压的变化量虽然存在，但大小相等，整个电路的输出漂移电压等于 0。因此，差分放大电路依靠电路的对称性可以抑制零点漂移。当然，电路要做到完全对称实属不易，因而完全靠电路对称来抑制零点漂移，其抑制作用有限。为进一步提高电路对零点漂移的抑制作用，可以在尽可能提高电路的对称性的基础上，通过减少两单晶体管放大电路本身的零点漂移来抑制整个电路的零点漂移。发射极公共电阻 $R_E$ 正好能起到这一作用，它抑制零点漂移的基本原理如图 9-15 所示。

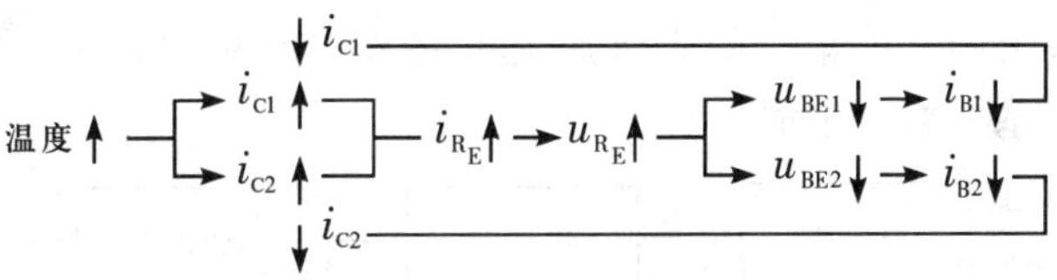

$i_{C1}\downarrow$

温度↑ → $i_{C1}\uparrow$、$i_{C2}\uparrow$ → $i_{R_E}\uparrow$ → $u_{R_E}\uparrow$ → $u_{BE1}\downarrow$ → $i_{B1}\downarrow$；$u_{BE2}\downarrow$ → $i_{B2}\downarrow$

$i_{C2}\downarrow$

图 9-15　抑制零点漂移的基本原理

对于差模信号而言，$u_{i1}=-u_{i2}$，它们通过 $-U_{EE}$ 和 $R_{EE}$ 加到左、右两个晶体管的发射结上。由于电路对称，因而两晶体管的集电极对地电压 $u_{c1}=-u_{c2}$，因此输出电压

$$u_o=u_{c1}-u_{c2}=2u_{c1}$$

即差分放大电路对差模信号有放大作用,差模电压放大倍数 $A_d \neq 0$。

### 9.4.2 差分放大电路的主要特点

差分放大电路对共模信号有很强的抑制作用,理想情况下的共模放大倍数 $A_c = \frac{u_{oc}}{u_{ic}} = 0$;差分放大电路对差模信号有很大的放大作用,差模放大倍数 $A_d = \frac{u_{od}}{u_{id}}$。差分放大电路实际上是将两个输入信号的差放大后输出到负载上,即差分放大电路的输出 $u_o = A_u(u_{i1} - u_{i2})$。如图 9-14 所示,输出与输入 $u_{i2}$ 同相位,称 $u_{i2}$ 对应的输入端为同相输入端;输出与输入 $u_{i1}$ 反相位,称 $u_{i1}$ 对应的输入端为反相输入端。

对差分放大电路而言,差模信号是有用信号,通常要求对它有较大的放大倍数;而共模信号是由温度变化或干扰产生的无用信号,需要对它进行抑制。共模抑制比为

$$K_{CMRR} = \left| \frac{A_d}{A_c} \right| \tag{9-16}$$

$K_{CMRR}$ 全面地反映了差分放大电路放大差模信号和抑制共模信号的能力,是一个很重要的指标。在理想情况下,差分放大电路的 $K_{CMRR} \to \infty$。

## 9.5 集成运算放大器

集成运算放大器是模拟集成电路的最主要的代表器件,一直在模拟集成电路中居主导地位。由于这种放大器早期是在模拟计算机中实现某些数字运算,故称为运算放大器。现在,它的应用已远远超出了模拟计算机的范围,在信号处理、信号测量、波形转换、自动控制等领域都得到了十分广泛的应用。

本节首先介绍集成运算放大器的基本组成和特性,然后集中讨论一下放大电路中的反馈问题,最后介绍集成运算放大器的应用。

### 9.5.1 集成运算放大器的组成

**集成运算放大器**(integrated operational amplifier)简称**集成运放**(integrated OPA),是一种电压放大倍数很大的直接耦合的多级放大电路。如图 9-16 所示,集成运放由输入级、中间级和输出级三个基本部分组成。

图 9-16 集成运放的组成

输入级一般采用双端输入的差分放大电路,这样可以有效地减小零点漂移,抑制干扰信号。其差模输入电阻 $r_i$ 很大,可达 $10^5 \sim 10^6\ \Omega$,最低也有几十千欧。

中间级用来完成电压放大，一般采用共发射极放大电路。由于采用多级放大，使得集成运放的电压放大倍数可高达 $10^4 \sim 10^6$ 倍。

输出级一般采用互补对称放大电路或共集放大电路。输出电阻很小，一般只有几十欧至几百欧，因而带负载的能力强，能输出足够大的电压和电流。

总之，集成运放是一种电压放大倍数高，输入电阻大，输出电阻小，零点漂移小，抗干扰能力强，可靠性高，体积小，耗电少的通用电子器件。自 1965 年问世以来，发展十分迅速，除通用型外，还出现了许多专用型的集成运放。通用型集成运放适用范围很广，其特性指标可以满足一般要求。专用型集成运放是在通用型的基础上，通过特殊的设计和制作，使得某些特性指标更突出。

国家标准规定的集成运放的图形符号如图 9-17(a)所示，图 9-17(b)是国际电工委员会(IEC)使用的图形符号。图 9-17(a)中 ▷ 表示放大器，$A_o$ 表示电压放大倍数，右侧"＋"端为输出端，信号由此端与地之间输出。

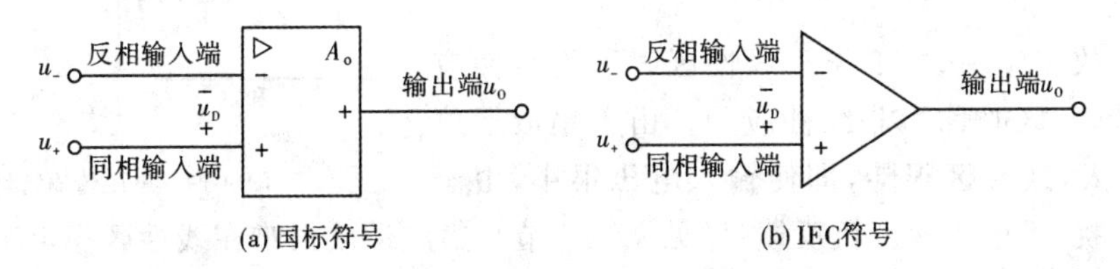


图 9-17　集成运放的图形符号

左侧"－"端为反相输入端，当信号由此端与地之间输入时，输出信号与输入信号相位相反。信号的这种输入方式称为反相输入。

左侧"＋"端为同相输入端，当信号由此端与地之间输入时，输出信号与输入信号相位相同。信号的这种输入方式称为同相输入。

如果将两个输入信号分别从上述两端与地之间输入，则信号的这种输入方式称为差分输入。

反相输入、同相输入和差分输入是集成运放最基本的信号输入方式。

集成运放产品除上述三个输入和输出接线端(管脚)以外，还有电源和其他用途的接线端。产品型号不同，管脚编号也不同，使用时可查阅有关手册。例如 CF741 型集成运放的外部接线图和管脚编号如图 9-18(a)所示。它的外形有圆壳式[图 9-18(b)]和双列直插式[图 9-18(c)]两种。

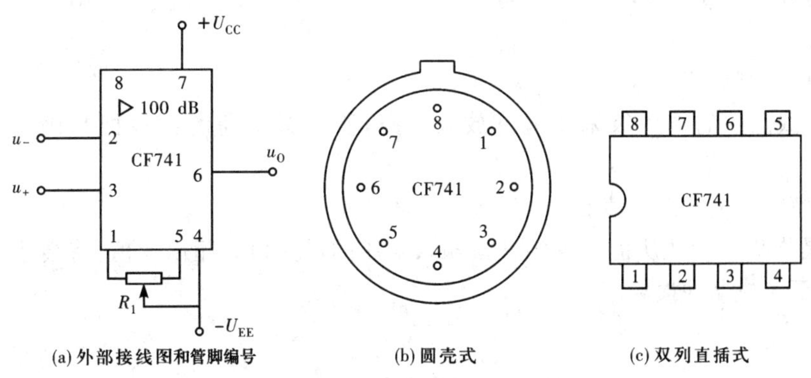


图 9-18　CF741 型集成运放的外部接线图、管脚编号、外形

## 9.5.2 电压传输特性及主要参数

**1. 电压传输特性**

集成运放的输出电压 $u_O$ 与输入电压 $u_D$ 之间的关系 $u_O=f(u_D)$ 称为集成运放的**电压传输特性**(voltage transfer characteristic)。如图 9-19 所示，它包括线性区和饱和区两部分。在线性区内，$u_O$ 和 $u_D$ 呈正比关系，即

$$u_O=A_o u_D=A_o(u_+-u_-) \qquad (9\text{-}17)$$

线性区的斜率取决于 $A_o$ 的大小。由于受电源电压的限制，$u_O$ 不可能随 $u_D$ 的增大而无限增大，因此，当 $u_O$ 增大到一定值后，便进入了正、负饱和区。正饱和区 $u_O=+U_{OM}\approx+U_{CC}$，负饱和区 $u_O=-U_{OM}\approx-U_{EE}$。

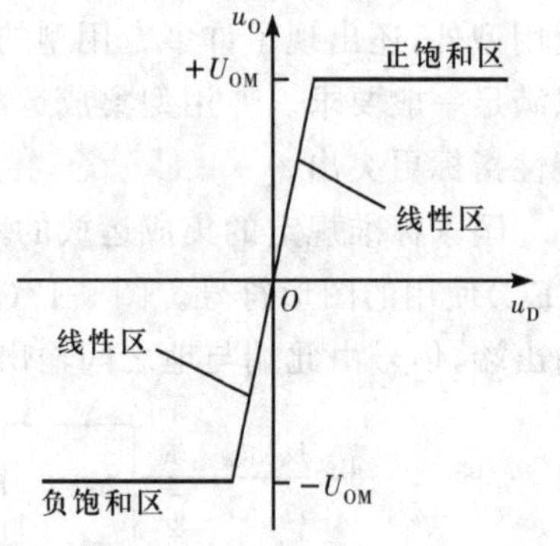

图 9-19 电压传输特性

集成运放在应用时，工作于线性区时称为线性应用，工作于饱和区时称为非线性应用。由于集成运放的 $A_o$ 非常大，线性区很陡，即使输入电压很小，由于存在外部干扰，不引入深度负反馈(详见 9.5.4 节)，集成运放很难在线性区稳定工作。

**2. 主要参数**

集成运放的性能可用一些参数来表示。为了合理地选用和正确地使用集成运放，必须了解各主要参数的意义。

(1)最大输出电压 $U_{OPP}$

能使输出电压和输入电压保持不失真关系的最大输出电压，称为集成运放的最大输出电压。最大输出电压一般略低于电源电压。例如，F007 集成运放的电源电压为±15 V，$U_{OPP}$ 一般为±13 V。

(2)开环电压放大倍数 $A_o$

在没有外接反馈电路时所测出的差模电压放大倍数，称为开环电压放大倍数。$A_o$ 越高，所构成的运算电路越稳定，运算精度也越高。$A_o$ 一般为 $10^4\sim10^7$，即 80～140 dB。

(3)开环输入电阻 $r_i$ 与开环输出电阻 $r_o$

集成运放的开环输入电阻 $r_i$ 很高，一般为 $10^5\sim10^{11}$ Ω；开环输出电阻 $r_o$ 很低，通常为几十到几百欧。

(4)共模抑制比 $K_{CMRR}$

因为集成运放的输入级采用差分放大电路，所以有很高的共模抑制比，一般为 70～130 dB。

(5)共模输入电压最大值 $U_{iCM}$

$U_{iCM}$ 是指集成运放所能承受的共模输入电压的最大值。超出此值，将会造成共模抑制比下降，甚至造成器件损坏。

(6)输入失调电压 $U_{io}$

对于理想集成运放,当输入电压 $u_{i1}=u_{i2}=0$(把两输入端同时接地)时,输出电压 $u_o=0$。但对于实际的集成运放,由于制造时元件不对称,当输入电压为零时,$u_o\neq0$。反过来说,如果要 $u_o=0$,必须在输入端加一个很小的补偿电压,它就是输入失调电压 $U_{io}$。$U_{io}$ 一般为几毫伏,显然它越小越好。

(7)输入失调电流 $I_{io}$

输入失调电流是指输入信号电压为零时,两个输入端静态基极电流之差,即

$$I_{io}=|I_{B1}-I_{B2}|$$

$I_{io}$ 一般在零点零几到零点几微安级,其值越小越好。

以上介绍了集成运放的几个主要参数的意义,此外还有差模输入电压范围、温度漂移、静态功耗等,在此就不一一介绍了。

总之,集成运放具有开环电压放大倍数高、输入电阻大、输出电阻小、漂移小、可靠性高、体积小等主要特点,所以它已成为一种通用器件,广泛而灵活地应用于各个技术领域。在选用集成运放时,就像选用其他电路元件一样,要根据它们的参数说明,确定适用的型号。

## 9.5.3 理想集成运放

前面已经提到,集成运放的开环电压放大倍数非常高,输入电阻非常大,输出电阻非常小,这些技术指标已接近理想的程度。因此,在分析集成运放电路时,为了简化分析,可以将实际的集成运放看成理想集成运放。

**1.理想集成运放的条件**

理想集成运放的主要条件:

(1)开环电压放大倍数 $A_o$ 接近于无穷大,即

$$A_o=\frac{u_O}{u_D}\to\infty \tag{9-18}$$

(2)开环输入电阻 $r_i$ 接近于无穷大,即

$$r_i\to\infty \tag{9-19}$$

(3)开环输出电阻 $r_o$ 接近于零,即

$$r_o\to0 \tag{9-20}$$

(4)共模抑制比 $K_{CMRR}$ 接近于无穷大,即

$$K_{CMRR}\to\infty \tag{9-21}$$

理想集成运放的图形符号与图 9-17 基本相同,只需将图中的 $A_o$ 改为∞。

**2.理想集成运放的特性**

理想集成运放的电压传输特性如图 9-20 所示,由于 $A_o\to\infty$,线性区几乎与纵轴重合。由电压传输特性可以看到理想集成运放工作在饱和区和工作在线性区时的特点。

(1)工作在饱和区时的特点。

理想集成运放不加反馈时,$u_D$ 稍微偏离 0 值即进入饱和区,故

$$u_+>u_-\text{时},u_O=+U_{OM}\approx+U_{CC}$$

$$u_+ < u_- \text{时}, u_O = -U_{OM} \approx -U_{EE}$$

(2)工作在线性区时的特点。

理想集成运放在引入深度负反馈后(图 9-21,反馈的概念参见 9.5.4 节),由于 $u_O$ 是有限值,故可得到以下结论:

①$u_D = \frac{u_O}{A_o} = 0$,即 $u_+ = u_-$,两个输入端之间相当于短路,但又未真正短路,故称为虚短路。

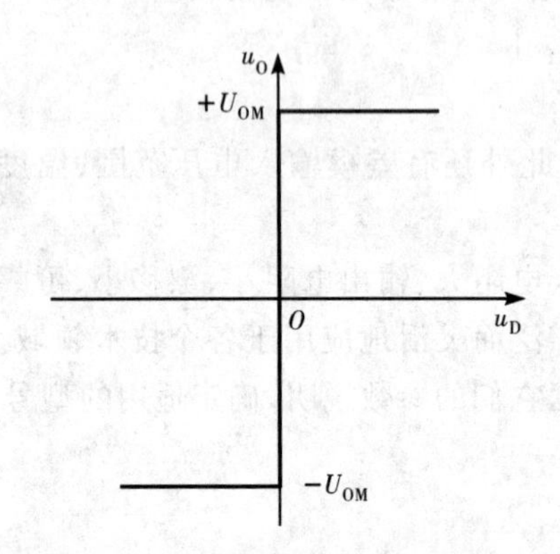


图 9-20 理想集成运放的电压传输特性

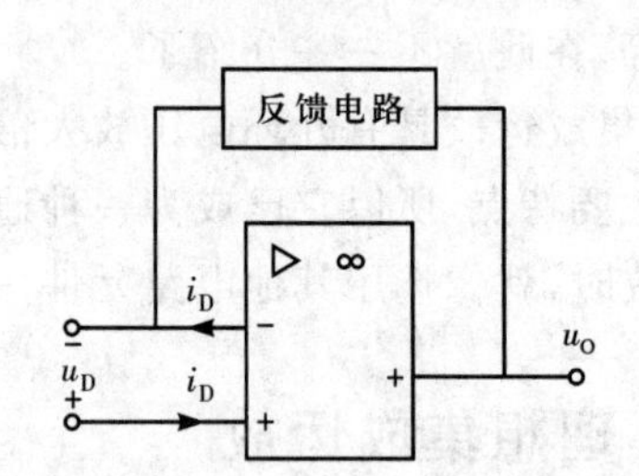


图 9-21 引入深度负反馈后的理想集成运放电路

②$i_D = \frac{u_D}{r_i} = 0$,即两个输入端之间相当于断路,但又未真正断路,故称为虚断路。

③$u_{OL} = \frac{R_L}{R_L + r_o} U_{OC} = U_{OC}$,即有载和空载时的输出电压相等,输出电压不受负载大小的影响。

以上三点是分析理想集成运放在线性区工作的基本依据,可以简记为“虚短、虚断、带载能力强”。运用这三点结论会使分析计算大为简化。

## 9.5.4 反馈的基本概念

如前所述,理想集成运放需引入深度负反馈才能工作在线性区。因此,在讨论集成运放的应用之前,先要介绍一下反馈的基本概念及作用。事实上,在本章前四节讨论的放大电路中也已经多处涉及反馈的问题,只是没有指出而已。现在通过理想集成运放,把反馈问题在这里集中介绍一下。

将放大电路输出回路中的输出信号(电压或电流)通过某一电路或元件,部分或全部地送回输入回路中的措施称为**反馈**(feedback),如图 9-22 所示。实现这一反馈的电路和元件称为反馈电路和反馈元件。

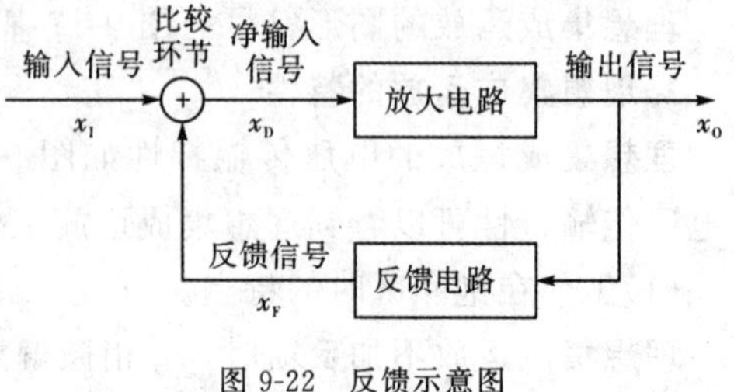


图 9-22 反馈示意图

无反馈时,放大电路的电压放大倍数称为**开环电压放大倍数**(open-loop amplification factor),即

$$A_o=\frac{x_O}{x_D} \tag{9-22}$$

有反馈时,放大电路的电压放大倍数称为**闭环电压放大倍数**(closed-loop amplification factor),即

$$A_f=\frac{x_O}{x_I} \tag{9-23}$$

反馈信号和输出信号之比称为**反馈系数**(feedback coefficient),即

$$F=\frac{x_F}{x_O} \tag{9-24}$$

反馈又分为以下几种:

(1)正反馈和负反馈

如果反馈信号与输入信号作用相同,使净输入信号(有效输入信号)增强,这种反馈称为**正反馈**(positive feedback)。

如果反馈信号与输入信号作用相反,使净输入信号(有效输入信号)减弱,这种反馈称为**负反馈**(negative feedback)。

(2)串联反馈和并联反馈

如果反馈信号与输入信号以串联的形式作用于净输入端,这种反馈称为**串联反馈**(series feedback)。

如果反馈信号与输入信号以并联的形式作用于净输入端,这种反馈称为**并联反馈**(parallel feedback)。

(3)电压反馈和电流反馈

如果反馈信号取自输出电压,与输出电压成比例,这种反馈称为**电压反馈**(voltage feedback)。

如果反馈信号取自输出电流,与输出电流成比例,这种反馈称为**电流反馈**(current feedback)。

在放大电路中经常利用负反馈来改善电路的工作性能,在振荡电路中(详见9.5.7节)则采用正反馈。集成运放在做线性应用时普遍采用负反馈。在做非线性应用时,或加正反馈,或不加反馈。

## 9.5.5 基本运算电路

集成运放外接深度负反馈电路后,便可以进行信号的比例、加减、微分和积分等运算,这是集成运放线性应用的一部分。通过这一部分的分析可以看到,集成运放外接深度负反馈电路后,其输出电压与输入电压之间的关系只与外接电路的参数有关,而与集成运放本身的

参数无关。

**1.比例运算电路**

(1)反相比例运算电路

电路如图 9-23 所示。输入信号 $u_I$ 经电阻 $R_1$ 引到反相输入端,同相输入端经电阻 $R_2$ 接地,反馈电阻 $R_f$ 引入电压并联负反馈。由于 $R_2$ 中电流 $i_D=0$,故 $u_+=u_-=0$。"-"端虽然未直接接地,但其电位却为零,这种情况称为"虚地"。由于

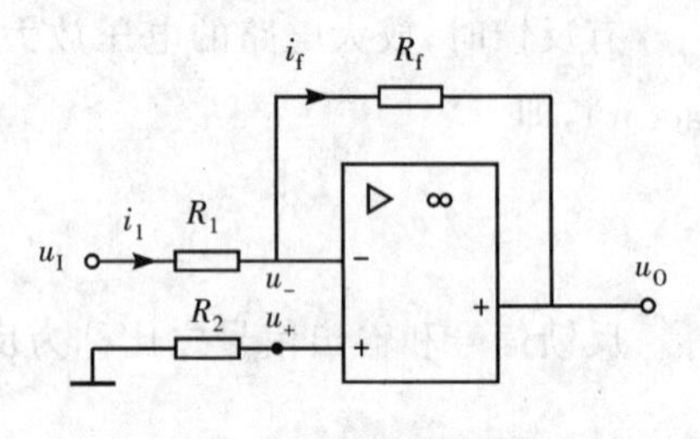


图 9-23 反相比例运算电路

$$u_O=-R_f i_f$$

$$u_I=R_1 i_1$$

$$i_1=i_f$$

因此

$$u_O=-\frac{R_f}{R_1}u_I \tag{9-25}$$

可见,输出电压与输入电压成正比,比值与集成运放本身的参数无关,只取决于外接电阻 $R_1$ 和 $R_f$ 的大小。

反相比例运算电路是反相放大电路,该电路的闭环电压放大倍数为

$$A_f=\frac{u_O}{u_I}=-\frac{R_f}{R_1} \tag{9-26}$$

当 $R_1=R_f$ 时,$u_O=-u_I$,该电路称为反相器。

图 9-23 中的电阻 $R_2$ 称为平衡电阻,其作用是保持集成运放输入端电路的对称性。因为集成运放的输入端为差分放大电路,它要求两边电路的参数对称以保持电路的静态平衡。为此,静态时集成运放"-"端和"+"端的对地等效电阻应该相等。由于静态时,$u_I=0$,$u_O=0$,$R_1$ 和 $R_f$ 相当于一端接地,故集成运放的"-"端对地电阻为 $R_1$ 和 $R_f$ 的并联等效电阻,"+"端的对地电阻为 $R_2$,故

$$R_2=R_1/\!/R_f \tag{9-27}$$

(2)同相比例运算电路

电路如图 9-24 所示。输入信号 $u_I$ 经电阻 $R_2$ 接至同相输入端,反相输入端经电阻 $R_1$ 接地,反馈电阻 $R_f$ 接在输出端与反相输入端之间,引入电压串联负反馈。由于

$$u_O=R_f i_f+R_1 i_1$$

$$u_I=R_1 i_1$$

$$i_1=i_f$$

因此

$$u_O=\left(1+\frac{R_f}{R_1}\right)u_I \tag{9-28}$$

可见，$u_O$ 与 $u_I$ 之间也是成正比的。

同相比例运算电路是同相放大电路，该电路的闭环电压放大倍数为

$$A_f=1+\frac{R_f}{R_1} \tag{9-29}$$

平衡电阻 $R_2$ 仍应符合式(9-27)。

当 $R_f=0, R_1\to\infty, R_2=0$ 时，由式(9-28)可知，这时 $u_O=u_I$，该电路称为电压跟随器(图 9-25)。

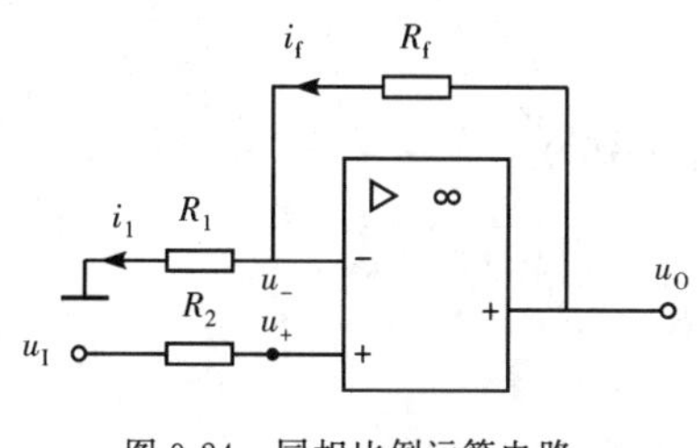

图 9-24　同相比例运算电路

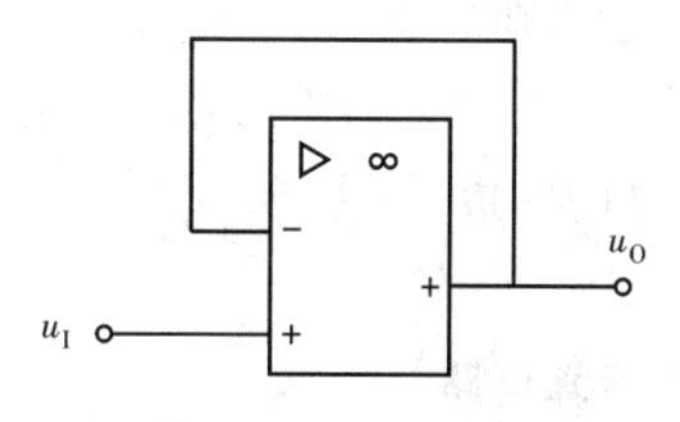

图 9-25　电压跟随器

**【例 9-2】**　应用集成运放来测量电阻的原理电路如图 9-26 所示。其中 $u_I=U=10$ V，输出端接有满量程为 5 V 的电压表，被测电阻为 $R_X$。(1)试找出被测电阻 $R_X$ 的阻值与电压表读数之间的关系；(2)若使用的集成运放为 CF741 型，为了扩大测量电阻的范围，将电压表量程选为 50 V 是否有意义？

**解**　图 9-26 是一个反相比例运算电路。

(1)根据式(9-25)可得

$$u_O=-\frac{R_X}{R_1}u_I$$

所以

$$R_X=-\frac{R_1}{u_I}u_O=-\frac{10^6}{10}u_O\ \Omega=-10^5u_O\ \Omega$$

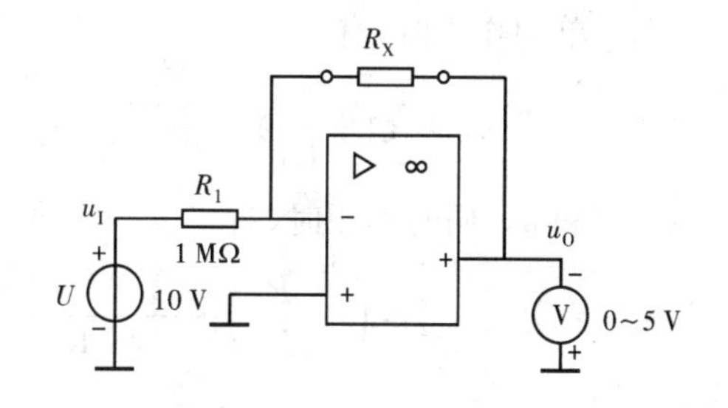

图 9-26　例 9-2 的电路图

(2)查资料可知 CF741 型集成运放的最大输出电压为±13 V，超过此值时输入电压和输出电压不再有线性关系，所以，选用 50 V 量程的电压表是没有实用意义的。

**2. 加法运算电路**

加法运算电路如图 9-27 所示。由于 $u_+=u_-=0$，“−”端为虚地端。根据叠加原理，$u_{I1}$ 单独作用时，有

$$u_{O1}=-\frac{R_f}{R_{11}}u_{I1}$$

$u_{I2}$ 单独作用时，有

$$u_{O2}=-\frac{R_f}{R_{12}}u_{I2}$$

$u_{I1}$ 和 $u_{I2}$ 同时作用时，有

$$u_O=u_{O1}+u_{O2}=-\frac{R_f}{R_{11}}u_{I1}-\frac{R_f}{R_{12}}u_{I2}$$

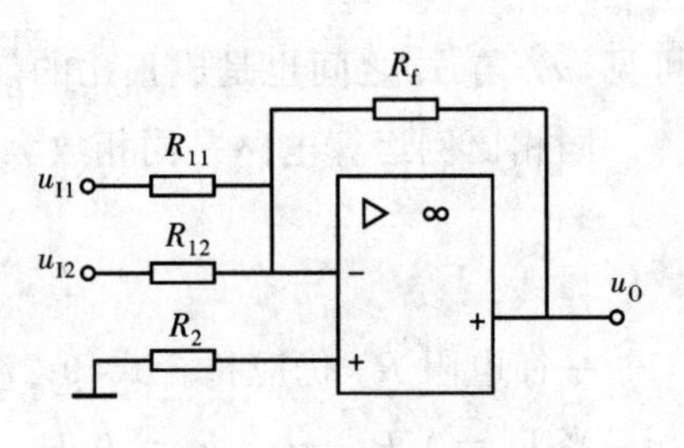

图 9-27　加法运算电路

只要取 $R_{11}=R_{12}=R_1$，则

$$u_O=-\frac{R_f}{R_1}(u_{I1}+u_{I2}) \tag{9-30}$$

即输出电压正比于两输入电压之和。

若 $R_f=R_1$，则

$$u_O=-(u_{I1}+u_{I2}) \tag{9-31}$$

平衡电阻 $R_2$ 取

$$R_2=R_{11}/\!/R_{12}/\!/R_f \tag{9-32}$$

**3. 减法运算电路**

减法运算电路如图 9-28 所示。由于 $i_D=0$，$R_2$ 与 $R_3$ 串联，因而同相输入信号 $u_{I2}$ 被 $R_2$ 和 $R_3$ 分压后，只有 $R_3$ 上的电压是输送到集成运放中的。即实际的同相输入信号为 $\frac{R_3}{R_2+R_3}u_{I2}$。根据叠加定理，$u_{I1}$ 单独作用时，有

$$u_{O1}=-\frac{R_f}{R_1}u_{I1}$$

$u_{I2}$ 单独作用时，有

$$u_{O2}=(1+\frac{R_f}{R_1})\cdot\frac{R_3}{R_2+R_3}u_{I2}$$

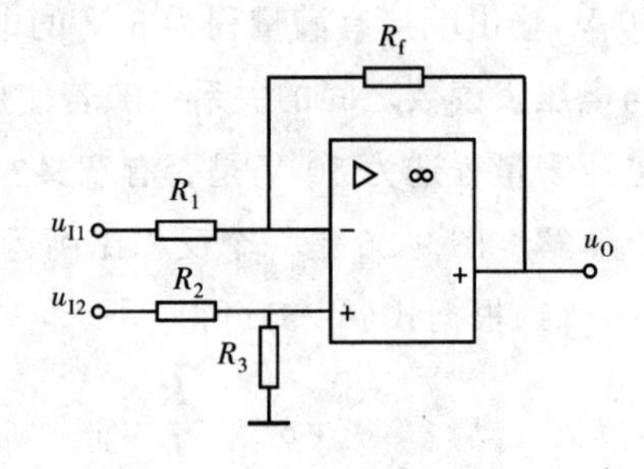

图 9-28　减法运算电路

$u_{I1}$ 和 $u_{I2}$ 同时作用时，有

$$u_O=u_{O1}+u_{O2}=\left(1+\frac{R_f}{R_1}\right)\cdot\frac{R_3}{R_2+R_3}u_{I2}-\frac{R_f}{R_1}u_{I1}$$

$$=\left(1+\frac{R_f}{R_1}\right)\cdot\frac{\frac{R_3}{R_2}}{1+\frac{R_3}{R_2}}u_{I2}-\frac{R_f}{R_1}u_{I1}$$

只要取 $\frac{R_3}{R_2}=\frac{R_f}{R_1}$，则

$$u_O=\frac{R_f}{R_1}(u_{I2}-u_{I1}) \tag{9-33}$$

即输出电压正比于两输入电压之差。

当 $R_1=R_f$ 时，有

$$u_O=u_{I2}-u_{I1} \tag{9-34}$$

平衡电阻 $R_2$ 取

$$R_2 /\!/ R_3 = R_1 /\!/ R_f \tag{9-35}$$

**【例 9-3】**　图 9-29 为两级集成运放组成的电路，已知 $u_{I1}=0.1\ \text{V}$，$u_{I2}=0.2\ \text{V}$，$u_{I3}=0.3\ \text{V}$，求 $u_{O2}$。

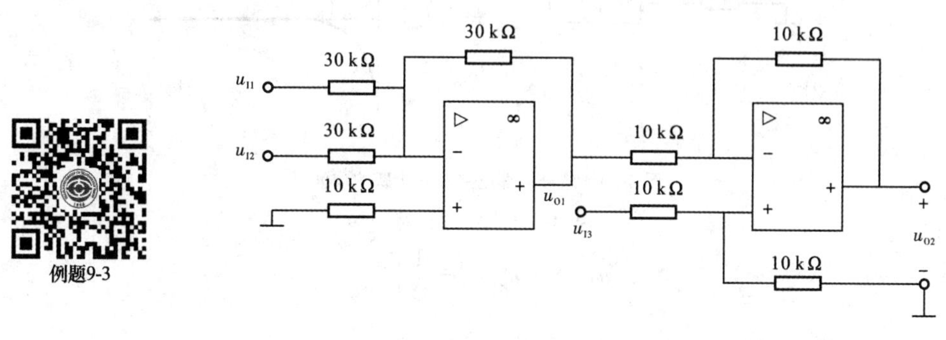


图 9-29　例 9-3 的电路

**解**　第一级为加法运算电路，第二级为减法运算电路。它们的输出电压与输入电压的关系应分别满足式(9-30)和式(9-34)。因此

$$u_{O1} = -(u_{I1} + u_{I2})$$

$$\begin{aligned} u_{O2} &= u_{I3} - u_{O1} = u_{I3} - [-(u_{I1} + u_{I2})] = u_{I3} + u_{I2} + u_{I1} \\ &= (0.3 + 0.2 + 0.1)\ \text{V} = 0.6\ \text{V} \end{aligned}$$

可见，加法运算电路与减法运算电路级联后所构成的电路仍然是一个加法运算电路。

**4. 微分运算电路**

微分运算电路如图 9-30(a)所示。由于 $u_+ = u_- = 0$，"－"端为虚地端。因此

$$u_O = -R_f i_f$$

$$u_I = u_C$$

$$i_f = i_1 = C\frac{\mathrm{d}u_C}{\mathrm{d}t} = C\frac{\mathrm{d}u_I}{\mathrm{d}t}$$

所以

$$u_O = -R_f C\frac{\mathrm{d}u_I}{\mathrm{d}t} \tag{9-36}$$

可见，$u_O$ 正比于 $u_I$ 的微分。

当 $u_I$ 为阶跃电压时，波形如图 9-30(b)所示，$u_O$ 为尖脉冲电压。

平衡电阻 $R_2$ 取

$$R_2 = R_f \tag{9-37}$$

**5. 积分运算电路**

积分运算电路如图 9-31(a)所示，改用 $C$ 作反馈元件。由于电路的"－"端为虚地端，因

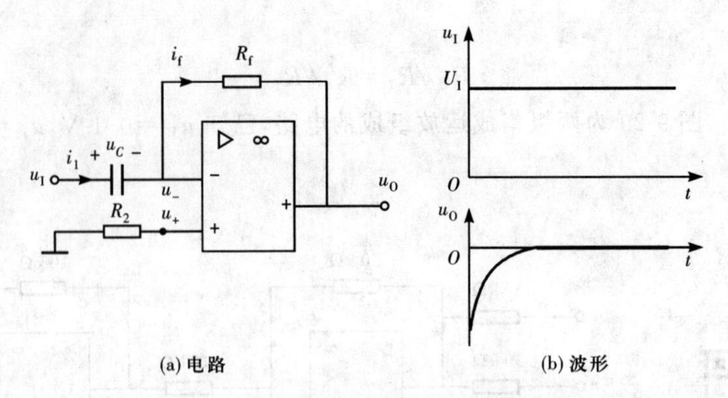


(a) 电路　　　　(b) 波形

图 9-30　微分运算电路及其阶跃响应波形

此

$$u_O = -u_C = -\frac{1}{C}\int i_f \mathrm{d}t$$

$$u_I = R_1 i_1$$

$$i_f = i_1 = \frac{u_I}{R_1}$$

所以

$$u_O = -\frac{1}{R_1 C}\int u_I \mathrm{d}t \tag{9-38}$$

可见，$u_O$ 正比于 $u_I$ 的积分。

当 $u_I$ 为阶跃电压时，波形如图 9-31(b)所示，$u_O$ 随时间线性增加到负饱和值($-U_{OM}$)为止。

平衡电阻 $R_2$ 取

$$R_2 = R_1 \tag{9-39}$$

各种基本运算电路以及结论归纳于表 9-1。

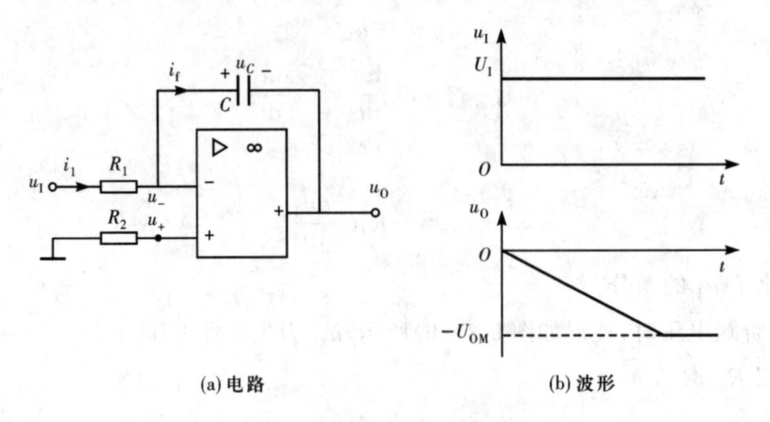


(a) 电路　　　　(b) 波形

图 9-31　积分运算电路及其阶跃响应波形

表 9-1　　　　　　　　　　　　　　基本运算电路

| 名称 | 电路 | 运算关系 | 平衡电阻 |
|---|---|---|---|
| 反相比例运算 | 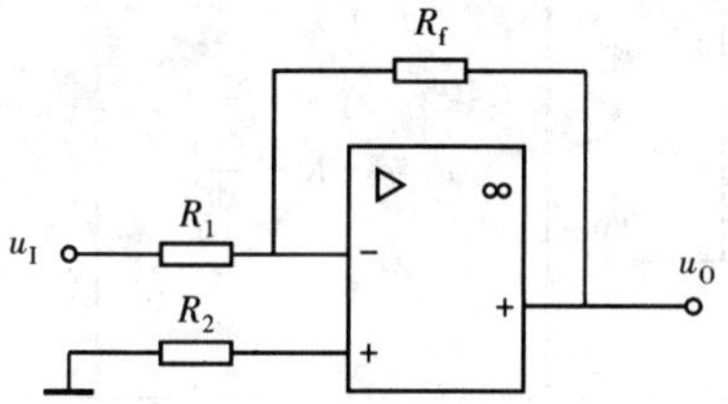 $R_f$ $R_1$ $R_2$ $u_I$ $u_O$ ▷ ∞ − + + | $u_O=-\frac{R_f}{R_1}u_I$ | $R_2=R_1/\!/R_f$ |
| 反相器 | 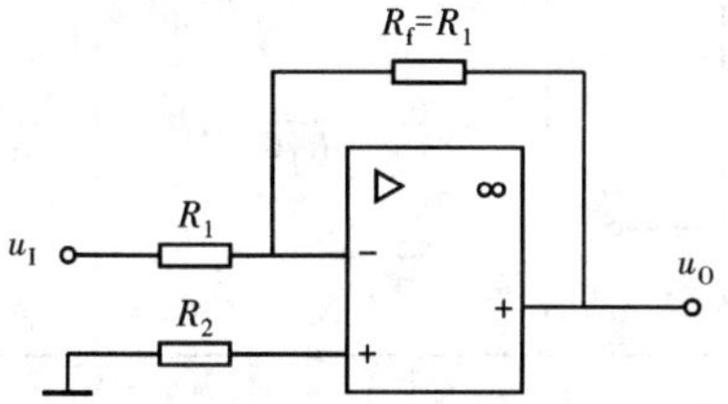 $R_f=R_1$ $R_1$ $R_2$ $u_I$ $u_O$ ▷ ∞ − + + | $u_O=-u_I$ | $R_2=R_1/\!/R_f=\frac{R_1}{2}$ |
| 同相比例运算 | 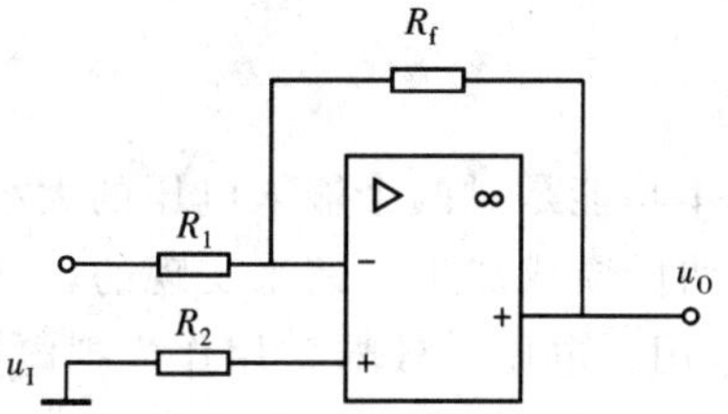 $R_f$ $R_1$ $R_2$ $u_I$ $u_O$ ▷ ∞ − + + | $u_O=\left(1+\frac{R_f}{R_1}\right)u_I$ | $R_2=R_1/\!/R_f$ |
| 电压跟随器 | 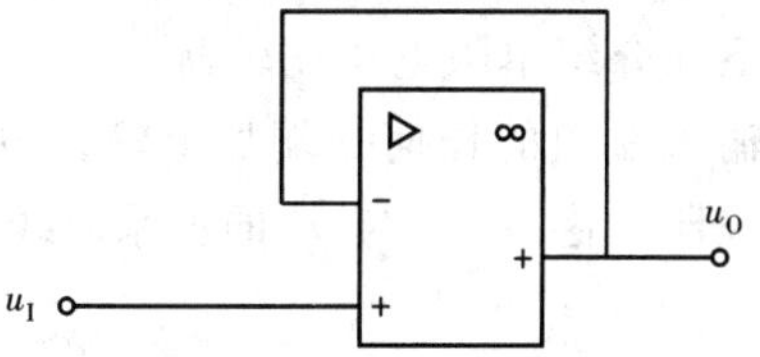 $u_I$ $u_O$ ▷ ∞ − + + | $u_O=u_I$ | $R_2=0$ |
| 加法运算 | 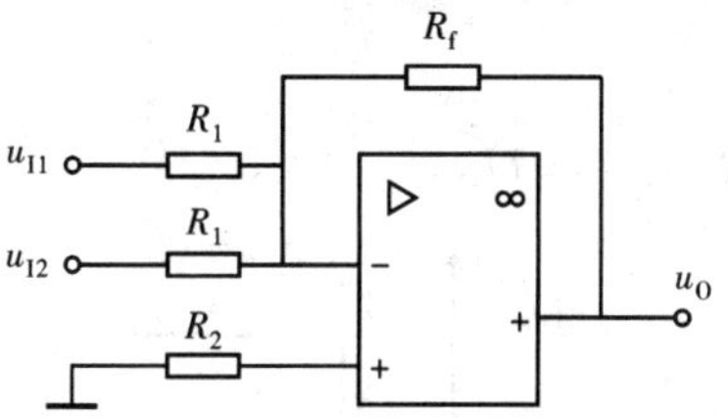 $R_f$ $R_1$ $R_1$ $R_2$ $u_{I1}$ $u_{I2}$ $u_O$ ▷ ∞ − + + | $u_O=-\frac{R_f}{R_1}(u_{I1}+u_{I2})$ | $R_2=R_1/\!/R_1/\!/R_f$ |
| 减法运算 | 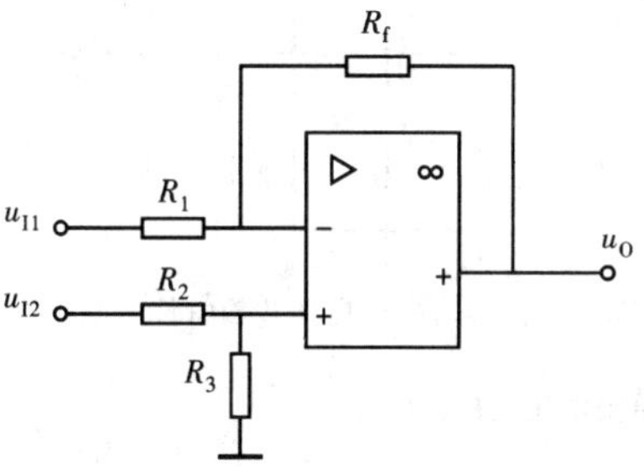 $R_f$ $R_1$ $R_2$ $R_3$ $u_{I1}$ $u_{I2}$ $u_O$ ▷ ∞ − + + | 当$\frac{R_3}{R_2}=\frac{R_f}{R_1}$时，<br>$u_O=\frac{R_f}{R_1}(u_{I2}-u_{I1})$ | $R_2/\!/R_3=R_1/\!/R_f$ |

（续表）

| 名称 | 电路 | 运算关系 | 平衡电阻 |
|---|---|---|---|
| 微分运算 | | $u_O=-R_fC\dfrac{du_I}{dt}$ | $R_2=R_f$ |
| 积分运算 | | $u_O=-\dfrac{1}{R_1C}\int u_I dt$ | $R_2=R_1$ |

## 9.5.6 单限电压比较器

**电压比较器**(voltage comparator)的基本功能是对两个输入电压的大小进行比较，在输出端显示比较的结果。它是用集成运放不加反馈或加正反馈来实现的，工作于电压传输特性的饱和区，所以属于集成运放的非线性应用。电压比较器常用作模拟电路和数字电路的接口电路，在测量、通信和波形变换等方面应用广泛。电压比较器可分为单限电压比较器、双限电压比较器、滞回电压比较器等几类，下面介绍单限电压比较器。

只要将集成运放的反相输入端和同相输入端中的任何一端加上输入电压 $u_I$，另一端加上固定的参考电压 $U_R$，就成了单限电压比较器。这时 $u_O$ 与 $u_I$ 的关系曲线称为电压比较器的电压传输特性。

若取 $u_+=u_I$，$u_-=U_R$(图 9-32)，则

$$\left.\begin{aligned}u_I>U_R \text{ 时}, u_O=+U_{OM}\\ u_I<U_R \text{ 时}, u_O=-U_{OM}\end{aligned}\right\} \tag{9-40}$$

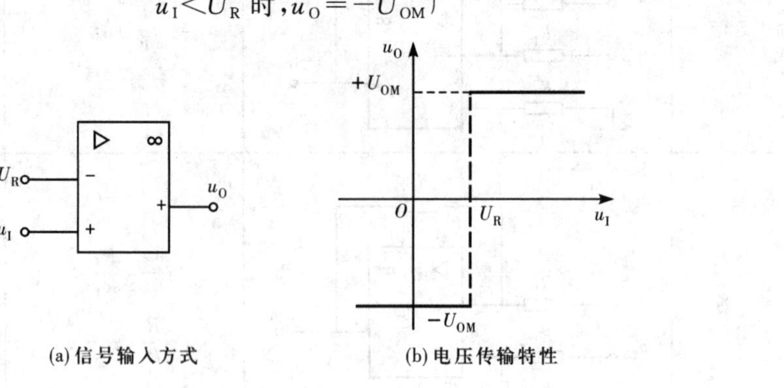

(a) 信号输入方式　　(b) 电压传输特性

图 9-32　单限电压比较器(一)

若取 $u_+=U_R$，$u_-=u_I$（图 9-33），则

$$\left.\begin{aligned} u_I>U_R \text{ 时}, u_O=-U_{OM} \\ u_I<U_R \text{ 时}, u_O=+U_{OM} \end{aligned}\right\} \tag{9-41}$$

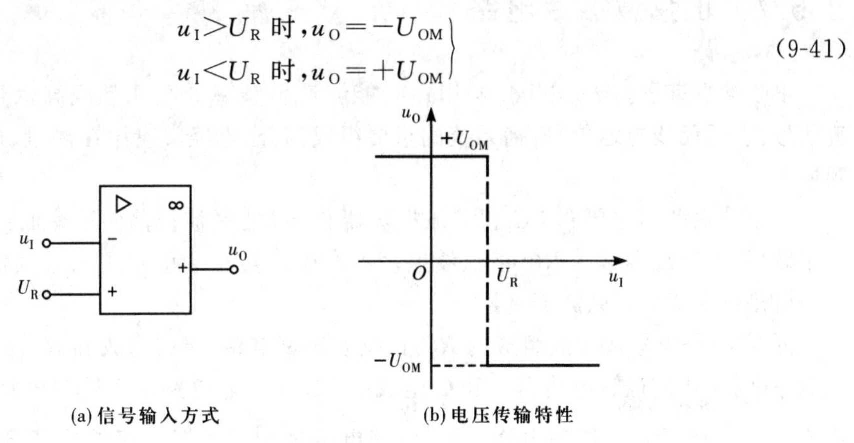

(a) 信号输入方式　　(b) 电压传输特性

图 9-33　单限电压比较器（二）

如果 $U_R=0$，这种比较器就称为零比较器。

由此可见，单限电压比较器在输入电压 $u_I$ 经过 $U_R$ 时，输出电压 $u_O$ 将发生跳变。这一电压 $U_R$ 称为比较器的门限电压。由于该比较器的门限电压只有一个，故将其称为单限电压比较器，简称单限比较器。

**【例 9-4】**　如图 9-34 所示电路是利用集成运放组成的过温保护电路。图中 $R_3$ 是负温度系数热敏电阻，温度高时，阻值变小。KA 是继电器，要求该电路在温度超过上限值时，继电器动作，自动切断加热电源。试分析该电路的工作原理。

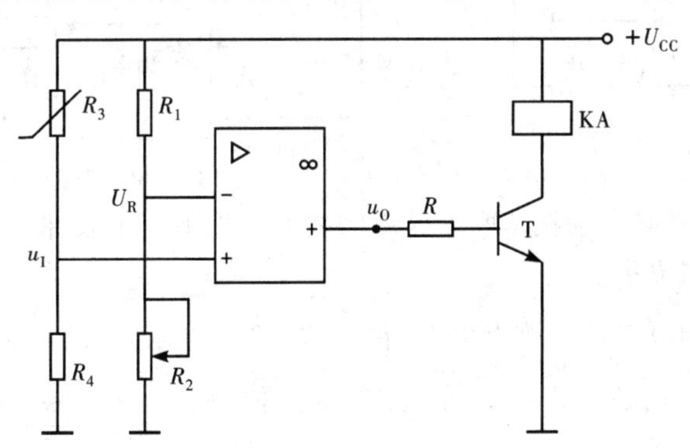

图 9-34　过温保护电路

**解**　集成运放在这里做电压比较器用。电阻 $R_1$ 和 $R_2$ 串联，由 $R_2$ 上分得的电压作为参考电压 $U_R$；$R_3$ 和 $R_4$ 串联，由 $R_4$ 上分得的电压作为输入电压 $u_I$。

正常工作时，温度未超过上限值。则 $u_I<U_R$，$u_O=-U_{OM}$，晶体管 T 截止，KA 不会动作。当温度超过上限值时，$R_3$ 的阻值刚好下降到使 $u_I>U_R$，$u_O=+U_{OM}$，晶体管 T 饱和导通，KA 动作，切断加热电源，从而实现温度超限保护动作。

调节 $R_2$ 可改变参考电压 $U_R$。在某些复印机中就是采用这种电路来防止热辊温度过高而造成损坏。

## 9.5.7 正弦波振荡电路

**正弦波振荡器**(sinusoidal oscillator)能够产生频率低至几赫或高达几百兆赫的正弦交流信号,它是无线电通信、广播系统的重要组成部分,也经常应用在测量、遥控和自动控制等领域。

正弦波振荡器主要有 $LC$ 正弦波振荡器和 $RC$ 正弦波振荡两种。低频范围内(几赫至几十千赫)的正弦波通常由 $RC$ 正弦波振荡器产生。实验室里常用的音频信号发生器的主要部分就是这种 $RC$ 正弦波振荡器。

图 9-35 是由集成运放组成的 $RC$ 正弦波振荡电路,集成运放和 $R_1$、$R_f$ 组成一个同相放大电路(同相比例运算电路),$R$ 和 $C$ 组成的 $RC$ 串并联电路作为反馈电路,因而该电路可简化成如图 9-36 所示的原理电路。可见,该电路是利用反馈电路的反馈电压 $\dot{U}_f$ 作为放大电路的输入电压,从而可以在没有外加输入信号的情况下,输出一定频率的正弦交流信号。像这种在没有外加输入信号的情况下,依靠电路自身的条件而输出一定频率和幅值的正弦交流信号的现象称为自励振荡。

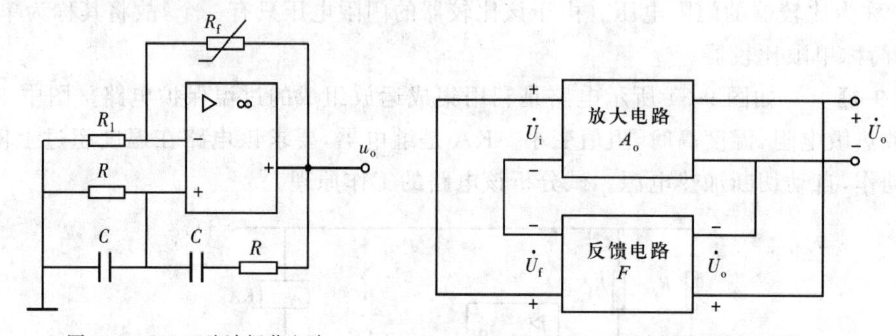


图 9-35 $RC$ 正弦波振荡电路　　图 9-36 正弦波振荡器原理电路

那么怎样才能建立起自励振荡呢?这就需要满足以下三个条件:

(1)自励振荡的相位条件。

反馈电压 $\dot{U}_f$ 的相位必须与放大电路所需要的输入电压 $\dot{U}_i$ 的相位相同,即必须满足正反馈。为此,$\dot{U}_f$ 与 $\dot{U}_o$ 就必须相位相同。这需要从两个方面进行考虑:

①从放大电路来看,要满足 $\dot{U}_f$ 与 $\dot{U}_o$ 的相位相同,必须选用合适的放大电路,因而在如图 9-35 所示电路中采用了同相放大电路。

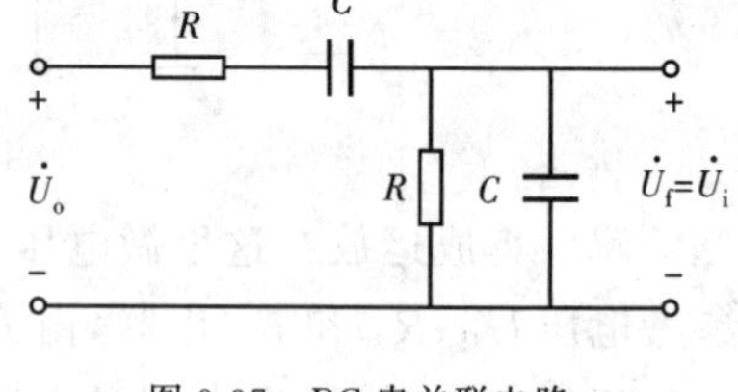


图 9-37 $RC$ 串并联电路

②从 $RC$ 串并联电路来看,如图 9-37 所示,由于

$$\frac{\dot{U}_f}{\dot{U}_o}=\frac{Z_2}{Z_1+Z_2}=\frac{R/\!/(-\mathrm{j}X_C)}{(R-\mathrm{j}X_C)+R/\!/(-\mathrm{j}X_C)}$$

$$=\frac{1}{3+\mathrm{j}\dfrac{R^2-X_C^2}{RX_C}}$$

所以，要满足 $\dot{U}_f$ 与 $\dot{U}_o$ 相位相同的条件，分母中的虚部应等于零，即

$$R^2 - X_C^2 = 0$$

$$R = X_C = \frac{1}{\omega_n C} = \frac{1}{2\pi f_n C}$$

$$f_n = \frac{1}{2\pi RC} \tag{9-42}$$

这说明只有符合上述频率 $f_n$ 的反馈电压才能与 $\dot{U}_o$ 的相位相同。这时的反馈系数为

$$F = \frac{\dot{U}_f}{\dot{U}_o} = \frac{1}{3} \tag{9-43}$$

可见，$RC$ 串并联电路既是反馈电路，又是选频网络。

(2)自励振荡的幅度条件。

反馈电压的大小必须与放大电路所需要的输入电压的大小相等，即必须有合适的反馈量。用公式表示即

$$U_f = U_i$$

由于

$$|A_o| = \frac{U_o}{U_i}$$

$$|F| = \frac{U_f}{U_o}$$

因此自励振荡的幅度条件也可以表示为

$$|A_o||F| = 1 \tag{9-44}$$

对于如图 9-35 所示的 $RC$ 正弦波振荡电路来说，如前所述 $|F| = \frac{1}{3}$，故

$$|A_o| = 3$$

由于同相放大电路的电压放大倍数为

$$|A_o| = 1 + \frac{R_f}{R_1}$$

因此

$$R_f = 2R_1$$

可见，从自励振荡的上述条件来看，正弦波振荡器实质上是一个不需要外加输入信号的正反馈放大电路，其闭环电压放大倍数 $A_f \to \infty$。

(3)自励振荡的起振条件。

起振时的 $U_f$ 要大于稳定振荡时的 $U_f$，用公式表示即

$$|A_o||F| > 1 \tag{9-45}$$

现在来解释一下。振荡电路中既然只有直流电源，那么，交流信号是从哪里来的呢？即振荡电路是怎样起振的呢？

当电路与电源接通的瞬间，输入端必然会产生微小的电压变化量，它一般不是正弦量，但可以分解成许多不同频率的正弦分量，其中只有频率符合式(9-43)的正弦分量能

满足自励振荡的相位条件，只要满足式(9-45)，$U_f$ 就会大于原来的 $U_i$，因而该频率的信号被放大后又被反馈电路送回到输入端，使输入信号增加，输出信号便进一步增加，如此反复循环下去，输出电压就会逐渐增大起来。对于一般的放大电路来说，$U_i$ 较小时，晶体管工作在放大状态，$|A_o|$基本不变。$U_i$ 较大时，晶体管工作在饱和状态，$|A_o|$开始减小。当$|A_o|$减小到正好满足自励振荡的幅度条件[即满足式(9-44)]时，输出电压不再增加，振荡达到了稳定。

对于如图 9-35 所示振荡电路来说，由于 $A_o=1+\dfrac{R_f}{R_1}$，故起振时 $A_o>3$，即

$$R_f>2R_1 \tag{9-46}$$

因而要求 $R_f$ 由起振时的大于 $2R_1$ 逐渐减小到稳定振荡时的等于 $2R_1$。所以 $R_f$ 采用了非线性电阻，例如负温度系数的热敏电阻，它是一个半导体电阻，温度增加时电阻值会减小，起振时 $R_f>2R_1$，稳定振荡时 $R_f=2R_1$。

归纳起来可知：

$|A_o||F|>1$，才能起振

$|A_o||F|=1$，振荡稳定

$|A_o||F|<1$，不能振荡

改变 $R$ 和 $C$ 即可改变输出电压的频率。

## 练习题

**9-1** 如图 9-38 所示的各电路中，能够正常放大交流信号的电路是(　　)。

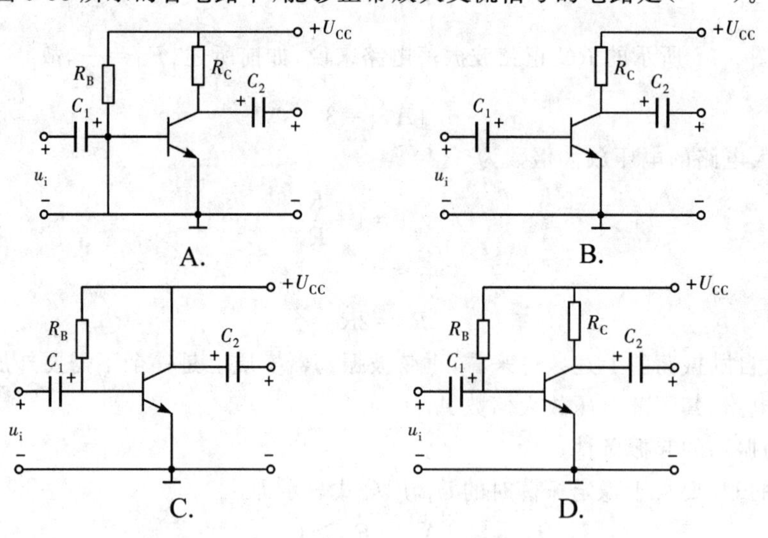


图 9-38　习题 9-1 的电路图

**9-2** 在共发射极放大电路中，如果静态工作点太低，会产生(　　)失真；如果静态工作点太高，则会产生(　　)失真。

A. 饱和失真　　B. 频率失真　　C. 线性失真　　D. 截止失真

**9-3** 除电压放大倍数外，输入电阻和输出电阻也是放大电路的主要性能指标，一般情况下，希望放大电路的（　　）。

A. 输入电阻越小越好，输出电阻越大越好

B. 输入电阻越大越好，输出电阻越小越好

C. 输入电阻和输入电阻都是越小越好

D. 输入电阻和输出电阻都是越大越好

**9-4** 在自给偏置共源放大电路中，采用的放大元件是（　　）。

A. 增强型 PMOS 管　　B. 耗尽型 MOS 管　　C. 增强型 NMOS 管

**9-5** 集成运放中的级间耦合方式一般采用（　　）。

A. 直接耦合　　B. 阻容耦合

C. 变压器耦合　　D. 直接耦合和阻容耦合均可

**9-6** 阻容耦合放大电路能放大（　　）信号，直接耦合放大电路可以放大（　　）信号。

A. 直流　　B. 交流　　C. 交流和直流

**9-7** 为了抑制零点漂移，集成运放的输入级一般采用（　　）。

A. 共集放大电路　　B. 共基放大电路

C. 互补对称放大电路　　D. 差分放大电路

**9-8** 理想集成运放的开环电压放大倍数接近于（　　），输出电阻接近于（　　）。

A. 0　　B. 1　　C. ∞　　D. 10 000

**9-9** 如图 9-39 所示电路中，$R_1=10\ \text{k}\Omega$，$u_I=5\ \text{mV}$，$u_O=-20\ \text{mV}$，则 $R_f$ 的阻值应为（　　），$R_2$ 的阻值应为（　　）。

A. 8 kΩ　　B. 40 kΩ

C. 80 kΩ　　D. 30 kΩ

E. 20 kΩ

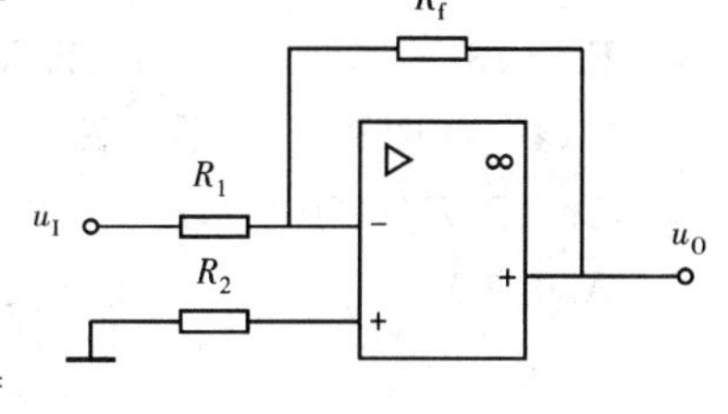

图 9-39　习题 9-9 的电路图

**9-10** 如图 9-40 所示电路中，已知输入电压 $u_I=5\sin\omega t$ mV，则输出电压 $u_O$ 的波形为（　　）。

A. 正弦波　　B. 方波　　C. 三角波　　D. 锯齿波

**9-11** 如图 9-41 所示电路可实现（　　）运算。

A. 积分运算　　B. 微分运算　　C. 加法运算　　D. 减法运算

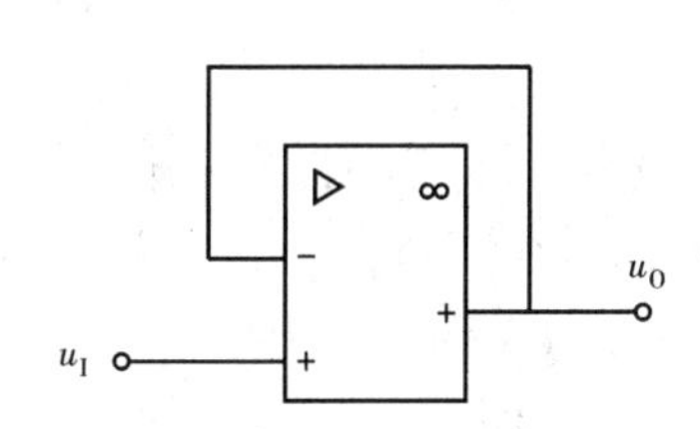

图 9-40　习题 9-10 的电路图

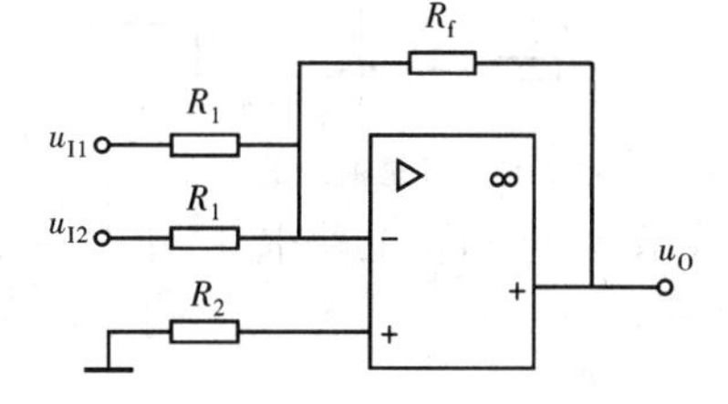

图 9-41　习题 9-11 的电路图

**9-12** 如图 9-42 所示的各电路中，可实现微分运算的是（　　），可实现积分运算的是（　　），可实现比例运算的是（　　），可实现减法运算的是（　　）。

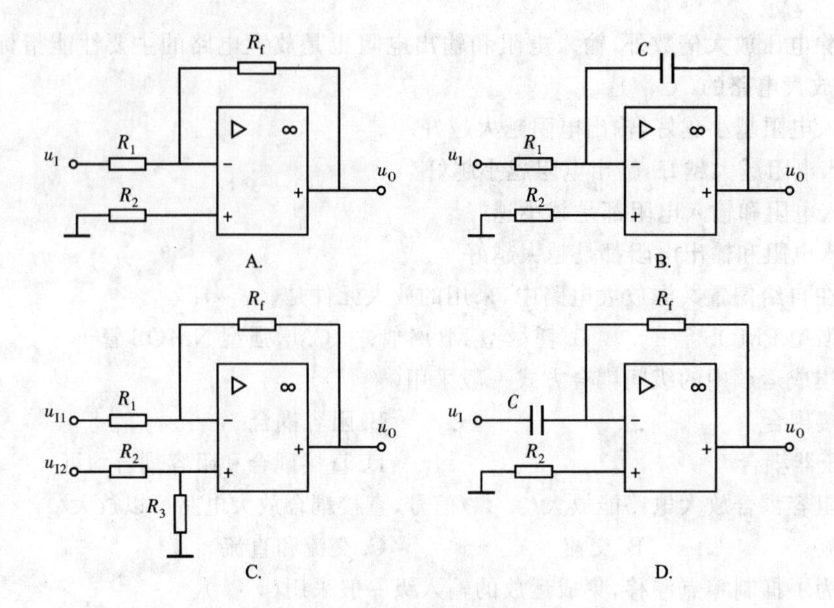


图 9-42　习题 9-12 的电路图

**9-13**　如图 9-43 所示电路中，已知集成运放的饱和电压 $\pm U_{OM}=\pm 13$ V，$R_1=10$ kΩ，$R_f=40$ kΩ，(1)$u_I=-10$ mV 时，$u_O$ 为（　　）；(2)$u_I=2\sin\omega t$ V 时，$u_O$ 为（　　）；(3)$u_I=4$ V 时，$u_O$ 为（　　）；(4)$u_I=-5$ V 时，$u_O$ 为（　　）。

A. $-40$ mV　　B. $-50$ mV　　C. $10\sin\omega t$ V　　D. 13 V

E. $-13$ V　　F. 25 V　　G. $-25$ V　　H. $8\sin\omega t$ V

**9-14**　如图 9-44 所示电路中，已知 $u_{I1}=0.1$ V，$u_{I2}=0.2$ V，$u_{I3}=0.3$ V，$R_1=10$ kΩ，$R_2=20$ kΩ，$R_3=50$ kΩ，$R_f=100$ kΩ，则 $u_O=$（　　）。

A. 0.6 V　　B. $-0.6$ V　　C. 2.6 V　　D. $-2.6$ V

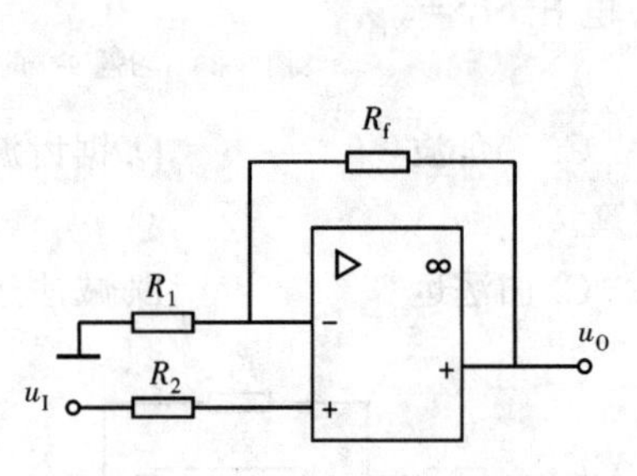


图 9-43　习题 9-13 的电路图

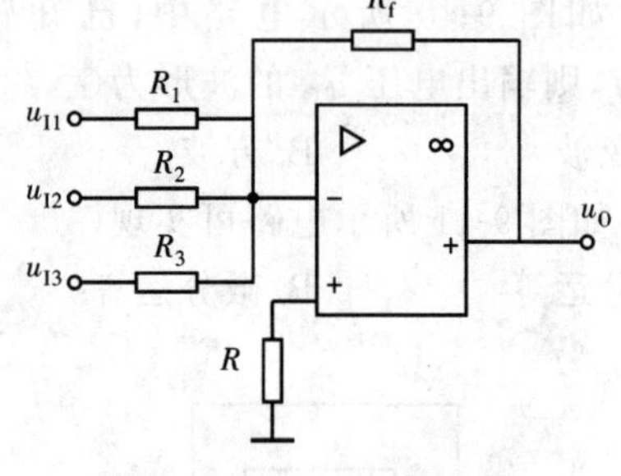


图 9-44　习题 9-14 的电路图

**9-15**　如图 9-45 所示电路中，已知 $R_f=4R_1$，则 $u_O=$（　　）。

A. $5u_{I2}-4u_{I1}$　　B. $-5u_{I2}+4u_{I1}$

C. $4u_{I2}-4u_{I1}$　　D. $4u_{I2}+4u_{I1}$

**9-16**　如图 9-46 所示电路中，已知输入电压 $u_I=5\sin\omega t$ mV，则输出电压 $u_O$ 的波形为（　　）。

A. 正弦波　　B. 方波　　C. 三角波　　D. 锯齿波

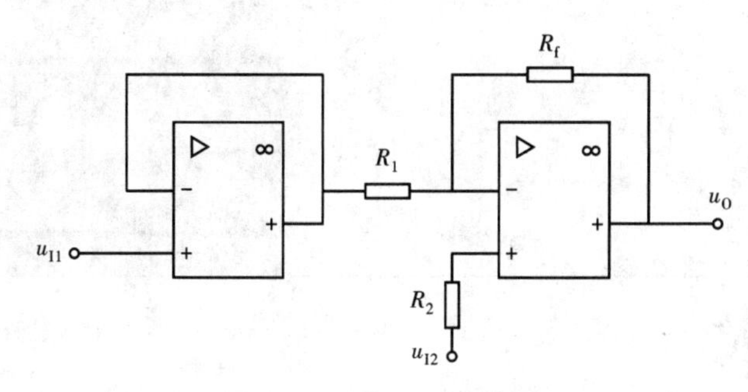


图 9-45　习题 9-15 的电路图

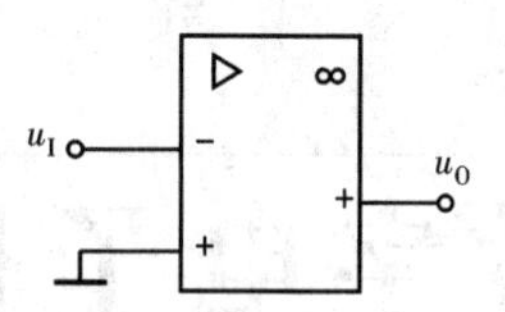


图 9-46　习题 9-16 的电路图

**9-17**　某正弦波振荡电路的反馈系数为 $F=0.1\angle 180°$，若要使该振荡电路起振，则放大电路的放大倍数 $A_o$ 应满足（　　）；若要使该电路维持稳定振荡，则 $A_o$ 应满足（　　）。

A. $|A_o|>10$　　B. $|A_o|<10$

C. $|A_o|=10$　　D. $|A_o|=0.1$

**9-18**　正弦波振荡电路如图 9-47 所示，其振荡频率为（　　）。

A. $f_n=\dfrac{1}{RC}$　　B. $f_n=\dfrac{1}{2\pi RC}$

C. $f_n=\dfrac{1}{2\pi\sqrt{RC}}$　　D. $f_n=\dfrac{2\pi}{\sqrt{RC}}$

**9-19**　如图 9-47 所示电路中，若要维持稳定振荡，则（　　）。

A. $R_f=R_1$　　B. $R_f=2R_1$　　C. $2R_f=R_1$　　D. $R_f=3R_1$

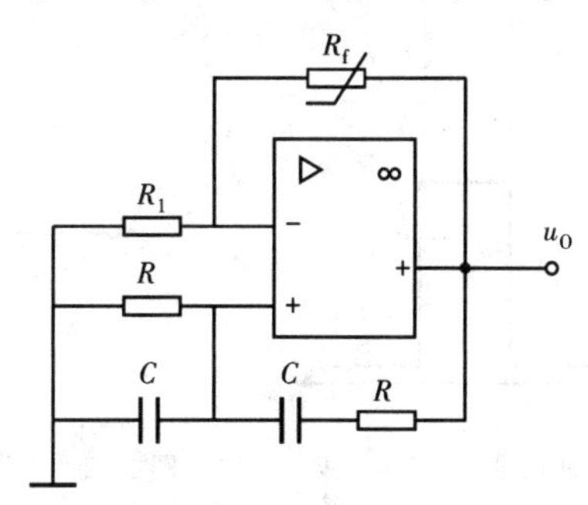


图 9-47　习题 9-18 和习题 9-19 的电路图

第10章

# 数字电子技术

根据处理信号和工作方式的不同，电子电路可分为模拟电路和数字电路两类。在数字电路中所关注的是输出与输入之间的逻辑关系，而模拟电路中要研究输出与输入之间信号的大小、相位变化等。另外，数字电路中工作的信号也不是模拟电路中的连续信号，而是不连续的脉冲信号，如图 10-1 所示。有信号时，电压 $u$ 为 3 V(或 3～5 V)，称为高电平，用 1 表示。无信号时，电压 $u$ 为 0.3 V(或 0 V)，称为低电平，用 0 表示。

由于脉冲信号具有 1 和 0 两种状态(电平)的特点，在数字电路中的晶体管(或场效应管)必须工作在开关状态，电路如图 10-2 所示，当 $u_i$ 为高电平 1 时，晶体管 T 饱和导通，输出 $u_o$= 0.3 V，即输出低电平 0；当 $u_i$ 为低电平 0 时，晶体管 T 截止，输出 $u_o$≈5 V，即输出高电平 1。

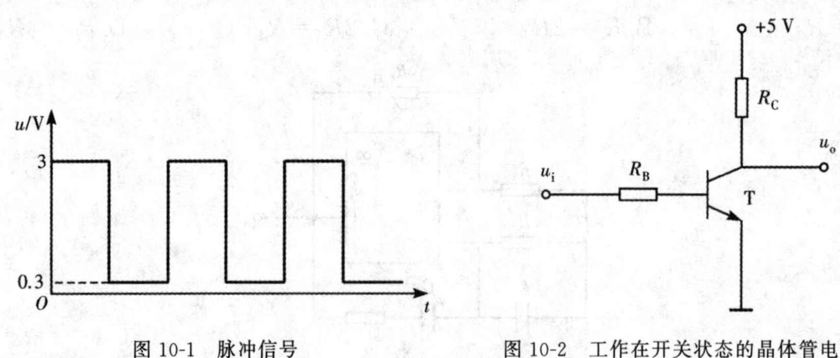


图 10-1　脉冲信号　　　　图 10-2　工作在开关状态的晶体管电路

近年来，数字电路得到迅速发展，大规模、超大规模以及巨大规模集成电路不断问世，数字电路的可靠性和智能化水平不断提高，并广泛应用于计算机、通信、工业控制等各个领域。

数字电路可分为组合逻辑电路和时序逻辑电路两大类。本章的前半部分是组合逻辑电路的内容：首先介绍构成数字电路的最基本部件——逻辑门，阐述门电路构成的组合逻辑电路的分析方法，并结合加法器介绍组合逻辑电路的设计知识，然后介绍编码器、译码器等常见的逻辑电路；后半部分是时序逻辑电路的内容：在阐述数字电路的另一重要部件——双稳态触发器的结构与功能的基础上，介绍了计数器和寄存器这两种常见的时序逻辑电路。

## 10.1　门电路

门电路又称逻辑门，是实现各种逻辑关系的基本电路，是组成数字电路的最基本部件。

由于门电路既能完成一定的逻辑运算功能，又像“门”一样能控制信号的通断——门打开时，信号可以通过；门关闭时，信号不能通过，因此称为门电路。

## 10.1.1 基本门电路

最基本的逻辑关系是“与”“或”“非”，与之对应的门电路称为与门、或门和非门电路。

**1. 与门**

**与门**(AND gate)的逻辑符号如图 10-3 所示，$A$ 和 $B$ 是输入端，$F$ 是输出端，输入端的数量还可更多。输入或输出变量只有 0、1 两种状态，当有 2 个输入变量时，共有 $2^2=4$ 种输入状态，而用 0、1 表示输入和输出之间逻辑关系的表格称为真值表或逻辑状态表。与门的真值表见表 10-1，与门反映与逻辑运算（逻辑乘），其逻辑规律是一个事件的几个条件都满足，该事件才发生。它的逻辑关系是：有 0 出 0，全 1 为 1。逻辑表达式为

$$F=A\cdot B=AB \tag{10-1}$$

逻辑乘的运算规律为

$$\begin{cases}A\cdot A=A\\A\cdot 1=A\\A\cdot 0=0\end{cases} \tag{10-2}$$

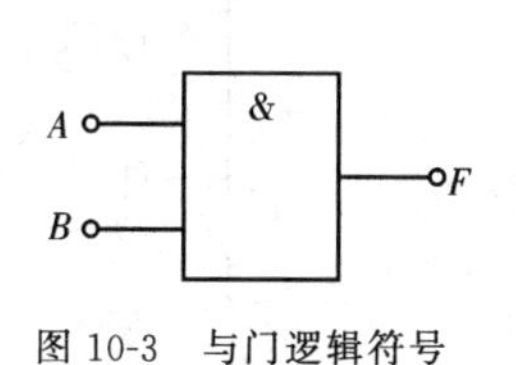


图 10-3　与门逻辑符号

**表 10-1　与门真值表**

| 输入变量 | | 输出变量 |
|---|---|---|
| $A$ | $B$ | $F$ |
| 0 | 0 | 0 |
| 0 | 1 | 0 |
| 1 | 0 | 0 |
| 1 | 1 | 1 |

**【例 10-1】**　汽车计价器的车轴测速原理是：当车轴每转一圈，经整形电路后，传输线上就有一个矩形脉冲信号。如何测出该车轴的转速？

**解**　可采用一个 2 输入端的与门电路，如图 10-4 所示。将传输线接至与门的输入端 $A$，用一个秒脉冲信号作为控制信号接至与门的输入端 $B$。$B=0$ 时，与门关闭，无输出；$B=1$ 时，与门打开，矩形脉冲信号可以从 $F$ 端输出，送给后续电路（如计数器进行计数），则每秒矩形脉冲的个数就是车轴每秒的转数，再乘以 60 换算为每分钟多少转，即为车轴的转速。

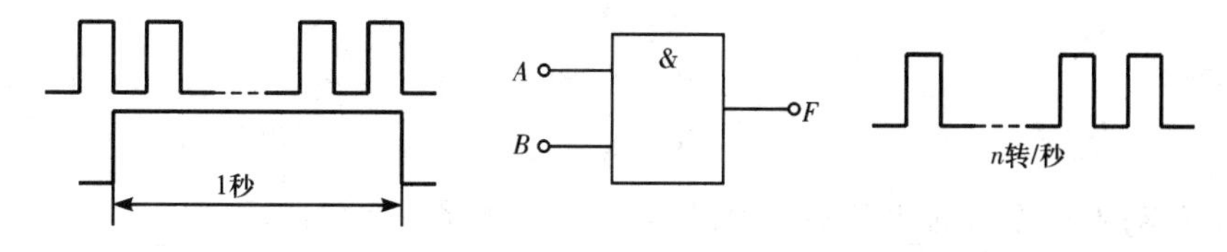


图 10-4　车轴测速部分电路

**2. 或门**

**或门**(OR gate)的逻辑符号如图 10-5 所示，真值表见表 10-2，其逻辑规律是一个事件中

只要有一个条件满足，该事件就会发生。它的逻辑关系是：有 1 出 1，全 0 为 0。逻辑表达式为

$$F=A+B \tag{10-3}$$

这表示逻辑加法运算，故或逻辑又称逻辑加（注意式中的加号不是代数加）。逻辑加的运算规律为

$$\begin{cases}A+A=A\\A+1=1\\A+0=A\end{cases} \tag{10-4}$$

表 10-2　或门真值表

| 输入变量 | | 输出变量 |
|---|---|---|
| $A$ | $B$ | $F$ |
| 0 | 0 | 0 |
| 0 | 1 | 1 |
| 1 | 0 | 1 |
| 1 | 1 | 1 |

图 10-5　或门逻辑符号

【例 10-2】　如图 10-6 所示为保险柜防盗报警电路。保险柜的两层门上各装有一个开关 $S_1$ 和 $S_2$。门关上时，开关闭合。当任一层门打开时，报警灯亮，试说明该电路的工作原理。

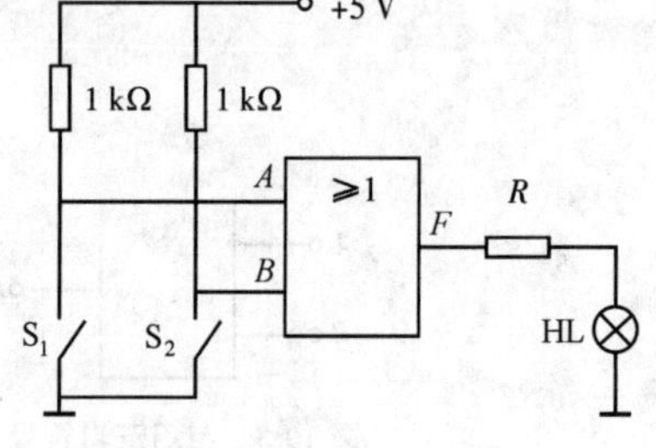

图 10-6　保险柜防盗报警电路

**解**　该电路采用了一个 2 输入端的或门。两层门都关上时 $S_1$ 和 $S_2$ 闭合，或门的两个输入端全部接地，$A=B=0$，所以输出 $F=0$，报警灯不亮。任何一个门打开，相应的开关断开，对应的或门输入端经 1 kΩ 电阻接至 +5 V 电源，即输入高电平，故输出 $F$ 也为高电平，报警灯亮。

**3. 非门**

**非门**(NOT gate)的逻辑符号如图 10-7 所示，逻辑真值表见表 10-3，其逻辑规律是输出状态与输入状态呈相反的逻辑关系。这种逻辑关系用代数式表示为 $\overline{0}=1$，$\overline{1}=0$。$\overline{0}$ 读作“零非”，$\overline{1}$ 读作“1 非”，$\overline{0}$ 和 $\overline{1}$ 上的横线表示取反。逻辑表达式为

$$F=\overline{A} \tag{10-5}$$

逻辑非的运算规律为

$$\begin{cases}A+\overline{A}=1\\A\cdot\overline{A}=0\\\overline{\overline{A}}=A\end{cases} \tag{10-6}$$

由于非门输入和输出的状态相反，因此又称为反相器或倒相器。

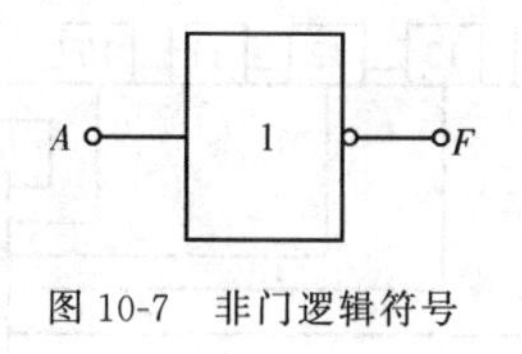


图 10-7　非门逻辑符号

表 10-3　非门真值表

| 输入变量 | 输出变量 |
|---|---|
| $A$ | $F$ |
| 0 | 1 |
| 1 | 0 |

与门、或门和非门的每个集成电路产品中，通常含有多个独立的门电路，而且型号不同，每个电路(非门除外)的输入端数目也不相同。读者若有需要可查阅相关手册。

## 10.1.2　复合门电路

除了以上介绍的三种基本逻辑门电路以外，还有将它们的逻辑功能组合起来的复合门电路，如与非门、或非门、异或门、同或门、三态与非门、与或非门等。其中与非门是目前生产量最大、应用最广泛的集成门电路，本节重点介绍与非门、三态与非门和或非门。

集成逻辑门电路主要分为 TTL 电路和 CMOS 电路两大类。TTL 电路的输入和输出部分都采用晶体管，故称为晶体管-晶体管逻辑电路(Transistor-Transistor Logic Circuit)，简称 TTL 电路。TTL 电路制造工艺成熟，产量大，品种齐全，价格低，速度快，是中小规模集成电路的主流。CT54LS/74LS 系列是最常用、最流行的产品。CMOS 电路是用 PMOS 管和 NMOS 管组成的一种互补型金属氧化物场效应管的集成电路(Complementary Metal-oxide-semiconductor Circuit)，简称 CMOS 电路。CMOS 电路具有输入阻抗高、制造方便、功耗低、带负载能力强、抗干扰能力强等优点，在大规模和超大规模集成电路中大多采用这种电路。CC4000 系列、54HC/74HC 系列较流行的产品。

**1. 与非门**

实现与非逻辑关系的电路称为**与非门**(NAND gate)电路。其逻辑功能是将各输入变量先做与运算，然后将结果取反，从而得到与非的逻辑功能。因此与非门可以看成由一个与门和一个非门复合而成，使用时把它看作一个整体。与非门的逻辑符号如图 10-8 所示，真值表见表 10-4，逻辑符号中矩形框右侧的小圆圈表示“非”的意思。它的逻辑关系是：任 0 则 1，全 1 则 0。其逻辑表达式为

$$F=\overline{A\cdot B} \tag{10-7}$$

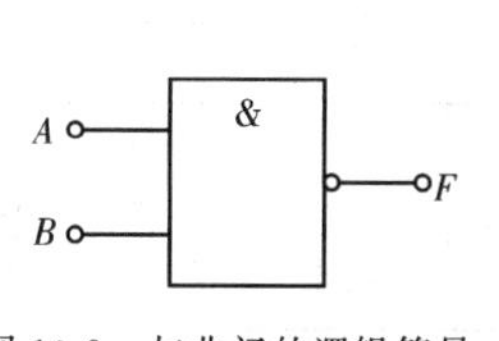


图 10-8　与非门的逻辑符号

表 10-4　与非门真值表

| 输入变量 | | 输出变量 |
|---|---|---|
| $A$ | $B$ | $F$ |
| 0 | 0 | 1 |
| 0 | 1 | 1 |
| 1 | 0 | 1 |
| 1 | 1 | 0 |

图 10-9 所示为两种 TTL 与非门的外引线排列图。芯片内各个与非门相互独立，但电源和地共用。

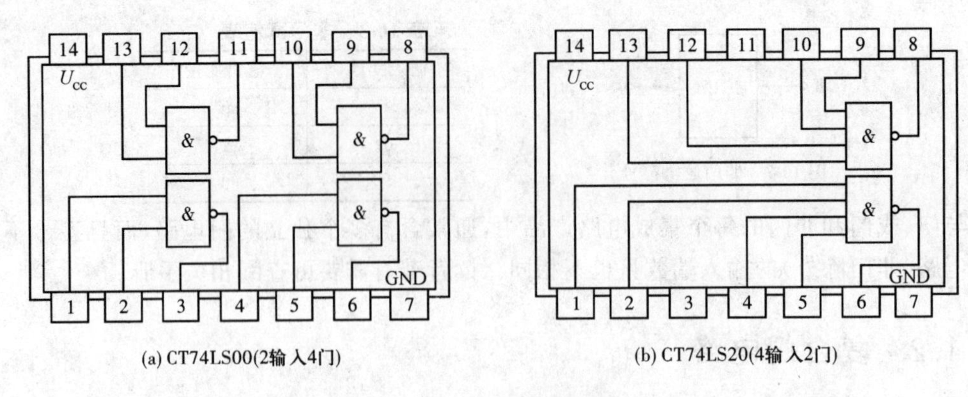


(a) CT74LS00(2输入4门)　　(b) CT74LS20(4输入2门)

图 10-9　TTL 与非门的外引线排列图

**2. 三态与非门**

上述集成与非门是不能将两个与非门的输出线接在公共的信号传输线上的，否则，两输出端并联，若一个输出为高电平，另一个输出为低电平，两者之间将有很大的电流通过，会使元件损坏。但在实用中，为了减少信号传输线的数量，以适应各种数字电路的需要，有时却需要将两个或多个与非门的输出端接在同一信号传输线上，这就需要一种输出端除了有低电平 0 和高电平 1 两种状态外，还要有第三种高阻状态（即开路状态）$Z$ 的门电路。当输出端处于 $Z$ 状态时，与非门与信号传输线是隔断的。这种具有 0、1、$Z$ 三种输出状态的与非门称为**三态与非门**(tri-state NAND gate)。

与前面介绍的与非门相比，三态与非门多了一个控制端，又称使能端 $E$。其逻辑符号和逻辑功能见表 10-5。表 10-5 中，上面的三态与非门在控制端 $E=0$ 时，电路为高阻状态，$E=1$ 时，电路为与非门状态，故称控制端为高电平有效；在下面的三态与非门正好相反，控制端 $E=1$ 时，电路为高阻状态，$E=0$ 时，电路为与非门状态，故称控制端为低电平有效。在逻辑符号中，用 EN 端加小圆圈表示低电平有效，不加小圆圈表示高电平有效。

**表 10-5　三态与非门逻辑符号和逻辑功能**

| 逻辑符号 | 逻辑功能 | |
|---|---|---|
| A, B, E(EN), &, ▽, F | $E=0$ | $F=Z$ |
| | $E=1$ | $F=\overline{A\cdot B}$ |
| A, B, E(EN 加小圆圈), &, ▽, F | $E=0$ | $F=\overline{A\cdot B}$ |
| | $E=1$ | $F=Z$ |

**3. 或非门**

实现或非逻辑关系的电路称为**或非门**(NOR gate)电路。其逻辑功能是将各输入变量先做或运算,然后将结果取反,从而得到或非的逻辑功能。因此或非门可以看成由一个或门和一个非门复合而成,使用时把它看作一个整体。或非门的逻辑符号如图 10-10 所示,真值表见表 10-6,它的逻辑关系是:任 1 则 0,全 0 为 1。其逻辑表达式为

$$F=\overline{A+B} \tag{10-8}$$

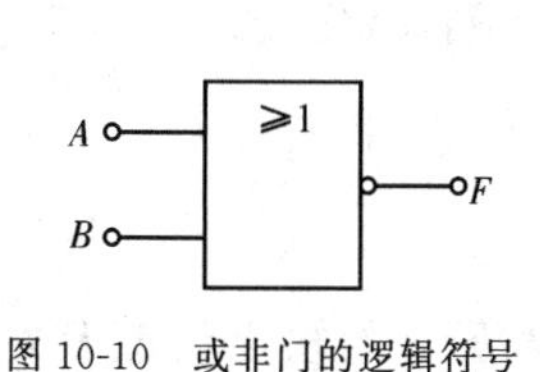


图 10-10　或非门的逻辑符号

表 10-6　或非门真值表变量

| 输入变量 | | 输出变量 |
|---|---|---|
| $A$ | $B$ | $F$ |
| 0 | 0 | 1 |
| 0 | 1 | 0 |
| 1 | 0 | 0 |
| 1 | 1 | 0 |

如图 10-11 所示为两种 CMOS 或非门的外引线排列图。

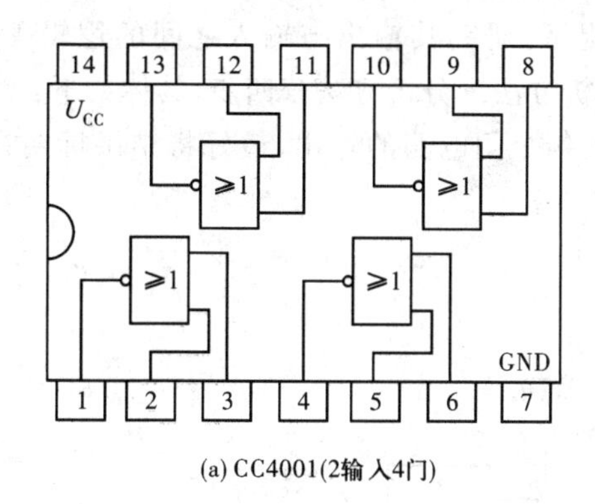


(a) CC4001(2输入4门)

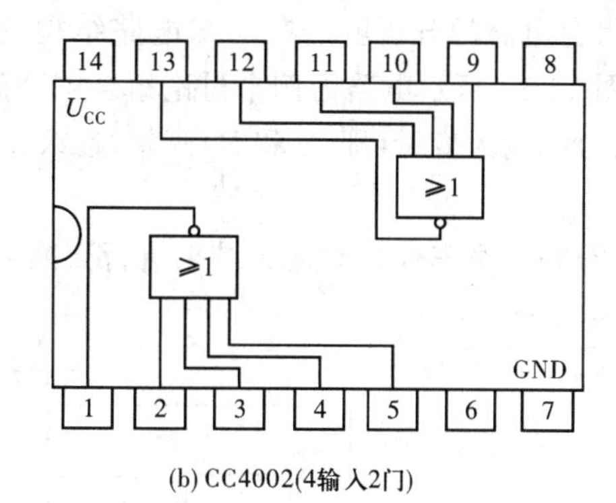


(b) CC4002(4输入2门)

图 10-11　CMOS 或非门的外引线排列图

不同逻辑功能的门电路可以通过外部接线进行相互转换,下面举例说明。

**【例 10-3】**　与非门是应用最广泛的集成门电路,试利用与非门来组成非门、与门和或门。

**解**　由与非门组成非门的方法如图 10-12(a)所示。只需将与非门的各个输入端并接在一起作为一个输入端 $A$。当 $A=0$ 时,与非门各输入端都为 0,故 $F=1$;当 $A=1$ 时,与非门各输入端都为 1,故 $F=0$,实现了非门运算。

由于与逻辑表达式可写成

$$F=A\cdot B=\overline{\overline{A\cdot B}}$$

所以,由与非门组成与门的方法如图 10-12(b)所示。在一个与非门后面再接一个由与非门组成的非门。

参看下节的表 10-7 可知,或逻辑表达式可写成

$$F=A+B=\overline{\overline{A}\cdot\overline{B}}$$

所以,由与非门组成或门的方法如图 10-12(c)所示。

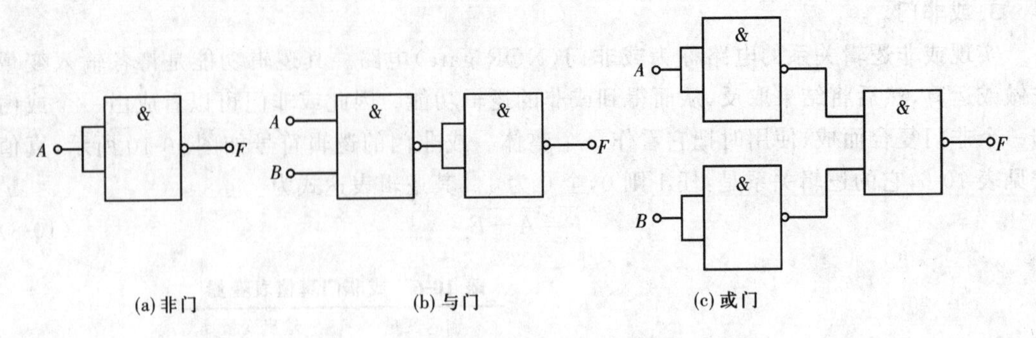


图 10-12　由与非门组成的非门、与门和或门

# 10.2　组合逻辑电路的分析

门电路任意时刻的输出仅取决于该时刻的输入,与原来的输出状态无关,是一种无记忆功能的逻辑部件。**组合逻辑电路**(combinational logic circuit)简称**组合电路**(combinational circuit),是由门电路组成的,并且输出仅取决于该时刻输入的一种无记忆功能电路。

组合电路的分析就是在已知电路结构的前提下,研究其输出与输入之间的逻辑关系。现以图 10-13 所示电路为例来讨论组合电路的分析方法。分析方法分四步,具体如下:

(1)由输入变量(即 $A$ 和 $B$)开始,逐级推导出各个门电路的输出,最好将结果标明在图上。

(2)利用逻辑代数对输出结果进行变换或化简。

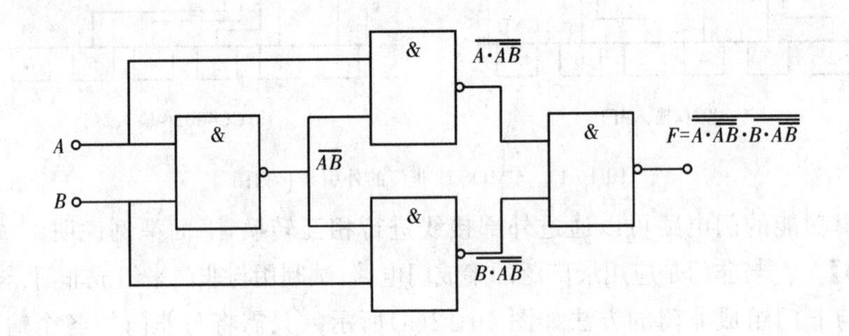


图 10-13　组合逻辑电路分析举例

**逻辑代数**(logic algebra)又称**布尔代数**(Boolean algebra)或开关代数,它是分析与设计数字电路的工具。逻辑代数的详细内容已在有关课程中学过,这里只简单介绍一下。逻辑代数与普通代数一样,也是以字母代表变量,但是逻辑代数的变量只取 0 和 1 两个值,而且它们没有"量"的概念,只代表两种状态。逻辑代数中,最基本的逻辑运算是 10.1 节介绍的逻辑乘、逻辑加和逻辑非,其他的逻辑运算都由这三种基本运算组成。根据这三种基本运算的规律可以推导出其他常用的定律和公式,这些公式连同 10.1 节介绍过的逻辑运算公式一起列于表 10-7 中,其中注有 * 者是与普通代数不符,而属逻辑代数所特有的。

**表 10-7　　逻辑代数的基本公式**

| 公式名称 | 公式内容 | 公式名称 | 公式内容 |
|---|---|---|---|
| 自等律 | $A+0=A$<br>$A\cdot 1=A$ | 交换律 | $A+B=B+A$<br>$A\cdot B=B\cdot A$ |
| 0－1 律 | $A+1=1$　*<br>$A\cdot 0=0$ | 结合律 | $A+(B+C)=B+(C+A)=C+(A+B)$<br>$A\cdot(B\cdot C)=B\cdot(C\cdot A)=C\cdot(A\cdot B)$ |
| 重叠律 | $A+A=A$　*<br>$A\cdot A=A$　* | 分配律 | $A+(B\cdot C)=(A+B)\cdot(A+C)$　*<br>$A\cdot(B+C)=(A\cdot B)+(A\cdot C)$ |
| 互补律 | $A+\overline{A}=1$　*<br>$A\cdot\overline{A}=0$　* | 吸收律 | $A+(A\cdot B)=A$　*<br>$A\cdot(A+B)=A$　* |
| 复原律 | $\overline{\overline{A}}=A$　* | 反演律<br>（摩根定律） | $\overline{A+B}=\overline{A}\cdot\overline{B}$　*<br>$\overline{A\cdot B}=\overline{A}+\overline{B}$　* |

对逻辑表达式进行化简的最终结果应得到最简表达式，最简表达式的形式一般为最简与或式，例如 $AB+CD$。最简与或式中的与项要最少，而且每个与项中的变量数目也要最少。

现将图 10-13 的输出结果化简如下

$$F=\overline{\overline{A\cdot\overline{AB}}\cdot\overline{B\cdot\overline{AB}}}=\overline{\overline{A\cdot\overline{AB}}}+\overline{\overline{B\cdot\overline{AB}}}\qquad\text{（反演律）}$$

$$=A\cdot\overline{AB}+B\cdot\overline{AB}\qquad\text{（复原律）}$$

$$=A\cdot(\overline{A}+\overline{B})+B\cdot(\overline{A}+\overline{B})\qquad\text{（反演律）}$$

$$=A\,\overline{A}+A\,\overline{B}+B\,\overline{A}+B\,\overline{B}\qquad\text{（分配律）}$$

$$=0+A\overline{B}+B\overline{A}+0\qquad\text{（互补律）}$$

$$=A\,\overline{B}+B\,\overline{A}\qquad\text{（自等律）}$$

(3)列出真值表。

将 $A$ 和 $B$ 分别用 0 和 1 代入，根据计算结果得到的真值表见表 10-8。

**表 10-8　　异或门真值表**

| 输入变量 | | 输出变量 |
|---|---|---|
| $A$ | $B$ | $F$ |
| 0 | 0 | 0 |
| 0 | 1 | 1 |
| 1 | 0 | 1 |
| 1 | 1 | 0 |

(4)确定电路的逻辑功能。

分析真值表可知本电路的逻辑功能是：$A$、$B$ 相同时（同为 0 或同为 1），输出 $F=0$；$A$、$B$ 不同时（一个为 0，另一个为 1），输出 $F=1$。这种逻辑电路称为**异或门**（exclusive-OR gate）。逻辑表达式可简写为

$$F=A\,\overline{B}+B\,\overline{A}=A\oplus B\tag{10-9}$$

如果 $A$ 和 $B$ 相同时，$F=1$，$A$ 和 $B$ 不同时，$F=0$，这种逻辑电路称为**同或门**（exclusive-NOR gate），逻辑表达式为

$$F=AB+\overline{A}\,\overline{B}=\overline{A\oplus B}\tag{10-10}$$

同或门和异或门的逻辑符号见表 10-9。该表给出了常用门电路的逻辑符号和逻辑表达式。在使用这些门电路时，若需要将某一端保持为低电平，可将该输入端接地，或经一个小阻值的电阻接地；若需将某一输入端保持高电平，可将该输入端接电源正极（电压一般不要超过+5 V），或经电阻（阻值一般为几千欧）接电源正极。多余不用的输入端可以与某一有信号作用的输入端并联使用，若将不用的输入端悬空则相当于经无穷大电阻接地，相当于接高电平。TTL 门电路的输入端允许悬空，但易引入干扰信号；CMOS 门电路的输入端不允许悬空，以免因感应电压过高而损坏元件。

**表 10-9　　常用门电路的逻辑符号与逻辑表达式**

| 名称 | 逻辑符号 | 逻辑表达式 | 名称 | 逻辑符号 | 逻辑表达式 |
|---|---|---|---|---|---|
| 与门 | & (A, B → F) | $F=A\cdot B$ | 异或门 | =1 (A, B → F) | $F=A\overline{B}+\overline{A}B=A\oplus B$ |
| 或门 | ⩾1 (A, B → F) | $F=A+B$ | 同或门 | =1 (A, B → F) | $F=AB+\overline{A}\,\overline{B}=\overline{A\oplus B}$ |
| 非门 | 1 (A → F) | $F=\overline{A}$ | 与或非门 | & ⩾1 (A, B, C, D → F) | $F=\overline{AB+CD}$ |
| 与非门 | & (A, B → F) | $F=\overline{A\cdot B}$ | 三态与非门 | & ▽ EN (A, B, E → F) | $E=0$ 时，$F=Z$<br>$E=1$ 时，$F=\overline{A\cdot B}$ |
| 或非门 | ⩾1 (A, B → F) | $F=\overline{A+B}$ | 三态与非门 | & ▽ EN (A, B, E → F) | $E=0$ 时，$F=\overline{A\cdot B}$<br>$E=1$ 时，$F=Z$ |

**【例 10-4】**　图 10-14 所示是一个可用于保险柜等场合的密码锁控制电路。开锁的条件是：(1)要拨对密码；(2)要将开锁控制开关 S 闭合。如果以上两个条件都得到满足，开锁信号为 1，报警信号为 0，锁打开而不发报警信号。拨错密码则开锁信号为 0，报警信号为 1，锁打不开而警铃报警。试分析该电路的密码是多少。

**解**　从输入端开始逐级分析出各门电路的输出，结果注明在图上。最后求得

$$F_1=1\cdot A\,\overline{B}\,\overline{C}D=A\,\overline{B}\,\overline{C}D$$

$$F_2=\overline{1\cdot A\,\overline{B}\,\overline{C}D}=\overline{A\,\overline{B}\,\overline{C}\,D}$$

根据开锁条件 $F_1=1$，必须 $A=1$、$B=0$、$C=0$、$D=1$，所以密码为 1001。密码拨对时，$F_1=1$，而 $F_2=\overline{F_1}=0$。密码拨错，$F_1=0$、$F_2=\overline{F_1}=1$。断开 S，$F_1=0$，$F_2=0$，密码锁电路不工作。

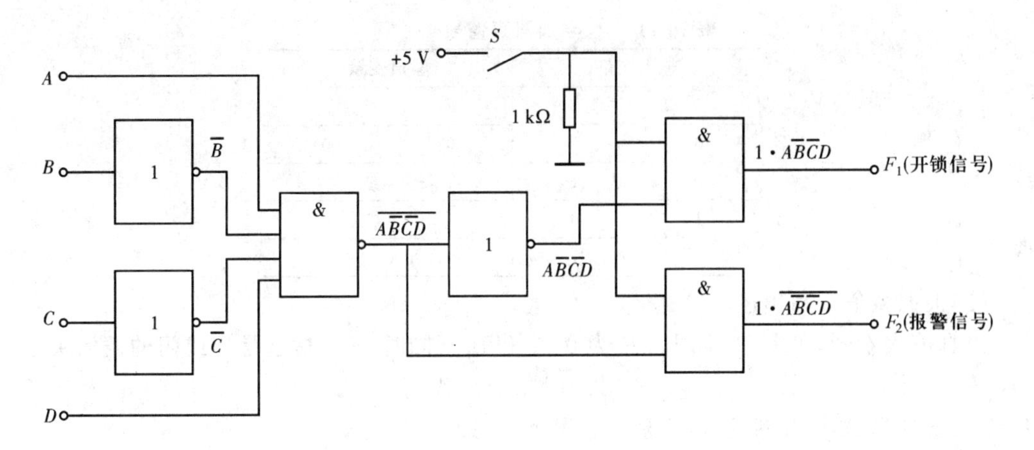


图 10-14　密码锁控制电路

# 10.3　组合逻辑电路的设计

从本节开始，将陆续介绍几种常见的组合逻辑电路。本节介绍加法器，并结合加法器简要介绍组合逻辑电路的设计知识，即根据已知的逻辑功能设计出逻辑电路。

在数字系统和计算机中，二进制加法器是最基本的运算单元。二进制数是以 2 为基数，只有 0 和 1 两个数码，逢二进一的数制。十进制数与二进制数的对应关系见表 10-10。

**表 10-10　十进制数与二进制数的对应关系**

| 十进制数 | 二进制数 | 十进制数 | 二进制数 | 十进制数 | 二进制数 | 十进制数 | 二进制数 |
|---|---|---|---|---|---|---|---|
| 0 | 00 | 4 | 100 | 8 | 1000 | 12 | 1100 |
| 1 | 01 | 5 | 101 | 9 | 1001 | 13 | 1101 |
| 2 | 10 | 6 | 110 | 10 | 1010 | 14 | 1110 |
| 3 | 11 | 7 | 111 | 11 | 1011 | 15 | 1111 |

由于十进制数有 0～9 十个数码，要表达十进制数的任何一位数就需要有能区分 10 个状态的元件，而要表达二进制数中的任何一位数只要有区分两个状态的元件就可以实现，电路既简单又经济。

二进制的加法器又有半加器和全加器之分。

## 10.3.1　半加器

**半加器**(half-adder)是一种不考虑低位的进位数，只能对本位上的两个二进制数求和的组合电路。现在根据半加器的这一逻辑功能设计出逻辑电路。设计的一般步骤如下：

(1)根据逻辑功能列出真值表

半加器的真值表见表 10-11，$A$、$B$ 是两个求和的二进制数，$F$ 是相加后得到的本位数，$C$ 是相加后得到的进位数。

表 10-11　　半加器真值表

| 输入变量 | | 输出变量 | |
|---|---|---|---|
| $A$ | $B$ | $F$ | $C$ |
| 0 | 0 | 0 | 0 |
| 0 | 1 | 1 | 0 |
| 1 | 0 | 1 | 0 |
| 1 | 1 | 0 | 1 |

(2)根据真值表写出逻辑表达式

由真值表看到,$A$ 和 $B$ 相同时 $F$ 为 0,$A$ 和 $B$ 不同时,$F=1$,这是异或门的逻辑关系,即

$$F=A\overline{B}+B\overline{A}=A\oplus B$$

$C=1$ 的条件是 $A$ 和 $B$ 都为 1,这是与逻辑关系,即

$$C=A\cdot B$$

(3)根据逻辑表达式画出逻辑电路

以上结果表明半加器应由一个异或门和一个与门组成。电路如图 10-15(a)所示。图 10-15(b)是半加器的逻辑符号。

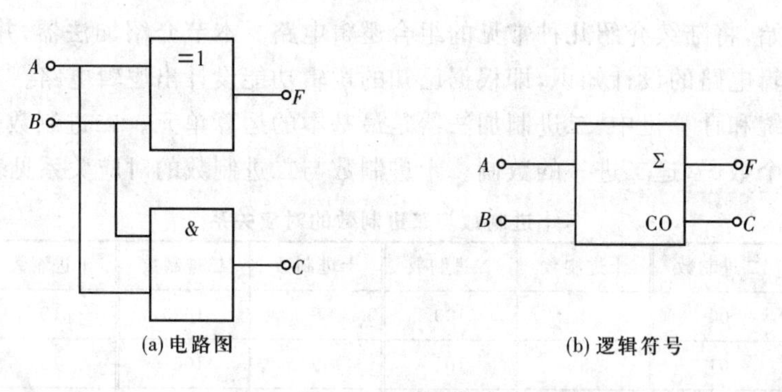


(a) 电路图　　(b) 逻辑符号

图 10-15　半加器

如果要用与非门组成半加器,则还要利用反演律和复原律将逻辑表达式从上述的与或式变为与非式,即

$$F=A\overline{B}+B\overline{A}=\overline{\overline{A\overline{B}\cdot\overline{A}B}}$$

$$C=AB=\overline{\overline{AB}}$$

然后便可画出由与非门组成的半加器(读者可以自己进行)。

## 10.3.2　全加器

**全加器**(full-adder)是一种将低位的进位数连同本位的两个二进制数一起求和的组合电路。根据这一逻辑功能列出真值表,见表 10-12。表中 $A_i$ 和 $B_i$ 是本位的二进制数,$C_{i-1}$ 是来自低位的进位数。$F_i$ 是相加后得到的本位数,$C_i$ 是相加后得到的进位数。

**表 10-12　　　　全加器真值表**

| 输入变量 | | | 输出变量 | |
| --- | --- | --- | --- | --- |
| $A_i$ | $B_i$ | $C_{i-1}$ | $F_i$ | $C_i$ |
| 0 | 0 | 0 | 0 | 0 |
| 0 | 0 | 1 | 1 | 0 |
| 0 | 1 | 0 | 1 | 0 |
| 0 | 1 | 1 | 0 | 1 |
| 1 | 0 | 0 | 1 | 0 |
| 1 | 0 | 1 | 0 | 1 |
| 1 | 1 | 0 | 0 | 1 |
| 1 | 1 | 1 | 1 | 1 |

然后利用真值表写出输出的逻辑表达式。可是现在却不能像半加器那样一目了然地看出结果。在这种情况下,可采用如下的方法:先分析输出为 1 的条件,将输出为 1 各行中的输入变量为 1 者取原变量,为 0 者取反变量,再将它们用与的关系写出来。例如,$F_i=1$ 的条件有四个,写出与关系应为 $\overline{A}_i\overline{B}_iC_{i-1}$,$\overline{A}_iB_i\overline{C}_{i-1}$,$A_i\overline{B}_i\overline{C}_{i-1}$ 和 $A_iB_iC_{i-1}$,显然将输入变量的实际值代入,结果都为 1;由于这四者中的任何一个得到满足,$F_i$ 都为 1,因此这四者之间又是或的关系,由此得到 $F_i$ 的与或表达式为

$$F_i=\overline{A}_i\overline{B}_iC_{i-1}+\overline{A}_iB_i\overline{C}_{i-1}+A_i\overline{B}_i\overline{C}_{i-1}+A_iB_iC_{i-1}$$

同理可得

$$C_i=\overline{A}_iB_iC_{i-1}+A_i\overline{B}_iC_{i-1}+A_iB_i\overline{C}_{i-1}+A_iB_iC_{i-1}$$

除此之外,也可以分析输出为 0 的条件,写出输出反变量的与或表达式,即

$$\overline{F}_i=\overline{A}_i\overline{B}_i\overline{C}_{i-1}+\overline{A}_iB_iC_{i-1}+A_i\overline{B}_iC_{i-1}+A_iB_i\overline{C}_{i-1}$$

$$\overline{C}_i=\overline{A}_i\overline{B}_i\overline{C}_{i-1}+\overline{A}_i\overline{B}_iC_{i-1}+\overline{A}_iB_i\overline{C}_{i-1}+A_i\overline{B}_i\overline{C}_{i-1}$$

利用逻辑代数可以证明这两种方法所得到的结果是一致的。

上述方法可归纳为以下两个公式

$$F=\text{真值为 1 各行的乘积项的逻辑加} \tag{10-11}$$

$$\overline{F}=\text{真值为 0 各行的乘积项的逻辑加} \tag{10-12}$$

根据上式虽然可以画出逻辑电路,但是所用的门电路种类和数量太多,因此还应进行化简。而且往往还要考虑到已有的或者希望采用的门电路。例如现在希望利用半加器为主组成全加器,为此化简如下

$$\begin{aligned}F_i&=\overline{A}_i\overline{B}_iC_{i-1}+\overline{A}_iB_i\overline{C}_{i-1}+A_i\overline{B}_i\overline{C}_{i-1}+A_iB_iC_{i-1}\\&=(\overline{A}_i\overline{B}_i+A_iB_i)C_{i-1}+(\overline{A}_iB_i+A_i\overline{B}_i)\overline{C}_{i-1}\\&=\overline{(A_i\oplus B_i)}C_{i-1}+(A_i\oplus B_i)\overline{C}_{i-1}\\&=(A_i\oplus B_i)\oplus C_{i-1}=A_i\oplus B_i\oplus C_{i-1}\end{aligned}$$

$$\begin{aligned}C_i&=\overline{A}_iB_iC_{i-1}+A_i\overline{B}_iC_{i-1}+A_iB_i\overline{C}_{i-1}+A_iB_iC_{i-1}\\&=(\overline{A}_iB_i+A_i\overline{B}_i)C_{i-1}+A_iB_i(\overline{C}_{i-1}+C_{i-1})\\&=(A_i\oplus B_i)C_{i-1}+A_iB_i\end{aligned}$$

根据化简后的逻辑式可以画出全加器电路如图 10-16(a)所示,图 10-16(b)是它的逻辑符号。

图 10-17 所示为集成 4 位全加器 74LS283 的外引线排列图与逻辑图,它由四个全加器组成,利用它可以组成 4 位二进制加法器。

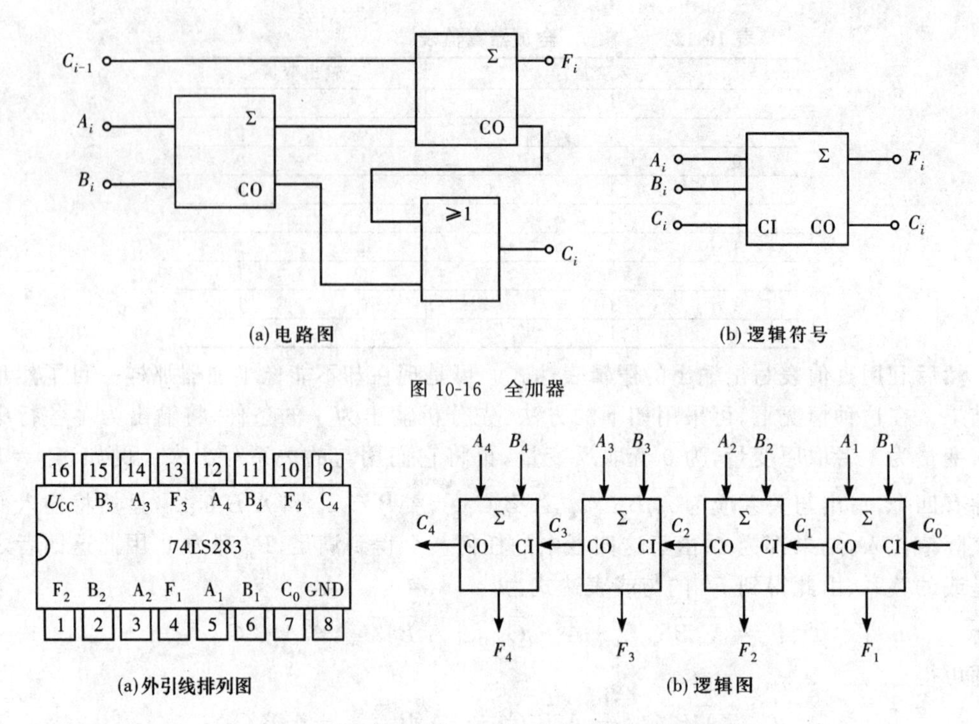


(a) 电路图　　(b) 逻辑符号

图 10-16　全加器

(a) 外引线排列图　　(b) 逻辑图

图 10-17　集成 4 位全加器 74LS283 的外引线排列图与逻辑图

# 10.4　编码器

在数字电路中，有时需要把某种控制信息（例如十进制数字，$A$、$B$、$C$ 等字母，>、<、= 等符号）用一个规定的二进制数来表示，这种表示控制信息的二进制数称为**代码**（code）。将控制信息变换成代码的过程称为**编码**（encode）。实现编码功能的组合电路称为**编码器**（encoder）。例如，计算机的输入键盘就是由编码器组成的，每按下一个键，编码器就将该按键的含义转换成一个计算机能识别的二进制数，用它去控制机器的操作。

按允许同时输入的控制信息量的不同，编码器分为普通编码器和优先编码器两类。

## 10.4.1　普通编码器

普通编码器每次只允许输入一个控制信息，否则会引起输出代码的混乱。它又分为二进制编码器和二-十进制编码器等。

**1. 二进制编码器**

用一个 $n$ 位二进制数来表示 $2^n$ 个控制信息的编码器称为**二进制编码器**（binary encoder）。例如，2 位二进制数有 00、01、10、11 四种组合（4 个代码），可以用来表示 4 种控制信息，因而这一编码器有 4 根输入线、2 根输出线，示意图如图 10-18 所示。当第 1 个控制信息输入时，第 1 根输入线的电平为 0，其余为 1，输出代码为 00；当第 2 个控制信息输入时，第 2 根输入线的电平为 0，其余为 1，输出代码为 01，以下依此类推。这是采用低电平编码，即输入为低电平有效的方式。也可以采用高电平编码，即输入为高电平有效的方式，这时输入线的电平与上述情况相反。上述二进制编码器由于有 4 根输入线、2 根输出线，故称为 4 线-2 线编码器。同理还有 8 线-3 线编码器和 16 线-4 线编码器等。

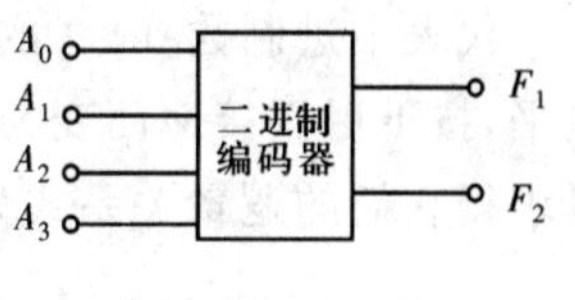

图 10-18　4 线-2 线编码器

**2. 二-十进制编码器**

用一个 4 位二进制数来表示十进制数的 0～9 十个数字的编码器称为**二-十进制编码器**(BCD encoder)。

二进制虽然适用于数字电路，但是人们习惯使用的是十进制。因此，在电子计算机和其他数控装置中输入和输出数据时，要进行十进制数与二进制数的相互转换。为了便于人机联系，一般是将准备输入的十进制数的每一位数都用一个 4 位二进制数来表示。它既具有十进制的特点，又具有二进制的形式，是一种用二进制编码的十进制数，称为二-十进制(binary-coded decimal)编码，简称 BCD 码。从前面列举的二进制数与十进制数的对应关系可以看到，4 位二进制数 0000～1111 共有 16 个，而表示十进制数 0～9，只需要 10 个 4 位二进制数，有 6 个 4 位二进制数是多余的，从 16 个 4 位二进制数中选择其中的 10 个来表示十进制数 0～9 的方法可以有很多种，最常用的方法是只取前面 10 个 4 位二进制数 0000～1001 来表示十进制数 0～9，舍去后面的 6 个不用。由于 0000～1001 中每位二进制数的权(即基数 2 的幂次)分别为 $2^3$、$2^2$、$2^1$、$2^0$，即为 8421，所以这种 BCD 码又称为 8421 码。

如图 10-19 所示是一种常用的键控二-十进制编码器电路。它通过 10 个按键 $A_0$～$A_9$ 将十进制数 0～9 十个信息输入，从输出端 $F_0$～$F_3$ 输出相应的 10 个二-十进制代码，这里输出的代码采用 8421 码，故又称 8421 编码器。

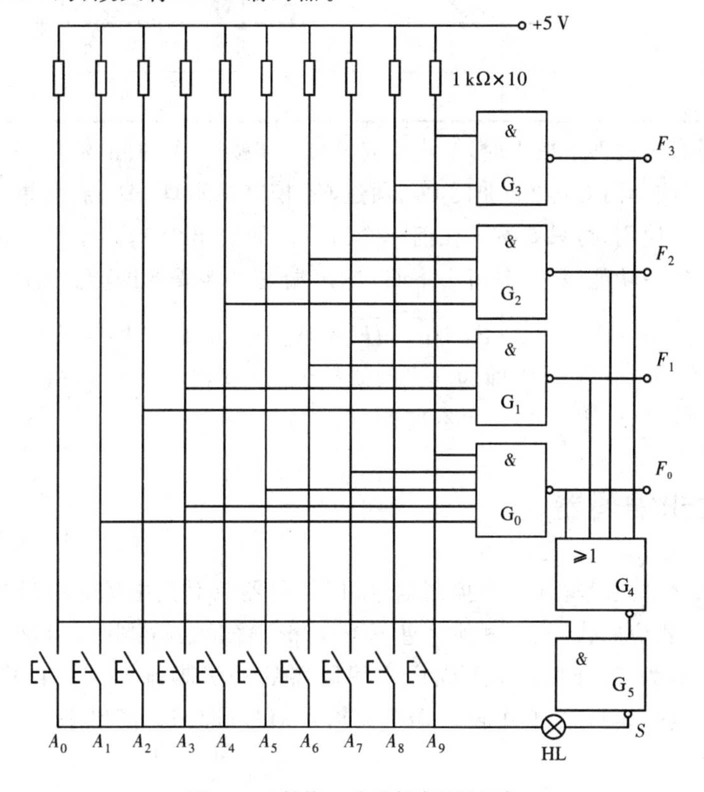

图 10-19　键控二-十进制编码器电路

代表十进制数 0～9 的 10 个按键 $A_0 \sim A_9$ 未按下时，4 个与非门 $G_0 \sim G_3$ 的输入都是高电平，按下后因接地而变为低电平。$G_0 \sim G_3$ 的输出端即为编码器的输出端。由电路图中可以求得它们的逻辑关系式为

$$F_0 = \overline{A_1 A_3 A_5 A_7 A_9}$$

$$F_1 = \overline{A_2 A_3 A_6 A_7}$$

$$F_2 = \overline{A_4 A_5 A_6 A_7}$$

$$F_3 = \overline{A_8 A_9}$$

由此得到的真值表见表 10-13。按下任何一个键，输出端便会得到相应的 8421 码。

**表 10-13　　　编码器真值表**

| 输入变量 | | | | | | | | | | 输出变量 | | | |
|---|---|---|---|---|---|---|---|---|---|---|---|---|---|
| $A_0$ | $A_1$ | $A_2$ | $A_3$ | $A_4$ | $A_5$ | $A_6$ | $A_7$ | $A_8$ | $A_9$ | $F_3$ | $F_2$ | $F_1$ | $F_0$ |
| 0 | 1 | 1 | 1 | 1 | 1 | 1 | 1 | 1 | 1 | 0 | 0 | 0 | 0 |
| 1 | 0 | 1 | 1 | 1 | 1 | 1 | 1 | 1 | 1 | 0 | 0 | 0 | 1 |
| 1 | 1 | 0 | 1 | 1 | 1 | 1 | 1 | 1 | 1 | 0 | 0 | 1 | 0 |
| 1 | 1 | 1 | 0 | 1 | 1 | 1 | 1 | 1 | 1 | 0 | 0 | 1 | 1 |
| 1 | 1 | 1 | 1 | 0 | 1 | 1 | 1 | 1 | 1 | 0 | 1 | 0 | 0 |
| 1 | 1 | 1 | 1 | 1 | 0 | 1 | 1 | 1 | 1 | 0 | 1 | 0 | 1 |
| 1 | 1 | 1 | 1 | 1 | 1 | 0 | 1 | 1 | 1 | 0 | 1 | 1 | 0 |
| 1 | 1 | 1 | 1 | 1 | 1 | 1 | 0 | 1 | 1 | 0 | 1 | 1 | 1 |
| 1 | 1 | 1 | 1 | 1 | 1 | 1 | 1 | 0 | 1 | 1 | 0 | 0 | 0 |
| 1 | 1 | 1 | 1 | 1 | 1 | 1 | 1 | 1 | 0 | 1 | 0 | 0 | 1 |

该电路在所有按键都未按下时，输出也是 0000，和按下 $A_0$ 时的输出相同。为了将两者加以区别，增加了或非门 $G_4$ 和与非门 $G_5$，通过 $G_5$ 控制指示灯 HL，利用指示灯的亮灭作为使用与否的标志。使用时，只要按下任何一个键，$G_5$ 的输出为 1，指示灯亮，否则指示灯灭。它之所以能实现这一功能，只要分析一下 $G_5$ 输出端 $S$ 的逻辑式即可。由图 10-19 可得

$$S = \overline{A_0 \cdot \overline{F_0 + F_1 + F_2 + F_3}} = \overline{A_0} + F_0 + F_1 + F_2 + F_3$$

可见五者中只要有一个为 1，$S$ 即为 1。也就是说，只有在 $A_0 = 1$（按键 $A_0$ 未按下）而且 $F_3 F_2 F_1 F_0 = 0000$ 时，$S$ 才为 0，灯才不亮。

## 10.4.2　优先编码器

优先编码器允许同时输入几个控制信息，但编码器只对其中优先权最高的输入信号进行编码，输出与之相应的代码，对其他信息不予理睬。普通编码器则没有这一功能。

图 10-20 所示为 74LS147 型集成优先编码器的外引脚排列图。它只有 9 个输入端 $A_1 \sim A_9$，采用低电平编码，当 9 个输入端都无输入信号，即都为高电平 1 时，对应十进制数

字 0。当输入端有输入信号，即 $A_1=0$ 时，对应十进制数字 1，相应的 8421 码为 0001，而 4 个输出端 $F_4 \sim F_1$ 的输出是与 8421 码相反的数码（反码），为 1110；若 $A_2$ 有信号输入，即 $A_2=0$，则输出数码为 1101，其他依此类推。这种编码器的真值表见表 10-14，其中 $\varnothing$ 表示该输入端的输入电平为任意电平。可以看出，该编码器只对同时输入信号中的最高位进行编码，即高位具有优先权。

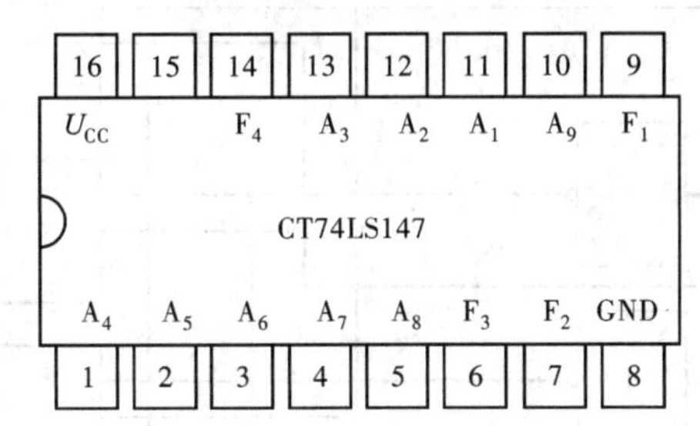


图 10-20　74LS147 型集成优先编码器的外引脚排列图

**表 10-14　　优先编码器真值表**

| 输入变量 | | | | | | | | | 输出变量 | | | |
|---|---|---|---|---|---|---|---|---|---|---|---|---|
| $A_1$ | $A_2$ | $A_3$ | $A_4$ | $A_5$ | $A_6$ | $A_7$ | $A_8$ | $A_9$ | $F_4$ | $F_3$ | $F_2$ | $F_1$ |
| 1 | 1 | 1 | 1 | 1 | 1 | 1 | 1 | 1 | 1 | 1 | 1 | 1 |
| 0 | 1 | 1 | 1 | 1 | 1 | 1 | 1 | 1 | 1 | 1 | 1 | 0 |
| $\varnothing$ | 0 | 1 | 1 | 1 | 1 | 1 | 1 | 1 | 1 | 1 | 0 | 1 |
| $\varnothing$ | $\varnothing$ | 0 | 1 | 1 | 1 | 1 | 1 | 1 | 1 | 1 | 0 | 0 |
| $\varnothing$ | $\varnothing$ | $\varnothing$ | 0 | 1 | 1 | 1 | 1 | 1 | 1 | 0 | 1 | 1 |
| $\varnothing$ | $\varnothing$ | $\varnothing$ | $\varnothing$ | 0 | 1 | 1 | 1 | 1 | 1 | 0 | 1 | 0 |
| $\varnothing$ | $\varnothing$ | $\varnothing$ | $\varnothing$ | $\varnothing$ | 0 | 1 | 1 | 1 | 1 | 0 | 0 | 1 |
| $\varnothing$ | $\varnothing$ | $\varnothing$ | $\varnothing$ | $\varnothing$ | $\varnothing$ | 0 | 1 | 1 | 1 | 0 | 0 | 0 |
| $\varnothing$ | $\varnothing$ | $\varnothing$ | $\varnothing$ | $\varnothing$ | $\varnothing$ | $\varnothing$ | 0 | 1 | 0 | 1 | 1 | 1 |
| $\varnothing$ | $\varnothing$ | $\varnothing$ | $\varnothing$ | $\varnothing$ | $\varnothing$ | $\varnothing$ | $\varnothing$ | 0 | 0 | 1 | 1 | 0 |

# 10.5　译码器

译码器的作用与编码器相反，也就是说，将具有特定含义的二进制代码变换成或者说翻译成一定的输出信号，以表示二进制代码的原意，这一过程称为译码。实现译码功能的组合电路称为**译码器**（decoder）。

## 10.5.1　二进制译码器

二进制译码器的输入信号是 $n$ 位的二进制数，而输出是 $2^n$ 个状态。因此二进制译码器需要 $n$ 根输入线、$2^n$ 根输出线，通过输出线电平的高低来表示输入的是哪一个二进制数。因此二进制译码器又分为 2 线-4 线译码器、3 线-8 线译码器和 4 线-16 线译码器等。输出既可采用低电平有效的译码方式，也可以采用高电平有效的译码方式。

图 10-21 就是一个 $n=2$ 的译码器（即 2 线-4 线译码器）电路。其中 $B$、$A$ 为输入端，$Y_3 \sim Y_0$ 为输出端，$E$ 为使能端，其作用与三态门中的使能端作用相同，起控制译码器的作用。

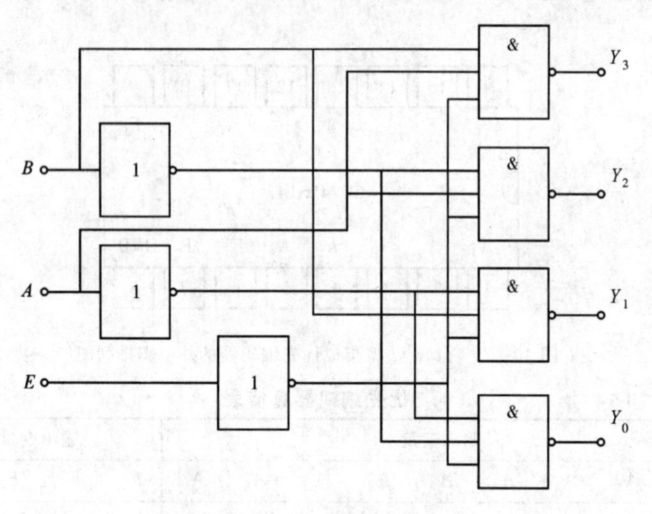


图 10-21　2 线-4 线译码器电路

由逻辑电路可求得 4 个输出端的逻辑表达式为

$$Y_0=\overline{\overline{E}\,\overline{B}\,\overline{A}}=E+B+A$$

$$Y_1=\overline{\overline{E}B\overline{A}}=E+\overline{B}+A$$

$$Y_2=\overline{\overline{E}\,\overline{B}A}=E+B+\overline{A}$$

$$Y_3=\overline{\overline{E}BA}=E+\overline{B}+\overline{A}$$

于是可以得到其真值表，见表 10-15。

**表 10-15　　译码器真值表**

| 输入变量 | | | 输出变量 | | | |
|---|---|---|---|---|---|---|
| $E$ | $A$ | $B$ | $Y_0$ | $Y_1$ | $Y_2$ | $Y_3$ |
| 1 | ∅ | ∅ | 1 | 1 | 1 | 1 |
| 0 | 0 | 0 | 0 | 1 | 1 | 1 |
| 0 | 0 | 1 | 1 | 0 | 1 | 1 |
| 0 | 1 | 0 | 1 | 1 | 0 | 1 |
| 0 | 1 | 1 | 1 | 1 | 1 | 0 |

可见：当 $E=1$ 时，译码器处于非工作状态，无论 $B$ 和 $A$ 是何电平，输出端 $Y_0 \sim Y_3$ 都为 1；当 $E=0$ 时，译码器处于工作状态，对应于 $B$ 和 $A$ 的四种不同组合，四个输出端中分别只有一个为 0，其余均为 1。可见，这一译码器是通过四个输出端分别单独处于低电平来识别不同输入代码的，即采用低电平译码。

图 10-22 所示为我国中微爱芯公司生产的 AiP74HC139 型双 2 线-4 线译码器的外引线排列图，其内部包含 2 个 2 线-4 线译码器，1E、1B、1A 是第一个译码器的输入端，$1Y_0$、$1Y_1$、$1Y_2$、$1Y_3$ 是对应的输出端；2E、2B、2A 是第二个译码器的输入端，$2Y_0$、$2Y_1$、$2Y_2$、$2Y_3$ 是对应

的输出端。每个译码器的工作原理与图 10-21 所示的电路相同。

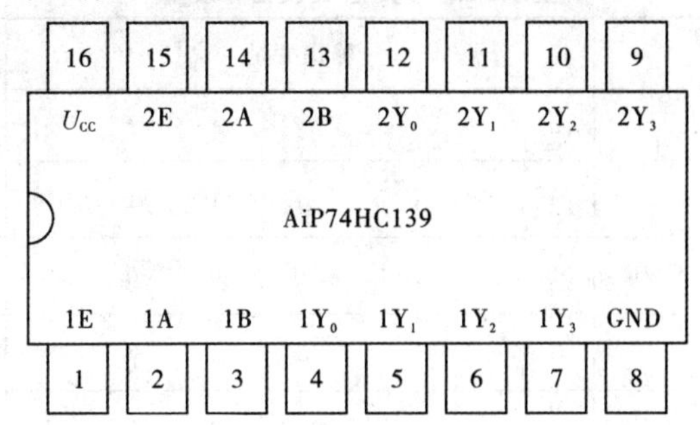


图 10-22　AiP74HC139 型双 2 线-4 线译码器的外引线排列图

## 10.5.2　显示译码器

在数字电路中，还常常需要将测量和运算的结果直接用十进制数的形式显示出来，这就要把二-十进制代码通过显示译码器变换成输出信号再去驱动数码显示器。

LED 显示器使用的显示译码器有多种型号可供选用。显示译码器有 4 个输入端、7 个输出端，它将 8421 代码译成 7 个输出信号以驱动七段 LED 显示器。图 10-23 是显示译码器和 LED 显示器(共阴极)的连接示意图。图 10-24 给出了 CT1248 型和 CT4248 型中规模集成显示译码器的外引线排列图。其中 $A_1$、$A_2$、$A_3$、$A_4$ 是 8421 码的 4 个输入端。a～g 是 7 个输出端，接 LED 显示器。$\bar{I}_B$ 是灭灯输入端，当 $\bar{I}_B=1$ 时，译码器正常显示；$\bar{I}_B=0$ 时，译码停止，输出全为 0，显示器熄灭。此外，还有灯测试输入端 $\overline{LT}$ 和灭零输入端$\bar{I}_{BR}$ 等。显示译码器的真值表及对应的 LED 显示器显示的数码见表 10-16。

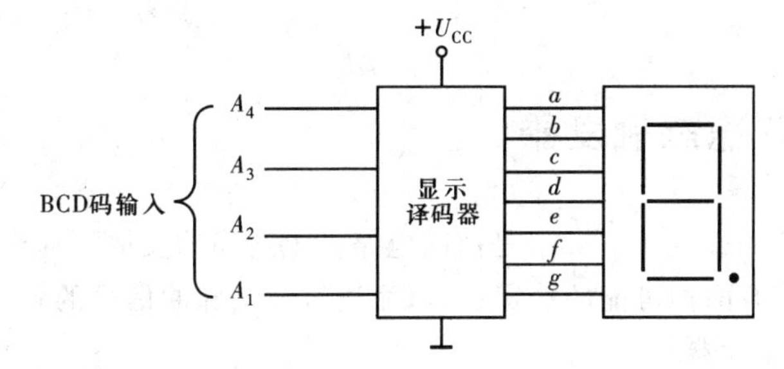


图 10-23　显示译码器和 LED 显示器(共阴极)的连接示意图

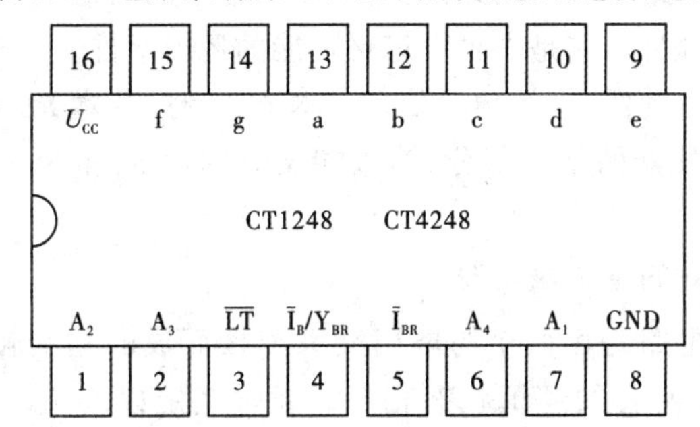


图 10-24　CT1248 型和 CT4248 型中规模集成显示译码器的外引线排列图

表 10-16　　显示译码器真值表及显示数码

| 输入变量 | | | | 输出变量 | | | | | | | 显示数码 |
|---|---|---|---|---|---|---|---|---|---|---|---|
| $A_4$ | $A_3$ | $A_2$ | $A_1$ | $a$ | $b$ | $c$ | $d$ | $e$ | $f$ | $g$ | |
| 0 | 0 | 0 | 0 | 1 | 1 | 1 | 1 | 1 | 1 | 0 | 0 |
| 0 | 0 | 0 | 1 | 0 | 1 | 1 | 0 | 0 | 0 | 0 | 1 |
| 0 | 0 | 1 | 0 | 1 | 1 | 0 | 1 | 1 | 0 | 1 | 2 |
| 0 | 0 | 1 | 1 | 1 | 1 | 1 | 1 | 0 | 0 | 1 | 3 |
| 0 | 1 | 0 | 0 | 0 | 1 | 1 | 0 | 0 | 1 | 1 | 4 |
| 0 | 1 | 0 | 1 | 1 | 0 | 1 | 1 | 0 | 1 | 1 | 5 |
| 0 | 1 | 1 | 0 | 1 | 0 | 1 | 1 | 1 | 1 | 1 | 6 |
| 0 | 1 | 1 | 1 | 1 | 1 | 1 | 0 | 0 | 0 | 0 | 7 |
| 1 | 0 | 0 | 0 | 1 | 1 | 1 | 1 | 1 | 1 | 1 | 8 |
| 1 | 0 | 0 | 1 | 1 | 1 | 1 | 1 | 0 | 1 | 1 | 9 |

# 10.6 双稳态触发器

本节开始讨论数字电路的另一重要部件——双稳态触发器，然后从下节开始讨论常见的时序逻辑电路。

## 10.6.1 基本双稳态触发器

**双稳态触发器**(bistable flip-flop)是由门电路加上适当的反馈而构成的一种新的逻辑部件。由于它的输出端有两种可能的稳定状态，而通过输入脉冲信号的触发，又能改变其输出状态，故称为双稳态触发器。

双稳态触发器与门电路的不同之处是：它的输出电平的高低不仅取决于当时的输入，还与以前的输出状态有关，因而，它是一种有记忆功能的逻辑部件。

双稳态触发器简称触发器，它的种类很多。本节介绍的**基本 *RS* 触发器**(basic $R$-$S$ flip-flop)是构成其他各种触发器的基本部分，输入端又分别用 $R$ 和 $S$ 表示，故称为基本 $RS$ 触发器，简称基本触发器。

**1. 输入为低电平有效的基本触发器**

如图 10-25(a)所示电路是由两个与非门交叉连接而成的基本触发器。$Q$ 和 $\overline{Q}$ 是触发器的输出端，正常情况下两者的逻辑状态相反。通常规定以 $Q$ 端的状态定义触发器的状态，即 $Q=0,\overline{Q}=1$ 时，触发器为 0 状态，又称复位状态；$Q=1,\overline{Q}=0$ 时，触发器为 1 状态，又称置位状态。

$\overline{R}$ 和 $\overline{S}$ 是触发器的输入端，输入信号采用负脉冲，即信号未到时，$\overline{R}=1$ 或 $\overline{S}=1$；信号到来时，$\overline{R}=0$ 或 $\overline{S}=0$。也就是说，这种由与非门组成的基本触发器，输入信号为低电平有效。为此，在输入端 $R$ 和 $S$ 上面加上"－"。

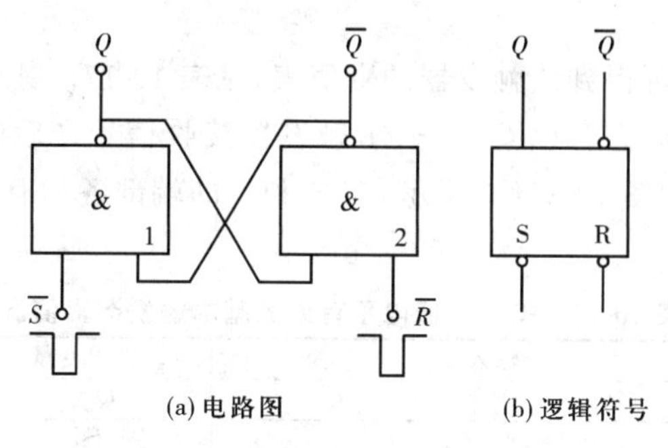


(a) 电路图　　(b) 逻辑符号

图 10-25　与非门组成的基本触发器

下面分四种情况来分析这种触发器的逻辑功能。

(1) $\overline{R}=0$，$\overline{S}=1$ 时，触发器为 0 态。

根据与非门的逻辑功能：任 0 则 1（有一个或一个以上输入为 0，输出为 1），全 1 则 0（输入全部为 1，输出为 0），可知

$$\begin{array}{c}\overline{R}=0\rightarrow\overline{Q}=1\\ \downarrow\\ \overline{S}=1\rightarrow Q=0\end{array}$$

可见，$\overline{R}$ 端有信号输入时，触发器为 0 态，因此，$\overline{R}$ 端称为直接置 0 端或直接复位端。

(2) $\overline{R}=1$，$\overline{S}=0$ 时，触发器为 1 态。

$$\begin{array}{c}\overline{S}=0\rightarrow Q=1\\ \downarrow\\ \overline{R}=1\rightarrow\overline{Q}=0\end{array}$$

可见，$\overline{S}$ 端有信号输入时，触发器为 1 态，因此，$\overline{S}$ 端称为直接置 1 端或直接置位端。

(3) $\overline{R}=1$，$\overline{S}=1$ 时，触发器保持原态。

如果触发器原为 0 态，则

$$\begin{array}{c}Q=0\rightarrow\overline{Q}=1\\ \downarrow\\ \overline{S}=1\rightarrow Q=0\end{array}$$

如果触发器原为 1 态，则

$$\begin{array}{c}\overline{Q}=0\rightarrow Q=1\\ \downarrow\\ \overline{R}=1\rightarrow\overline{Q}=0\end{array}$$

可见，$\overline{R}$ 和 $\overline{S}$ 端都无信号输入时，触发器保持原态，所以触发器具有存储和记忆功能。

(4) $\overline{R}=0$，$\overline{S}=0$ 时，触发器状态不定。

由于信号存在时，$\overline{R}=0$，$\overline{S}=0$，因此 $Q=1$，$\overline{Q}=1$，破坏了两者应该状态相反的逻辑要

求,使触发器既非 0 态,又非 1 态,故为不定状态。

由于信号撤销后,$\overline{R}=1,\overline{S}=1$,触发器的状态将由两个与非门的信号传输快慢来决定,最终结果是随机的,故亦为不定状态。

可见,当 $\overline{R}$ 和 $\overline{S}$ 端都有信号输入时,触发器状态不定,这种情况应禁止出现,并以此作为对输入信号的约束条件。

归纳以上逻辑功能,可得到该触发器的真值表,见表 10-17。其中以 $Q_n$ 表示触发器在接收信号之前的状态,称为原态。以 $Q_{n+1}$ 表示触发器接收信号之后的状态,称为现态。上述基本触发器的逻辑符号如图 10-25(b)所示,在 R 和 S 的端部各加有一个小圆圈,以表示输入信号为低电平有效。

**表 10-17　输入为低电平有效的基本触发器真值表**

| 输入变量 | | 输出变量 |
| --- | --- | --- |
| $\overline{R}$ | $\overline{S}$ | $Q_{n+1}$ |
| 0 | 0 | 不定 |
| 0 | 1 | 0 |
| 1 | 0 | 1 |
| 1 | 1 | $Q_n$ |

**2. 输入为高电平有效的基本触发器**

图 10-26(a)所示电路是由两个或非门交叉连接而成的基本触发器。输入信号采用正脉冲,即输入信号为高电平有效,故输入端 $R$ 和 $S$ 上面不加"—"。

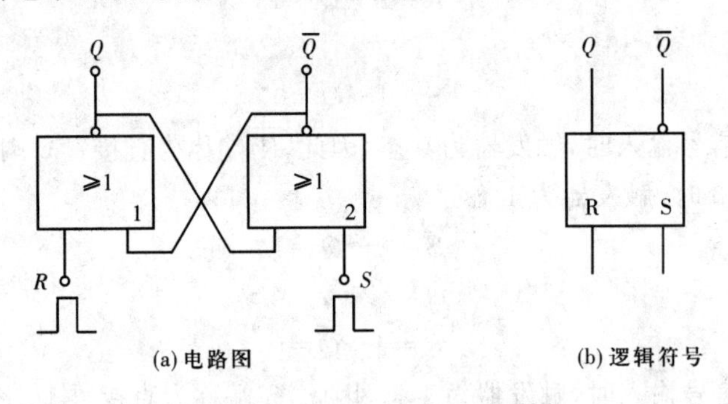


图 10-26　或非门组成的基本触发器

根据或非门的逻辑功能可以求得该触发器的真值表,见表 10-18。与表 10-17 比较一下可知两种基本触发器的逻辑功能是相同的,即 $R$ 端有信号输入时,触发器为 0 态;$S$ 端有信号输入时,触发器为 1 态;$R$ 和 $S$ 端都无信号输入时,触发器为原态;$R$ 和 $S$ 端都有信号输入时,触发器状态不定。输入为高电平有效的基本触发器的逻辑符号如图 10-26(b)所示。与图 10-25(b)的不同之处是 R 和 S 的端部不加小圆圈,以表示输入信号为高电平有效,而且 R 和 S 的位置对调了一下。

**表 10-18　输入为高电平有效的基本触发器真值表**

| 输入变量 | | 输出变量 |
| --- | --- | --- |
| $R$ | $S$ | $Q_{n+1}$ |
| 0 | 0 | $Q_n$ |
| 0 | 1 | 1 |
| 1 | 0 | 0 |
| 1 | 1 | 不定 |

图 10-27 给出了国产 CMOS 集成电路 CC4043 型和 CC4044 型基本触发器外引线排列图。其中图 10-27(a)为或非门组成的基本触发器,图 10-27(b)为与非门组成的基本触发器,它们都含有 4 个基本触发器,而且增加了一个公共的使能端 $E$。当 $E=1$ 时,它们按基本触发器工作;当 $E=0$ 时,处于高阻状态。由于这种触发器具有三态输出功能,所以又称为三态 $RS$ 触发器。

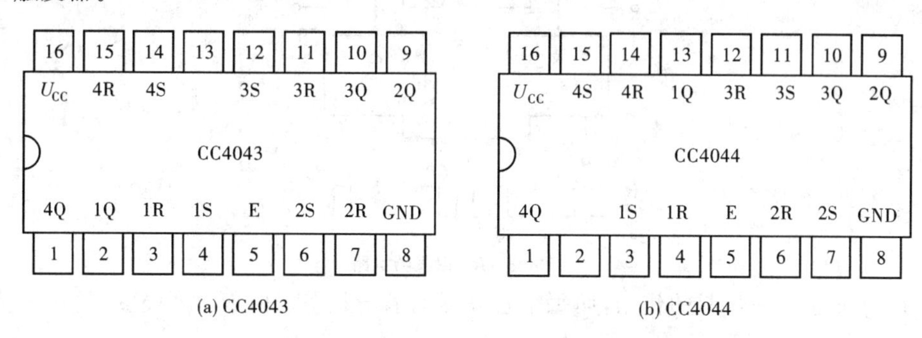


图 10-27　CC4043 型和 CC4044 型基本触发器引线排列图

## 10.6.2　钟控双稳态触发器

基本触发器虽然具有置 0、置 1 或记忆的功能,但在使用上仍不够完善。因为一个数字系统往往有多个触发器,它们的动作速度各异,为了避免各触发器动作参差不齐,就需要用一个统一的信号来协调各触发器的动作。也就是说,各触发器都要受一个统一的指挥信号控制。这个指挥信号称为**时钟脉冲**(clock pulse)。有时钟脉冲的触发器称为**钟控触发器**,又称为**同步触发器**(synchronous flip-flop)。

钟控触发器仍将 $Q$ 端的状态定义为触发器的状态,输入信号都用正脉冲,信号未到时为低电平 0,信号来到时为高电平 1,即输入信号为高电平有效。

按逻辑功能的不同,钟控触发器可分为 $RS$ 触发器、$JK$ 触发器、$D$ 触发器和 $T$ 触发器等。

**1. *RS* 触发器**

(1)电路结构

图 10-28 是一个四门钟控型电路结构的 $RS$ 触发器电路图。上面两个与非门组成了一个基本触发器,下面两个与非门组成了把时钟脉冲和输入信号引入的导引电路。

$Q$ 和 $\overline{Q}$ 是信号输出端,$R$ 和 $S$ 是信号输入端。$CP$ 是时钟脉冲的输入端,它的输入电平称为触发电平。时钟脉冲采用周期一定的一串正脉冲。

当时钟脉冲未到时,$CP=0$,无论 $R$ 端和 $S$ 端是否有无信号输入,与非门 3 和与非门 4 的输出都为 1,即 $\overline{R}'=1$ 和 $\overline{S}'=1$,触发器保持原状态,$R$ 和 $S$ 不起作用,信号无法输入。这种情况称为导引门 3、4 被封锁。

当时钟脉冲到来时,$CP=1$,触发器的状态才由 $R$ 端和 $S$ 端的输入信号来决定,即 $R$ 和 $S$ 起作用,信号输入。这种情况称为导引门 3、4 被打开。

由于 $CP$ 脉冲对输入信号起着打开和封锁导引门的作用,因而在多个触发器共存的系

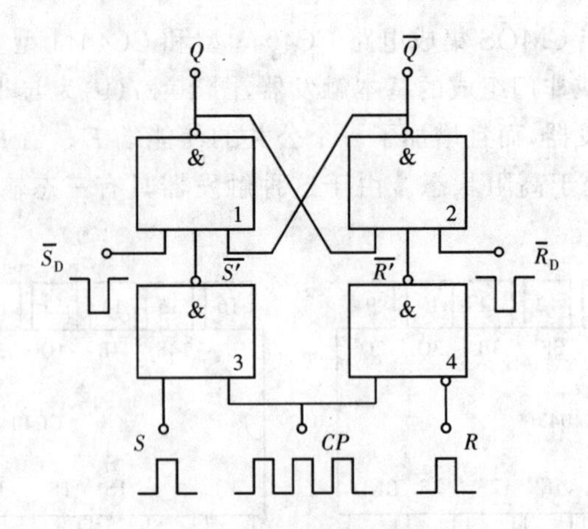


图 10-28 *RS* 触发器电路

统中,$CP$ 脉冲起统一步调的作用,而每个触发器的输出状态仍由 $R$ 端和 $S$ 端的输入信号来决定。

$\overline{R}_D$ 和 $\overline{S}_D$ 分别为直接置 0 端和直接置 1 端,采用负脉冲。由于它们是直接输入到上部的基本触发器中,故不受时钟脉冲的控制,用于工作前使触发器先预置于某一状态。触发器投入工作后,不再起作用,两者都保持在高电平。

(2)逻辑功能

根据与非门的逻辑功能得到 $RS$ 触发器的逻辑功能如下:

①$R=0,S=0$ 时,触发器保持原态。

因为时钟脉冲到来时,$CP=1$,所以

$R=0$, $CP=1$ → $\overline{R'}=1$

$CP=1$, $S=0$ → $\overline{S'}=1$

$\overline{R'}=1$, $\overline{S'}=1$ → $Q_{n+1}=Q_n$

可见,当 $R$ 端和 $S$ 端都无信号输入时,触发器也是保持原态。这正是要将输入信号改为正脉冲的原因。因为在无输入信号时,触发器能保持原态才具有储存和记忆的功能。

②$R=0,S=1$ 时,触发器为 1 态。

$R=0$, $CP=1$ → $\overline{R'}=1$

$CP=1$, $S=1$ → $\overline{S'}=0$

$\overline{R'}=1$, $\overline{S'}=0$ → $Q=1,\overline{Q}=0$

可见,当 $S$ 端有信号输入时,触发器为 1 态,所以 $S$ 端称为置 1 端。

③$R=1,S=0$ 时,触发器为 0 态。

$R=1$, $CP=1$ → $\overline{R'}=0$

$CP=1$, $S=0$ → $\overline{S'}=1$

$\overline{R'}=0$, $\overline{S'}=1$ → $Q=0,\overline{Q}=1$

可见,当 $R$ 端有信号输入时,触发器为 0 态,所以 $R$ 端称为置 0 端。

④$R=1$，$S=1$ 时，触发器状态不定。

$$\left.\begin{array}{l} R=1 \\ CP=1 \end{array}\right\rangle \rightarrow \overline{R'}=0 \qquad \left.\begin{array}{l} CP=1 \\ S=1 \end{array}\right\rangle \rightarrow \overline{S'}=0 \qquad \Rightarrow \text{状态不定}$$

可见，$R$ 端和 $S$ 端同时都有信号输入时，触发器状态也是不定的，这种状态应该禁止出现。

以上分析说明这种触发器的逻辑功能与基本 $RS$ 触发器相同，所以也称为 $RS$ 触发器。为区别起见，图 10-25 和图 10-26 的电路称为基本 $RS$ 触发器或异步 $RS$ 触发器，图 10-28 的电路称为钟控 $RS$ 触发器或同步 $RS$ 触发器。归纳以上逻辑功能可得 $RS$ 触发器真值表，见表 10-19。

**表 10-19　　$RS$ 触发器真值表**

| 输入量变量 | | 输出变量 |
| --- | --- | --- |
| $R$ | $S$ | $Q_{n+1}$ |
| 0 | 0 | $Q_n$ |
| 0 | 1 | 1 |
| 1 | 0 | 0 |
| 1 | 1 | 不定 |

(3)触发方式

时钟脉冲由 0 跳变至 1 的时间，称为正脉冲的前沿时间或上升沿时间。由 1 跳变至 0 的时间，称为正脉冲的后沿时间或下降沿时间。所谓触发方式就是触发器在时钟脉冲的什么时间接收输入信号和输出相应状态。

如图 10-28 所示的电路，只有在 $CP=1$ 时，触发器才能接收输入信号时，并立即输出相应状态，而且在 $CP=1$ 的整个时间内，输入信号变化时，输出状态都要发生相应的变化。如果在 $CP$ 端之前加一个非门，则变成只有在 $CP=0$ 时，触发器才能接收输入信号，并立即输出相应的状态，而且在 $CP=0$ 的整个时间内，输入信号变化，输出状态都要发生相应的变化。像这种只要在 $CP$ 脉冲为规定的电平时，触发器都能接收输入信号并立即输出相应状态的触发方式称为**电平触发**(level triggered)，它又分为**高电平触发**和**低电平触发**两种。本电路属于高电平触发。若在 $CP$ 前加非门的电路，则为低电平触发。电平触发 $RS$ 触发器的逻辑符号如图 10-29 所示。

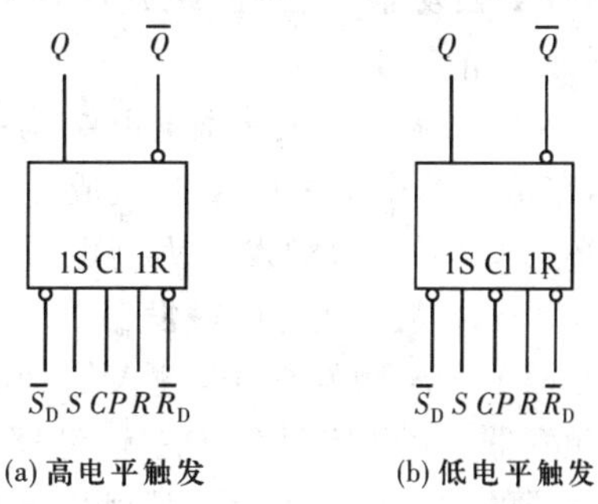


(a) 高电平触发　　(b) 低电平触发

图 10-29　电平触发 $RS$ 触发器的逻辑符号

电平触发的优点是电路结构简单，动作较快，输入信号变化时，输出状态能很快随之变化。在一个 $CP$ 脉冲的有效期间，如果输入信号变化，输出状态也会发生相应的变化。触发器输出状态的变化，即由 0 态变为 1 态，或由 1 态变为 0 态，称为**翻转**。电平触发的缺点就在于一个 $CP$ 脉冲的有效期间，若输入信号发生多次变化，触发器就可能出现多次翻转，这就破坏了输出状

态应与 $CP$ 脉冲同步，即每来一个 $CP$ 脉冲，输出状态只能翻转一次的要求。这一点可通过下面的例题来说明。

**【例 10-5】** 已知高电平触发 $RS$ 触发器，$R$ 和 $S$ 端的输入信号波形如图 10-30 所示，而且已知触发器原为 0 态，求输出端 $Q$ 的波形。

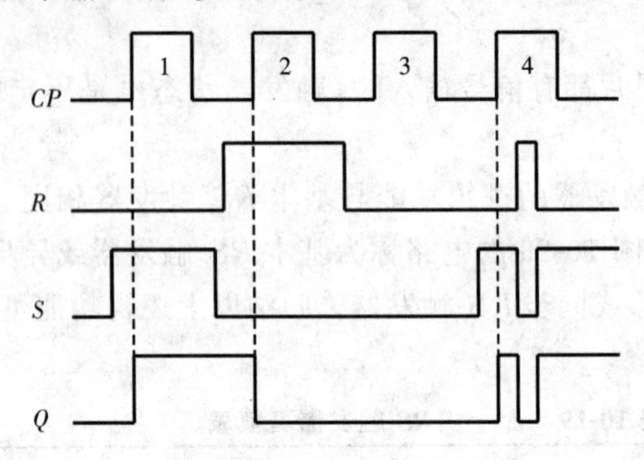


图 10-30 例 10-5 的波形图

**解** 分析这种触发器的输出波形时，应注意以下几点：

(a)触发器输出什么状态，由 $CP$ 脉冲前沿所对应的 $R$ 和 $S$ 端决定；

(b)触发器输出相应状态的时间，在 $CP$ 脉冲前沿到来之时；

(c)在 $CP$ 脉冲的有效期间(本题为 $CP=1$)期间，若输入信号发生变化，输出状态会发生相应变化，即要注意多次翻转的问题。

根据以上三点可知，在第 1 个 $CP=1$ 期间，由于 $R=0, S=1$，故 $Q=1$，这一结果一直维持到第 2 个 $CP$ 脉冲前沿到来之时；

在第 2 个 $CP=1$ 期间，由于 $R=1, S=0$，故 $Q=0$，这一结果又要维持到第 3 个 $CP$ 脉冲前沿到来之时；

在第 3 个 $CP=1$ 期间 $R=0, S=0$，故 $Q$ 不变；

当第 4 个 $CP$ 脉冲前沿到来时，由于在 $CP=1$ 期间，输入信号发生了变化，输出状态也发生了相应的变化。

最后得到 $Q$ 的波形如图 10-30 所示。

**2. *JK* 触发器**

(1)电路结构

图 10-31 是一个主从型电路结构的 $JK$ 触发器电路图，它是由两个 $RS$ 触发器组成。上面的触发器为低电平触发，下面的触发器为高电平触发。输入端改用 $J$、$K$ 表示，故称为 ***JK* 触发器**。

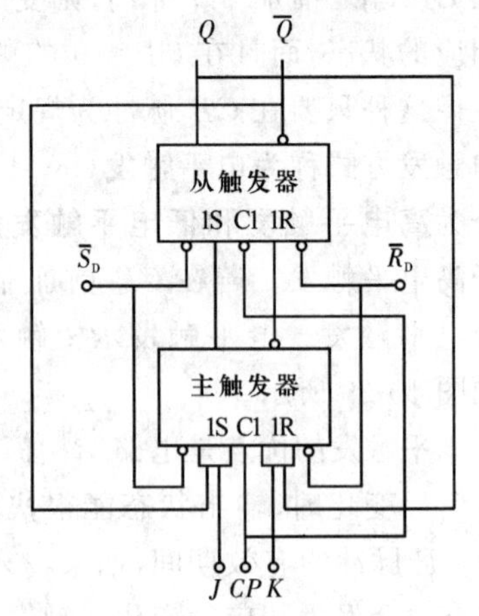


图 10-31 $JK$ 触发器电路

在两个 $RS$ 触发器中，输入信号的 $RS$ 触发器称为主触发器，输出信号的 $RS$ 触发器称为从触发器。主触发器的输出信号也就是从触发器的输入信号。从触发器的输出状态由主触发器的状态来决定，即主触发器是什么状态，从触发器也会是什么状态。这就是主从二字的由来，因此这种触发器称为主从型 $JK$ 触发器。

从触发器的输出通过两根反馈线送回主触发器的 $R$ 和 $S$ 端，因而，主触发器的 $R$ 和 $S$ 端都各有两个输入端，这两个输入端之间为逻辑乘的关系，即

$$R=KQ$$

$$S=J\overline{Q}$$

当 $CP$ 脉冲从 0 上跳至 1，即时钟脉冲的前沿到来时，由于 $CP=1$，主触发器（高电平触发）接收输入信号，其输出状态由 $J$、$K$、$Q$、$\overline{Q}$ 决定。而从触发器（低电平触发）不接收输入信号，其输出状态不变。当 $CP$ 脉冲由 1 下跳至 0，即时钟脉冲的后沿到来时，由于 $CP=0$，主触发器不接收输入信号，其输出状态保持 $CP=1$ 时的状态不变，而从触发器接收其输入信号（即当前时刻主触发器的输出信号），输出状态由主触发器的状态来决定。可见，在时钟脉冲的前沿到来时，主触发器接收输入信号。在时钟脉冲的后沿到来时，从触发器输出相应的状态。

$\overline{R}_D$ 和 $\overline{S}_D$ 分别为直接置 0 端和直接置 1 端，其作用与 $RS$ 触发器中的 $\overline{R}_D$ 和 $\overline{S}_D$ 作用相同。

(2)逻辑功能

①$J=0$、$K=0$ 时，触发器保持原态。

由于主触发器的 $R$、$S$ 分别为

$$R=KQ=0\cdot Q=0$$

$$S=J\overline{Q}=0\cdot\overline{Q}=0$$

因此，当 $CP$ 脉冲的前沿到来时，主触发器状态不变；当 $CP$ 脉冲的后沿到来时，从触发器的状态也不变，即 $Q_{n+1}=Q_n$。

②$J=0$、$K=1$ 时，触发器为 0 态。

如果触发器原为 0 态，则主触发器的 $R$、$S$ 分别为

$$R=KQ=1\times 0=0$$

$$S=J\overline{Q}=0\times 1=0$$

当 $CP$ 脉冲的前沿到来时，主触发器保持 0 态。

如果触发器原为 1 态，则主触发器的 $R$、$S$ 分别为

$$R=KQ=1\times 1=1$$

$$S=J\overline{Q}=0\times 0=0$$

当 $CP$ 脉冲的前沿到来时，主触发器翻转为 0 态。

可见，无论触发器原为 0 态还是 1 态，当 $CP$ 脉冲的后沿到来时，从触发器都为 0 态，即 $Q_{n+1}=0$。所以 $K$ 为置 0 端。

③$J=1$、$K=0$ 时，触发器为 1 态。

情况与②相反，读者可自行分析，所以 $J$ 为置 1 端。

④$J=1$、$K=1$ 时，触发器翻转。

如果触发器原为 0 态，则主触发器的 $R$、$S$ 分别为

$$R=KQ=1\times 0=0$$

$$S=J\overline{Q}=1\times 1=1$$

当 $CP$ 脉冲的前沿到来时，主触发器变为 1 态。

如果触发器原为1态，则主触发器的$R$、$S$分别为

$$R=KQ=1\times1=1$$

$$S=J\overline{Q}=1\times0=0$$

当$CP$脉冲的前沿到来时，主触发器变为0态。

可见，当$CP$脉冲的后沿到来时，从触发器翻转，即$Q_{n+1}=\overline{Q}_n$。不会像$RS$触发器那样出现不允许的不定状态。

归纳以上逻辑功能，可得到$JK$触发器的真值表，见表10-20。

**表 10-20　*JK* 触发器真值表**

| 输入变量 | | 输出变量 |
|---|---|---|
| $J$ | $K$ | $Q_{n+1}$ |
| 0 | 0 | $Q_n$ |
| 0 | 1 | 0 |
| 1 | 0 | 1 |
| 1 | 1 | $\overline{Q}_n$ |

以上分析说明，$JK$触发器不但具有记忆和置数（置0和置1）功能，而且还具有计数功能。所谓计数，就是每来一个脉冲，触发器就翻转一次，从而记下脉冲的数目。$JK$触发器在$J=1$、$K=1$时，若将$CP$脉冲改作计数脉冲，便可实现计数。所以$JK$触发器是功能最齐全的触发器。

(3)触发方式

前面讲到主从型电路结构的$JK$触发器，触发过程是分两步进行的。在上述电路中，主触发器在$CP=1$时接收信号，从触发器在$CP$脉冲由1下跳至0时，即$CP$脉冲的后沿到来时输出相应的状态。如果改变电路结构，例如将主触发器改用低电平触发，从触发改用高电平触发，则变成主触发器在$CP=0$时接收信号，而从触发器在$CP$由0上跳至1，即$CP$脉冲的前沿到来时输出相应的状态。像这种当$CP$为规定的电平时，主触发器接收输入信号，当$CP$再跳变时，从触发器输出相应状态的触发方式称为**主从触发**（master-slave triggered）。按主从触发器输出状态时间的不同又分为后沿主从触发和前沿主从触发两种，如图10-31所示电路属于后沿主从触发，将主、从触发器的触发电平颠倒过来的电路则属于前沿主从触发。目前，应用最多的是后沿主从触发。它们的逻辑符号如图10-32所示，其中图10-32(a)的C1处不加小圆圈，而用符号∧表示触发器是在$CP$脉冲前沿到来时开始输入信号，符号⌐则表示输出延迟的意思，即延迟至$CP$脉冲后沿到来时输出相应状态。图10-32(b)情况正好相反，在C1处加小圆圈，并使用符号∧，输出端加延迟符号⌐，表示该触发器在$CP=0$时接收输入信号，延迟至下一个$CP$脉冲前沿到来时输出相应状态。

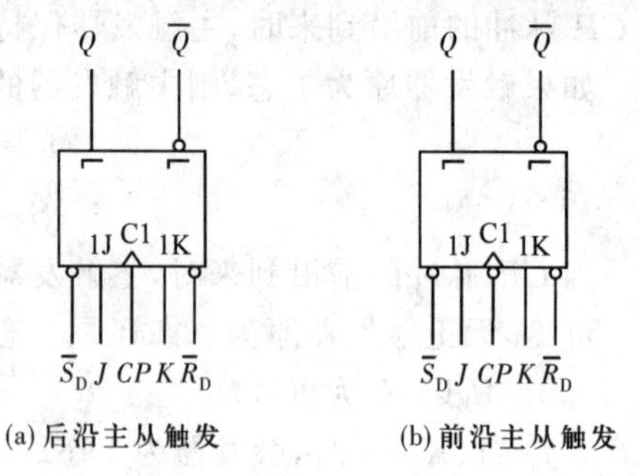


图 10-32　主从型 *JK* 触发器的逻辑符号

由于$Q$和$\overline{Q}$的反馈作用，主从型$JK$触发器不会在$CP$脉冲的有效期间发生多次翻转的现象，但仍有可能存在一次翻转的问题。一次翻转破坏了主从型$JK$触发器的逻辑功能，使其结果与真值表不符，因此，主从触发不允许在$CP$脉冲的有效期间输入信号发生变化。

有一种带有数据锁定的主从型 $JK$ 触发器，则没有上述限制，$CP$ 脉冲后沿到来时，触发器所输出的状态是由 $CP$ 脉冲前沿到来时的 $J$、$K$ 端决定的，不会出现一次翻转现象。

**【例 10-6】**　已知后沿主从触发的 $JK$ 触发器，$J$ 和 $K$ 端的输入信号波形如图 10-33 所示，而且已知触发器原为 0 态，求输出端 $Q$ 的波形。

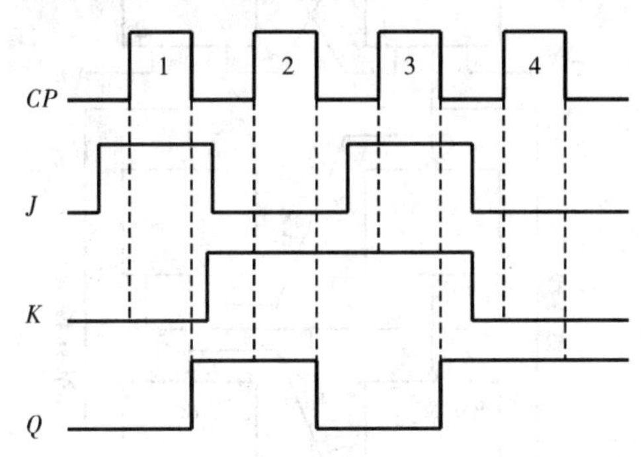


图 10-33　例 10-6 的波形图

**解**　分析这种触发器的输出波形时，应注意以下几点：

(a)触发器输出什么状态，由 $CP$ 脉冲前沿所对应的 $J$ 和 $K$ 端决定；

(b)触发器输出相应状态的时间，在 $CP$ 脉冲后沿到来之时；

(c)在 $CP$ 脉冲的有效期间，输入信号不应变化，不会发生一次翻转的现象。

根据以上三点可知，在第 1 个 $CP$ 脉冲前沿到来时，由于 $J=1, K=0$，所以在第 1 个 $CP$ 脉冲后沿到来时，$Q$ 变为 1，这一结果一直要维持到第 2 个 $CP$ 脉冲后沿到来时为止；

当第 2 个 $CP$ 脉冲前沿到来时，由于 $J=0, K=1$，所以，在第 2 个 $CP$ 脉冲后沿到来时 $Q$ 变为 0；

当第 3 个 $CP$ 脉冲前沿到来时，由于 $J=1, K=1$，所以，在第 3 个 $CP$ 脉冲后沿到来时，触发器翻转，即 $Q$ 由 0 变为 1；

当第 4 个 $CP$ 脉冲前沿到来时，由于 $J=0, K=0$，所以，在第 4 个 $CP$ 脉冲后沿到来时，触发器状态不变，$Q$ 仍为 1。

最后得到 $Q$ 的波形如图 10-33 所示。

**3. *D* 触发器**

(1)电路结构

图 10-34 是一个维持阻塞型电路结构的 $D$ 触发器电路图。它是由六个与非门组成的。上面两个与非门组成一个基本 $RS$ 触发器，作为触发器的输出电路；中间两个与非门组成时钟脉冲的导引电路；下面两个与非门组成信号输入电路。输入端只有一个，用 $D$ 表示，故称为 **$D$ 触发器**。

导引电路的作用与前两种触发器相同：时钟脉冲到来时，$CP=0$，中间两个与非门任 0 则 1，使得 $\overline{R}=1, \overline{S}=1$，基本触发器输出保持原态，与 $D$ 端输入无关，即导引门被封锁，信号无法输入；时钟脉冲到来之后，$CP=1$，导引门被打开，$Q$ 和 $\overline{Q}$ 的状态才由输入信号来决定。

这种电路的主要特点是：一旦输入信号决定了输出状态，在整个 $CP=1$ 期间，即使输入信号变化，输出状态也不会再变化，只有等下一个 $CP$ 脉冲到来时，输出状态才又由输入信号来决定。因而不会像四门钟控型电路那样出现多次翻转现象，也不会像主从型电路那样出现一次翻转现象。这种作用是依靠图中标注的 2 根维持线和 2 根阻塞线来实现的。下面

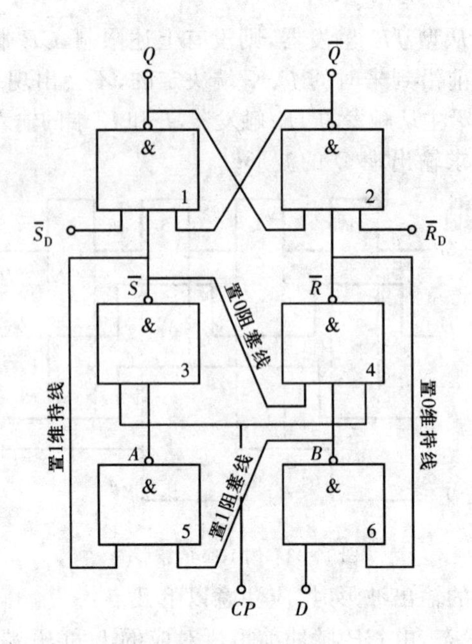


图 10-34　D 触发器电路

结合其逻辑功能来讨论电路的工作原理。

(2)逻辑功能

①$D=0$ 时,触发器为 0 态。

如前所述,当 $CP=0$ 时,中间两个与非门被封锁,$\overline{R}=1$,$\overline{S}=1$。当 $CP$ 由 0 跳变至 1 时,由于 $D=0$,与非门 6 任 0 则 1,$B=1$;与非门 4 全 1 则 0,$\overline{R}=0$;与非门 2 任 0 则 1,$\overline{Q}=1$;与非门 1 全 1 则 0,$Q=0$。故触发器为 0 态。而且在 $CP=1$ 的整个时期内,由于 $\overline{R}=0$ 被反馈到与非门 6 的输入端,无论 $D$ 端输入信号是否改变,与非门 6 的输出端 $B$ 始终为 1,只要 $\overline{S}$ 也为 1,触发器将继续维持 0 态,所以由 $\overline{R}$ 至与非门 6 的反馈线称为置 0 维持线。同时,由于 $B=1$ 被送到了与非门 5 的输入端,使得与非门 5 全 1 则 0,$A=0$;与非门 3 任 0 则 1,保证了 $\overline{S}$ 始终为 1,这就阻塞了使触发器置 1 的可能,所以,由 $B$ 引至与非门 5 的这根线称为置 1 阻塞线。分析过程如图 10-35 所示。

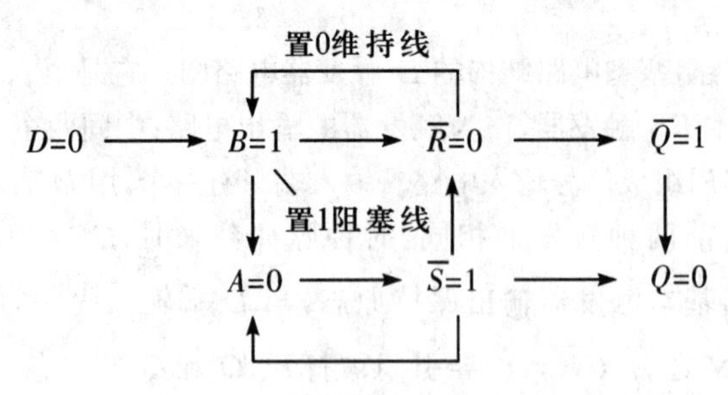


图 10-35　$D=0$ 时触发器的输出状态分析

②$D=1$ 时,触发器为 1 态。

当 $CP=0$ 时,又恢复到 $\overline{R}=1$,$\overline{S}=1$。当 $CP$ 由 0 跳变至 1 时,由于与非门 6 全 1 则 0,

$B=0$;与非门 4 任 0 则 1,$\overline{R}=1$;与非门 5 任 0 则 1,$A=1$;与非门 3 全 1 则 0,$\overline{S}=0$;与非门 1 任 0 则 1,$Q=1$;与非门 2 全 1 则 0,$\overline{Q}=0$。所以触发器为 1 态。而且在 $CP=1$ 的整个时期内,由于 $\overline{S}=0$ 被反馈到与非门 5 的输入端,与非门 5 任 0 则 1,$A=1$;与非门 3 全 1 则 0,$\overline{S}=0$;与非门 1 任 0 则 1,$Q$ 将继续维持为 1;所以由 $\overline{S}$ 至与非门 5 的反馈线称为置 1 维持线。同时,由于 $\overline{S}=0$ 被送到了与非门 4 的输入端,无论 $D$ 端信号是否变化,与非门 4 都任 0 则 1,$\overline{R}=1$;与非门 2 全 1 则 0,$\overline{Q}=0$,这样就阻塞了使触发器置 0 的可能,故这根由 $\overline{S}$ 至与非门 4 的线称为置 0 阻塞线。分析过程如图 10-36 所示。

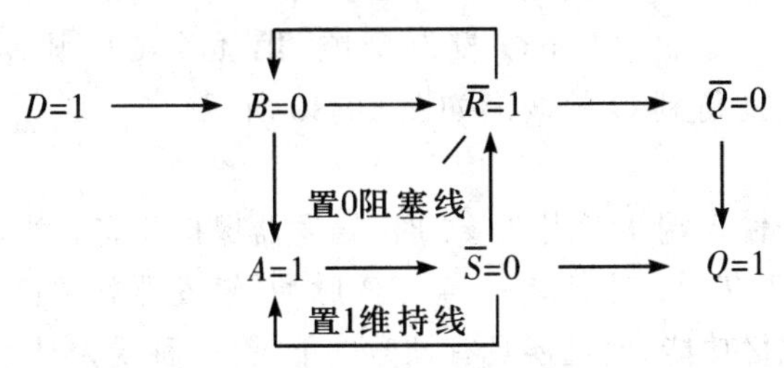


图 10-36　$D=1$ 时触发器的输出状态分析

归纳以上逻辑功能,得到 $D$ 触发器真值表,见表 10-21。

**表 10-21　　$D$ 触发器真值表**

| 输入变量 | 输出变量 |
|---|---|
| $D$ | $Q_{n+1}$ |
| 0 | 0 |
| 1 | 1 |

(3)触发方式

上述 $D$ 触发器是在 $CP$ 由 0 跳变至 1 时,接收输入信号,并输出相应状态。改变电路结构,例如在 $CP$ 端前面加上一个非门,便可以变成在 $CP$ 由 1 跳变至 0 时,接收输入信号,并输出相应状态。像这种只有在时钟脉冲的电平跳变时,接收输入信号并输出相应状态的触发方式称为**边沿触发**(edge triggered),边沿触发又分为上升沿触发和下降沿触发两种。如图 10-34 所示电路的触发方式就属于上升沿触发,如果在该电路的 $CP$ 端前面加非门,则触发方式就属于下降沿触发。边沿触发 $D$ 触发器的逻辑符号如图 10-37 所示。目前,以上升沿触发应用较多。边沿触发因不会在一个 $CP$ 脉冲的有效期内,出现多次翻转或一次翻转现象,因而抗干扰能力强,应用日益增多。

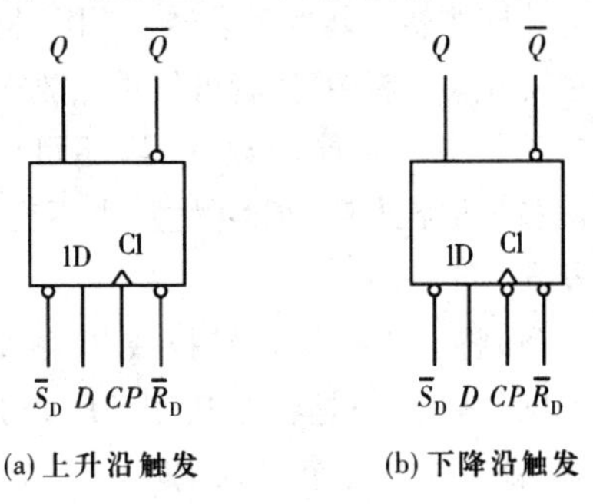


图 10-37　边沿触发 $D$ 触发器的逻辑符号

**【例 10-7】**　已知上升沿触发 $D$ 触发器的输入信号波形如图 10-38 所示,而且已知触发器原为 0 态,求输出端 $Q$ 的波形。

**解**　分析这种触发器的输出波形时,应注意以下几点:

(a)触发器输出什么状态,由 $CP$ 脉冲上升沿对应的 $D$ 端决定;

(b)触发器输出相应状态的时间,在 $CP$ 脉冲上升沿到来之时;

(c)在 $CP$ 脉冲有效期间，即使输入信号变化，输出状态也不会再变化。

根据以上三点可知，第1个 $CP$ 脉冲上升沿到来时，由于 $D=1$，故 $Q$ 从第1个 $CP$ 脉冲上升沿开始变为1；第2个 $CP$ 脉冲脉冲上升沿到来时，由于 $D=0$，故 $Q$ 从第2个 $CP$ 脉冲的上升沿开始变为0；第3个 $CP$ 脉冲上升沿到来时，由于 $D=1$，故 $Q=1$，虽然第3个 $CP$ 脉冲有效期间 $D$ 发生了变化，但对 $Q$ 没有影响；第4个 $CP$ 脉冲上升沿到来时，由于 $D=1$，故 $Q$ 仍为1。由此得到 $Q$ 的波形如图10-38所示。

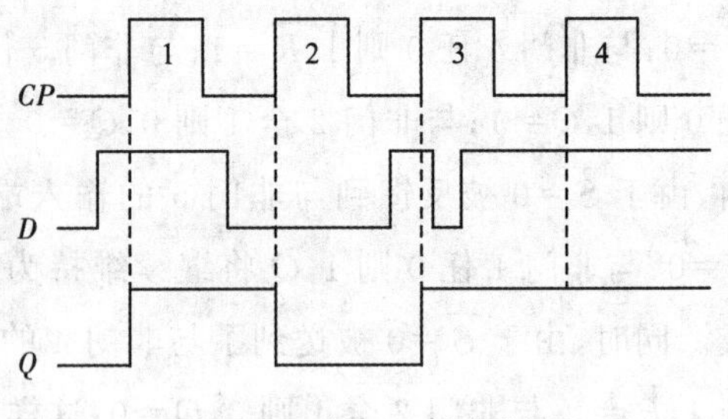


图 10-38　例 10-7 的波形图

**4. *T* 触发器**

$T$ 触发器只有一个输入端 $T$。当 $T=0$ 时，触发器保持原态。当 $T=1$ 时，触发器翻转，真值表见表10-22。由于 $T=1$ 时，每来一个 $CP$ 脉冲，触发器就要翻转一次，所以它不但像其他触发器一样具有记忆功能，而且还具有计数功能，是一种受控计数触发器。

**表 10-22　*T* 触发器真值表**

| 输入变量 | 输出变量 |
|---|---|
| $T$ | $Q_{n+1}$ |
| 0 | $Q_n$ |
| 1 | $\overline{Q}_n$ |

通过前面的分析可知：

按电路结构的不同，钟控触发器可分为四门钟控型、主从型和维持阻塞型等。

按逻辑功能的不同，钟控触发器可分为 $RS$ 触发器、$JK$ 触发器、$D$ 触发器和 $T$ 触发器等。

按触发方式的不同，钟控触发器可分为电平触发、主从触发和边沿触发等。

相同逻辑功能的触发器，采用不同的电路结构，便有不同的触发方式。在电路结构、逻辑功能和触发方式三者中，读者可把重点放在逻辑功能和触发方式上，对电路结构可不做深究。

不同逻辑功能的触发器，还可以像门电路一样，通过外部接线而进行相互转换。转换后，逻辑功能改变，但触发方式不变。下面分别介绍由 $JK$ 触发器和 $D$ 触发器转换成的 $T$ 触发器。

(1)将 $JK$ 触发器转换成 $T$ 触发器

图10-39(a)是将主从型 $JK$ 触发器改接成 $T$ 触发器的电路，只要将 $JK$ 触发器的 $J$ 端和 $K$ 端合并成一个输入端，用 $T$ 表示，即成为 $T$ 触发器。证明如下：

$$T=0 \rightarrow \begin{cases} J=0 \\ K=0 \end{cases} \rightarrow Q_{n+1}=Q_n$$

$$T=1 \rightarrow \begin{cases} J=1 \\ K=1 \end{cases} \rightarrow Q_{n+1}=\overline{Q}_n$$

转换后，触发方式不变，故图10-39(a)是主从触发的 $T$ 触发器，其逻辑符号如图10-39(b)所示。

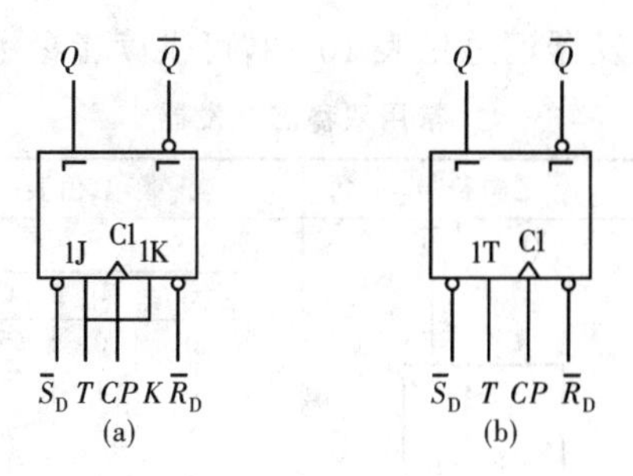


图 10-39　将 $JK$ 触发器转换成 $T$ 触发器

(2)将 $D$ 触发器转换成 $T$ 触发器

图 10-40(a)是将维持阻塞型 $D$ 触发器改接成 $T$ 触发器的电路，只要将 $D$ 触发器的输入端 $D$ 接异或门的输出端，异或门的一个输入端与 $Q$ 端相连，另一端作为 $T$ 输入端。证明如下：

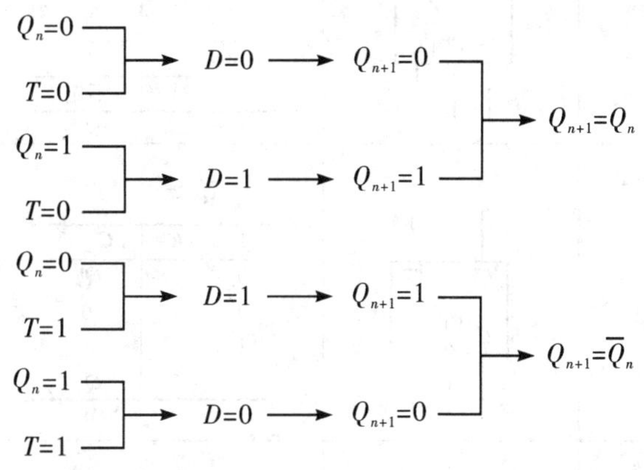


转换后，触发方式不变，故图 10-40(a)是上升沿触发的 $T$ 触发器，其逻辑符号如图 10-40(b)所示。

在上述各种双稳态触发器中，由于 $JK$ 触发器功能最齐全，$D$ 触发器使用最方便，并且都能转换成其他触发器，因而，目前市场上供应的集成电路产品主要是这两种。图 10-41(a)给出了 74LS72 型 $JK$ 触发器的外引线排列图，它是主从型，$J$ 和 $K$ 端各有三个输入端，三个输入端之间为逻辑乘关系。图 10-41(b)给出了 74LS174 型 $D$ 触发器的外引线排列图，它含有 6 个独立的维持阻塞型 $D$ 触发器，$CP$ 是它们公共的时钟脉冲输入端。

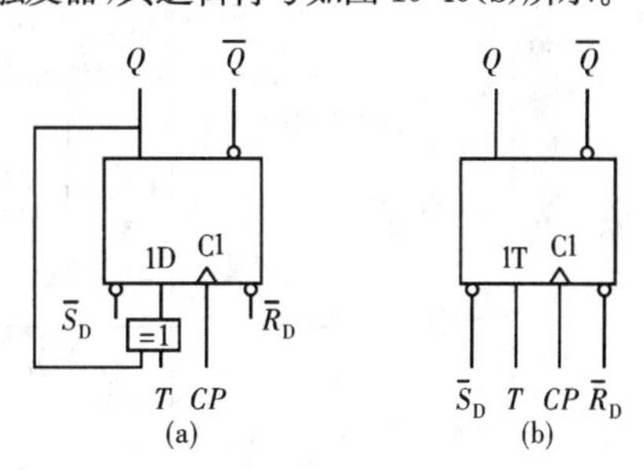


图 10-40　将 $D$ 触发器转换成 $T$ 触发器

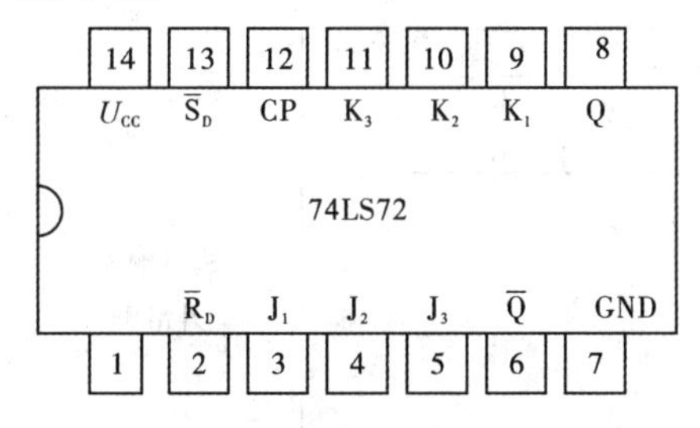


(a) 74LS72型JK触发器的外引线排列

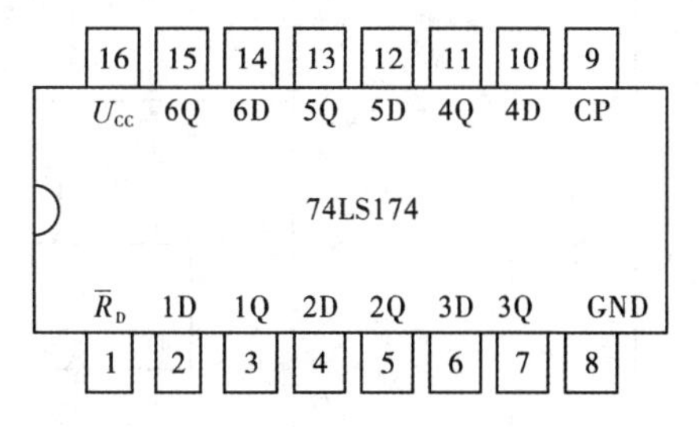


(b) 74LS174型D触发器的外引线排列

图 10-41　74LS72 型 JK 触发器和 74LS174 型 D 触发器的外引线排列图

这两节介绍的主要的触发器汇总见表 10-23,可供读者参考。

**表 10-23　　常用双稳态触发器**

| 名称 | | 逻辑符号 | 真值表 | 触发方式 |
|---|---|---|---|---|
| 基本 $RS$ 触发器 | | 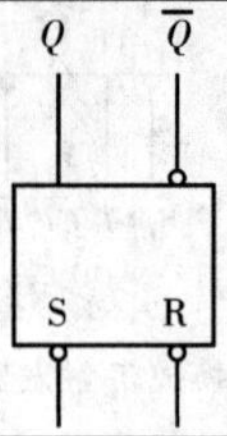 $Q$ $\overline{Q}$<br>S R | $\overline{R}$ $\overline{S}$ $Q_{n+1}$<br>0 0 不定<br>0 1 0<br>1 0 1<br>1 1 $Q_n$ | — |
| 钟控触发器 | $RS$ 触发器 |  $Q$ $\overline{Q}$<br>1S C1 1R | $R$ $S$ $Q_{n+1}$<br>0 0 $Q_n$<br>0 1 1<br>1 0 0<br>1 1 不定 | 电平触发<br>(高电平) |
| | $JK$ 触发器 | 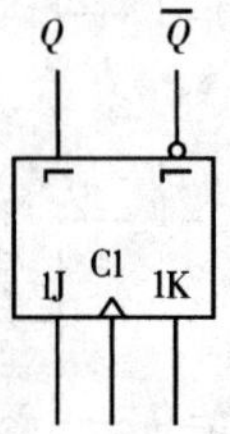 $Q$ $\overline{Q}$<br>1J C1 1K | $J$ $K$ $Q_{n+1}$<br>0 0 $Q_n$<br>0 1 0<br>1 0 1<br>1 1 $\overline{Q}_n$ | 主从触发<br>(后沿主从触发) |
| | $D$ 触发器 | 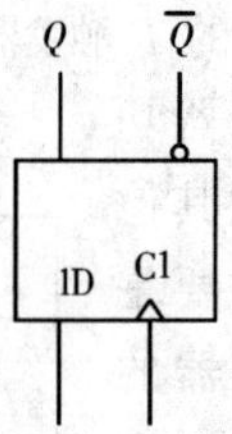 $Q$ $\overline{Q}$<br>1D C1 | $D$ $Q_{n+1}$<br>0 0<br>1 1 | 边沿触发<br>(上升沿触发) |
| | $T$ 触发器 | 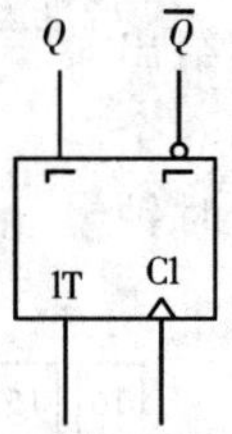 $Q$ $\overline{Q}$<br>1T C1 | $T$ $Q_{n+1}$<br>0 $Q_n$<br>1 $\overline{Q}_n$ | 主从触发<br>(后沿主从触发) |
| | | 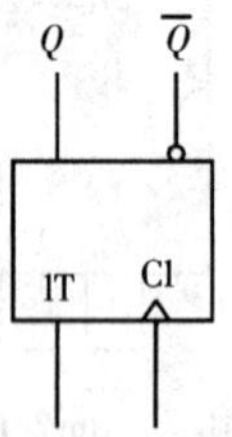 $Q$ $\overline{Q}$<br>1T C1 | | 边沿触发<br>(上升沿触发) |

**【例 10-8】**　图 10-42 是供四组人员参加智力竞赛的抢答电路。其中采用了含有 4 个 $D$ 触发器的集成电路，试分析电路的工作过程。

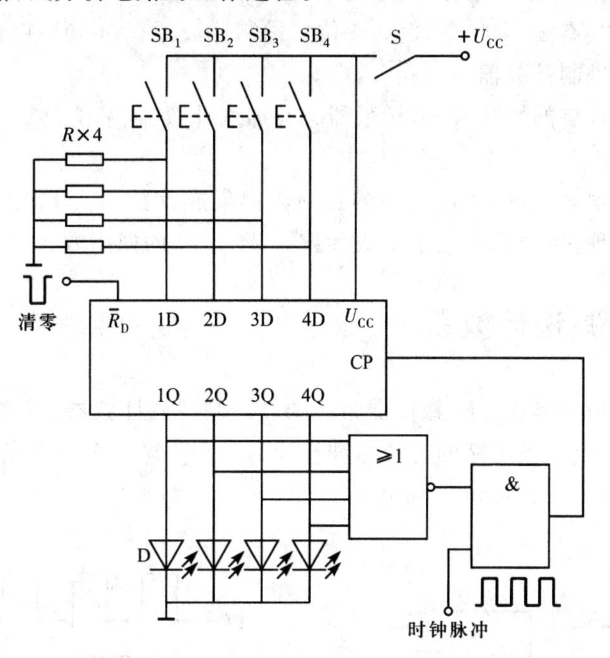


图 10-42　例 10-8 的电路图

**解**　比赛之前，先闭合电源开关 S，使触发器与电源接通。然后给 $\overline{R}_D$ 加上清零负脉冲，使 4 个 $D$ 触发器都预置在 0 态。这时，作指示灯用的发光二极管都不亮，或非门的输入皆为 0，输出为 1，与门被打开，时钟脉冲进入 $CP$ 端。

四位参赛者分别手持按钮 $SB_1 \sim SB_4$，4 人都不按按钮，则 4 个 $D$ 触发器输入皆为 0，它们的输出 $Q$ 也为 0。抢答时，谁先按下按钮，他所属的 $D$ 触发器输入为 1，输出 $Q$ 也为 1，相应的指示灯亮。与此同时，或非门因有一个输入为 1，其输出变为 0，使与门关闭，输出始终为 0，时钟脉冲不能再进入 $CP$ 端，其他人再按下按钮已不起作用。

# 10.7　计数器

计数器和寄存器是常用的两种时序逻辑电路。本节先介绍计数器，寄存器留待下一节讨论。

在数字系统中，计数器的应用十分广泛。它不仅具有计数功能，还可以用于分频、产生序列脉冲、定时等操作。计数器必须由具有记忆功能的触发器组成。

按计数器中各触发器翻转情况不同，计数器分为同步计数器和异步计数器两种。在同步计数器中，输入的计数脉冲作为各触发器的时钟脉冲，同时作用于各触发器的 $CP$ 端，各触发器的动作是同步的；在异步计数器中，有的触发器将输入的计数脉冲作为时钟脉冲，受其直接控制，有的触发器是将其他触发器的输出作为时钟脉冲，因而它们的动作有先有后，是异步的。

按数制的不同，计数器又分为二进制计数器、十进制计数器和 $N$（任意）进制计数器。一般来说，几个状态构成一个计数循环，就称为几进制计数器。但二进制计数器是个例外。$n$ 位的二进制计数器共有 $2^n$ 个状态，例如 4 位二进制计数器有 0000～1111 共 $2^4=16$ 个状态，故也可以称为十六进制计数器。

按计数过程中数字的增减来分，计数器又有加法计数器、减法计数器和既可加又可减的可逆计数器三种。

计数器的种类很多，目前大量使用的是中规模集成计数器。下面仅通过两个例子来说明计数器的工作原理，再介绍中规模集成计数器 74LS90 的使用方法。

## 10.7.1 同步减法计数器

如图 10-43(a)所示是由 $JK$ 触发器组成的二进制减法计数器。计数脉冲 $CP$ 是连在两个触发器的触发端，由于该电路的时钟脉冲是同时作用于两个触发器的时钟脉冲输入端的，故称为**同步计数器**（synchronous counter）。

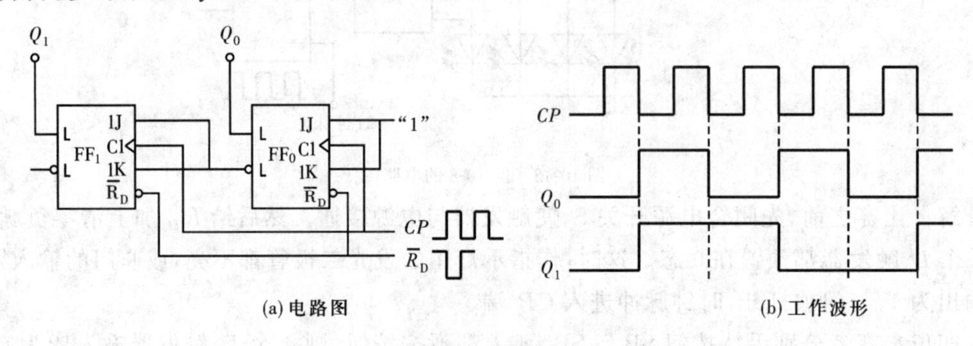


图 10-43　二进制减法计数器（同步计数器）

计数开始前，令各触发器的 $\overline{S}_D=1$（图中省略其接线），在 $\overline{R}_D$ 端加负脉冲将各触发器清零。$FF_0$ 的输入端 $J_0=K_0=1$，故对每个计数脉冲，$Q_0$ 都会发生状态翻转。$FF_1$ 的输入端 $J_1$ 和 $K_1$ 接在一起并与 $\overline{Q}_0$ 端相连，即 $J_1=K_1=\overline{Q}_0$。当 $\overline{Q}_0=1$ 时，$Q_1$ 发生状态翻转，否则保持原态。根据上述原则画出计数器的工作波形如图 10-43(b)所示。由波形图可见：

①触发器 $Q_1Q_0$ 的状态从 00 开始，经过 $4(2^2)$ 个计数脉冲恢复为 00，所以称其为二进制计数器；

②随着计数脉冲的输入，$Q_1Q_0$ 的状态所表示的二进制数依次递减 1，所以称其为减法计数器；

③$Q_0$ 波形的频率是 $CP$ 的二分之一，从 $Q_0$ 输出时称为二分频；$Q_1$ 波形的频率是 $CP$ 的四分之一，从 $Q_1$ 输出时称为四分频。显然，计数器可以做分频器使用，以得到不同频率的脉冲。

④两位二进制减法计数器，能记的最大十进制数为 $2^2-1=3$。$n$ 位二进制减法计数器，能记的最大十进制数为 $2^n-1$。

如果将 $J_1$ 和 $K_1$ 接在一起并与 $Q_0$ 端相连，即 $J_1=K_1=Q_0$，则上述电路变为同步二进制加法计数器，读者可自行分析。

## 10.7.2　异步加法计数器

异步五进制加法计数器

图 10-44(a)所示是用三个 $JK$ 触发器(后沿主从触发)组成的五进制加法计数器,该电路中计数脉冲 $CP$ 不是同时加到各个触发器上的,而只是加到触发器 $FF_0$ 和 $FF_2$ 上,而 $FF_1$ 的触发脉冲来源于 $Q_0$,三个触发器并不是同时动作的,而是动作顺序有先有后,所以称为**异步计数器**(asynchronous counter)。

(a) 电路图

(b) 工作波形

图 10-44　五进制加法计数器(异步计数器)

开始计数前,令各触发器的 $\overline{S}_D=1$,在 $\overline{R}_D$ 端加负脉冲将各触发器清零(图中省略其接线)。$FF_0$ 的输入端 $K_0=1$、$J_0=\overline{Q}_2$;$FF_1$ 的输入端 $J_1=K_1=1$,并注意 $Q_0$ 是 $FF_1$ 的触发脉冲;$FF_2$ 的输入端 $J_2=Q_1Q_0$、$K_2=1$。图 10-44(b)所示是该计数器的工作波形图。由波形图可见:

①触发器 $Q_2\,Q_1\,Q_0$ 的状态从 000 开始,经过 5 个计数脉冲发生一次计数循环,所以称为其五进制计数器;

②随着计数脉冲的输入,$Q_2\,Q_1\,Q_0$ 的状态所表示的二进制数依次递增 1,所以称其为加法计数器;

③$Q_2$ 波形的频率是 $CP$ 的五分之一,即对 $CP$ 进行了五分频。显然,$N$ 进制计数器也可以做分频器使用。

以上两个例子都是用 $JK$ 触发器组成的计数器。实际上,用 $T$ 触发器、$D$ 触发器等也可组成计数器,例如上述的同步计数器用的触发器实际上均为由 $JK$ 触发器转换的 $T$ 触发器。

## 10.7.3　中规模集成计数器及其应用

### 1. 中规模集成计数器介绍

集成计数器产品的类型很多,例如,四位二进制加法计数器 74LS161,双时钟四位二进制可逆计数器 74LS193,单时钟四位二进制可逆计数器 74LS191,单时钟十进制可逆计数器 74LS190,双时钟二-五-十进制计数器 74LS90 等。由于集成计数器功耗低、功能灵活、体积小,所以在一些小型数字系统中得到了广泛的应用。

如图 10-45(a)所示是 74LS90 的内部电路原理图,图 10-45(b)是其引脚图。表 10-24 列出了其逻辑功能。

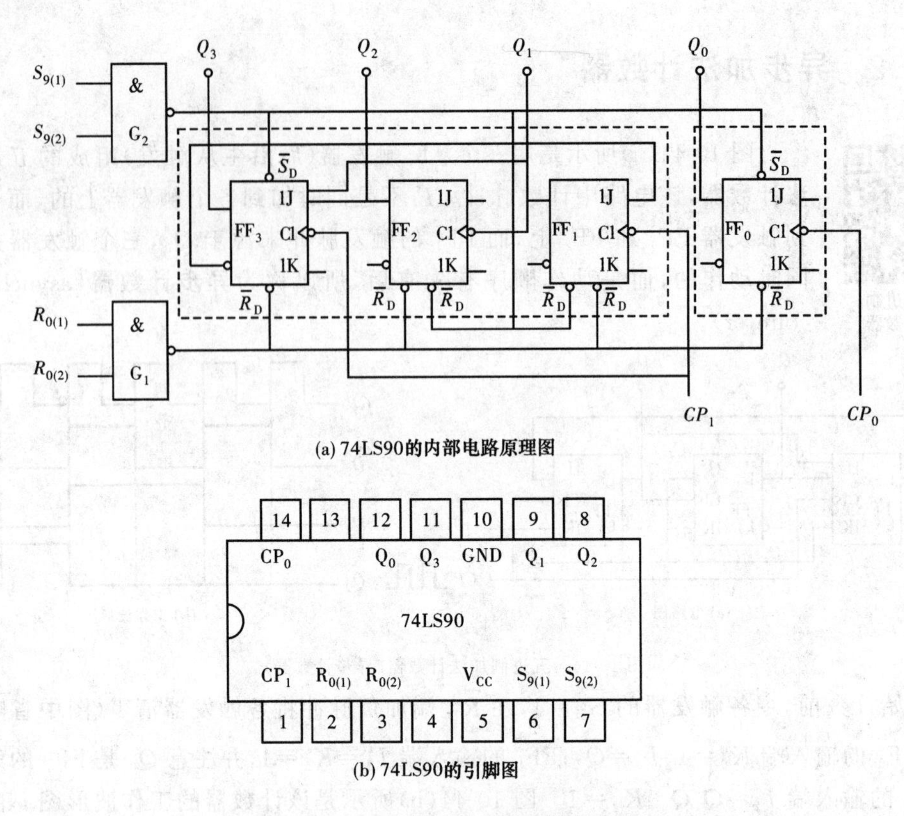


图 10-45　74LS90 的内部电路原理图和引脚图

**表 10-24　　74LS90 的逻辑功能表**

| $CP_0$ | $CP_1$ | $R_{0(1)}$ | $R_{0(2)}$ | $S_{9(1)}$ | $S_{9(2)}$ | $Q_3$ | $Q_2$ | $Q_1$ | $Q_0$ |
|---|---|---|---|---|---|---|---|---|---|
| × | × | 1 | 1 | ×<br>0 | 0<br>× | 0 | 0 | 0 | 0 |
| × | × | ×<br>0 | 0<br>× | 1 | 1 | 1 | 0 | 0 | 1 |
| ↓ | × | ×<br>0 | 0<br>× | ×<br>0 | 0<br>× | 由 $Q_0$ 输出，二进制计数器 | | | |
| × | ↓ | ×<br>0 | 0<br>× | ×<br>0 | 0<br>× | 由 $Q_1$～$Q_3$ 输出，五进制计数器 | | | |
| × | $Q_0$ | ×<br>0 | 0<br>× | ×<br>0 | 0<br>× | 由 $Q_0$～$Q_3$ 输出，十进制计数器 | | | |

由图 10-45(a)和表 10-24 可以看出 74LS90 具有如下功能：

①$FF_0$ 的脉冲由 $CP_0$ 输入，其构成一位二进制计数器，即逢二进一；$FF_1$～$FF_3$ 构成五进制计数器(与图 10-44 相同)，计数脉冲由 $CP_1$ 输入，每输入五个计数脉冲，其状态循环一次。单独使用 $FF_0$ 即二进制计数器；单独使用 $FF_1$～$FF_3$ 即五进制计数器；将 $Q_0$ 与 $CP_1$ 连接起来，由 $CP_0$ 输入计数脉冲，就构成十进制计数器(读者可自行分析)。

②门 $G_1$ 用于计数器清零，当门 $G_1$ 的输入 $R_{0(1)}$ 和 $R_{0(2)}$ 全 1 时，计数器的各触发器被清零；门 $G_2$ 用于计数器置 9，当门 $G_2$ 的输入 $S_{9(1)}$ 和 $S_{9(2)}$ 全 1 时，$FF_0$ 和 $FF_3$ 被置 1，$FF_1$ 和 $FF_2$ 被清零，此时 $Q_3Q_2Q_1Q_0$=1001。

③当计数器工作时，$R_{0(1)}$和$R_{0(2)}$中应该至少有一个为0，$S_{9(1)}$和$S_{9(2)}$中也应该至少有一个为0，将各触发器的直接清零端和直接置1端拉成高电平。

④表10-24中的箭头“↓”表示时钟脉冲的后沿为触发沿。

**2. 应用举例**

尽管集成计数器产品种类很多，也不可能做到任意进制计数器都有相应的产品。但是用一片或几片集成计数器经过适当连接，就可以构成任意进制的计数器。

若一片集成计数器为$M$进制，欲构成$N$进制计数器的原则是：当$M>N$时，只需要用一片集成计数器即可；当$M<N$时，则需要几片$M$进制集成计数器才可以构成$N$进制计数器。

用集成计数器构成任意进制计数器常用的方法有：反馈清零法、级联法和反馈置数法。下面以74LS90为例，介绍用反馈清零法构成任意进制计数器的方法。

用反馈清零法构成任意进制计数器，就是将计数器的输出状态反馈到直接清零端$R_{0(1)}$和$R_{0(2)}$，使计数器在第$N$个脉冲时清零，此后再从0开始计数，从而实现$N$进制计数。集成计数器74LS90的计数循环状态为0000～1001。当欲接成的计数器的进制小于10($M<N$)时，应设法避免无效状态的出现。

图10-46所示是用一片集成计数器74LS90构成七进制计数器的外部连线图。首先将74LS90连成十进制计数器，即$Q_0$与$CP_1$连接，由$CP_0$输入计数脉冲，$S_{9(1)}$和$S_{9(2)}$中至少有一个为0(本例中将两个引脚均接地，二者均为0)。

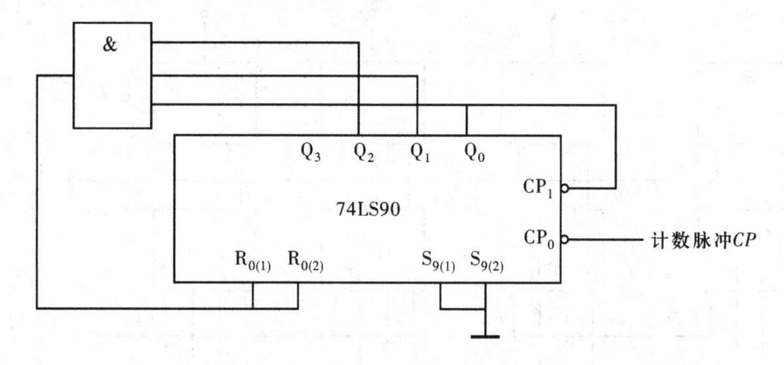


图10-46　用74LS90构成七进制计数器的外部连线图

图10-46中将$Q_2$、$Q_1$、$Q_0$分别接到与门的输入端，再将与门的输出接到直接清零的$R_{0(1)}$和$R_{0(2)}$端。当计数器输入第7个计数脉冲时，$Q_3Q_2Q_1Q_0=0111$，与门就输入1而使计数器立刻清零，这样1000和1001两种状态就不能出现了(实际上0111状态也仅会一闪即逝)。此后再输入计数脉冲时则从0开始计数。计数器的状态每经过7个计数脉冲就循环一次，所以是七进制计数器。

注意，$Q_2$、$Q_1$、$Q_0$的状态必须经过与门后才能直接连接到直接清零端，切不可将$Q_2$、$Q_1$、$Q_0$相互短接再接到直接清零端。

利用反馈清零法，用一片74LS90可以构成三～九进制计数器(要构成五进制计数器，不必反馈清零)。

# 10.8 寄存器

寄存器(register)是数字电路中用来存放数码和指令等的主要部件。按功能的不同,寄存器可分为**数码寄存器**(digital register)和**移位寄存器**(shift register)两种。数码寄存器只供暂时存储数码,然后根据需要取出数码。移位寄存器不仅能存储数码,而且具有移位的功能,即每从外部输入一个移位脉冲(时钟脉冲),其存储数码的位置就同时向左或向右移动一位,这是进行算术运算时所必需的。按存放和取出数码方式的不同,寄存器又有并行和串行之分。前者一般用在数码寄存器中,后者一般用在移位寄存器中。

## 10.8.1 数码寄存器

图10-47是一个可以存放4位二进制数字的数码寄存器。一般来说,一个双稳态触发器可以存放1位二进制数字。因此,一个4位二进制数字的数码寄存器需要4个双稳态触发器。图中采用了4个高电平触发的 $RS$ 触发器,它们的输入端和输出端都利用门电路进行控制。$A_3$、$A_2$、$A_1$、$A_0$ 是数码存入端,$Q_3$、$Q_2$、$Q_1$、$Q_0$ 是数码寄存端,$O_3$、$O_2$、$O_1$、$O_0$ 是数码取出端。图中双稳态触发器的 $\overline{Q}$ 和 $\overline{S}_D$ 端未使用,故未画出。该寄存器的工作过程如下:

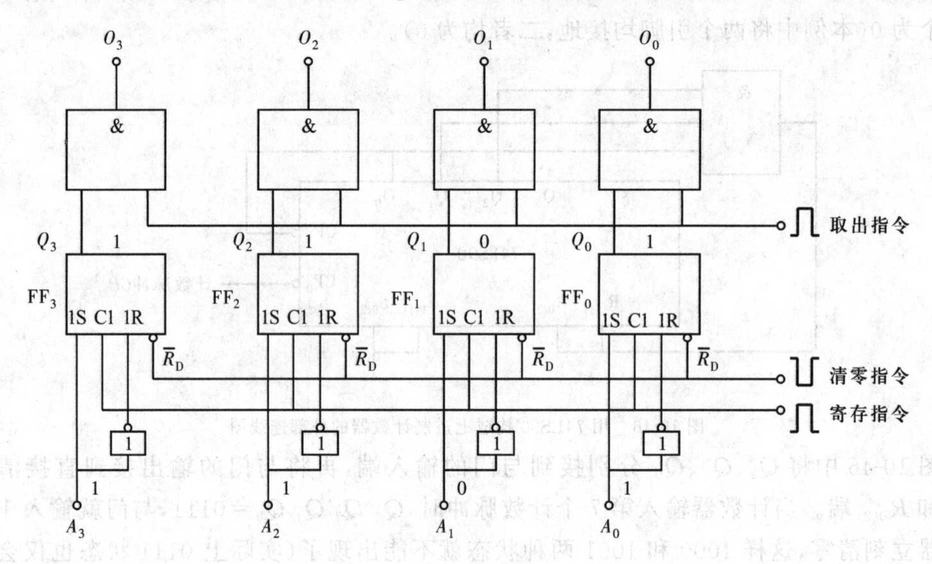


图10-47 数码寄存器

(1)预先清零

在清零输入端输入清零负脉冲,触发器的直接置0端 $\overline{R}_D$ 都为0,各触发器都处于0态。

(2)存入数码

设待存数码为1101,将数码1101分别加到 $A_3$、$A_2$、$A_1$、$A_0$ 端,寄存指令从各触发器的 $CP$ 端输入。寄存指令未到时,$CP$ 端为0,各触发器保持原态,即清零后的0态,这时数码尚未存入。寄存指令到来时,触发器 $FF_3$、$FF_2$ 和 $FF_0$ 的 $R=0$,$S=1$,$Q_3$、$Q_2$ 和 $Q_0$ 都为1,$FF_1$ 的 $R=1$,$S=0$,$Q_1$ 为0,故 $Q_3$、$Q_2$、$Q_1$、$Q_0$ 为1101,数码已被存入。寄存指令到达后,各触发器保持原态，即数码被寄存。

(3)取出数码

取出指令未到时，由于 4 个与门的右边输入为 0，它们的输出也为 0，即 $O_3=0$、$O_2=0$、$O_1=0$、$O_0=0$，故数码虽已存入，但未取出。取出指令到来时，4 个与门的右边输入都为 1，其输出取决于它们的另一输入，即取决于 4 个 $Q$ 端的数码。由于 $Q_3$、$Q_2$ 和 $Q_0$ 为 1，$Q_1$ 为 0，故，$O_3=1$，$O_2=1$，$O_1=0$，$O_0=1$，寄存数码被取出。

上述寄存器在寄存时，数码是从 4 个存入端同时存入，取出时又同时从 4 个取出端取出，所以又称为并行输入-并行输出寄存器。

## 10.8.2 移位寄存器

移位寄存器按移位方向的不同又有右移、左移和双向移位之分。图 10-48 是一个 4 位右移寄存器，由 4 个上升沿触发的 $D$ 触发器组成。该寄存器只有一个输入端和一个输出端。数码是从输入端 $D_3$ 逐位输入，从输出端 $Q_0$ 逐位输出。其工作过程可借助表 10-25 来说明。

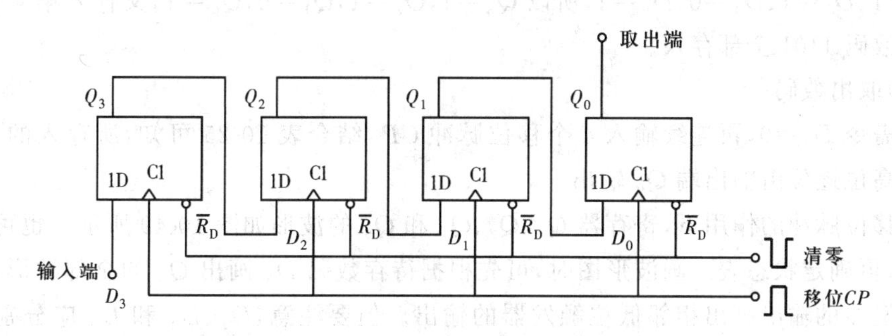


图 10-48　4 位移位寄存器

表 10-25　　移位寄存器状态表

| $CP$ 顺序 | $D_3$ | $Q_3$ | $Q_2$ | $Q_1$ | $Q_0$ | 存取过程 |
|---|---|---|---|---|---|---|
| 0 | ∅ | 0 | 0 | 0 | 0 | 清零 |
| 1 | 1 | 1 | 0 | 0 | 0 | 存入 1 位 |
| 2 | 0 | 0 | 1 | 0 | 0 | 存入 2 位 |
| 3 | 1 | 1 | 0 | 1 | 0 | 存入 3 位 |
| 4 | 1 | 1 | 1 | 0 | 1 | 存入 4 位 |
| 5 | 0 | 0 | 1 | 1 | 0 | 取出 1 位 |
| 6 | 0 | 0 | 0 | 1 | 1 | 取出 2 位 |
| 7 | 0 | 0 | 0 | 0 | 1 | 取出 3 位 |
| 8 | 0 | 0 | 0 | 0 | 0 | 取出 4 位 |

(1)预先清零

在清零输入端输入清零负脉冲,使得 $Q_3=Q_2=Q_1=Q_0=0$。

(2)存入数码

设待存数码仍为 1101。将数码 1101 按时钟脉冲(即移位脉冲)$CP$ 的节拍从低位到高位,即从第 1 位数到第 4 位数依次串行送到输入端 $D_3$。由于 $D_2$、$D_1$、$D_0$ 分别接至 $Q_3$、$Q_2$ 和 $Q_1$,因此在每个 $CP$ 脉冲的上升沿到来时,它们的电平分别等于上一个 $CP$ 脉冲时的 $Q_3$、$Q_2$ 和 $Q_1$ 的电平。于是可知存入数码的过程如下:

首先令 $D_3=1$(第 1 位数,也是最低位的数码),在第 1 个 $CP$ 脉冲的上升沿到来时,由于 $D_3=1$、$D_2=0$、$D_1=0$、$D_0=0$,所以 $Q_3=1$,$Q_2=0$,$Q_1=0$,$Q_0=0$,存入第 1 位。

继之令 $D_3=0$(第 2 位数),在第 2 个 $CP$ 脉冲的上升沿到来时,由于 $D_3=0$、$D_2=1$、$D_1=0$、$D_0=0$,所以 $Q_3=0$,$Q_2=1$,$Q_1=0$,$Q_0=0$,又存入第 2 位。

然后令 $D_3=1$(第 3 位数),在第 3 个 $CP$ 脉冲的上升沿到来时,由于 $D_3=1$、$D_2=0$、$D_1=1$、$D_0=0$,所以 $Q_3=1$,$Q_2=0$,$Q_1=1$,$Q_0=0$,又存入第 3 位。

最后令 $D_3=1$(第 4 位数,也是最高位的数码),在第 4 个 $CP$ 脉冲的上升沿到来时,由于 $D_3=1$、$D_2=1$、$D_1=0$、$D_0=1$,所以 $Q_3=1$,$Q_2=1$,$Q_1=0$,$Q_0=1$,又存入第 4 位。至此,待存的数码 1101 全部存入。

(3)取出数码

只需令 $D_3=0$,再连续输入 4 个移位脉冲 $CP$,结合表 10-25 可知,所存入的 1101 将从低位到高位逐位由输出端 $Q_0$ 输出。

在移位脉冲的作用下,寄存器 $Q_3$、$Q_2$、$Q_1$ 和 $Q_0$ 的波形如图 10-49 所示。也可以先画出波形图,再确定状态表。画波形图时,可先根据待存数码 $D_3$ 画出 $Q_3$ 的全部波形,再依次由高位触发器的输出画出相邻低位触发器的输出。但要注意,$D_2$、$D_1$ 和 $D_0$ 应分别等于上一个 $CP$ 脉冲时的 $Q_3$、$Q_2$ 和 $Q_1$。例如第 3 个 $CP$ 脉冲输出时的 $Q_2$ 应由第 2 个 $CP$ 脉冲过后的 $D_2=Q_3$ 来确定。

上述寄存器的数码是逐位串行输入,逐位串行输出的,所以又称为串行输入-串行输出寄存器。

如果将上述寄存器中的每个触发器的输出端都引到外部,则 4 位数码经 4 个移位脉冲串行输入后,便可由各个触发器的输出端 $Q_3$、$Q_2$、$Q_1$、$Q_0$ 并行输出,这样就成了串行输入-并行输出寄存器。

从以上的分析可以看到,右移寄存器的特点是:右边的触发器受左边的触发器的控制。在移位脉冲作用下,寄存器内存放的数码均是从高位向低位移一位。如果反过来,左边的触发器受右边的触发器控制,待存数码从高位到低位依次串行送到输入端,在移位脉冲作用下,寄存器内存放的数码均从低位向高位移一位,则这样的寄存器称为左移寄存器。

目前国产集成寄存器的种类很多,图 10-50 给出了 CT1194(4 位双向移位寄存器)的外引线排列图。这种寄存器功能比较全面,既可并行输入,亦可串行输入;既可并行输出,又可串行输出;既可右移,又可左移。

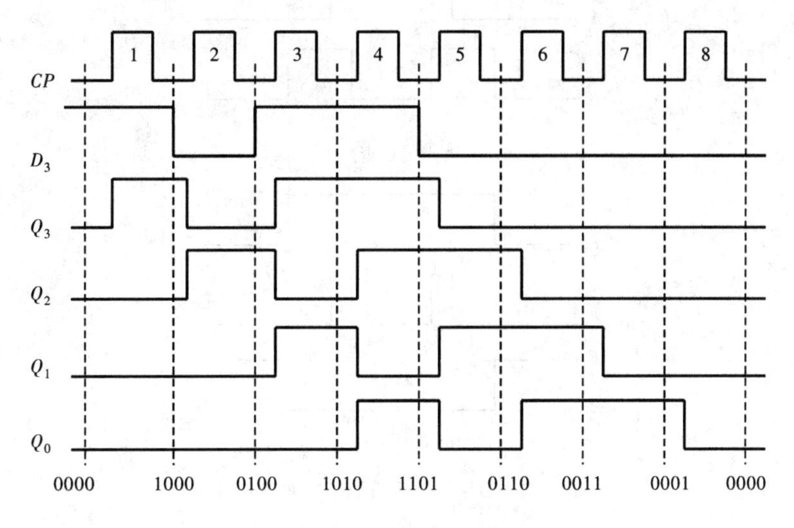


图 10-49　移位寄存器的波形图

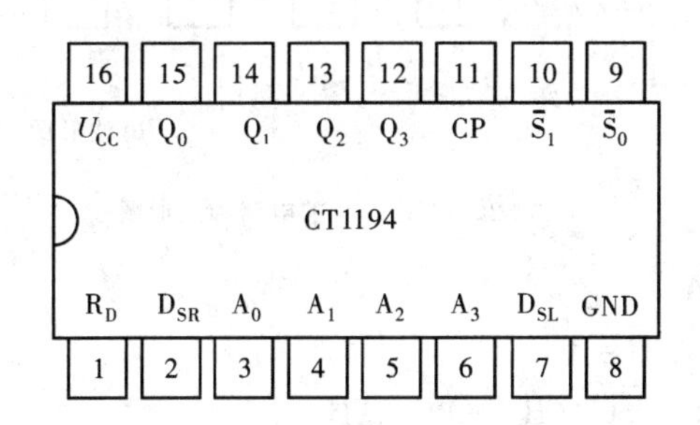


图 10-50　CT1194(4 位双向移位寄存器)的外引线排列图

## 练习题

**10-1**　当决定一事件的所有条件全部具备时,这件事物反而不发生,这种逻辑关系叫(　　)。

A. 与逻辑　　B. 或逻辑　　C. 非逻辑　　D. 与非逻辑

**10-2**　已知三种门电路的输入端 $A$、$B$ 的波形如图 10-51(a)所示,对应的输出波形如图 10-51(b)所示。通过波形图可以判断出 $F_1$ 是(　　)门输出,$F_2$ 是(　　)门输出,$F_3$ 是(　　)门输出。

A. 与门　　B. 或门　　C. 非门　　D. 与非门

E. 或非门

**10-3**　已知与非门的输入波形如图 10-51(a)所示,试画出它的输出波形。

**10-4**　已知逻辑电路及输入信号波形如图 10-52 所示,$A$ 为信号输入端,$B$ 为信号控制端。当输入信号通过三个脉冲后,与非门就关闭,试画出控制信号 $B$ 的波形。

**10-5**　试用逻辑代数的基本定律证明下列各式:

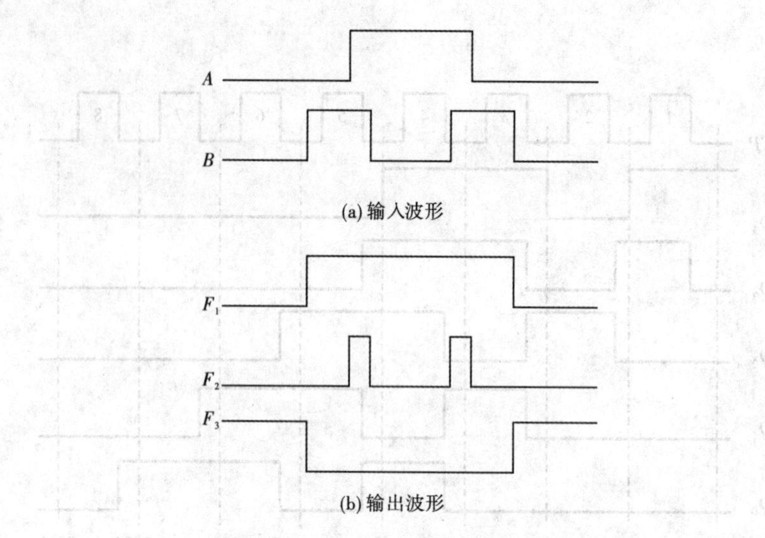


图 10-51　习题 10-2 和习题 10-3 的波形图

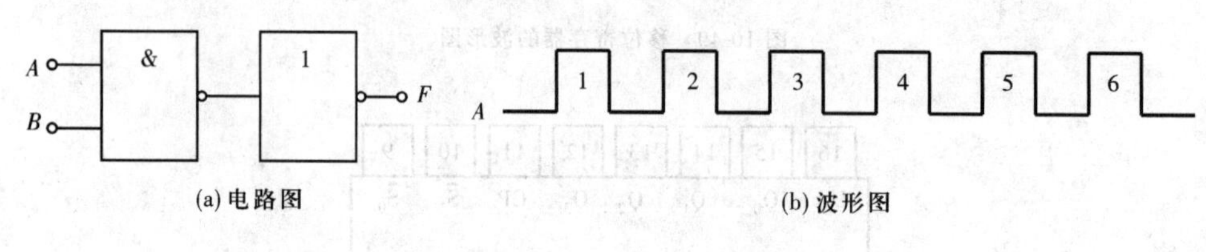


图 10-52　习题 10-4 的电路和波形图

(1)$\overline{\overline{A}+B}+\overline{\overline{A}+\overline{B}}=A$

(2)$AB+A\overline{B}+\overline{A}B+\overline{A}\,\overline{B}=1$

(3)$(A+C)(A+D)(B+C)(B+D)=AB+CD$

**10-6**　若输入变量 $A$、$B$ 相异时，输出 $F=0$，否则 $F=1$，则其输入与输出的关系是(　　)。

$A$. 异或　　$B$. 同或　　$C$. 与非　　$D$. 或非

**10-7**　试分析如图 10-53 所示电路的逻辑功能。

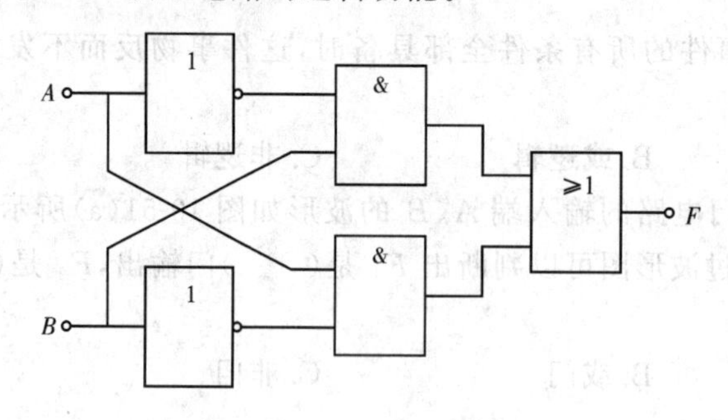


图 10-53　习题 10-7 的电路图

**10-8**　如图 10-54 所示是一个三人表决电路，只有两个或三个输入为 1(表示赞成)时，输出才是 1。试分析该电路能否实现这一功能。

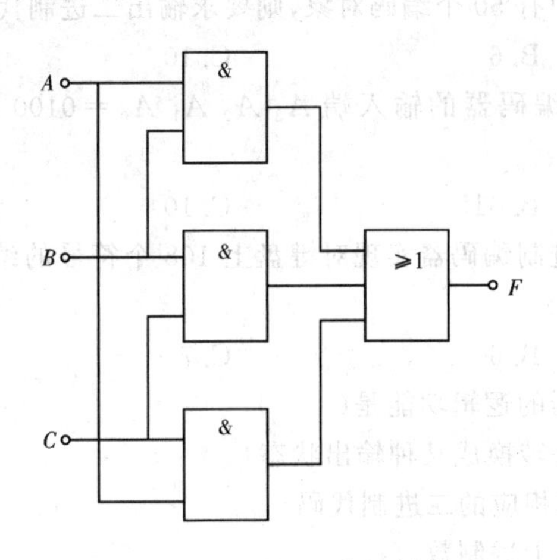


图 10-54　习题 10-8 的电路图

**10-9**　如图 10-55 所示电路是一个选通电路。$M$ 为控制信号，通过 $M$ 电平的高低来选择让 $A$ 还是让 $B$ 从输出端输出。试分析该电路能否实现这一功能。

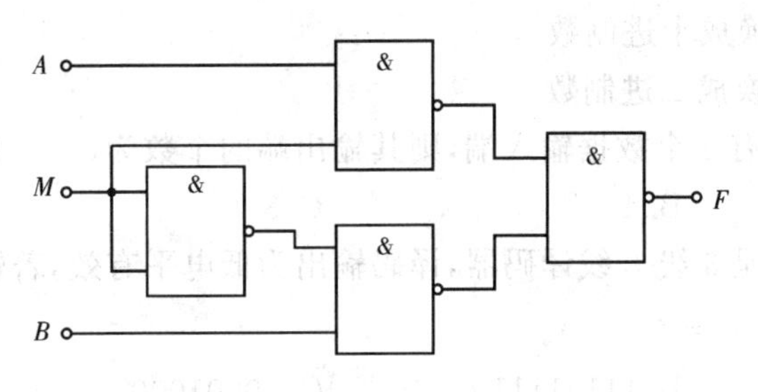


图 10-55　习题 10-9 的电路图

**10-10**　组合电路设计的结果一般是要得到(　　)。

A. 逻辑电路图　　B. 电路的逻辑功能　　C. 电路的真值表　　D. 逻辑函数式

**10-11**　当半加器的两个输入端 $A=B=1$ 时，输出端 $C$ 和 $F$ 分别为(　　)。

A. $C=0, F=0$　　B. $C=0, F=1$　　C. $C=1, F=0$　　D. $C=1, F=1$

**10-12**　试用与非门组成半加器。

**10-13**　一位半加器有(　　)个输入端，(　　)个输出端；一位全加器有(　　)个输入端，(　　)个输出端。

A. 1　　B. 2　　C. 3　　D. 4

**10-14**　设计一个故障显示电路，要求：

(1)两台电动机 $A$ 和 $B$ 正常工作时，绿灯 $F_1$ 亮；

(2)$A$ 或 $B$ 发生故障时，黄灯 $F_2$ 亮；

(3)$A$ 和 $B$ 都发生故障时，红灯 $F_3$ 亮。

**10-15**　两个 1 位二进制数 $A$ 和 $B$ 比较大小，若 $A>B$，则 $F_1=1$；若 $A<B$，则 $F_2=1$；若 $A=B$，则 $F_3=1$。试设计一个电路完成上述功能。

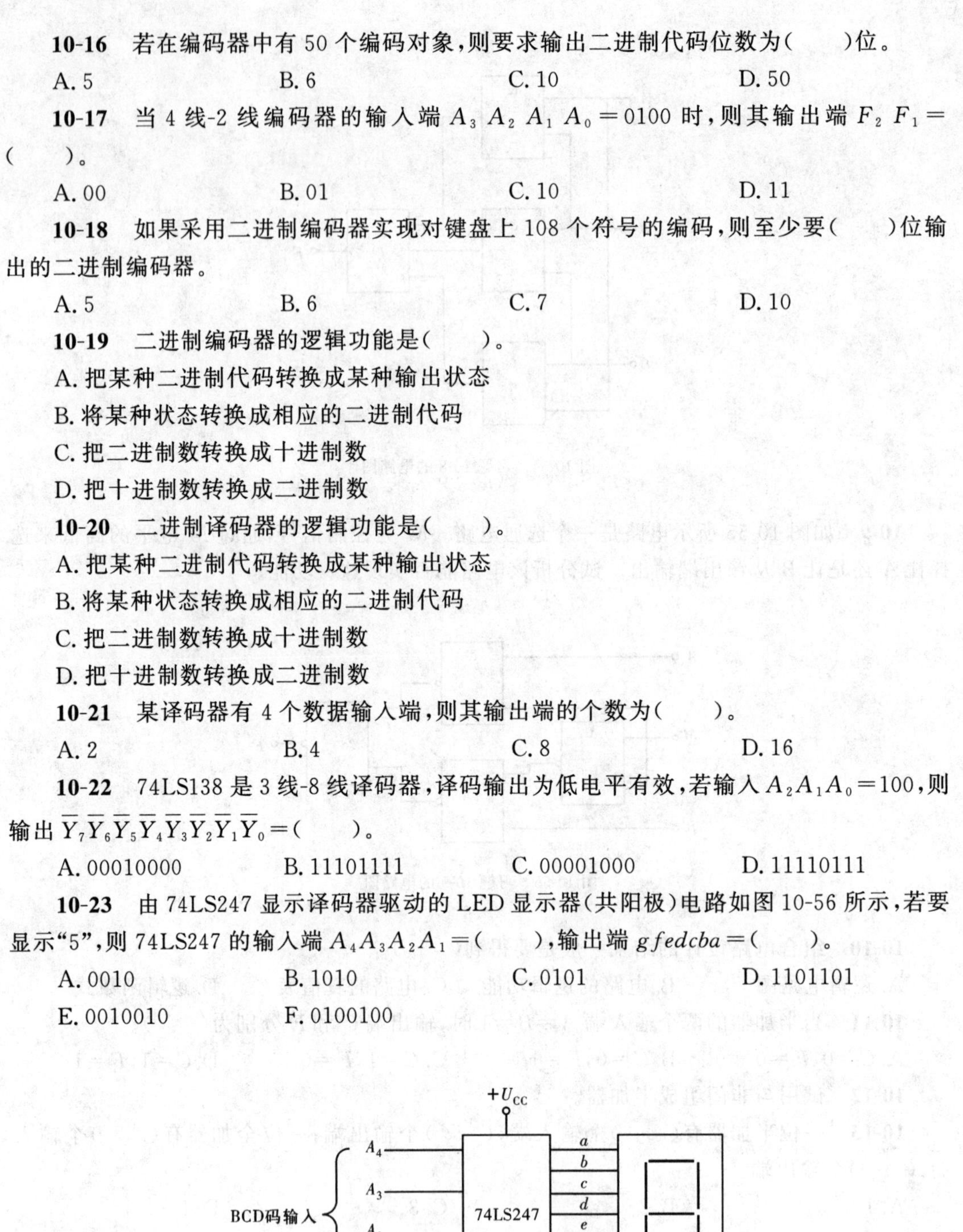

**10-16** 若在编码器中有 50 个编码对象，则要求输出二进制代码位数为(　　)位。

A. 5　　B. 6　　C. 10　　D. 50

**10-17** 当 4 线-2 线编码器的输入端 $A_3A_2A_1A_0=0100$ 时，则其输出端 $F_2F_1=$(　　)。

A. 00　　B. 01　　C. 10　　D. 11

**10-18** 如果采用二进制编码器实现对键盘上 108 个符号的编码，则至少要(　　)位输出的二进制编码器。

A. 5　　B. 6　　C. 7　　D. 10

**10-19** 二进制编码器的逻辑功能是(　　)。

A. 把某种二进制代码转换成某种输出状态

B. 将某种状态转换成相应的二进制代码

C. 把二进制数转换成十进制数

D. 把十进制数转换成二进制数

**10-20** 二进制译码器的逻辑功能是(　　)。

A. 把某种二进制代码转换成某种输出状态

B. 将某种状态转换成相应的二进制代码

C. 把二进制数转换成十进制数

D. 把十进制数转换成二进制数

**10-21** 某译码器有 4 个数据输入端，则其输出端的个数为(　　)。

A. 2　　B. 4　　C. 8　　D. 16

**10-22** 74LS138 是 3 线-8 线译码器，译码输出为低电平有效，若输入 $A_2A_1A_0=100$，则输出 $\overline{Y}_7\overline{Y}_6\overline{Y}_5\overline{Y}_4\overline{Y}_3\overline{Y}_2\overline{Y}_1\overline{Y}_0=$(　　)。

A. 00010000　　B. 11101111　　C. 00001000　　D. 11110111

**10-23** 由 74LS247 显示译码器驱动的 LED 显示器(共阳极)电路如图 10-56 所示，若要显示“5”，则 74LS247 的输入端 $A_4A_3A_2A_1=$(　　)，输出端 $gfedcba=$(　　)。

A. 0010　　B. 1010　　C. 0101　　D. 1101101

E. 0010010　　F. 0100100

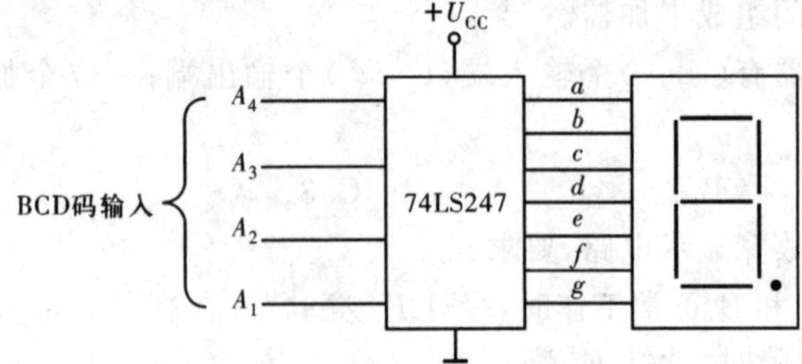


图 10-56　习题 10-23 的电路图

**10-24**　一个触发器可记录一位二进制代码，它有(　　)个稳态。

A. 0　　B. 1　　C. 2　　D. 3

**10-25**　对于输入为高电平有效的钟控 $RS$ 触发器，若要求其输出"0"状态保持不变，则输入的 $RS$ 信号应为(　　)。

A. $RS=X0$　　B. $RS=0X$　　C. $RS=X1$　　D. $RS=1X$

**10-26**　$JK$ 触发器在 $CP$ 脉冲作用下，欲实现 $Q_{n+1}=Q_n$，则输入信号应为(　　)。

A. $J=K=0$　　B. $J=Q,K=1$　　C. $J=\overline{Q},K=Q$　　D. $J=\overline{Q},K=0$

**10-27**　对于主从型 $JK$ 触发器，当 $J,K,\overline{R}_D,\overline{S}_D$ 端都接高电平时，该触发器具有(　　)功能。

A. 置"1"　　B. 置"0"　　C. 计数　　D. 不变

**10-28**　对于 $D$ 触发器，输入 $D=1$，$CP$ 脉冲作用后，触发器的现态应为(　　)。

A. 0　　B. 1　　C. 0 或 1　　D. 不确定

**10-29**　已知如图 10-57(a)所示电路中各输入端的波形如图 10-57(b)所示，工作前各触发器先清零，试画出 $Q_1$，$Q_2$ 和 $Q_3$ 的波形。

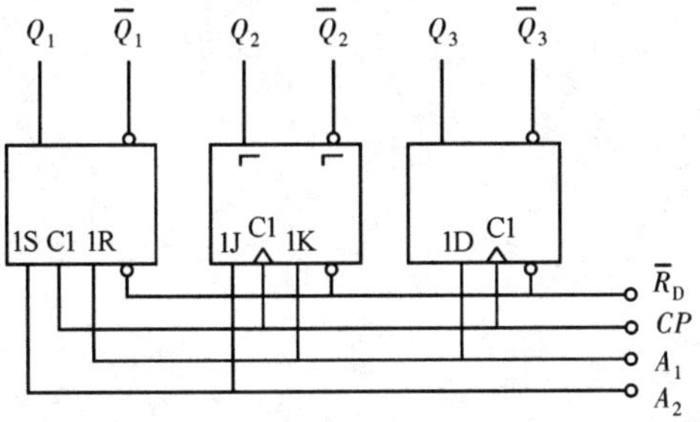

(a) 电路

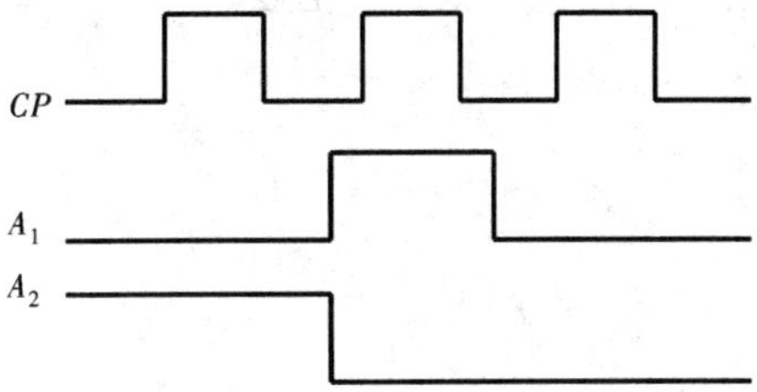

(b) 输入波形

图 10-57　习题 10-29 的电路和波形图

**10-30**　对于 $JK$ 触发器，若 $J=K$，则可完成(　　)触发器的逻辑功能。

A. $T$　　B. $D$　　C. 钟控 $RS$　　D. 基本 $RS$

**10-31**　将 $D$ 触发器转换为 $T$ 触发器，如图 10-58 所示电路的虚框内应是(　　)。

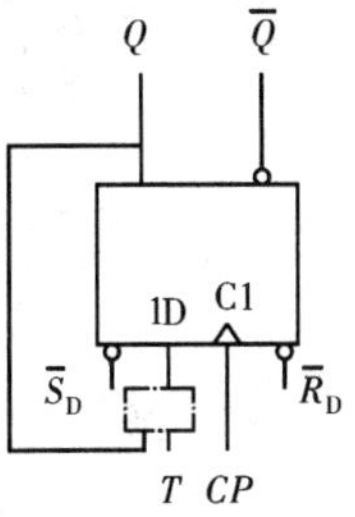

图 10-58　习题 10-31 的电路图

A. 或非门　　B. 与非门　　C. 异或门　　D. 同或门

**10-32**　用二进制异步计数器从 0 做加法，计到十进制数 16，则最少需要(　　)个触发器。

A. 7　　B. 6　　C. 5　　D. 4

**10-33** $N$ 个触发器可以构成最大计数长度(进制数)为(　　)的计数器。

A. $N$　　B. $2N$　　C. $N^2$　　D. $2^N$

**10-34** 如图 10-59 所示电路为一计数器,试说明该计数器是几进制计数器,是同步还是异步,是加法还是减法计数器。

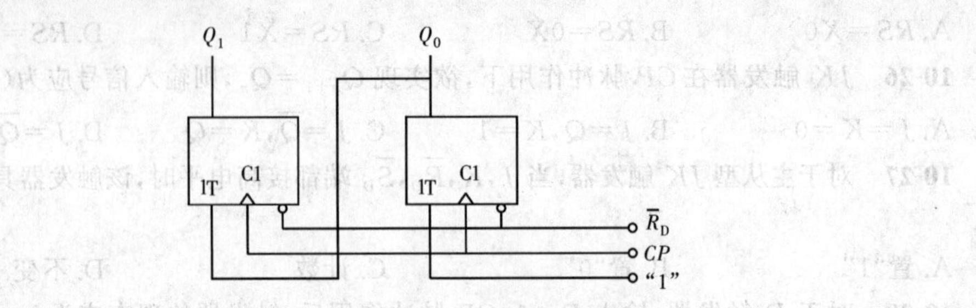


图 10-59　习题 10-34 的电路图

**10-35** 存储 8 位二进制信息需要(　　)个触发器。

A. 2　　B. 3　　C. 4　　D. 8

**10-36** 对于 8 位移位寄存器,串行输入时经(　　)个脉冲后,8 位数码全部移入寄存器中。

A. 1　　B. 2　　C. 4　　D. 8

# 第11章

# 数字信号与模拟信号的相互转换

随着数字电子技术的发展和数字计算机的广泛运用，经常需要进行数字信号和模拟信号的相互转换。例如，利用计算机实现信号检测、处理和控制，必须先将检测到的模拟信号转换为数字信号，才能输送到计算机内，而经过计算机处理后的数字信号，有的必须再转换为模拟信号，才能控制驱动装置以实现对被控制对象的控制。以上利用计算机实现检测与控制的方框图如图 11-1 所示。

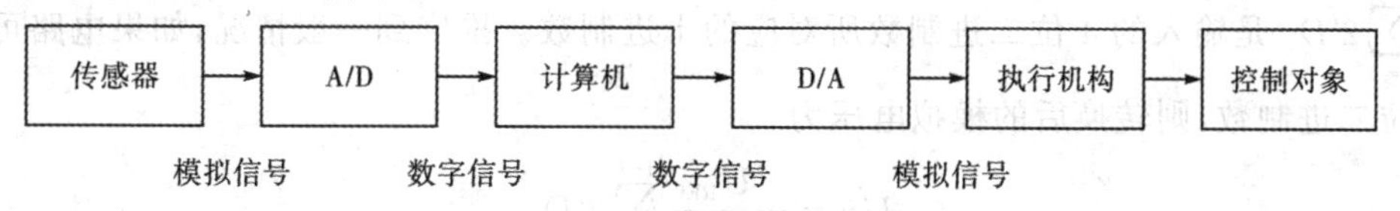


图 11-1　利用计算机实现检测与控制的方框图

将数字信号转换为模拟信号的装置为**数模转换器**(digital to analog converter)，简称 **D/A 转换器**或 **DAC**。将模拟信号转换为数字信号的装置为**模数转换器**(analog to digital converter)，简称 **A/D 转换器**或 **ADC**。它们是模拟系统与数字系统之间的接口。本章主要介绍这两种转换器的基本原理和常见芯片。

## 11.1　D/A 转换器

D/A 转换器的种类很多，这里仅以常用的 $R$-$2R$ 型 D/A 转换器为例来说明转换的基本原理。4 位 $R$-$2R$ 型 D/A 转换器电路如图 11-2 所示。它的核心部分是由精密电阻组成的 $R$-$2R$ 型网络(也称为 T 型电阻网络)和电子双向开关。整个电路由多个相同的环节组成，每个环节都有一个 $2R$ 电阻和一个电子双向开关。相邻两环节之间通过电阻 $R$ 联系起来。每个环节反映二进制数的一位数码。该环节的双向电子开关的位置由该位的二进制数字来控制。当该位数码 $D_i$ 为 1 时，开关接基准电压 $U_{REF}$；当 $D_i$ 为 0 时，开关接地。二进制数由 $D_3D_2D_1D_0$ 端输入，经过 T 型电阻网络将每位二进制数转换成相应的模拟量，最后由集成运算放大电路进行求和运算。

利用叠加原理可以得到如图 11-2 所示电路的输出模拟电压为

$$U_O=-\left(\frac{U_{REF}}{2}D_3+\frac{U_{REF}}{2^2}D_2+\frac{U_{REF}}{2^3}D_1+\frac{U_{REF}}{2^4}D_0\right)$$

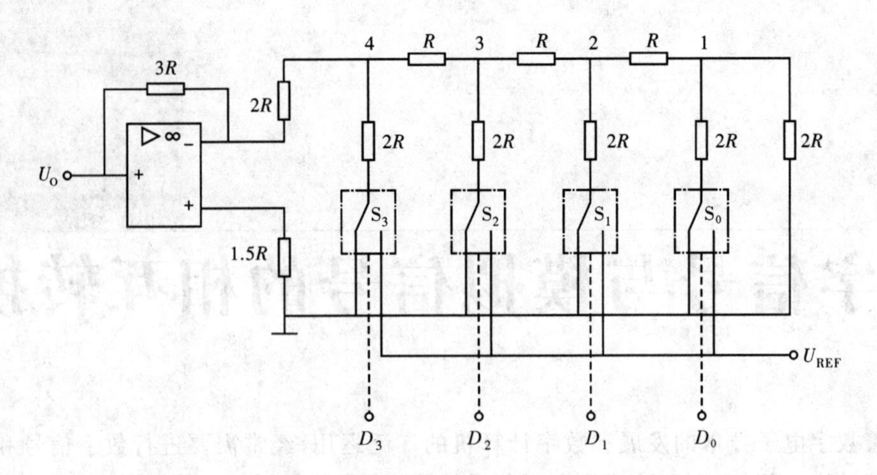


图 11-2　4 位 $R$-$2R$ 型 D/A 转换器电路

$$=-\frac{U_{\mathrm{REF}}}{2^4}\sum_{i=0}^{3}2^iD_i \tag{11-1}$$

其中 $\sum_{i=0}^{3}2^iD_i$ 是输入的 4 位二进制数所对应的十进制数。推广到一般情况，如果电路可以输入 $n$ 位二进制数，则转换后的模拟电压为

$$U_{\mathrm{O}}=-\frac{U_{\mathrm{REF}}}{2^n}\sum_{i=0}^{n-1}2^iD_i \tag{11-2}$$

由式(11-2)可知，输出的模拟量 $U_{\mathrm{O}}$ 与输入的数字量成正比，这样就实现了数字量与模拟量的转换。

D/A 转换器的技术指标主要为：

(1)分辨率。

D/A 转换器的非零最小输出电压 $U_{\mathrm{Omin}}$ 与最大输出电压 $U_{\mathrm{Omax}}$ 之比称为 D/A 转换器的**分辨率**(resolution)。输出电压是与二进制数字量对应的十进制数成正比的，所以分辨率为

$$K_{\mathrm{RR}}=\frac{U_{\mathrm{Omin}}}{U_{\mathrm{Omax}}}=\frac{1}{2^n-1} \tag{11-3}$$

可以看到，分辨率的大小取决于 D/A 转换器的位数，位数越多，分辨率越高。

(2)转换精度。

转换精度指实际输出的模拟量与理论输出的模拟量之间的偏离程度。转换精度与 D/A 转换器集成芯片的结构、外部电路器件或电源误差有关。如果不考虑其他转换误差，分辨率的大小决定转换精度。

(3)建立时间。

建立时间是描述 D/A 转换器转换速度快慢的参数，定义为从输入数字信号由全 0 突变为全 1 时开始，到输出达到稳定在一定范围内所需要的时间。

目前，市场供应的 D/A 转换器转换芯片种类较多。按输入二进制数的位数分类，有 8 位、10 位、12 位、16 位、24 位等 D/A 转换器；按解码网络结构不同，可分为 T 型电阻网络、倒 T 型电阻网络、权电流和权电阻网络 D/A 转换器；按模拟电子开关电路的不同，又可分为

CMOS 开关型和双极型开关型 D/A 转换器。由于使用的情况不同，对 D/A 转换器转换芯片的位数、速度、精度及价格有不同要求，用户可根据实际情况选用不同型号的芯片。

现以 DAC0832 为例说明常用的 D/A 转换器转换芯片。DAC0832 是 8 位 *R*-2*R* 型 D/A 转换集成芯片，具有价格低廉、接口简单、转换控制容易等优点，在计算机应用系统中得到了广泛的应用。DAC0832 内含两级寄存器(8 位输入寄存器和 8 位 DAC 寄存器)，这两个寄存器可以使 DAC0832 工作在双缓冲器方式，即在输出模拟信号的同时采集下一个数字量，这样能有效地提高转换速度。此外，两级寄存器还可以在多个 D/A 转换器同时工作时，利用第二级寄存信号来实现多个转换器同步输出。DAC0832 输出的是模拟电流，所以使用时需外接集成运放。DAC0832 转换器的引脚图和内部结构图如图 11-3 所示。

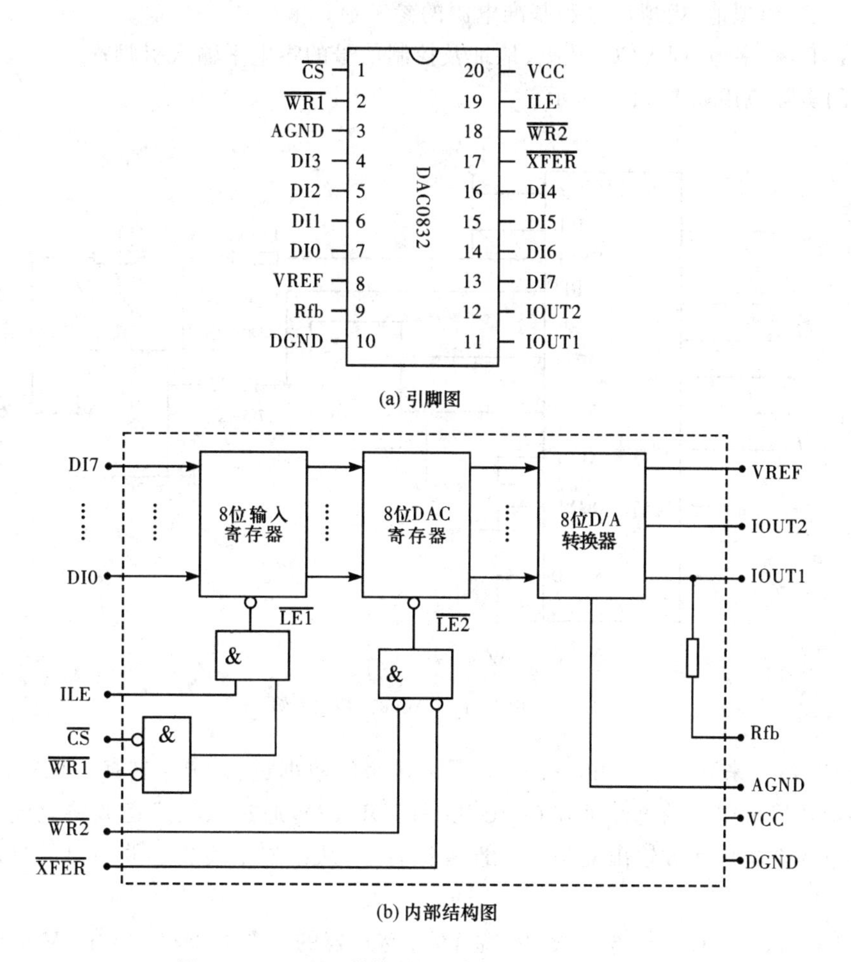

(a) 引脚图

(b) 内部结构图

图 11-3　DAC0832 转换器的引脚图和内部结构图

DAC0832 共有 20 个引脚，各引脚功能分述如下：

DI0～DI7：8 位数字量输入通道；

ILE：数据锁存允许控制信号，高电平有效；

$\overline{\text{CS}}$：片选信号，低电平有效；

$\overline{\text{WR1}}$：输入寄存器的写选通信号，当$\overline{\text{WR1}}$、$\overline{\text{CS}}$、ILE 均有效时，可将数据写入输入寄存器中；

$\overline{\text{XFER}}$：数据传送控制信号，低电平有效；

$\overline{\text{WR2}}$：DAC 寄存器写选通信号；

IOUT1：电流输出线，外接集成运放的反相输入端。当输入全为 1 时，IOUT1 最大；

IOUT2：电流输出线，外接集成运放的同相输入端。其值与 IOUT1 之和为一常数；

Rfb：反馈信号输入线，芯片内部有反馈电阻；

VCC：芯片电源电压正极性端（+5 V～+15 V）；

VREF：基准电压输入线，在－10 V～+10 V 调节，为芯片内电阻网络提供高精度基准电压。

AGND：模拟地，模拟信号和基准电源的参考地；

DGND：数字地，即 VCC、数据、地址及控制信号的零电平输入引脚；

它的实际应用如图 11-4 所示。

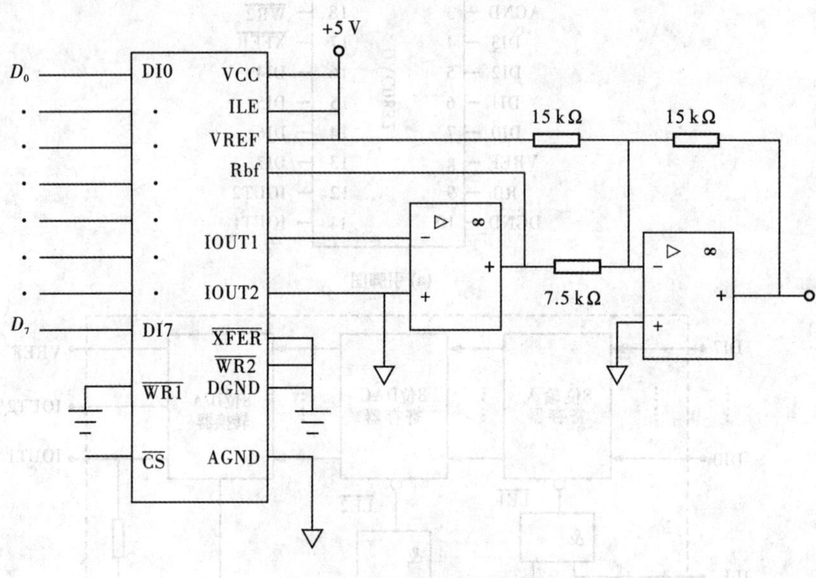


图 11-4　DAC0832 应用举例

当$\overline{\text{CS}}$信号来到时，对 DI0～DI7 数据线送来的数据进行 D/A 转换。DAC0832 将输入的数字量转换成差动的电流输出（IOUT1 和 IOUT2），通过双集成运放将电流变成电压输出。从第一个集成运放输出的是单极性模拟电压，从第二个集成运放输出的是双极性模拟电压。

**【例 11-1】**　设 1 个 6 位 $R$-$2R$ 型 D/A 转换器的基准电压 $U_{\text{REF}}=10$ V，输入二进制数 1011 和 111101，试求这两种输入情况下的输出模拟电压及该 D/A 转换器的分辨率。

**解**　(1)输入数字量为 1011 时，也就是 001011 时，有

$$\begin{aligned}U_{\text{O}}&=-2^{-n}U_{\text{REF}}\sum_{i=0}^{n-1}2^iD_i\\&=-2^{-6}\times10\times(0\times2^5+0\times2^4+1\times2^3+0\times2^2+1\times2^1+1\times2^0)\text{V}\\&=-1.718\ 75\ \text{V}\end{aligned}$$

(2) 输入数字量为 111101 时，有

$$U_O = -2^{-n} U_{REF} \sum_{i=0}^{n-1} 2^i D_i$$
$$= -2^{-6} \times 10 \times (1 \times 2^5 + 1 \times 2^4 + 1 \times 2^3 + 1 \times 2^2 + 0 \times 2^1 + 1 \times 2^0) \text{V}$$
$$= -9.531\ 25\ \text{V}$$

(3)分辨率为

$$K_{RR} = \frac{1}{2^n - 1} = \frac{1}{2^6 - 1} = 0.015\ 9$$

## 11.2　A/D 转换器

A/D 器转换与 D/A 转换器相反，就是将模拟量转换成与其相当的数字量。A/D 转换器种类很多，目前集成 A/D 转换器大多是单片集成电路。主要类型有双积分型、逐次逼近型、并行比较型、压频变换型和 Σ-Δ 调制型等。下面以逐次逼近型 A/D 转换器来说明 A/D 转换器的基本原理和应用。

如图 11-5 所示，逐次逼近型 A/D 转换器的基本原理是由芯片内的 D/A 转换器生成一个模拟电压，用芯片内电压比较器将待转换模拟输入电压与芯片内生成的模拟电压进行比较，并按比较的结果去修正芯片内 D/A 转换器输入的数字量，逐次逼近，直到比较器两输入端模拟电压相等为止。此时芯片内 D/A 转换器输入的数字量就是被测模拟量的对应值。

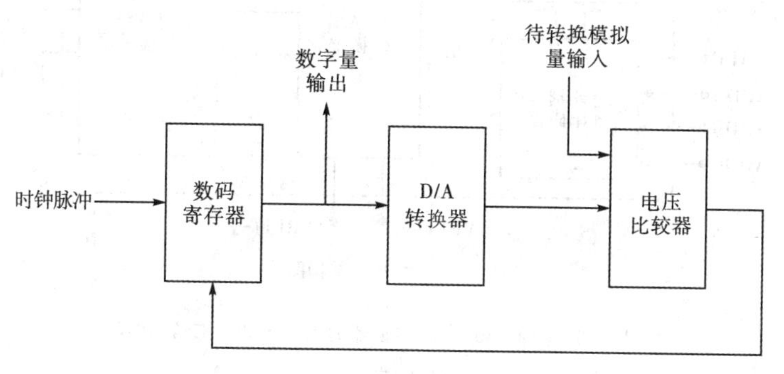


图 11-5　逐次逼近型 A/D 转换器的工作原理

ADC0809 是采用 CMOS 工艺的 8 位逐次逼近型 A/D 转换器，引脚和内部结构如图 11-6 所示。ADC0809 主要包含一个 8 路模拟电子开关，用于选择 8 路模拟输入的某一路；一个地址锁存与译码器，来决定对哪一路模拟信号进行 A/D 转换；一个采用逐次逼近法的 A/D 转换器，包括比较器、D/A 电路以及一些触发器等其他控制电路；一个三态输出锁存缓冲器，用于存放和输出 A/D 转换后的数字量。

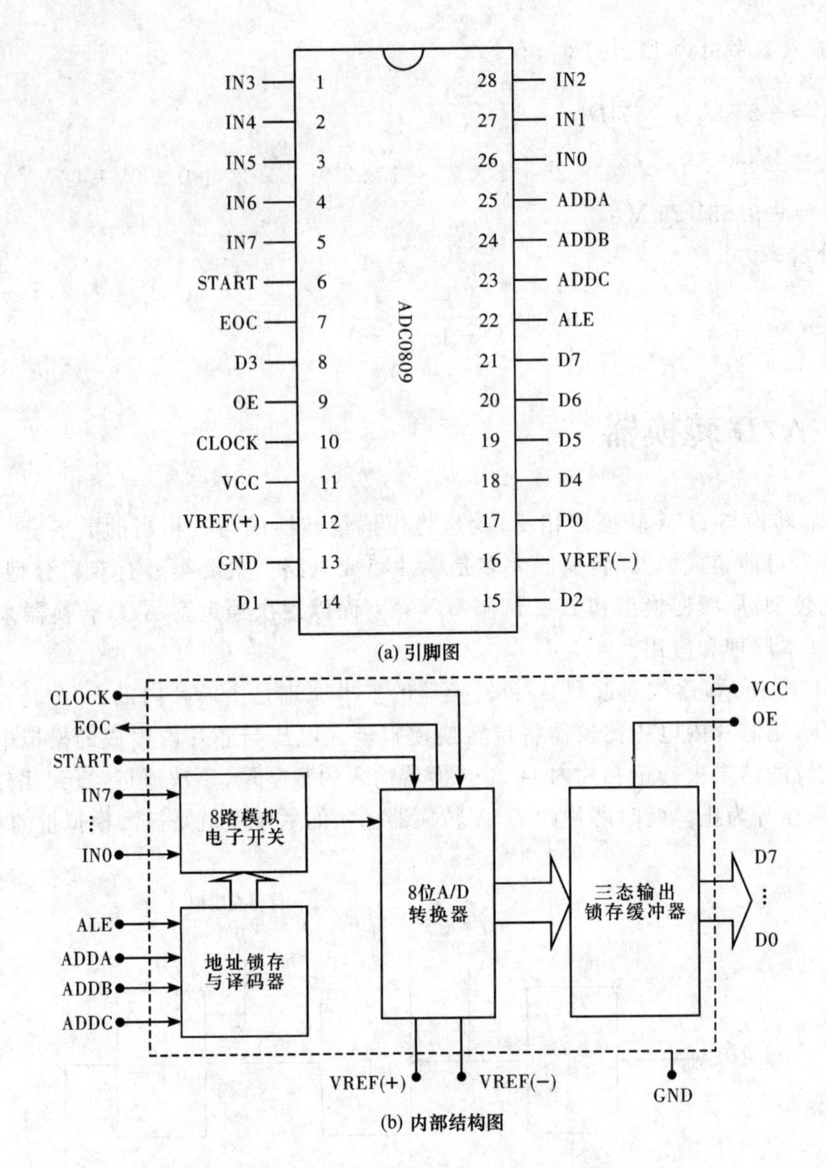


图 11-6 ADC0809A/D 转换器的引脚图和内部结构图

ADC0809 共有 28 个引脚,各引脚功能如下:

START:A/D 转换启动信号,加一个正脉冲后,启动转换;

EOC:转换结束信号,转换开始时,该引脚为低电平,转换结束时为高电平,表示转换结束;

IN0～IN7:模拟信号输入通道,ADC0809 要求电压范围为 0～+5 V;

D0～D7:数字量输出通道,一般接微处理器的数据端口;

CLOCK:时钟输入信号,ADC0809 内部没有时钟电路,需由外部提供,典型时钟频率为 640 kHz;

VCC:芯片电源电压正极性端,由于 ADC0809 是 CMOS 芯片,故允许其电压在+5 V～+15 V 选择;

GND：芯片电源电压的负极性端。

VREF(+)和 VREF(-)：A/D 转换器参考标准电压输入，用于与 IN 引脚输入的模拟电压信号进行比较，作为逐次逼近的基础标准电位，要求 VREF(+)接+5 V，VREF(-)接地；

ADDC、ADDB、ADDA：地址线，其值为 000～111 时，分别选择 IN0～IN7 模拟输入通道之一进行 A/D 转换；

ALE：地址锁存信号，高电平时，将 ADDC、ADDB、ADDA 三位地址信号送入地址锁存器并经译码后得到地址译码信号，用于选择相应的模拟量输入通道；

OE：输出允许信号，用于控制三态输出。OE 为低电平时，输出数据线 D0～D7 呈高阻态；OE 为高电平时，D0～D7 输出 A/D 转换器转换得到的二进制数据。

A/D 转换器的主要技术指标为：

(1)转换时间

转换时间指从输入转换启动信号开始到转换结束所需要的时间，反映的是 A/D 转换器的转换速度。不同 A/D 转换器转换时间差别很大。ADC0809 在工作频率为 640 kHz 时，其转换时间为 100 μs。

(2)量程

量程是指 A/D 转换器所能够转换的模拟量输入电压范围。ADC0809 的量程为 0～+5 V。

(3)分辨率

分辨率是 A/D 转换器可转换成数字量的最小模拟电压值，反映 A/D 转换器对输入电压微小变化的响应能力。一个 $n$ 位 A/D 转换器，其分辨率可表示为满量程输入电压 $U_{FS}$ 与 $2^n$ 的比值，即

$$K_{RR}=\frac{U_{FS}}{2^n} \tag{11-4}$$

当模拟信号小于该值时，A/D 转换器不能进行转换，输出的数字量为零。由于能够分辨的模拟量取决于二进制位数，所以也常用位数 $n$ 来表示分辨率。

## 练习题

**11-1** $R$-$2R$ 型 D/A 转换器是由(　　)组成。

A. T 型电阻网络、双向电子开关和集成运放等

B. T 型电阻网络、集成运放和触发器等

C. T 型电阻网络、双向电子开关和振荡器

D. 双向电子开关、集成运放和触发器等

**11-2** D/A 转换器的分辨率取决于(　　)。

A. 输入的二进制数字信号的位数，位数越少，分辨率越高

B. 输出的模拟电压的大小，输出的模拟电压越高，分辨率越高

C. 参考电压 $U_{REF}$ 的大小，$U_{REF}$ 越大，分辨率越高

D. 输入的二进制数字信号的位数，位数越多，分辨率越高

**11-3** 某 D/A 转换器的输入为 8 位二进制数字信号，输出为 0～25.5 V 模拟电压。当输入为 00000001 时，则输出的模拟电压为(　　)。

A. 1 V　　B. 0.1 V　　C. 0.01 V　　D. 0.001 V

**11-4** 某 A/D 转换器的输入为 0～10 V 模拟电压，输出为 8 位二进制数字信号。当输入为 2 V 时，则输出的数字信号为(　　)。

A. 00100011　　B. 00110011　　C. 00100001　　D. 00100010

**11-5** 逐次逼近型 A/D 转换器的转换精度与输出的数字量位数之间的关系是(　　)。

A. 输出的数字量位数越多，转换精度越高

B. 输出的数字量位数越少，转换精度越高

C. 转换精度与输出的数字量位数无关

# 第12章

# 传感器及其应用

**传感器**(sensor)是能感受被测量并按照一定规律转换成可用输出信号的器件或装置。传感器一般由两个基本元件组成:敏感元件(sensing element)和转换元件(transduction element)。敏感元件指传感器中能直接感受(或响应)被测量的部分,转换元件指传感器中能将敏感元件感受(或响应)的被测量转换成适于传输(或测量)的电信号部分。由于传感器输出信号一般都很微弱,需要信号调节与转换电路将其放大或变换为容易传输、处理、记录和显示的形式。

传感器的种类很多,不胜枚举。根据被测量的不同,可分为加速度传感器、速度传感器、位移传感器、压力传感器、负荷传感器、扭矩传感器、温度传感器等;依据传感器的工作原理,可分为电阻应变式、压电式、电容式、涡流式、动圈式、电磁式、差动变压器式等;按能量的传递方式,可分为有源传感器和无源传感器;按输出信号,可分为模拟式传感器和数字式传感器。总之,为了使用方便,不同的行业依据的分类方式不同,而且会随着传感器的发展出现更新的种类。

以传感器为核心的现代测试技术与控制系统,已经越来越广泛地应用于航天、航空、兵器、舰船、交通运输、电力、冶金、机械制造、动力机械、化工、轻工和生物医学工程等各个领域,并且随着智能技术的发展,新型传感器正朝着智能化、微型化、集成化的方向发展。

本章将主要介绍常用的一些传感器原理和应用。

## 12.1 参量传感器

参量传感器

参量传感器的基本原理是把被测量的变化转换为电参量的变化,然后通过对电参量的测量达到对非电量检测的目的,一般需要外加电源。它的种类很多,包括电阻式传感器、电感式传感器、电容式传感器和气动式传感器等。本节从应用角度出发,介绍几种常用参量传感器的工作原理、测量转换电路。

### 12.1.1 电阻式传感器

电阻式传感器通过转换元件将被测非电量转变为电阻值,通过转换电路将电阻值转换为电信号,再通过测量电信号达到测量非电量的目的。电阻式传感器又分为电阻应变式传感器、电位计式传感器和热电阻传感器等,这里介绍应用广泛的电阻应变式传感器。

电阻应变式传感器可以测量力、位移、形变和加速度等参数,主要由弹性敏感元件或试件、电阻应变片和测量转换电路组成。电阻应变片利用应变效应制成,即导体或半导体材料在外界力作用下产生机械形变,其电阻值发生变化。使用应变片测试时,将应变片黏贴在试件表面,试件受力变形后,应变片上的电阻丝也随之变形,从而使应变片电阻值发生变化。

为了检测应变电阻的微小变化,需通过转换电路把电阻变化转换为电压或电流,最常用的转换电路是桥式电路。按电源的性质不同,桥式电路可分为交流电桥和直流电桥两类。在大多数情况下,采用的是直流电桥电路。下面以直流电桥电路为例分析其工作原理及特性。

如图 12-1 所示为桥式测量转换电路,当电源电压为 $u_1$,则输出电压 $u_O$ 为

$$u_O=-\frac{u_1}{R_1+R_2}R_1+\frac{u_1}{R_3+R_4}R_4$$

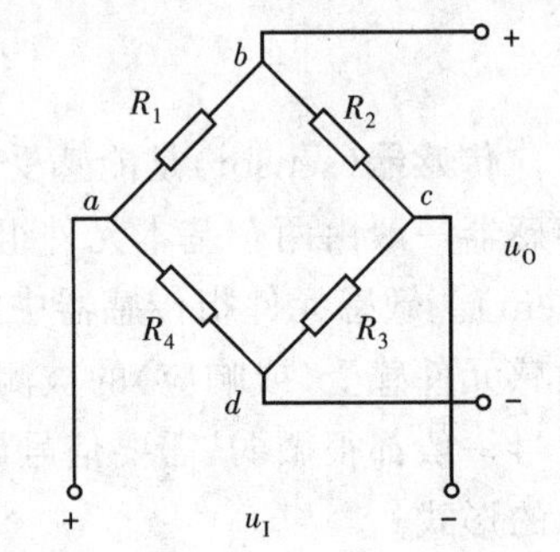

图 12-1 桥式测量转换电路

初始值通常采用 $R_1=R_2=R_3=R_4$。每个桥臂电阻变化值记为 $\Delta R_i$,当电桥负载电阻为无限大时,电桥输出电压可近似用式(12-1)表示:

$$u_O=\frac{u_1}{4}\left(-\frac{\Delta R_1}{R_1}+\frac{\Delta R_2}{R_2}-\frac{\Delta R_3}{R_3}+\frac{\Delta R_4}{R_4}\right) \tag{12-1}$$

这样可以将力这一非电量变化转换为电压的变化。在实际应用中,除了应变能导致应变片电阻变化外,温度变化也会导致应变片电阻变化,它将给测量带来误差,因此有必要对桥式电路进行温度补偿,减小、消除这种误差,或对它进行修正。

由于电阻应变式传感器具有体积小、价格便宜、精度高、线性好、测量范围大、数据便于记录、便于处理和远距离传输等优点,因而广泛应用于工程测量及科学实验中。

## 12.1.2 电感式传感器

电感式传感器是利用线圈的互感、自感或阻抗的变化来实现非电量检测的一种装置,具有结构简单、分辨率好和测量精度高等一系列优点,主要缺点是响应速度较慢,不宜做快速动态测量。它的应用很广,可用来测量位移、压力、振动、应变、流量等参数。

电感式传感器可分为互感式、自感式和电涡流式三大类。

(1)互感式传感器

互感式传感器是把被测位移量转换为线圈间的互感变化。由于它利用了变压器原理,又往往做成差分形式,故常称为差分变压器式传感器。互感式传感器的结构示意图如图 12-2 所示,它主要由一个线框和一个铁芯组成。在线框上绕有一组一次绕组做输入线圈。在同一线框上另绕两组完全对称的二次绕组做输出线圈,它们反向串联组成差分输出形式。理想互感式传感器的原理如图 12-3 所示。

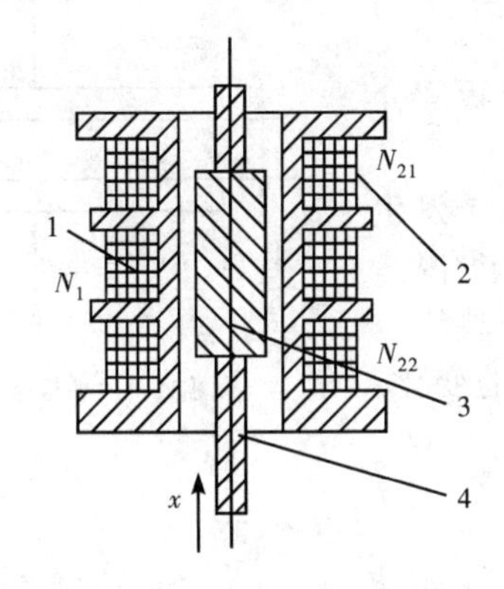


图 12-2 互感式传感器结构示意图

1——一次绕组;2—二次绕组;3—衔铁;4—测杆

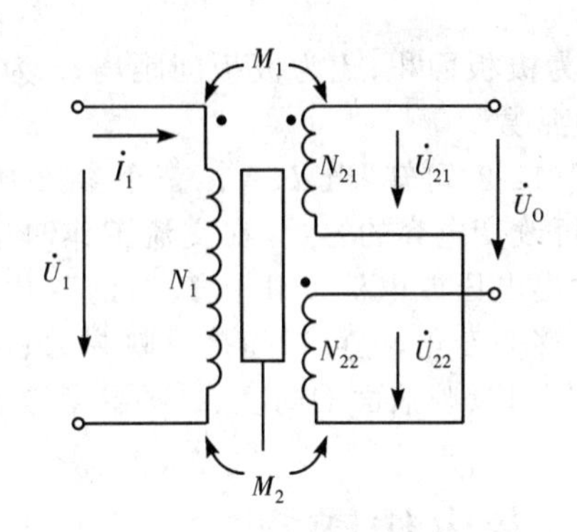


图 12-3 理想互感式传感器原理图

当一次绕组加入励磁电源后,设励磁电流为 $\dot{I}_1$,线圈互感增量为 $\Delta M$,则输出电压为

$$\dot{U}_O = \pm 2j\omega \Delta M \dot{I}_1 \tag{12-2}$$

理论和实践证明,线圈互感增量 $\Delta M$ 与衔铁位移量 $x$ 基本呈正比关系,这样可采用测量电路,如差动相敏检波电路和差动整流电路测量输出电压,可用来测位移、压力、加速度等。

(2)自感式传感器

自感式传感器是把位移量或者可以转换成位移的被测量转换为线圈的自感变化,如振动、厚度、压力、流量等。工作时,衔铁通过被测杆与被测物体相接触,被测物体的位移将引起线圈电感量的变化。当传感线圈接入测量转换电路后,电感的变化将被转换成电压、电流或频率的变化,从而完成非电量到电量的转换。

(3)电涡流式传感器

当通过金属体的磁通变化时,会在导体中产生电涡流。电涡流的产生要消耗一部分能量,从而使产生磁场的线圈阻抗发生变化,这一物理现象称为涡流效应。电涡流式传感器就是利用涡流效应,将非电量转换为线圈的阻抗变化,可以实现非接触测量物体表面为金属导体的多种物理量,如位移、振动、厚度、转速、应力、硬度等。

## 12.1.3 电容式传感器

电容式传感器是以各种类型的电容器作为传感元件,通过电容传感元件将被测物理量的变化转换为电容量的变化,再经测量转换电路转换为电压、电流或频率。电容式传感器有一系列优点,如结构简单,需要的作用能量小,灵敏度高,动态特性好,能在恶劣环境条件下工作等;缺点是易受干扰,存在非线性,但这些缺点可以采取措施予以弥补。目前电容式传感器已成熟地运用到测厚、测角、测液位、测压力等方面。

电容式传感器的基本工作原理可以用如图 12-4 所示的平板电容器来说明。当忽略边缘效应时,平板电容器的电容为

$$C=\frac{\varepsilon A}{d} \tag{12-3}$$

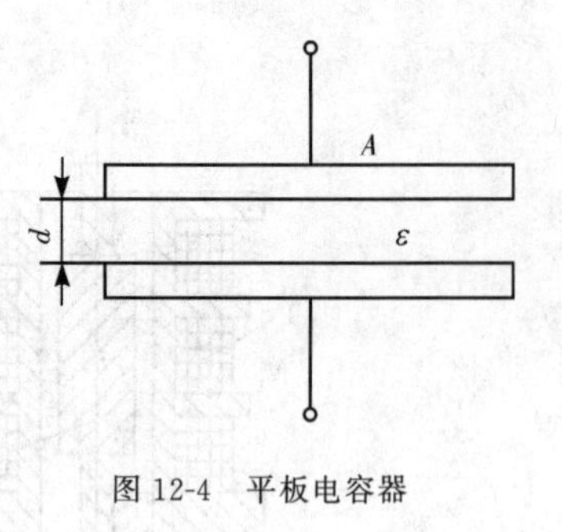

图 12-4　平板电容器

式中,$A$ 为极板面积;$d$ 为极板间距离;$\varepsilon$ 为电容极板间介质的介电常数。

由式(12-3)可知,当 $d$、$A$、$\varepsilon$ 三个参数中任何一个发生变化,均可改变电容的容量,在交流工作时就改变了容抗,从而使输出电压或电流变化。$d$、$A$ 的变化可以反映线位移或角位移的变化,也可以间接反映弹力、压力等的变化;$\varepsilon$ 的变化则可反映液面的高度、材料温度等的变化。

# 12.2　发电传感器

发电传感器的基本原理是把被测量的变化直接转换为电压量或电流量的变化,然后通过对此信号的放大处理并把此信号检测出来,从而达到测量被测量的目的。一般不需要外加电源。它的种类很多,包括热电偶传感器、霍尔式传感器、压电式传感器等。本节将从应用角度出发,介绍几种常用发电传感器的工作原理、测量转换电路。

## 12.2.1　热电偶传感器

热电偶传感器是将温度转换成电动势的一种测温传感器。它与其他测温装置相比,具有精度高、测温范围宽、结构简单、使用方便和可远距离测量等优点,在轻工、冶金、机械等工业领域中被广泛用于温度的测量、调节和自动控制等方面,是目前工业温度测量领域中应用最广泛的传感器之一。

其工作原理是将两种不同材料的导体构成一闭合回路,若两个接点处温度不同,则回路中会产生电动势,从而形成电流,这个物理现象称为热电势效应,简称热电效应。如图 12-5 所示为热电偶回路及符号。在回路中,把两种导体的组合称为热电偶。在测温过程中,热电偶由于受到周围环境温度的影响,其温度不是恒定不变的,因此必须采取一些措施进行温度补偿或修正。

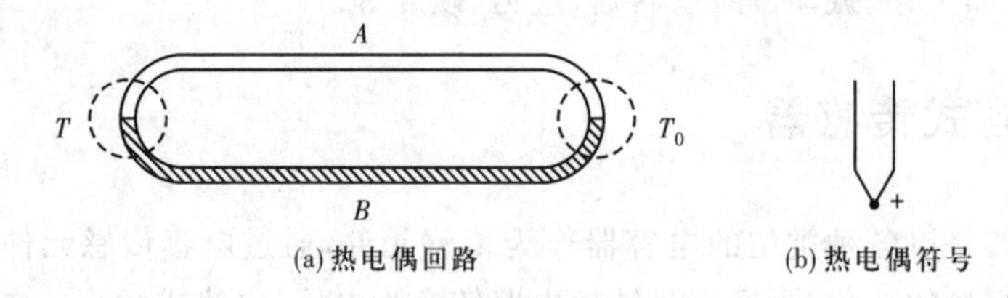

图 12-5　热电偶回路及符号

热电偶可分为标准化热电偶和非标准化热电偶、普通型热电偶和铠装热电偶等几大类。其中标准化热电偶的工艺比较成熟,应用广泛,性能优良稳定,能成批生产。普通型热电偶主要用于测量气体、蒸汽和液体介质的温度。铠装热电偶具有体积小、精度高、响应速度快、可靠性好、耐振动、抗冲击和便于安装等优点,因此特别适用于复杂结构(如狭小弯曲管道内)的温度测量。

如图 12-6 所示是应用热电偶的测温线路。热电偶可用于测量两点温度之和以及之差。其中，图 12-6(a)是两个同型号的热电偶正向串联，用来测量两点间的温度之和。图 12-6(b)为两个同型号的热电偶反向串联，用来测量两点间的温度之差。应注意两个同型号的热电偶的冷端温度必须相同，并且它们的热电动势都与温度呈线性关系，否则将产生测量误差。

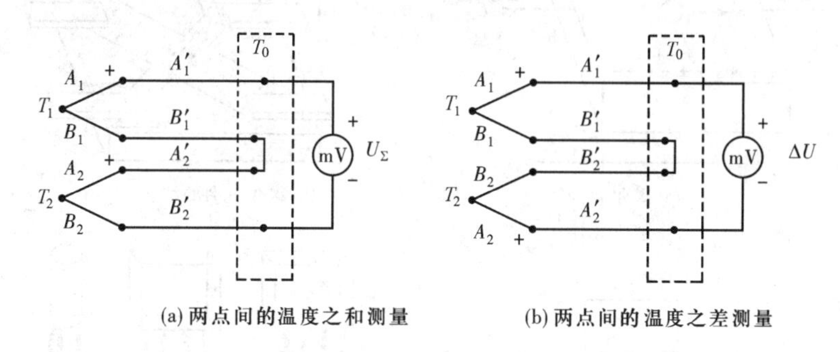


图 12-6　应用热电偶的测温线路

## 12.2.2　霍尔式传感器

霍尔式传感器是由霍尔元件与弹性敏感元件或永磁体结合而形成，可以测量与磁场及电流有关的物理量。

霍尔元件是利用霍尔效应制成的磁敏元件。若在如图 12-7(a)所示的金属或半导体薄片两端通控制电流 $I$，并在薄片的垂直方向上施加磁感应强度为 $B$ 的磁场，那么在垂直于电流和磁场的方向上将产生电势 $E_H$，该电势称为霍尔电势，其关系可用式(12-4)表示：

$$E_H = K_H IB \tag{12-4}$$

其中，$K_H$ 称为霍尔元件的灵敏度，与元件材料的性质、几何尺寸有关。霍尔元件的结构、符号及外形如图 12-7(b)～(d)所示。

霍尔元件材料通常采用 N 型锗、锑化铟、砷化铟、砷化镓及磷砷化铟等。在实际应用中，一般将霍尔元件、放大器、温度补偿电路、输出电路及稳压电源等集成在一块芯片上，形成霍尔集成电路，其输出电压与磁场、电流有关。它具有灵敏度高、体积小、质量轻、无触点、频响宽(由直流到微波)、动态特性好、可靠性高、寿命长和价格低等优点，因此，在位移、磁场、转速等参数测控方面得到了广泛的应用。

归纳起来，霍尔式传感器主要有下列三个方面的应用类型：

(1)利用霍尔电势正比于磁感应强度的特性来测量磁场及与之有关的电量和非电量。如磁场计、方位计、电流计、微小位移计、角度计、转速计、加速度计、磁读头、函数发生器、同步传动装置、无刷直流电机和非接触开关等。

(2)利用霍尔电势正比于激励电流的特性可制作回转器、隔离器和电流控制装置等。

(3)利用霍尔电势正比于激励电流与磁感应强度乘积的规律制成乘算器、除算器、乘方器、开方器和功率计等，也可以做混频、调制、斩波和解调等用途。

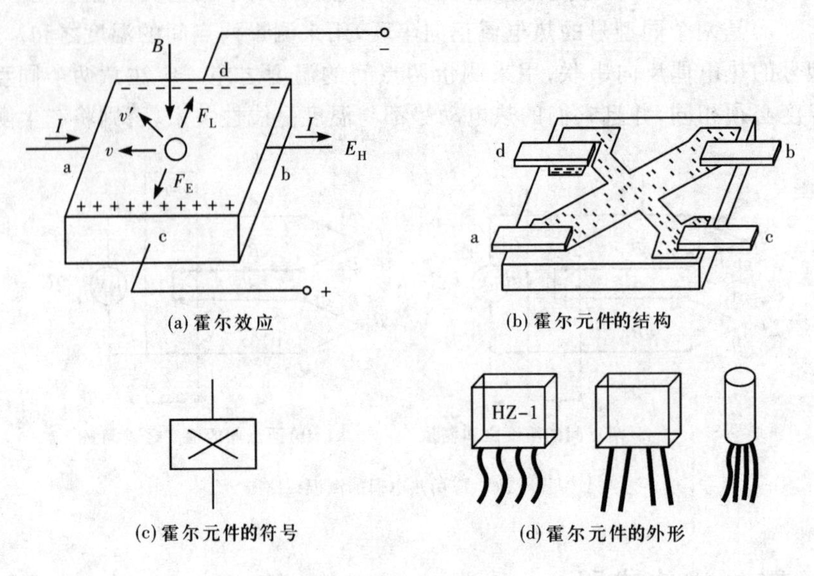


(a) 霍尔效应　(b) 霍尔元件的结构

(c) 霍尔元件的符号　(d) 霍尔元件的外形

图 12-7　霍尔效应与霍尔元件

### 12.2.3　压电式传感器

压电式传感器是一种典型的自发电式传感器，它由传力机构、压电元件和测量转换电路组成。压电元件是以某些电介质的压电效应为基础。压电效应(图 12-8)指某些电介质在沿一定方向上受到外力的作用产生变形时，内部会产生极化现象，同时在其表面产生电荷，当外力去掉后，又重新回到不带电状态的现象。因此压电元件是力敏感元件，可以测量最终能变换为力的那些非电物理量，如压力、加速度、力矩等。

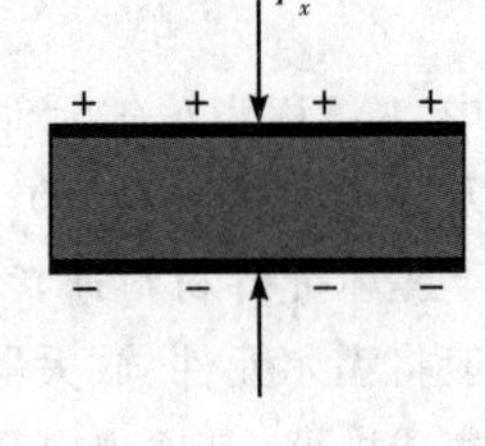


图 12-8　压电效应

实验证明，压电元件上产生的电荷量 $Q$ 与施加的外力 $F_x$ 成正比，即

$$Q=dF_x \tag{12-5}$$

式中，$d$ 为压电材料的压电系数。

在自然界中，大多数晶体都具有压电效应，但多数晶体的压电效应过于微弱。具有实用价值的压电材料基本上可分为三大类：压电晶体、压电陶瓷和有机压电材料。

压电元件在承受沿其敏感轴方向的外力作用时，会产生电荷。因此它相当于一个电荷发生器。当压电元件表面聚集电荷时，它又相当于一个以压电材料为介质的电容器。因此，可以把压电材料等效为一个电荷源和一个电容相并联的电荷等效电路，也可以等效为一个电压源和一个电容相串联的电压等效电路，如图 12-9 所示。

电容器上的电压 $U_a$、电荷量 $Q$ 和电容 $C_a$ 三者关系为

$$U_a \approx \frac{Q}{C_a}$$

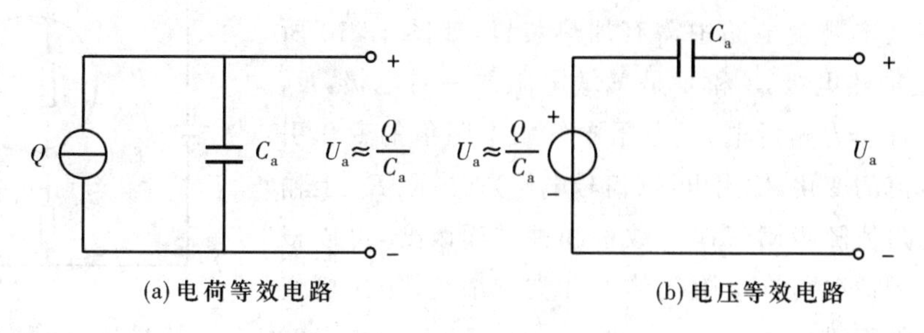


(a) 电荷等效电路　(b) 电压等效电路

图 12-9　压电式传感器的等效电路

压电式传感器的输出信号非常微弱，一般需要将电信号放大后才能检测出来，但因传感器的内阻抗较高，因此，它需要与高输入阻抗的前置放大器（如电荷放大器或电压放大器）配合，然后再采用一般的放大、检波、显示、记录电路等。

压电式传感器具有灵敏度高、频带宽、质量轻、体积小、工作可靠等优点，特别是随着电子技术的发展，与之相配套的转换电路以及低噪声、小容量、高绝缘电阻电缆的相继出现，使压电式传感器使用更方便，因而在微压力测量、振动测量、生物医学、电声学等方面得到了广泛的应用。

## 12.3　半导体传感器

半导体材料导电能力的大小是由半导体内载流子的数量决定的。载流子数量越多，导电就容易，材料的电阻率越小。利用被测量来改变半导体内的载流子数量，可以构成以半导体材料作为敏感元件的各种传感器。因为其具有灵敏度高、响应速度快、体积小、质量轻、便于集成化、智能化，能使检测转换一体化等优点，半导体传感器更适合于计算机的要求，所以被广泛应用于自动化检测系统中。

本节集中介绍利用半导体技术制造的气敏传感器、湿敏传感器、热敏传感器、磁敏传感器和光敏传感器。

### 12.3.1　气敏传感器

气敏传感器利用半导体气敏元件同气体接触，造成半导体性质变化，借此检测特定气体的成分或测量其浓度，主要用于工业上天然气、煤气、石油化工等部门的易燃、易爆、有毒、有害气体的监测、预报和自动控制。气敏传感器分为电阻型和非电阻型两种。电阻型气敏传感器大多使用金属氧化物，非电阻型气敏传感器主要是 MOS 型气敏传感器。

电阻型气敏传感器中敏感部分金属氧化物在常温下是绝缘的，制成半导体后显示气敏特性。元件工作在空气中时，空气中的氧气和二氧化氮使元件处于高阻状态。一旦元件与被测还原性气体接触，就会与吸附的氧气反应，敏感膜表面电导增加，使元件电阻减小。因此气敏元件通常工作在高温状态，加速上述的氧化还原反应。因此在基本测量电路中需有加热装置，如图 12-10 所示，1 和 2 是加热电极，3 和 4 是气敏电阻的一对电极，$E_H$ 为加热电源，$E_C$ 为测量电源，电阻中气敏电阻值的变化引起电路中电流的变化，输出电压（信号电压）在电阻 $R_0$ 上输出。气敏电阻值随吸附气体的数量和种类而改变，可以根据阻值变化的情况得知吸附气体的种类和浓度，用来检查可燃性气体是否泄漏。

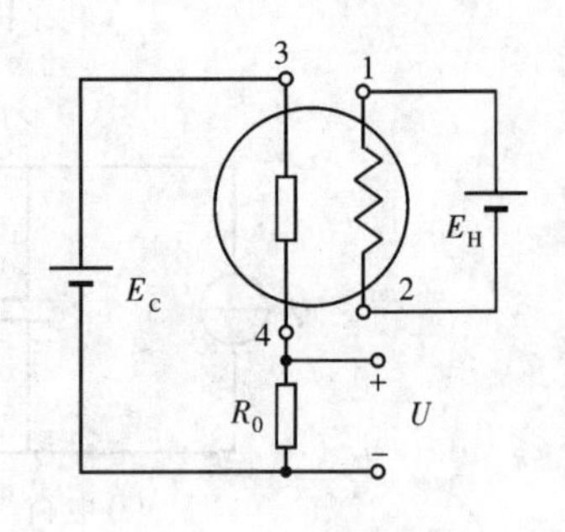


图 12-10　基本测量电路

比较常用的气敏元件是氧化锌元件，通过添加不同催化剂，可以推测环境中含有的气体种类。例如，加入铂，其元件阻值与乙烷、丙烷、异丁烷的含量有关；加入钯，其元件阻值对氢、一氧化碳、甲烷很敏感，并且气体含量越高，阻值越小。目前常见的氧化锌系列气敏元件有烧结型、薄膜型和厚膜型三种，其中烧结型应用最多，具有很高的热稳定性。

但是半导体气敏元件对气体的选择性比较差，不适合精确测定气体成分，只能检查某种气体存在与否。尽管如此，这类元件在环境保护和安全监督中有着极其重要的作用。

## 12.3.2　湿敏传感器

湿敏传感器主要检测大气中水蒸气的含量，广泛应用于气象预报、医疗卫生，以及精密仪器、半导体集成电路、元器件制造场所的湿度的控制。

测量湿度的传感器种类很多，基本形式都是在基片上涂敷感湿材料形成感湿膜；基本特点都是当空气中的水蒸气吸附于感湿材料后，元件的阻抗、介质常数发生很大的变化。至今发展比较成熟的湿敏传感器有氯化锂湿敏电阻、半导体陶瓷湿敏电阻。

其中半导体陶瓷湿敏电阻通常用两种以上的金属氧化物半导体材料混合烧结成多孔陶瓷，这些材料有 $ZnO\text{-}LiO_2$ 系、$Si\text{-}Na_2O\text{-}V_2O_5$ 系、$TiO_2\text{-}MgO\text{-}Cr_2O_3$ 系、$Fe_3O_4$ 等，其电阻率随湿度升高而变化（增大或减小）。半导体陶瓷湿敏电阻具有较好的热稳定性和较强的抗污染能力，能在恶劣、易污染的环境中测得准确的湿度数据，主要用于微波炉等食品调理控制及各种空调控制等。

## 12.3.3　热敏传感器

热敏传感器利用半导体材料的阻值随温度变化的特性实现温度测量。热敏电阻是热敏传感器的一种，按温度系数的不同，可分为负温度系数的 NTC 热敏电阻、正温度系数的 PTC 热敏电阻和临界温度系数的 CTR 热敏电阻。这三种热敏电阻的温度特性曲线如图 12-11 所示。

NTC 热敏电阻主要用于温度测量和补偿，测温范围为 −50 ℃～350 ℃，也可用于其他温度测量。PTC 热敏电阻既可测量温度，又可在电子线路中起限流、保护作用。CTR 热敏电阻在超过某一温度后,其电阻值急剧减小,主要用作温度开关。

与其他热敏传感器相比,热敏电阻温度系数大,灵敏度高,响应迅速,测量电路简单,有些型号的传感器不用放大器就能输出几伏电压,且体积小、寿命长、价格便宜。由于本身阻值大,可以不必考虑导线带来的误差,适于远距离的测量和控制。缺点是非线性严重,需进行线性补偿,且互换性较差。主要用于点温度、小温差温度的测量,远距离、多点测量与控制,温度补偿和电路的自动调节等,测温范围为－50 ℃～450 ℃,非常适于在家用电器、空调、电子体温计、汽车等产品中作为测温、控温元件。

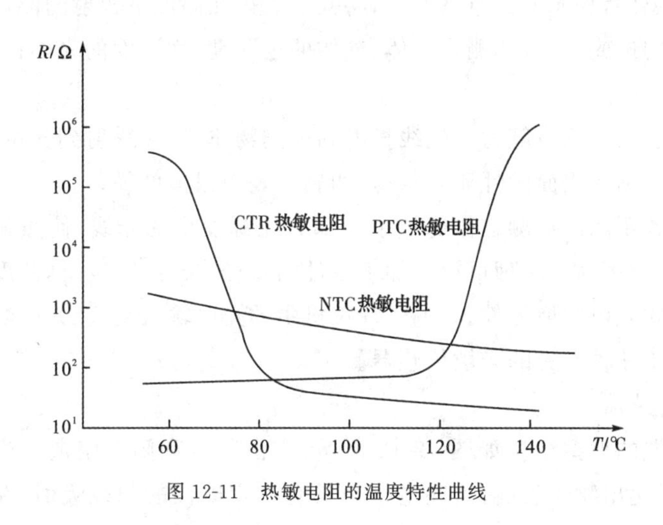


图 12-11　热敏电阻的温度特性曲线

## 12.3.4　磁敏传感器

磁敏传感器是基于磁电转换原理的传感器。利用某些元件对磁敏感的特性,可以测量如转速、流量、角位移、长度、质量等许多物理量。利用某些材料对磁的记忆特性,还可以检测磁性图形、信用卡、磁卡等,目前这种技术已广泛应用于信息记录系统中。磁敏传感器主要有磁敏电阻、磁敏二极管、磁敏三极管和霍尔式磁敏传感器。

磁敏电阻通常用锑化铟(InSb)或砷化铟(InAs)等半导体材料制成,利用磁阻效应,即磁场中的电阻会随磁场变化而变化,用于磁场、电流、位移、转速和功率的测量。磁敏电阻可制成磁场探测仪、位移监测器、角度监测器、功率计、安培计等。

磁敏二极管未受到外界磁场作用时,施加正向电压时正向导通,形成电流。当磁敏二极管外加正向电压时,并且置于磁场中,载流子即电子和空穴受到洛伦兹力的作用,流动方向改变,则电流大小改变,从而可以确定磁场的大小和方向,可用来检测交、直流磁场,特别适合于测量弱磁场,还可制作箝位电流计,对高压线进行不断线、无接触电流测量,还可制作电子计算机键盘等无触点开关、无接触电位计等。

磁敏三极管与磁敏二极管原理相同,灵敏度高于磁敏二极管。

12.2.2 节中介绍的霍尔式传感器也属于磁敏传感器的一种。

### 12.3.5 光敏传感器

光敏传感器主要是把光信号转变为电信号的光电转换器件，是非接触式传感器，在非电量测量中应用十分广泛。

光敏传感器具有如下应用：

①测量物体温度，如光电比色高温计，将被测物体在高温下辐射的能量转换为光电流；

②测量物体的透光能力，如测量液体、气体的透明度、浑浊度的光电比色计，预防火灾的光电报警器；

③测量物体表面的反射能力。光线投射到被测物体后，又反射到光电元件上，而反射光的强度取决于被测物体表面的性质和状态，如测量表面粗糙度等；

④测量位移或距离。被测物体遮挡了一部分光源发出的光线，使照射到光电元件上光的强度发生变化，利用这一原理可检测加工零件的直径、长度、宽度、椭圆度等；

⑤用作开关式光电转换元件，如电子计算机中的光电输入装置、光电测速传感器等。

下面分别介绍几种常见的光敏传感器。

(1)光电管传感器

光电管传感器的典型结构如图 12-12 所示，它由阴极和阳极组成。当阴极受到适当的光线照射后，电子逸出物体表面，这些电子被具有一定电位的阳极吸引，在光电管内形成空间电子流。如果在外电路中串联适当电阻，则在此电阻上将有正比于光电管中空间电流的电压降，其值与阴极上的光照强度呈一定的关系。

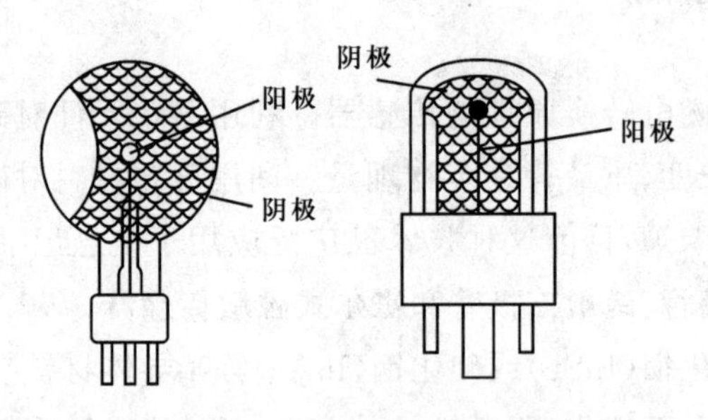


图 12-12 光电管传感器的典型结构

当光照很弱时，光电管所产生的光电流很小，为了提高灵敏度，常应用光电倍增管。其工作原理建立在光电发射和二次发射的基础上。

(2)光敏电阻传感器

光敏电阻传感器是利用光电导效应工作的光敏传感器，即在光的照射下材料的电阻率发生改变，典型结构和符号如图 12-13 所示。由于光电效应仅限于光线照射的表面层，所以光电半导体材料一般都做成薄片并封装在带有透明窗的外壳中。光敏电阻传感器没有极性,使用时在电阻两端加直流或交流电压,在光线的照射下可改变电路中电流的大小。光敏电阻传感器在室温条件下,全暗后经过一定时间测量的电阻值称为暗电阻。此时流过的电流为暗电流。光敏电阻传感器在某一光照下的阻值称为该光照下的亮电阻,此时流过的电流为亮电流。亮电流与暗电流之差为光电流。根据光电流的大小可判断光的强度。

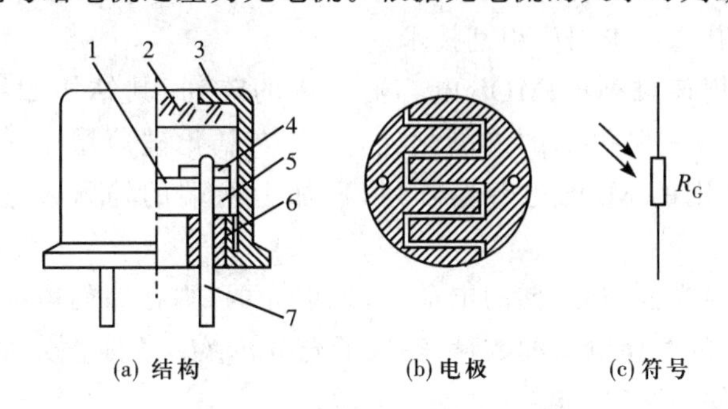


图 12-13 光敏电阻传感器的典型结构、电极、符号

1—光导层;2—玻璃窗口;3—金属外壳;4—电极;

5—陶瓷基座;6—黑色绝缘玻璃;7—电极引线

光敏电阻传感器具有灵敏度高、光谱响应范围宽,体积小、质量轻、机械强度高、耐冲击、耐振动、抗过载能力强和寿命长等特点。

(3)光电池传感器

光电池是基于光生伏特效应制成的,是一种可直接将光能转换为电能的光电元件,广泛用于把太阳能直接转变为电能。制造光电池的材料很多,主要有硅、锗、硒、硫化镉等,其中硅光电池应用最广泛,其光电转换效率高,性能稳定,光谱范围宽,频率特性好,能耐高温辐射等。硅光电池的结构图和电路符号如图 12-14 所示。

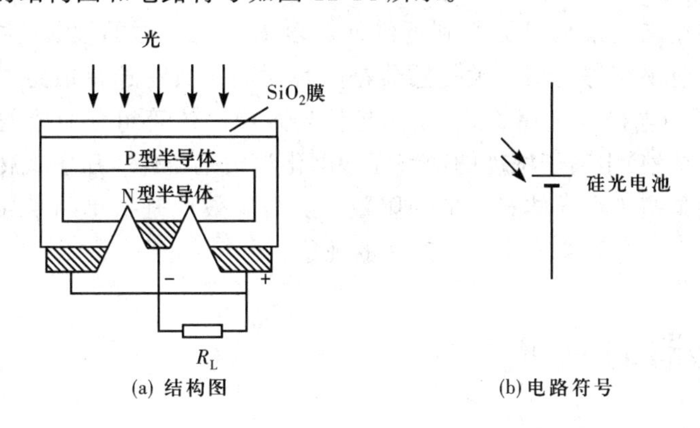


图 12-14 结构图和电路符号

电极分别从 N 型半导体和 P 型半导体引出,形成正负极。当光照射到电池上时,一部分被反射,另一部分被光电池吸收,被吸收的光能一部分变成热能,另一部分与半导体中的电子相碰撞,在内部产生光电流或光生电动势。如果两电极间接上负载电阻 $R_L$,则光照后就会有电流流过。

(4)电荷耦合器件

电荷耦合器件(Charge Coupled Devices,简称 CCD)是一种金属氧化物半导体 MOS 集成电路器件。它以电荷为信号,有光电转换、信息存储、延时和将电信号按顺序传送等功能,且集成度高、功耗低,已成为图像采集及数字化处理必不可少的关键器件,广泛应用于自动控制和自动测量,尤其适用于图像识别技术。

CCD 是按一定规律排列的 MOS 电容器组成的阵列,其结构如图 12-15 所示。在 P 型或 N 型衬底上覆盖一层很薄的二氧化硅,再在二氧化硅薄层上依序沉积金属或掺杂多晶硅电极,形成规则的 MOS 电容器阵列,再加上两端的输入及输出二极管就构成了 CCD。

当有光照时,入射光强,则存储的电荷多,入射光弱,则存储的电荷少,这样就把光的强弱转换为与其成比例的存储电荷的数量,实现了光电转换。若停止光照,一定时间内电荷不会消失,即实现了存储、记忆功能。

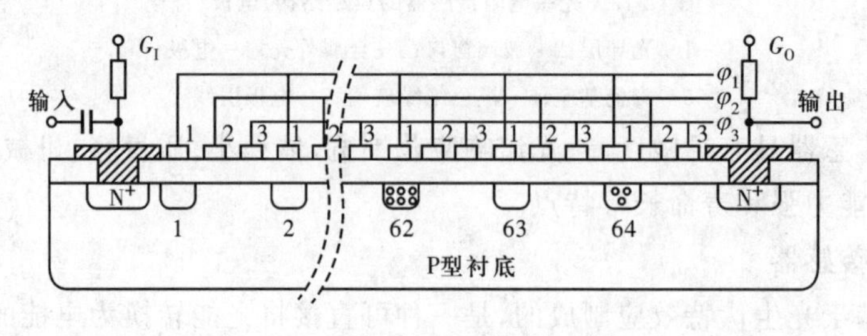


图 12-15　CCD 的结构

除以上几种半导体传感器以外,还有色敏传感器、离子敏传感器、压阻式传感器等。色敏传感器是光敏传感器件中的一种,它是基于内光电效应将光信号转换为电信号的光辐射探测器件,可直接用来测量从可见光到近红外波段内单色辐射的波长,主要用于颜色的识别、录像机中的白色平衡等。离子敏传感器是一种对离子具有选择敏感作用的场效应晶体管,是由离子选择性电极与金属-氧化物-半导体场效应晶体管组合而成的,简称 ISFET,可用来测量溶液(或体液)中离子浓度的微型固态电化学敏感器件。压阻式传感器采用半导体应变片,工作原理是基于半导体材料的压阻效应。压阻效应是指单晶半导体材料在沿某一轴向受外力作用时,其电阻率发生很大改变的现象。

## 12.4　传感器的应用

传感器早已应用到工业生产、航空航天、海洋探测、医学检测、日常生活等诸多方面,本节仅仅选取在生活中常见的具体应用加以简单介绍。

### 12.4.1　数显电子秤

本节介绍的数显电子秤具有准确度高、易于制作、成本低廉、体积小巧、实用等特点,其分辨率为 1 g。数显电子秤电路原理如图 12-16 所示,其主要部分为电阻应变式

传感器 $R_{P1}$、运算放大器 IC1 和 IC2、$3\frac{1}{2}$位 A/D 转换器 ICL7126 及外围元件。传感器 $R_{P1}$ 采用箔式电阻应变片，其常态阻值为 350 Ω。压力变化引起电阻 $R_{P1}$ 阻值变化，测量电路将 $R_{P1}$ 产生的电阻变化量转换成电压信号输出。IC1、IC2 将经转换后的弱电压信号进行放大，作为 A/D 转换器的模拟电压输入。其中外围元件 LM385-1.2 V 提供 1.22 V 基准电压，它同时经电阻 $R_5$、$R_6$ 及 $R_{P2}$ 分压后作为 A/D 转换器的参考电压。A/D 转换器 ICL7126 的参考电压输入正端由 $R_{P2}$ 的中间触头引入，负端则由 $R_{P3}$ 的中间触头引入。两端参考电压可对传感器非线性误差进行适量补偿。

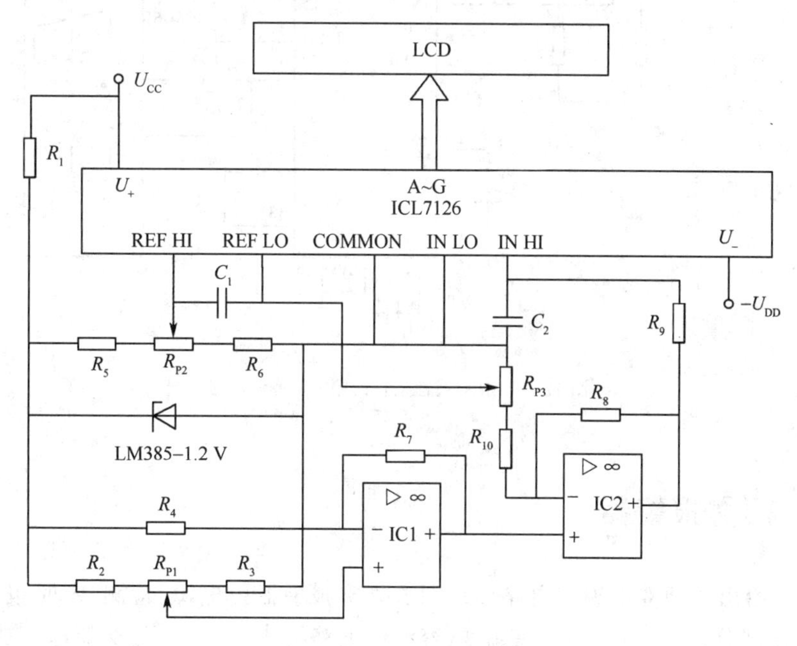


图 12-16 数显电子秤电路原理图

## 12.4.2 电子温度计

温度检测应用范围十分广泛，温度传感器的数量在各种传感器中占据首位，约占 50%。温度的测量都是利用传感器或敏感元件进行的，常用的测温方法利用的效应或变化有：①利用铜电阻（−50～+150 ℃）、铂电阻（−200～+600 ℃）、热敏电阻的电阻值的变化；②利用热电偶传感器的热电效应；③利用半导体 PN 结电压随温度的变化；④利用晶体管特性的变化；⑤利用物体的热辐射。

本节介绍如何利用铂电阻进行测温。此电子温度计具有线性校正功能，在 200～0 ℃的测量精度可达 0.1 ℃，在 0～−100 ℃的测量精度可达 0.2 ℃。电路如图 12-17 所示。

传感器采用铂电阻 TRRA102B 型的 R1000 的感温元件（图 12-17 的 $R_{P2}$），$R_{P2}$ 在 0 ℃时的阻值为 1 000 Ω，$V_{REF}$ 是 A/D 转换器 ICL7106 的基准电压，$IN^+$ 和 $IN^-$ 是 A/D 转换器的输入电压。当温度变化时，输入至 A/D 转换器 ICL7106 的电压发生改变，再经过A/D 转换器将模拟量转化为数字量，输送至数码显示器进行显示。

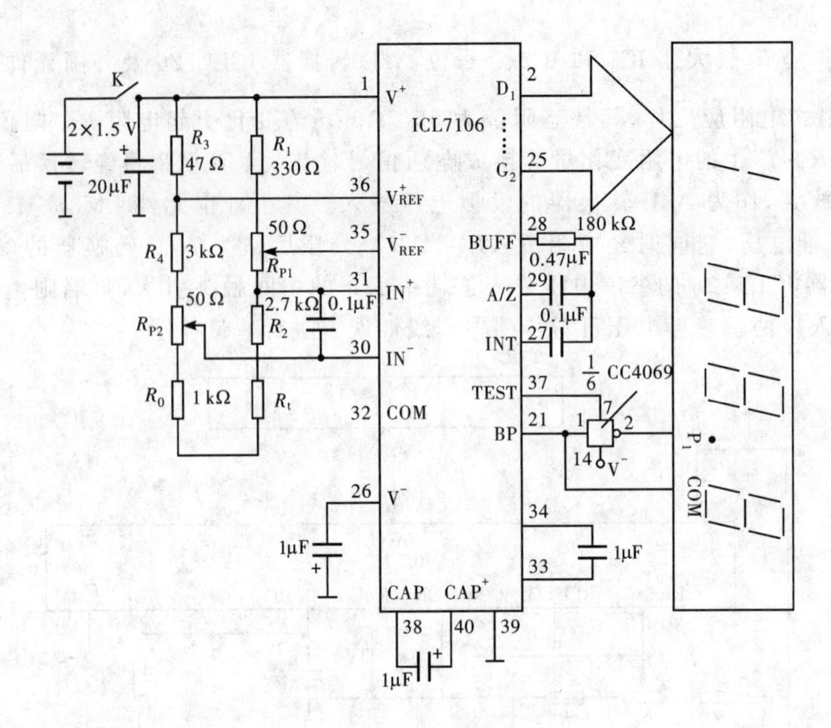


图 12-17　具有线性校正的铂电阻测温电路

## 12.4.3　烟雾报警器

图 12-18 给出了烟雾报警器电路原理图。烟雾报警器由电源、检测、定时报警输出三部分组成。电源部分由变压器、桥式整流-电容滤波电路组成，将 220 V 交流电变成直流，再由三端稳压器 7810 提供 10 V 直流电源供给烟雾检测器件（HQ-2 型气敏传感器）和集成运放工作，稳压器 7805 提供 5 V 直流电源供给 HQ-2 型气敏传感器的加热电极工作。

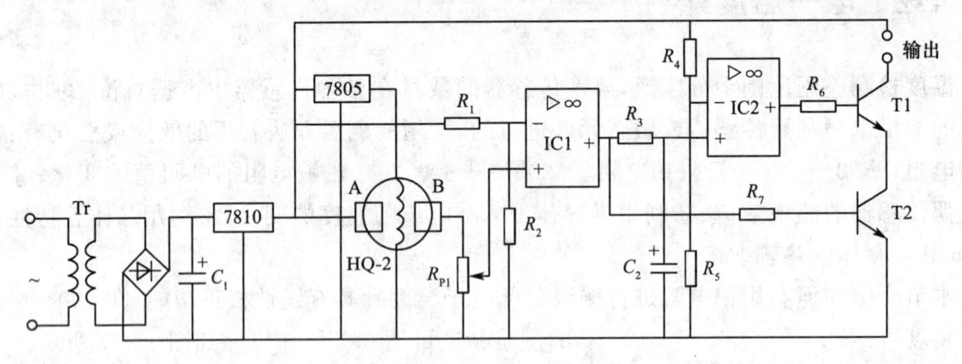


图 12-18　烟雾报警器电路原理图

图 12-18 中，HQ-2 型气敏传感器 AB 之间的电阻，在无烟雾环境中为几十千欧，在有烟雾环境中可减小到几千欧。无烟雾时，比较器 IC1 输出低电平，T2 截止，比较器 IC2 输出高电平，T1 处于导通状态。一旦有烟雾存在，AB 间电阻迅速减小，IC1 通过电位器 $R_{P1}$ 所取

得的分压随之增加，IC1 输出高电平使 T2 导通，输出端便可产生报警信号。输出端可接蜂鸣器或发光器件。同时，由 $R_3$、$C_2$ 组成的定时器开始工作（改变 $R_3$ 的阻值，可改变报警信号的长短）。当电容 $C_2$ 被充电达到阈值电位时，IC2 输出低电平，则 T2 截止，停止输出报警信号。烟雾消失后，比较器复位，$C_2$ 通过 IC1 放电。该气敏管长期搁置后首次使用时，在没有遇到可燃性气体时电阻也将减小，需经 10 min 左右的初始稳定时间后方可正常工作。

## 12.4.4 CO 检测模块

室内的 CO 是对人类危害极大的气体，如存在大量 CO 能引起煤气中毒。本节介绍的 CO 检测模块使用的是专用 CO 传感器——MQ-7 气体传感器。MQ-7 气体传感器所用的气敏材料是在清洁空气中电导率较低的二氧化锡（$SnO_2$）。当传感器所处环境中存在 CO 气体时，传感器的电导率随空气中 CO 气体浓度的增加而增大。它对 CO 气体具有良好的灵敏度，寿命长、成本低、驱动电路简单，可作为家庭用气体泄漏报警器、工业用 CO 气体报警器和便携式气体检测器。

CO 检测电路原理图如图 12-19 所示，CO 检测模块具有双路输出，分别是模拟量输出 AOUT 和 TTL 电平输出 DOUT。如果选择 DOUT，输出信号可以直接接单片机输入口，或者接一个 NPN 型三极管驱动继电器。集成运放构成电压比较器，当气体中没有 CO 时，比较器输出高电平；当传感器检测到 CO 的浓度超过设定的阈值时，比较器输出低电平，发光二极管亮。其中电位器 $R_P$ 用于调节参考电压，可用于阈值设定；$R_3$ 为限流电阻，$C$ 为滤波电容。如果选择 AOUT，模拟量输出，可直接将 AOUT 连接至 A/D 转换器，或者带有 A/D 转换模块的单片机。

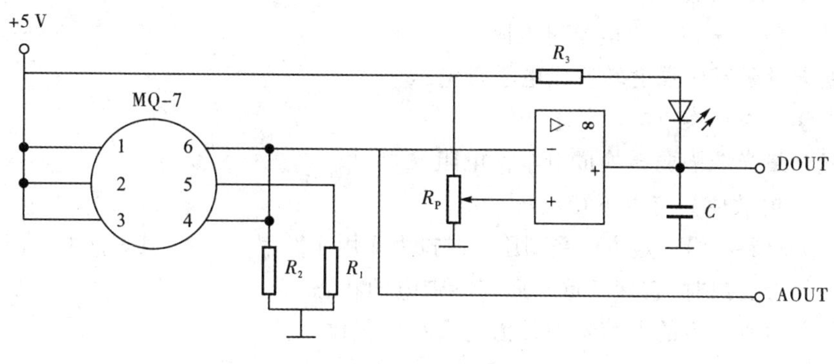


图 12-19　CO 检测电路原理图

## 练习题

**12-1**　通常意义上说的传感器包括了敏感元件在内的两个组成部分，另外一个是（　　）。

A. 放大电路　　B. 数据采集电路　　C. 转换电路　　D. 滤波电路

**12-2**　金属丝的电阻随着它所受的机械变形(拉伸或压缩)的大小而发生相应的变化的现象称为金属的(　　)。

A. 电阻形变效应　　B. 电阻应变效应　　C. 压电效应　　D. 压阻效应

**12-3**　电桥测量电路的作用是把传感器的参数变化转换为(　　)的输出。

A. 电阻　　B. 电容　　C. 电压　　D. 电荷

**12-4**　通常用应变式传感器测量(　　)。

A. 温度　　B. 速度　　C. 加速度　　D. 压力

**12-5**　产生应变片温度误差的主要原因是(　　)。

A. 电阻丝有温度系数

B. 试件与电阻丝的线膨胀系数相同

C. 电阻丝承受应力方向不同

**12-6**　通常应用电容式传感器来测量(　　)。

A. 交流电流　　B. 电场强度　　C. 质量　　D. 位移

**12-7**　在以下几种传感器当中,(　　)属于自发电式传感器。

A. 电容式　　B. 电阻式　　C. 压电式　　D. 电感式

**12-8**　(　　)的数值越大,热电偶的输出热电势就越大。

A. 热端直径　　B. 热端和冷端温度

C. 热端和冷端的温差　　D. 热电极的电导率

**12-9**　霍尔式传感器主要用来测量(　　)的大小。

A. 电场　　B. 磁场　　C. 电流　　D. 电动势

**12-10**　霍尔元件能(　　)。

A. 把热学量温度转换成电学量电阻

B. 把磁学量磁感应强度转换成电学量电压

C. 把力学量力转换成电学量电压

D. 把光学量光照强弱转换成电学量电阻

**12-11**　压电效应具有以下特点(　　)。

A. 当某些材料在沿一定方向受到压力或拉力作用而发生变形时,其表面上会产生电荷

B. 若将外力去掉时,它们又重新回到不带电的状态

C. 晶体受力所产生的电荷量与外力的大小成正比

**12-12**　气敏元件通常工作在高温状态(200～450 ℃),目的是(　　)。

A. 为了加速氧化还原反应

B. 为了使附着在测控部分上的油雾、尘埃等烧掉

C. 为了使催化剂工作

**12-13**　半导体陶瓷湿敏电阻通常用两种以上的金属氧化物半导体材料混合烧结成多孔陶瓷,随湿度增加,其电阻值(　　)。

A. 有的增加,有的减小　　B. 不变

C. 先减小再增加　　D. 先增加再减小

**12-14**　通常用热敏电阻测量(　　)。

A. 电阻　　B. 扭矩　　C. 温度　　D. 压力

**12-15**　热敏电阻测温的基础是根据它们的(　　)。

A. 伏安特性　　B. 温度特性　　C. 标称电阻值　　D. 测量功率

**12-16**　光敏电阻又称为光导管,是一种均质半导体光电元件。它具有灵敏度高、光谱响应范围宽、体积小、质量轻、机械强度高、耐冲击、耐振动、抗过载能力强和寿命长等特点。光敏电阻的工作原理是基于(　　)。

A. 光电发射效应　　B. 光生伏特效应　　C. 光电导效应　　D. 压电效应

**12-17**　基于光生伏特效应工作的光电器件为(　　)。

A. 光电管　　B. 光电池　　C. 光敏电阻　　D. 光电倍增管

第13章

# 现代通信系统

信息作为现代经济的三大支柱(材料、能源、信息)之一,正掀起人类社会发展历程的第三次革命浪潮。世界各国都把信息技术革命视为争夺和抢占21世纪领先地位的关键武器,如以信息技术为核心的美国战略防御计划(SDI)、欧共体尤里卡计划等。信息技术包括的范围很宽,通信技术是其主要的组成部分。本章将介绍现代通信系统的基本原理和特点,并对光纤通信、移动通信和卫星通信,当今三大现代通信的主要手段做以详细描述。

## 13.1 概 述

通信即信息传递。人类早在远古时代就借助烽火台、击鼓等方式进行原始的信息交流,但因为受到科学技术、环境条件的限制,通信内容都很单一。真正的通信技术是从19世纪30年代发明电报后才开始的,之后电话、传真、广播、电视相继问世,直至20世纪40年代第一台电子计算机的出现,让通信技术的发展有了质的飞跃,打破了传统的人与人之间通信的概念,扩展到人与机器、机器与机器之间的通信。

### 13.1.1 通信系统的组成和分类

通信系统一般包括信息源、发送设备、信道、接收设备、收信点、噪声源六个部分,如图13-1所示。信道是指信号传输的通道,噪声源是指系统内各种干扰的等效总和。发送设备能把来自信息源的文字、声音、图像或数据等待发信息转换为电信号(电压、电流、功率)。这些承载信息的电信号通过信道到达接收设备,在接收端(接收设备和收信点)完成与发射端(信息源和发送设备)相反的任务,将电信号还原为原始信息。因为在传送过程中噪声源的干扰,还原后的信息只是原始信息的近似值。

通信系统根据传输方式的不同可分为**有线通信**(wire communication)和**无线通信**(wireless communication)两大类。**有线通信**是指电磁波沿金属导线、光缆等有形线路传递的通信方式。这种通信方式可靠性高、成本低。光纤通信已成为现代通信系统中主要的传输技术。**无线通信**是指以电磁波形式在空间传播信息的方式。较之有线通信,具有不受地

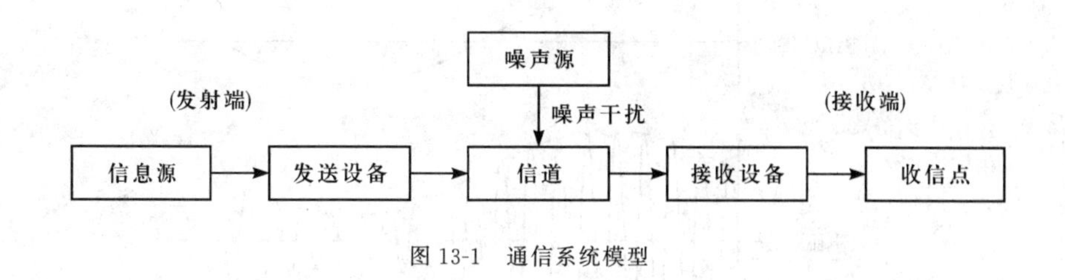


图 13-1　通信系统模型

理环境限制、通信区域广等优点，但因其易受外界干扰，保密性差，所以在现代通信中，无线通信系统和有线通信系统往往互为补充。

## 13.1.2　基带传输与调制解调

通信系统中发射端所发出的信号可以分为模拟信号和数字信号两类。所有信号都占有一定的频率范围。由信息源发出，未经调制的原始信号所占用的频率范围叫基本频带，简称**基带**(base band)。利用基带信号直接传输的方式称**基带传输**，例如有线广播。基带传输系统简单，但应用场合有限。基带信号频谱从零开始，在许多通信系统中不能直接在信道内传输，尤其是在无线通信系统中，频率越低辐射天线的尺寸越大，必须借助高频振荡信号(载波)进行变换，这一过程称为**调制**(modulation)。接收设备收到信号后将已调波还原为原始信号的过程，称为**解调**(demodulation)。调制解调作为一种信号处理技术，在通信系统中占有非常重要的地位。其一，它可将一低频信号调制到一个高频载波上去，完成由低到高的频率变换，从而通过几何尺寸合适的天线将信号发射出去。其二，可以将多路信号分别搬移到不同频率的载波上，只要信号的频谱在频域上不重叠，就可以想办法把它们分别提取出来，实现频分复用。其三，通过减小信号占据的带宽，可以提高信道利用率，或增加信号占据的带宽，增强系统抗干扰能力。

按调制信号的不同，调制方式可分为模拟调制和数字调制，即待调制的信号分别为如图 13-2(a)所示的模拟信号和如图 13-3(a)所示的数字信号。人们常说的数字通信就是指采用数字调制方式的通信，这种通信方式抗干扰能力强，便于与计算机相连，设备易于集成化、小型化，已成为当代通信技术的主流。按实现功能的不同，调制方式可分为幅度调制、频率调制和相位调制。前者为线性调制，调制波形如图 13-2(b)、图 13-3(b)所示；后两者为非线性调制或并称角度调制，调制波形如图 13-2(c)和(d)、图 13-3(c)和(d)所示。

(1)**幅度调制**(amplitude modulation)　载波幅度随调制信号而变化的调制，简称**调幅**(AM)。数字幅度调制又称振幅键控(ASK，Amplitude-Shift Keying)。调幅的技术和设备比较简单，频谱较窄，抗干扰性能差，用于长中短波广播中。

(2)**频率调制**(frequency modulation)　载波的瞬时频率随调制信号而变化的调制，简称**调频**(FM)，数字频率调制又称移频键控(FSK，Frequency-Shift Keying)。调频是 1933 年 E. H. 阿姆斯特朗发明的。这种调制比调幅的抗噪能力强，收视效果好，广泛用于高音质广播、电视伴音、多路通信和扫频仪等电子设备中，但收视距离比较短，且占用频带较宽。

(3)**相位调制**(phase modulation)载波的瞬时相位随调制信号而变化的调制，简称**调相**

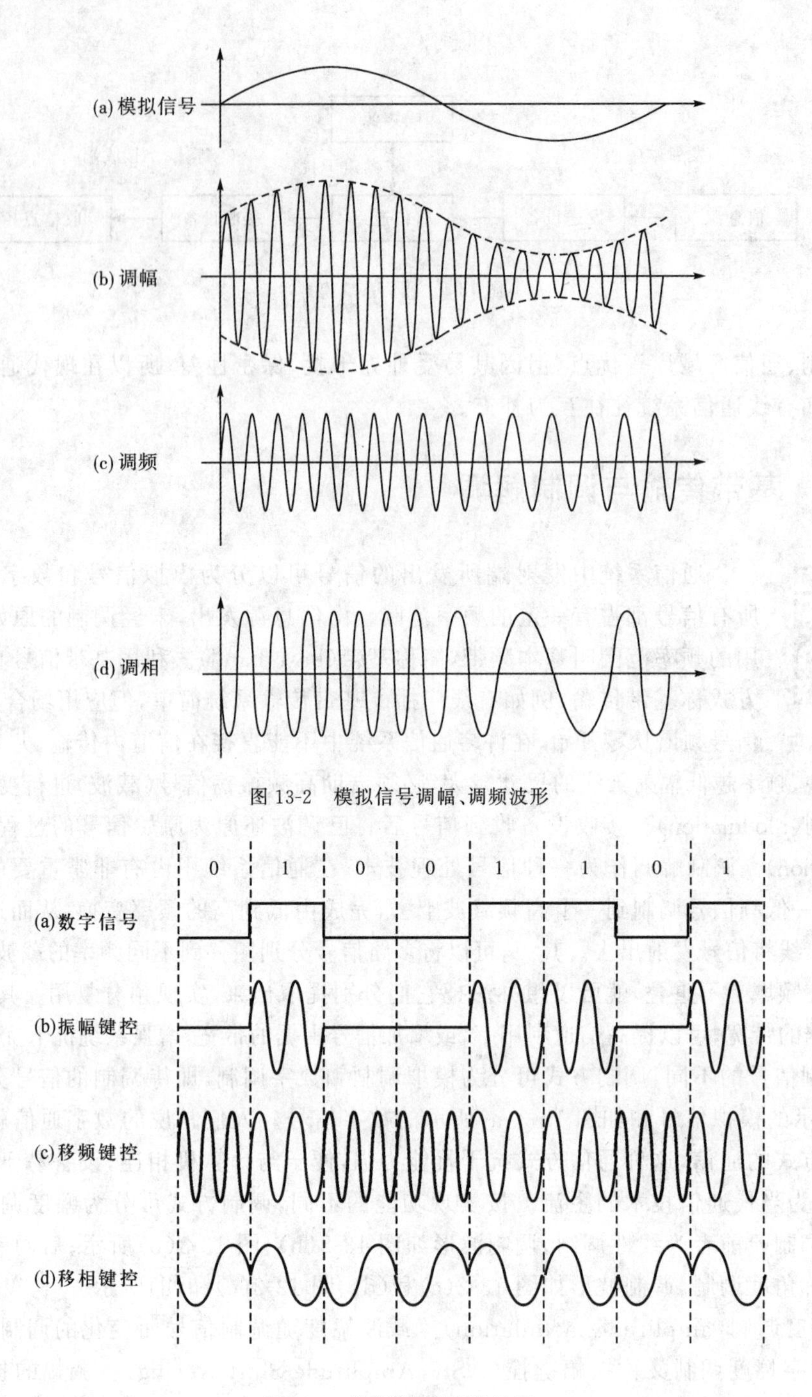


图 13-2　模拟信号调幅、调频波形



图 13-3　数字信号调制的波形

(PM),数字相位调制又称移相键控(PSK,Phase-Shift Keying)。具有优越的抗干扰性能,而且频带窄,是一种比较理想的调制方式,在各种数据传输和数字通信系统中得到广泛应用。值得注意的是,相位调制与频率调制总是相伴而生,调频必然会引起调相,调相也会引起调频。

需要指出的是,信息从发射端到接收端的传递过程不仅仅只有调制和解调两种变换,实际通信系统中还可能包括滤波、放大、天线辐射、控制等过程。由于调制解调对信号的变化起决定性作用,而其他过程对信号不会发生质的变化,只是对信号进行了放大或改善,因而本章不予讨论。

### 13.1.3 主要性能指标

评价一个通信系统的优劣,主要是看它的有效性与可靠性。有效性是衡量通信系统接收信息是否快速准确的标准,即能否以快速、合理、经济的方法来传输最大数量的信息。可靠性是衡量系统抗干扰性能的量度,由于外界干扰的影响,接收与发出的信息并不完全相同,所以需要用可靠性来表示接收信息与发送信息的符合程度。

值得注意的是,有效性和可靠性这两个要求通常是互相矛盾的,在实际处理时,需根据具体情况寻求折中的解决办法。

## 13.2 光纤通信

通信系统最早是在有线通信的基础上发展起来的,如有线电报、电话等。20 世纪 70 年代出现的光纤通信引发了通信技术新的革命。由于它具有距离长、频带宽、抗电磁干扰等优异性能,使通信系统的容量提高了几个数量级,成为通信领域中最为活跃的技术。20 世纪 80 年代初期,光纤通信已经大规模推广应用,与卫星通信、移动通信形成现代通信技术的三大主要发展方向。

光纤(fibre)具有低损耗、频带宽、质量轻、无电磁感应等特点。由于是纤维状的细丝,质地较脆,抗拉、抗压性能较差,实际通信工程中为保证光纤在各种敷设条件下使用,必须把光纤制成光缆。

光纤通信(optical fibre communication)又称**光缆通信**,是以光波为信息载体,光导纤维(光纤)为传输介质的一种有线通信方式。红外线、紫外线、可见光都属于光波范围,目前光纤通信使用的波长范围在近红外区域,通常选择 0.85 μm、1.31 μm、1.55 μm 三个实用波长。

光波是电磁波的一种,在均匀介质中沿直线传播。当光波入射至两种透明的均匀介质的分界面上时,有一部分光被界面反射回到入射光所在的介质,另一部分光越过界面折射进入另一种介质,如图 13-4 所示。入射角与折射角的正弦之比为常数,它等于折射光所处介质的折射率 $n_2$ 与入射光所处介质的折射率 $n_1$ 之比,即

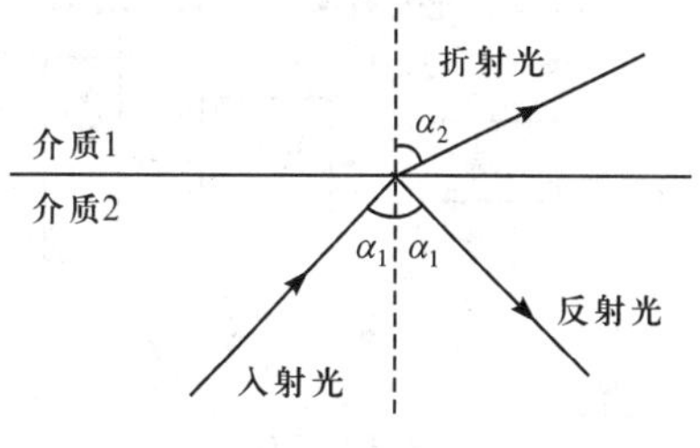

图 13-4 光的传播

$$\frac{\sin\alpha_1}{\sin\alpha_2}=\frac{n_2}{n_1} \tag{13-1}$$

当 $n_1>n_2$ 时,折射角 $\alpha_2$ 大于入射角 $\alpha_1$。当入射角增大到某一角度时,折射角等于 90°,此时,折射光完全消失,入射光全部返回原来的介质中,这种现象叫作**全反射**。光纤通信便是利用这一现象进行光波传输的。

光纤由纤芯、包层组成，包层外涂有两层涂覆层加以保护，如图 13-5 所示。纤芯的材料主要是二氧化硅，为了满足全反射的要求，使光波被限制在纤芯内传播，需要掺杂微量的其他材料(如二氧化锗，五氧化二磷)，提高纤芯部分的光折射率。包层的材料一般用高纯度的二氧化硅，有的也会掺杂微量三氧化二硼或氟来降低包层的折射率，达到全反射的目的，如图 13-6 所示。根据光纤材料的不同，常见的有石英光纤、多组分玻璃光纤、全塑光纤三种，其中石英光纤损耗最小，适用于长距离大容量传输，全塑光纤损耗最大但价格便宜，可用于某些特殊短距离场合。

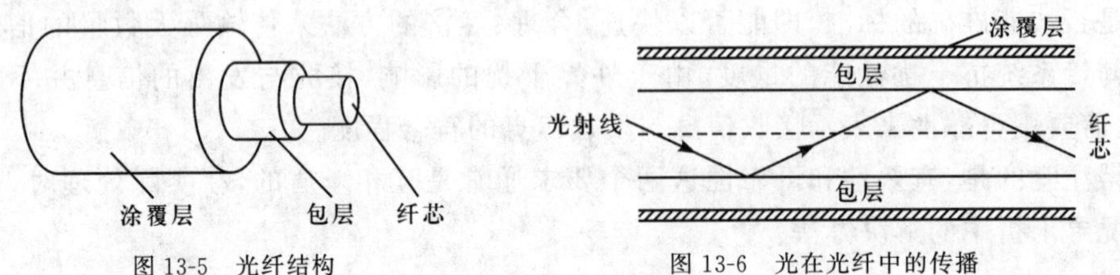


图 13-5 光纤结构　　图 13-6 光在光纤中的传播

光纤会对光波产生衰减作用，这一现象称为光纤损耗。光纤损耗是以光波在光纤中传播时，每单位长度上的衰减量表示的，通常以 dB/km 为单位。它的产生原因有很多，最常见的是以下两种：一是光波在传输过程中，因一部分光能量转变为热能为光纤所吸收而造成光功率的损失，二是光纤在制造过程中因技术问题导致纤芯内部介质不均匀，光波在传输过程中出现散射引起的光纤损耗。此外，成缆、敷设也会引起一些附加损耗。

光纤系统的组成包括光发射端、光接收端和信道三部分，如图 13-7 所示。光发射端把从发射侧电端机传来的电信号经调制电路调制到光波上，即完成电/光转换。已调制的光信号通过光连接器从光发送端机送至光缆，并传输到光接收端。光接收端机主要包括光检测器和放大器。光检测器完成光/电转换，把光信号转换为相应的电信号，经放大后进入接收侧电端机。在远距离通信系统中，为了补偿光纤损耗并消除信号失真与噪声的影响，光缆经过一定距离需加装光中继器。中继器由光检测器、电信号放大器、判决再生电路、驱动器和光源等组成，其作用是将逐渐衰减的光信号重新变成电信号，经放大和再生，再变换成光信号送入下一段光缆中。

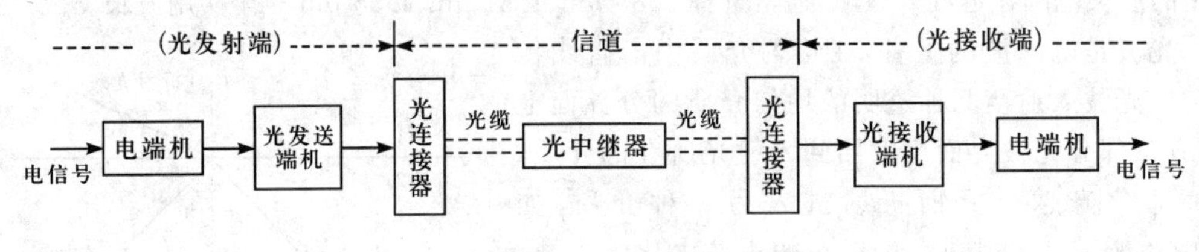


图 13-7 光纤通信系统

光纤通信具有以下优点：

(1)传输频带宽，通信容量大。用于光纤通信的近红外区段的光波波长为 0.8～2.0 μm，具有非常宽的传输频带。

(2)损耗小，中继距离远。普通线缆的传输损耗主要是由铜线的电阻以及导体间的耦合电容引起的，想要降低损耗只有增大线缆的尺寸。而光纤传输损耗机理不同于普通线缆，其损耗几乎与光纤尺寸无关，只需提高纤芯的透明度就可以有效降低光损耗，目前通信用的石英光纤透明度极好。光纤这种低损耗特点支持长距离无中继传输，光纤通信无中继的直通距离比金属线缆远得多，超过同轴电缆几十倍。

(3)抗电磁干扰能力强，无串扰。光纤是非金属的光导纤维，即使工作在强电磁场(如高压输电线)附近或处于核爆炸后强大的电磁干扰的环境中，光纤也不会产生感应电压、感应电流干扰通信，这有利于传送动态图像(如视频信号)。由于信息被限制在光纤内传输，不会外溢，所以光缆内的光纤之间不会“串话”，不易被窃听，适合保密要求极强的军政单位使用。

(4)光纤细，光缆轻。光纤直径一般只有几微米到几十微米，相同容量的话路光缆，要比电缆轻 90%～95%，直径不到电缆的 1/5。故运输和敷设均比铜线电缆方便，并有利于在军用战斗机上用作信号控制。

(5)资源丰富，节约有色金属和能源。光纤的纤芯和包层的主要原料是二氧化硅，资源丰富、价格便宜。而电缆所需的铜、铝矿产则是有限的，采用光纤通信可节省大量的金属资源。

(6)经济效益好、抗腐蚀、不怕潮湿。即使光纤的外保护层因小孔、裂缝而进水或受潮，也不会影响光的传递，但金属导线进水和受潮后则极容易接地和短路。光纤系统也不存在发生火花的危险，安全性好。

当然光纤本身也有质地脆、机械强度低等缺点，光缆的弯曲半径不能过小，不能承受工程中拉伸、侧压和各种外力作用。光纤的切断和接续需要一定的工具设备和技术，分路耦合不够灵活、方便。

光纤通信的发展大致经历了三个阶段：

第一阶段(1970—1979)：光纤与半导体激光器的研制成功，使光纤通信进入实用化。1976 年美国亚特兰大的光纤市话局间中继系统是世界上第一个光纤通信系统。

第二阶段(1979—1989)：光纤技术取得进一步突破，光纤衰耗降至 0.5 dB/m 以下。由多模光纤转向单模光纤，由短波长向长波长转移。数字系统的速率不断提高，光纤连接技术与器件寿命问题都得到解决，光传输系统与光缆线路建设逐渐进入高潮。

第三阶段(1989 年至今)：光纤数字系统由准同步数字系列(PDH)向同步数字系列(SDH)过渡，传输速率进一步提高。1989 年掺铒光纤放大器(EDFA)的问世给光纤通信技术带来巨大变革。EDFA 的应用不仅解决了长途光纤传输衰耗的放大问题，而且为光源的外调制、波分复用器件、色散补偿元件等提供了能量补偿。这些网络元件的应用，又使得光传输系统的调制速率迅速提高，并促成了光波分复用(WDM)技术的实用化。

当前，光纤通信的新技术仍在不断涌现，诸如光时分复用(OTDM)、相干光通信、光弧子通信、光交换技术等，这些技术预示着光纤通信技术的强大生命力和广阔的应用前景。它将对未来的信息社会发挥巨大的作用，产生深远的影响。

## 13.3　无线通信

无线通信是利用电磁波在空间传递信号的一种通信方式，一般由发射端、接收端及与其相连接的天线构成。利用无线通信可以传送电报、电话、传真、数据、图像以及广播和电视节目等通信业务。目前主要的无线通信技术有移动通信和卫星通信，相关内容将在后续两节中详细讨论。下面介绍一些无线通信方面的知识。

### 13.3.1 电磁波的传播

电磁波的提出最早是在英国科学家麦克斯韦的电磁波理论当中，其后德国物理学家赫兹于1888年用实验方法证明了它的存在。电磁波是一种能量，速度等于光速（约为$3\times10^8$ m/s，即$30\times10^4$ km/s）。频率过低的电磁波主要借由有形的导电体进行传递，而高频电磁波则可以不需要介质向自由空间传播，这种现象称为电磁波的辐射。空间传播的电磁波在一个周期内所前进的距离称为波长$\lambda$，每秒钟变动的次数称为频率$f$，它们与波速$c$之间的关系可表示为

$$c=\lambda f \tag{13-2}$$

电磁波传输过程中能量的衰减与其波长有关。通常，波长越长其衰减也越少，也越容易绕过障碍物继续传播。因此，不同波长的无线电波，特性和用途不同，一般按波长可以把无线电波划分为长波、中波、短波、超短波和微波。五种无线电波的频率、波长、主要传播方式和主要用途见表13-1。

**表13-1　　无线电波波段的划分**

| 波段 | 频率/kHz | 波长/m | 主要传播方式 | 主要用途 |
|---|---|---|---|---|
| 长波 | 30～300 | 1 000～10 000 | 地波，天波 | 电报通信 |
| 中波 | 300～3 000 | 100～1 000 | 地波，天波 | 无线电广播、电报通信 |
| 短波 | 3 000～$30\times10^3$ | 10～100 | 地波，天波 | 无线电广播、电报通信 |
| 超短波 | $30\times10^3$～$300\times10^3$ | 1～10 | 直射波，散射波 | 电视、导航、无线电广播 |
| 微波 | $300\times10^3$～$300\times10^6$ | 0.001～1 | 直射波，散射波 | 电视、雷达、导航、接力通信 |

表13-1中涉及了电磁波的四种传播方式，它们各有特点：

（1）地波　沿着地球表面传播的电磁波称为地波，又称地表波。它可以分为沿地面传播的地面波和经地面反射的地面反射波。地波沿地面传播时，不断被地面吸收，引起衰减。地波衰减与电磁波频率、极化方式、地面导电率等因素密切相关。通常，电磁波频率越高，衰减越严重；水平极化方式下电磁波衰减高于垂直极化方式；地面导电率越高，衰减越小。由于水的导电率高于土壤，海洋对电磁波的吸收比陆地小得多，所以地波在海上传播得较远。地波传播方式主要用于长波、中波以及短波频段的低频范围。

（2）天波　依靠空中电离层的反射进行传播的电磁波称为天波。电磁波在传播过程中，主要依靠电离层一次或多次反射到达接收点，这与光线的反射和折射的原理是一样的。电磁波的波长越短，即频率越高，被反射的角度越大，被电离层吸收而损失的能量越少，电磁波传播的距离就越远。理论上，天波传播方式可以用于长波、中波以及短波。由于电离层对频率较低的电磁波吸收严重，传输长波和中波时信号衰减大于短波，故天波传播更适合传播短波信号。然而，随着电磁波频率的提高，电磁波将穿过电离层，不会反射回来。因此，天波传播方式最适用于1.5～30 MHz的短波频段。电离层分布在距地面50～350 km的高空，主要是由于太阳的辐射使地球上空的气体电离而形成的。电离层的厚度、高度和电荷密度随季节和昼夜的变化而变化，从而影响着无线电波的传播。由于这个原因，收音机在收听短波广播时，季节不同、白天和晚上的收音效果不完全一样。中波、长波在白天由于电离层厚而

低,吸收很厉害,主要靠地波传播。在晚上电离层吸收减弱,可借助天波传播到很远的地方。

(3)散射波　散射传播是利用对流层或电离层中介质的不均匀性对电磁波的散射作用实现超视距传播。这种传播方式主要用于超短波和微波远距离通信。

(4)直射波　由发射点直线到达接收点的电磁波称为直射波,又称视距波。对于波长小于1 m的微波,在电离层中几乎没有反射,地面对它的吸收又很少,所以其传播主要靠直射波。直射波受地形、地物的影响大,直接通信距离受地球曲率限制,在一般天线高度下,直射波的距离仅几十千米,要想传到很远的地方,必须采用中继站或卫星传送的方式。

## 13.3.2　无线通信的频段

无线通信利用不同频率范围(频段)的电磁波来达到传递不同信息的目的,如:音频信号为20 Hz～20 kHz,图像信号为50 Hz～6 MHz。为保证通信的有效畅通,必须合理地使用工作频段。按照ITU国际无线电规则对频段的划分,目前各种无线业务可以使用的无线电频段为9 kHz～275 GHz。但因技术水平限制,绝大多数无线电设备工作在50 GHz以下。在9 kHz～50 GHz的多数频段,需要安排多种无线电业务共用同一频段。民用广播占两个频段,即通常人们所熟知的中波(535～1605 kHz)和短波(2～24 MHz);电视、航空、气象、港口、卫星等无线电业务均需要占用一定的频带宽度。随着通信事业的发展,无线通信宽带化的趋向越来越突出,卫星通信与地面无线电系统的资源冲突日益激烈,这些都对无线电频率资源产生了巨大需求。频率作为不可再生的宝贵资源是有限的,《中华人民共和国民法典》明确规定:无线电频谱频率资源属于国家所有。科学规划、合理使用这项宝贵的国家资源,在有限的频带宽度内尽量提供更多的通信信道,是关系社会经济发展的重要工作。缩小信道间隔能够有效增加信道容量,当前规定的信道间隔有25 kHz(宽带)、20 kHz、12.5 kHz(窄带),甚至7.5 kHz。我国幅员辽阔,同一频率可在不同地区重复使用。此外采用多信道共用技术,让系统的信道为系统所属各用户台所共用,尽量避免信道的闲置,也能缓解一部分频率资源紧张的压力。

## 13.3.3　无线通信方式

无线通信的工作方式可分为单工通信方式、双工通信方式和半双工通信方式三种。

(1)单工通信方式　通信双方只能交替地进行发信和收信,不能同时进行,如图13-8所示。根据使用频率的情况分为同频单工和异频单工两种。这种通信方式结构简单、电耗低、造价低廉,但操作不够方便,不易保密。对讲机、有线电视就是采用这种通信方式。

(2)双工通信方式　通信双方可同时进行发信和收信,如图13-9所示。这时收信与发信必须采用不同的工作频率,用户使用时与“打电话”时的情形一样。目前使用的无线通信系统,大多数采用双工通信方式,收发机做在一起,通信双方的设备通过天线共用器(双工器)来实现这一功能。电话系统、计算机网络等大多数通信系统都采用这种通信方式。

(3)半双工通信方式　与双工通信方式相类似,通信双方可以同时发信和收信,但需要

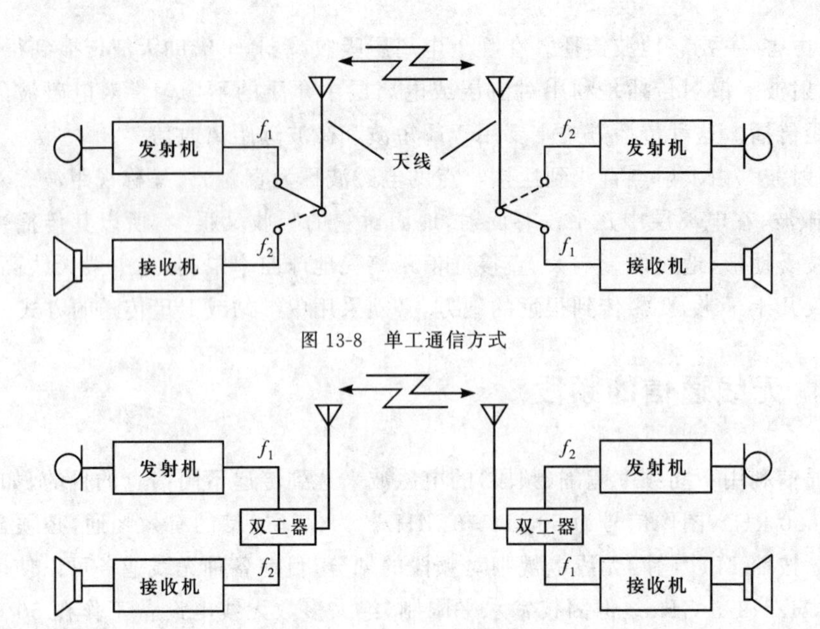


图 13-8　单工通信方式

图 13-9　双工通信方式

切换开关。这种方式多用于无线中继通信(即接力通信)中,用户台取异频单工而中继台取双工通信方式。示意图如图 13-10 所示。

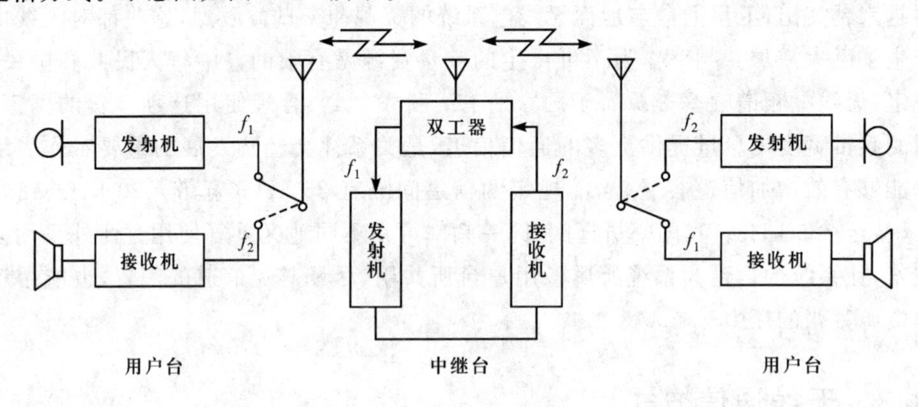


图 13-10　半双工通信方式

## 13.3.4　无线局域网

局域网(LAN)是指在有限范围内进行信息交换、文件管理、资源共享的计算机互联通信网络。随着便携式计算机、智能终端设备的迅速普及,无线局域网(WLAN)因无须布线、组网灵活、便于移动等特点逐渐获得广泛应用。1997 年 IEEE 无线局域网标准工作组制定了第一个无线局域网标准——IEEE 802.11,该标准允许在局域网环境中使用 2.4 GHz 射频波段进行无线联网。之后随着技术的进步,在此标准基础上又先后制定出了一系列适用于不同频段和环境的标准,如图 13-11 所示。

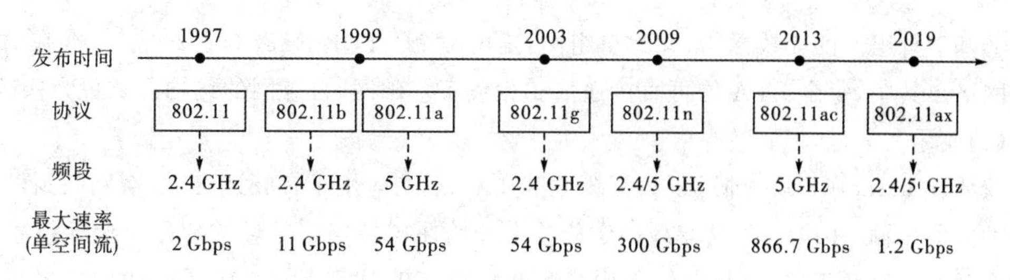


图 13-11　IEEE 802.11 协议系列标准

(1)Wi-Fi

Wi-Fi(wireless fidelity)在无线局域网的范畴是指“无线相容性认证”,实质上是一种商业认证,也是一种无线联网技术。通常,Wi-Fi 使用 2.4 GHz UHF 或 5 GHz SHF ISM 射频频段,通过无线路由器将网络(如:宽带等)信号转换为无线网络信号,以供计算机、手机、平板电脑等智能设备接收。通过 Wi-Fi 连接网络的方式可以是开放的,也可以是密码保护的。Wi-Fi 的目的在于改善基于 IEEE 802.11 标准的无线网络产品间的互通性。

当前主流的 Wi-Fi 技术主要包括 Wi-Fi 4、Wi-Fi 5 以及 Wi-Fi 6 三种,分别采用 802.11n、802.11ac、802.11ax 标准。由于支持多用户-多输入多输出(MU-MIMO),并引入正交频分多址(OFMDA)技术,Wi-Fi 6 的传输速率大幅提升,理论最大传输速率可达 9.6 Gbps(8 个空间流同时工作)。

在基于 Wi-Fi 构建的无线局域网中,无线接入点(AP)和站点(STA)是两个基本概念。

①AP:是整个无线网络的中心节点,如:家庭和办公室使用的无线路由器即为一个无线接入点。

②STA:是指每个接入网络的终端设备,如:笔记本电脑及其他可连接无线网络的用户设备均可称作站点。

通常,基于 Wi-Fi 的无线网拓扑结构分为基础网和自组网两种形式,如图 13-12 所示。

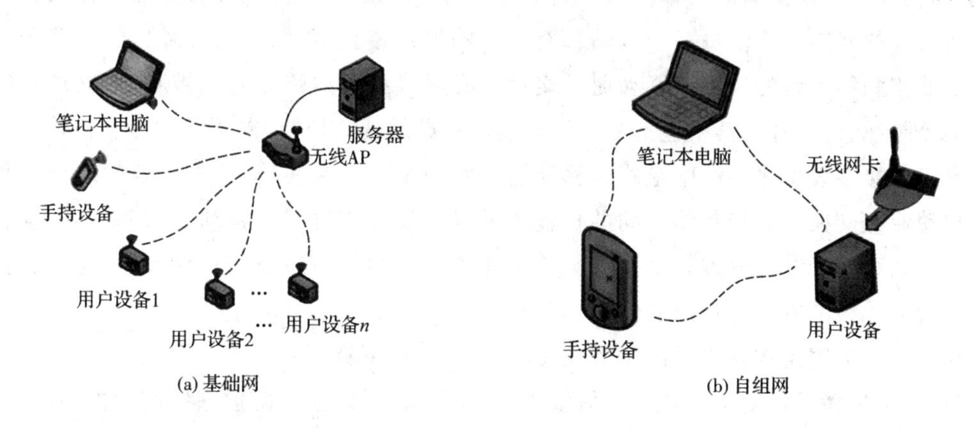


图 13-12　两种基于 Wi-Fi 的无线网拓扑结构

①基于 AP 组建的基础无线网络,又称基础网:是由 AP 创建及众多 STA 加入所组成的无线网络。其中,AP 是整个网络的中心,网络中所有通信均通过 AP 转发完成,也是无线网络与有线网络数据交换的桥梁。

②基于自组网的无线网络,又称自组网:是由两个及以上 STA 自己组成,不存在 AP 的无线网络。其中,每个 STA 均可直接通信。相较于基础网,自组网的结构形式更为松散。

(2)蓝牙

蓝牙(bluetooth)是一种短距离无线通信技术,最初应用于音频连接,后期发展到可以进行多种数据传输,2014 年基于蓝牙的定位技术开始在监控定位领域被应用。蓝牙技术采用低功率时分复用双工方式,收发信采用跳频技术以有效避免干扰。蓝牙支持设备之间的一对一、一对多连接方式,多台设备之间对等,不存在基站的概念。

蓝牙技术具有全球统一的技术标准,在 1.0A 版本技术标准中,蓝牙使用 2.4 GHz ISM 频段,采用每秒 1 600 跳的跳频技术,传输速率为 1 Mbps,标准有效传输距离为 10 m(借助放大器有效传输距离可提高至 100 m)。为提高传输速率,蓝牙未来的工作频段可采用 5.8 GHz ISM 频段。

作为一种短距离无线通信技术,蓝牙技术已广泛应用于无线设备(智能电话、耳机、对讲机等)、安全产品(智能卡、安检设备等)、图像处理设备、汽车产品、医疗产品等多种设备。

## 13.4 移动通信

移动通信(mobile communication)是指通信双方至少有一方是在运动中进行信息交换的通信系统。由于要保持行人、汽车、船舶、飞机等移动体不间断的通信联络,所以只能使用无线通信这种传输手段。

移动通信系统一般由移动台(MS)、基站(BS)、移动业务交换中心(MSC)以及传输线四部分组成,如图 13-13 所示。移动台有便携式、手提式、车载式三种。所以说移动台不单指手机,手机只是一种便携式的移动台。基站与移动台都设有双工器,以多信道共用的方式完成两者之间的双向通信。每一个基站都有一定的地理覆盖范围,称为覆盖区。在覆盖区内基站能够监测移动台的位置。移动业务交换中心完成移动用户主叫或被呼、建立通信等所必需的控制和管理功能,其中包括适应移动通信特点的越区切换、漫游等功能。传输线部分主要是指连接各设备之间的中继线。移动通信系统是一个有线、无线相结合的综合通信系统。移动业务交换中心与基站之间的传输主要采用光缆等方式。移动台与基站、移动台与移动台之间采用无线传输方式。基站与移动业务交换中心,移动业务交换中心与地面网之间以有线或无线的方式进行信息传输。

移动通信与固定物体之间的通信比较起来,具有以下特点:

(1)电波传播条件复杂。移动通信依靠的主要传输手段是电磁波在空间中的传播,因此电波的传播条件直接影响到通信质量。电波在传播过程中除了与收发天线之间的距离变化会引起信号衰减以外,城市中的高大建筑物也会阻碍电波的传播。此外,移动台不断变换通信位置,信号也会因多普勒效应而不断变化。所谓多普勒效应是指当移动台具有一定速度时,基站接收到移动台的载波频率将随速度的不同而改变。

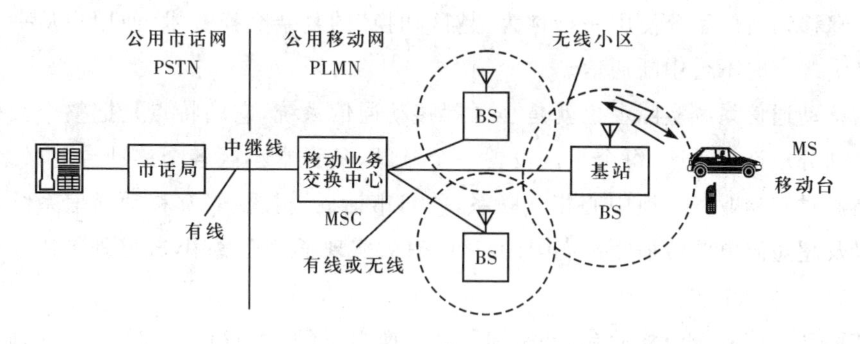


图 13-13　移动通信系统

(2)干扰严重。基站在与多个移动台同时通信的过程中,因为移动台与基站距离的不同,接收信号有强有弱,这样就有可能造成强信号对弱信号的干扰。另外城市中的各种工业噪声以及电磁干扰也比较严重。

(3)移动信息组网复杂。为了保证移动台在整个通信区域内自由移动,移动业务交换中心需要随时跟踪移动台位置;当移动台从一个小区移动到相邻的一个小区时,需要进行越区切换;移动台除了能在归属的移动交换中心区域通信外,还要能在非归属的移动交换中心区域通信,即具备漫游功能;移动通信网还要和固定通信网联通。因此,作为一个多用户通信系统,移动通信网除了要具有固定通信网的功能之外,还需要与市话网、卫星通信网、数据网等互联,网络结构非常复杂,几乎集中了有线通信和无线通信的最新技术成就,是运输与通信二者高度结合的产物。

移动通信的发展有一百多年的历史,方向深入海、陆、空、水下、地下、深空多个领域,已成为一个门类繁多、用途广泛的信息产业,根据服务面积可分为大区制、中区制和小区制三种。大区制是指一个城市仅有一个无线区覆盖,此时基站的发射功率很大,无线覆盖区半径约 30～40 km,仅适用于业务量不大的情况。具有投资小、设备简单等特点,但是难以进行频率复用。中区制服务范围略小,半径约为 20 km,基站数量多。网络结构较大区制复杂,投资较大,但可容纳更多的用户。小区制一般由覆盖半径 2～10 km 的无线区组合而成,可容纳用户量大。它可以实现信道复用,发射功率小,一般为 1～3 W,因此信道干扰小。

移动通信系统根据不同的特征,有多种分类方式,比较一般的分类方法是按系统的实际应用分为:①移动电话系统;②移动通信系统;③寻呼系统;④电话系统;⑤通信调度系统。

## 13.4.1　公众移动电话系统

公众移动电话系统是最典型的移动通信系统,它服务于社会各阶层人士,使用范围广,用户数量多,例如:中国电信、中国联通经营的移动电话业务。

当今世界各国普遍采用的公众移动电话系统是蜂窝移动通信系统,它可以容纳分布在较大地理范围内的大量用户,可以提供与有线电话相比拟的高质量服务。在蜂窝移动通信系统中,每个基站发射机的覆盖范围都限制在一个较小的无线区域内,这一区域称为蜂窝

(cell)，蜂窝移动通信系统使用一种称为“越区切换”的复杂交换技术，使用户从一个蜂窝移动到另一个蜂窝时不会中断通信。

蜂窝移动通信系统实际上也就是小区制移动通信系统，它的特点是把整个大范围的无线服务区划分成许多小区，每个小区设置一个基站，负责本小区各个移动台的联络与控制，各个基站通过移动业务交换中心相互联系，并与市话局连接。蜂窝移动通信系统利用蜂窝状结构以及超短波电波传播距离有限的特性，有效实现了信道复用，较好地解决了信道数有限而用户数众多的矛盾。

蜂窝移动通信系统由移动台、基站和移动交换中心(MSC)组成，如图 13-14 所示。移动交换中心协调所有基站的工作，并将整个蜂窝系统连接到公共交换电话网络(PSTN)，所以有时也称为移动电话交换局(MTSO)。在大城市中，一个蜂窝移动通信系统通常包括几个 MSC。移动台包括一部无线电收发机、天线和控制电路，它可以是手机，也可以安装在汽车上，每个移动台通过无线电波和所在蜂窝中的基站进行通信。基站由无线电收发机组成，以便进行双工通信。它通过电话线或微波线路将移动台与 MSC 相连，起一个桥梁的作用。

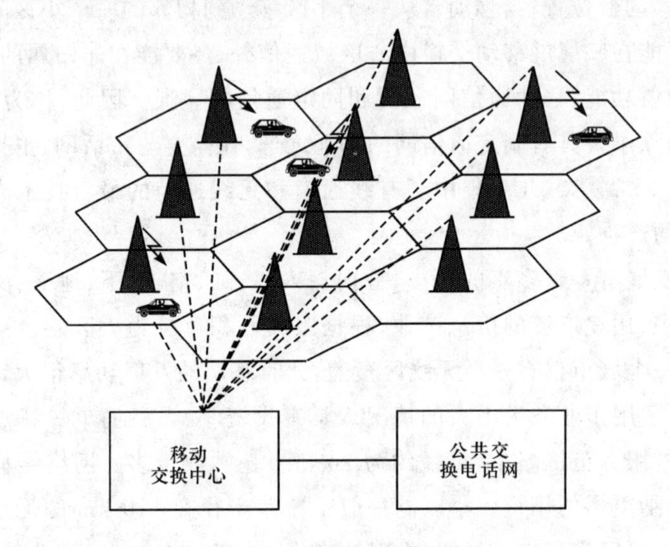


图 13-14　蜂窝移动通信系统

蜂窝系统能为用户提供漫游(roaming)服务，当移动用户离开其注册区域而进入另一个城市或地理区域时，用户仍能在该地区进行与注册区域相同的双向通信。

## 13.4.2　蜂窝移动通信系统的发展(1 G～4 G)

蜂窝移动通信系统从 20 世纪 80 年代开始商用后，先后经历了五代。第一代(1 G)基于模拟技术，建立了移动通信的基本框架。它采用单载波窄带调频，有 AMPS(Advanced Mobile Phone System)和 TACS(Total Access Communications System)两种主要制式。第二代(2 G)引入数字调制技术，频谱利用率提高，系统容量增大，通常采用时分复用多址(TDMA)与频分复用多址(FDMA)的混合多址技术，或码分复用多址(CDMA)连接技术。

其中基于 TDMA 建立的全球移动通信系统(GSM)一直沿用至今。

(1)GSM 系统

GSM 系统俗称“全球通”,它是由欧洲通信标准化委员会制定的一个数字移动通信技术标准,标准化接口保障了分系统之间、分系统与公用通信网之间可以互联互通。GSM 系统抗干扰能力强,覆盖区域内的通信质量高,还能够提供跨国界的自动漫游功能。GSM 系统具有加密和鉴权功能,确保用户隐私及网络安全,它通过用户识别模块(SIM)识别移动设备,SIM 卡中记录了与用户信息、鉴权和加密信息,且不限于某台固定移动设备使用,为移动设备进一步小型化、智能化发展提供了便利。

(2)CDMA 系统

CDMA 系统中各发送端采用不同的、相互正交的地址码调制其所发送的信号,接收端则利用码型的正交性,通过地址识别从混合信号中选出相应的信号。这一方式使网内用户可以同时使用同一载波、占用相同带宽发送或接收信号,提高了蜂窝系统的通信容量,同时还具有抗窄带干扰、多径干扰、人为干扰的特点。

第三代移动通信系统(3 G)主流技术标准有我国执行的 TD-SCDMA、欧洲和日本的 WCDMA 和美国的 CDMA2000 三种,均采用 CDMA 多址方式,以扩频方式占用宽信道,降低蜂窝的频率复用。3 G 系统初步具备了统一的全球兼容标准和无缝服务功能,具有足够的系统容量和强大的多用户管理能力,支持多种语音、多媒体业务,同时具备高保密性能。

第四代移动通信技术(4 G)又称 IMT-Advanced 技术,包括 TDD 和 FDD 两种制式。带宽为 100 MHz,网络传输的峰值速率理论上可达 100 Mbps,是 3 G 传输速率的 20 倍。4 G 通信系统相较于 3 G 技术采用了一些关键技术来提高通信效率和网络功能。

(1)正交频分复用(OFDM)技术

OFDM 技术将信道分解成多个正交子信道,将高速数据信号转换成多个并行的低速子数据流。优点是抗衰能力强、信息传送速率快,提高了频谱利用率。

(2)智能天线(SA)技术

SA 技术应用数字信号处理技术,产生空间定向波束,使天线主波束对准用户信号到达方向,很好地减少信号干扰,改善信号质量同时增加传输容量。

(3)软件无线电(SDR)技术

SDR 技术通过编程软件来实现物理层连接,这使其在构建标准化的通用硬件平台有着天然优势。它是一种多工作频段、多工作模式、多信号处理的无线电系统,具有平台开放性和升级便捷的特点。

(4)IPv6 技术

IPv6 技术是用于替代 IPv4 的新一代 IP 协议,以解决网络地址资源不足的问题。IPv6 的地址长度为 128 位,是 IPv4 地址长度的 4 倍。定义了单播地址、组播地址和任播地址(较 IPv4 新增类型)三种地址类型。报文整体结构分为报头、扩展报头和上层协议数据三部分,可对网络层数据进行加密并对 IP 报文进行校验,具有更高的安全性。地址分配遵循聚类原则,极大缩小了路由表长度,提高了路由器转发数据包的速度。

(5)多输入多输出(MIMO)技术

MIMO技术是指在发射端和接收端分别使用多个发射、接收天线进行空间分集的技术。多个发射天线独立发送信号,多个接收天线将信号复原,在不增加频谱资源和天线发射功率的情况下,这种有效地将通信链路分解为多个并行子信道的技术,可以成倍地提高系统信道容量。

### 13.4.3 第五代移动通信(5 G)系统

当今社会已步入大数据时代,万物互联的“物联网”时代已经到来,人们对移动通信网络的需求进一步增加,5 G通信也就是在这样的背景下诞生并迅速发展。与前四代有所不同,第五代移动通信系统不是单一无线技术的革新,而是现有无线通信技术的大融合。5 G将通过更高的频谱效率、更多的频谱资源以及更加密集的小区等共同满足移动业务流量增长的需求,构建一个具有高传输效率、高容量、低延时、高可靠性的网络社会。

5 G的性能指标有很多,需要在构建系统时予以综合考虑。主要包括:

①高传输速率:传输速率在4 G基础上提高10～100倍,体验速率达0.1～1 Gbps,峰值速率达10 Gbps;

②毫秒级时延:端到端时延降低至4 G的1/10或1/5;

③高设备密度:设备密度达600万个连接/$km^2$;

④高流量密度:流量密度达20 Tbps/$km^2$;

⑤高移动性:移动性达500 km/h,保证高铁等快速移动环境下的良好的用户体验。

其中,用户体验速率、连接数密度和时延为5 G最基本的3个性能指标。

5 G的三大应用场景包括:①增强型移动宽带,比如三维立体视频、超高清视频、云工作等;②大规模机器类通信,包括物联网、智慧楼宇等;③超高可靠性和低延迟通信,如远程医疗、工业自动化、无人驾驶等。

5 G网络由核心网、无线接入网和用户终端三部分构成。核心网的主要功能有鉴权服务、网络切片(将运营商的物理网络划分为多个虚拟网络,每个虚拟网络根据时延、带宽、安全性、可靠性等服务需求来划分,以灵活应对不同的网络应用场景)、接入与移动管理、会话管理、网络仓储、数据分析、通信代理及计费等。无线接入网的功能实体包括集中单元、分布单元和有源天线单元,集中单元处理非实时协议与服务,分布单元处理物理协议与实施服务。

(1)关键技术

①多址接入技术

为了解决频谱效率和海量设备的连接需求,5 G系统多址接入技术采用了非正交多址接入(NOMA),它允许一个资源分配给多个用户,采用非正交发送的方式进行叠加传输,再经先进算法分离用户信息,以此提升系统频谱效率。

②同时同频全双工

传统的时分双工时间利用率低,通信双方按照时间分时收发数据,频分双工带宽资源占用大,需要两倍的单向通信链路带宽,制约了通信节点的数量。而同时同频全双工可实现无线通信设备在单一频段上同时双向数据传输,有效降低了端到端的传输延时和信道占用。

③大规模多天线技术

4 G 系统广泛采用 4/8 天线系统,空间自由度及信道容量有限;5 G 系统则引入了大规模天线(massive MIMO)技术,在发射端与接收端部署多天线,通过不同维度提高无线传输系统的频谱利用效率,传输信道可达 64/128/256 个。此外大规模天线技术还具有极低的单根天线发射功率以及较强的抗扰能力。当然,随着天线数目的增多不可避免地带来了互耦效应、导频污染等新的问题。

④干扰与网络管理技术

5 G 系统场景复杂,网络呈现超密集趋势,缩小基站与用户终端之间的路径损耗可以提升网络的吞吐量,但同时网络中基站之间、终端之间的干扰也将不可避免,需要采用干扰协同管理、网络负载均衡技术等提高网络可用性。

(2)5 G 技术标准的演进

随着 4 G 在全球范围内的大规模商用,5 G 已经成为全球业界的研究焦点,制定统一的 5 G 标准已成为业界的共识,也是推动 5 G 发展与大规模商用的基础与前提。

2013 年欧盟等国家的第 7 框架计划启动了关于 5 G 的研发项目,包括我国华为技术有限公司在内的 29 个参加方共同参与了该研发项目。此后,各国围绕 5 G 技术的研究机构陆续成立,例如:韩国的 5 G 技术论坛、中国的 IMT-2020(5 G)推进组等。同时,各大标准化组织也纷纷启动了 5 G 国际标准化研究。目前,国际电信联盟(ITU)于 2017 年年底启动了 5 G 技术方案征集,并于 2020 年完成了 5 G 标准制定。第三代合作伙伴计划(3GPP)于 2016 年完成 5 G 标准研究,并于 2018 年形成 5 G 标准第一版本(Release 15),该版本不能满足所有 5 G 指标定义。为此,3GPP 于 2019 年底完成满足 ITU 要求的 5 G 标准完整版本(Release 16),该版本于 2020 年成为被 ITU 认可的国际标准。Release 16 标准的制定是国际合作的结果,全球共有 30 余家公司参与了该标准的技术讨论与制定工作。值得注意的是,中国电信主导完成 10 项技术标准制定、中国移动主导完成 15 项技术标准制定、中国联通主导完成 6 项技术标准制定。

(3)5 G 基站

5 G 系统的容量是 4 G 的 1 000 倍,峰值速率约为 10 Gbps。基站是 5 G 网络的核心设备,提供无线覆盖,实现有线通信网络与无线终端之间的无线信号传输。宏基站一般室外布设,机房内包括基站柜(内设基带处理单元)、电源、后备电源、机房空调、监控设备、防护设备等,户外建有铁塔/抱杆、有源天线单元等。整体建设费用高,信号覆盖范围是 4 G 基站的 3～4 倍。由于小于 3 GHz 的低频段基本上被 2 G～4 G 占用,因此须向 3.5～30 GHz 甚至更高频段扩展。频率越高,信号的穿透能力越差,相同功率下的覆盖范围会越小。为此,5 G 高频段资源引入小基站进行密集组网。小基站与宏基站相比,体积小、容量小,一般只支持一个载频,但它可以就近安装在天线附近,损耗小。

(4)我国 5 G 基站建设现状及未来规划

根据工信部数据,2019 年我国已建成 5 G 基站超过 13 万个,当时计划的投资规模如图 13-15 所示。而实际上,我国 5 G 的发展速度远超过预期,已提前迈入高速发展期。截至 2022 年 7 月末,我国 5 G 基站总数已达 196.8 万个。

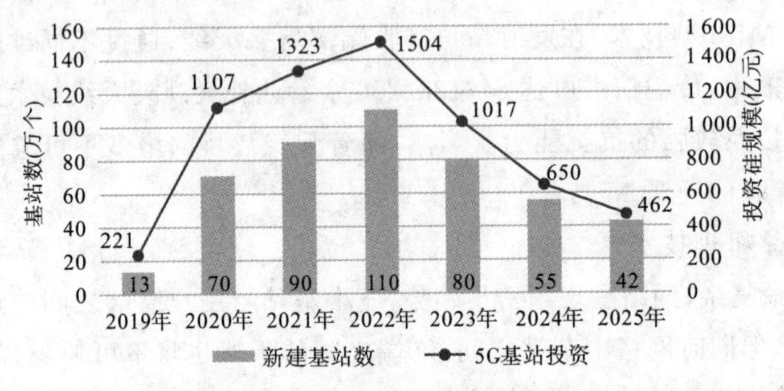


图 13-15　2019—2025 年新建/预计新建 5 G 基站数量和投资规模

## 13.5 卫星通信

**卫星通信**(satellite communication)是利用人造通信卫星作为中继站,将某一地球站发射来的微波无线电信号转发给另一个地球站,从而实现两个或多个区域之间的通信。它实际上是一种宇宙无线通信形式,是在地面无线通信和航天技术的基础上发展起来的。只要在卫星覆盖区域内,所有地球站都能利用此卫星进行相互间的通信,如图 13-16 所示。因此,卫星通信对国际通信或远程通信具有重要的意义。如今,卫星通信已经成为人类信息社会活动中不可缺少的基本手段。它与光纤通信、移动通信并称为当代三大主力通信系统,成为当今通信领域最为重要的通信方式之一。

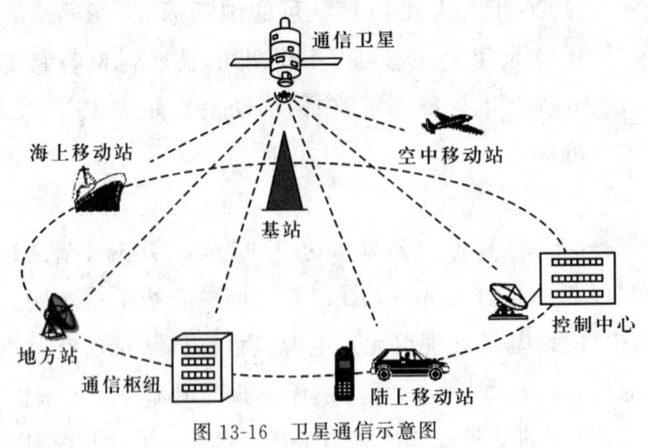


图 13-16　卫星通信示意图

卫星系统一般由空间段、控制段和地面段三部分组成。空间段包括所有处在地球外层空间的卫星，它们对地面或其他卫星发送的信号起中继放大和转发作用；控制段由所有地面管理设备组成，负责跟踪、监控和遥测卫星；地面段主要由多个承担不同业务的地球站组成。卫星通信系统多采用单跳工作方式，即发送的信号只经过一次卫星转发就被对方地球站接收，如图 13-17(a)所示；发送信号要经过两次卫星转发才能完成通信过程的工作方式称为双跳工作方式，如图 13-17(b)所示。

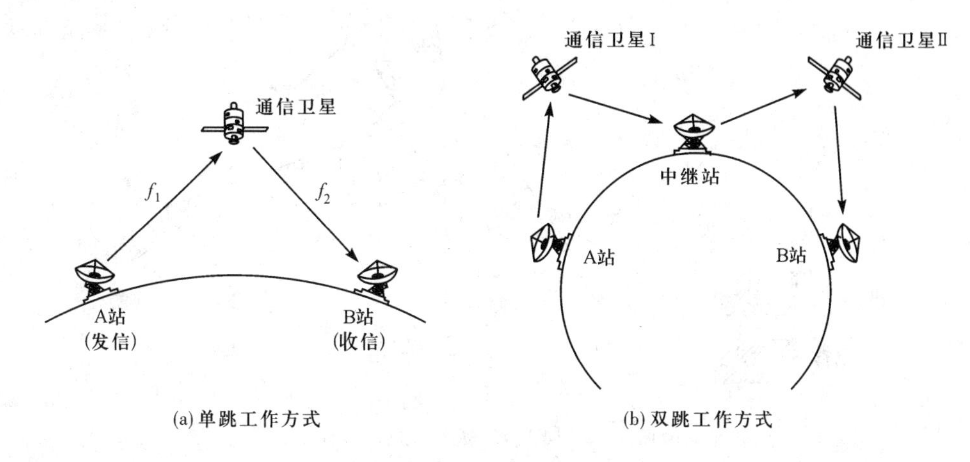


图 13-17　卫星通信系统工作方式

卫星通信系统按卫星距地面高度的不同可分为：高地球轨道卫星系统（距地高度≥20 000 km）、中地球轨道卫星系统（距地高度 5 000～20 000 km）和低地球轨道卫星系统（距地高度 500～5 000 km）；根据业务不同可分为固定业务的卫星系统、移动业务的卫星系统和广播业务的卫星系统；按卫星与地球上某点的相对位置关系不同，可分为同步卫星系统（又称静止卫星系统）和非同步卫星系统（又称非静止卫星系统）。不同的卫星系统各有不同的特点与用途。目前采用的大部分卫星系统都是同步系统。

同步卫星与地球相对静止，信号频率比较稳定，不会因为相对运动而产生多普勒效应。在与地球站通信时不需要复杂的跟踪系统，更不需要因为位置的变换而更换通信卫星来保持通信的连续。它距地高度约 35 800 km，对地球表面的覆盖区域达 40%左右，三颗高地球轨道同步卫星就可以实现全球通信，如图 13-18 所示。

卫星通信系统作为现代三大通信手段之一，具有比其他通信方式更有优势的特点：

(1)通信覆盖区域大，所有地球站可通过多址技术共用一颗卫星，这是卫星系统突出的优点。

(2)通信距离远，不受地理条件限制，而且通信费用与通信距离无关。

(3)传播稳定可靠，通信质量高。卫星通信的微波主要在大气层以外的宇宙空间传输，环境接近真空状态，电磁波几乎不受季节、气候的影响。

(4)传输容量大，传输业务类型多。不仅可用于国内通信，更适用于越洋国际通信；既适用于军事通信，也适用于民间通信。

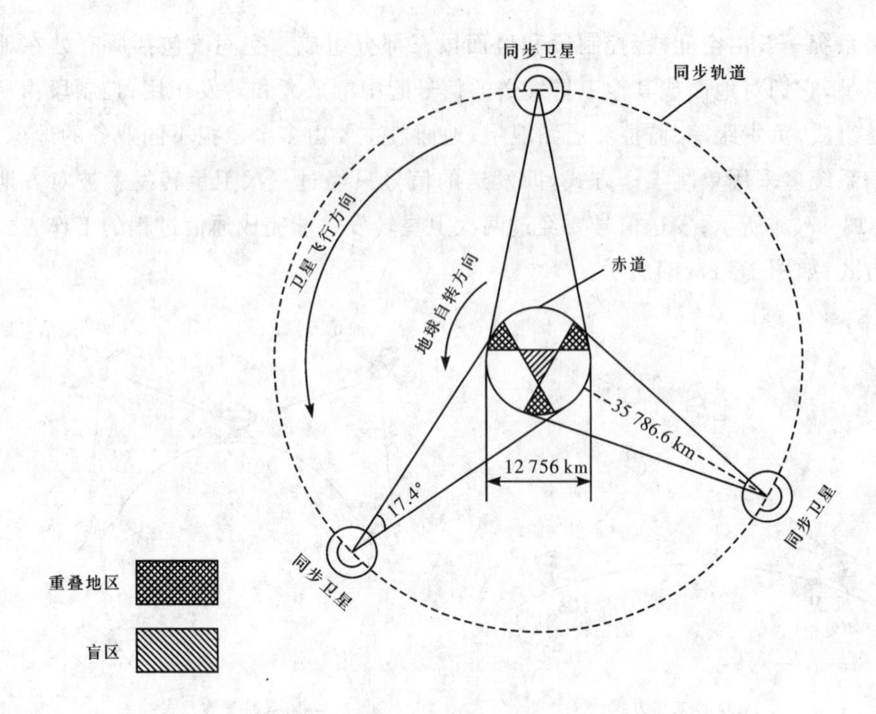


图 13-18　同步卫星覆盖全球示意图

当然卫星通信也并非十全十美，通信卫星是综合高科技产品，投资费用十分昂贵，尤其是维修费用更是惊人。卫星通信还有较大的传输延时。电磁波从同步卫星到达地球站大约需要 270 ms，如果采用双跳通信方式，延迟时间还要增加。这就是为什么通过卫星打电话时会产生明显延迟的主要原因。此外，当卫星运行至太阳和地球站之间时，地球站的抛物面天线在对准卫星的同时也对着太阳，因此会接收到太阳噪声从而使卫星信号受到干扰，出现日凌中断；当地球运行到太阳和卫星之间时，卫星进入地球的阴影区，卫星的太阳能电池受到影响而改由蓄电池供电，通信能力下降。

1957 年 10 月第一颗卫星成功发射，从那以后，卫星通信作为一种重要的通信手段就被广泛用于国际、国内和区域通信。21 世纪的卫星通信将向更高频段、更大容量方向发展，地面终端设备将日益小型化。而利用激光技术建立的快速、宽带、高效、保密性强的激光卫星通信也必然得到广泛的应用。

## 练习题

**13-1**　下列不属于现代经济三大支柱的是(　　)。

A. 材料　　B. 能源　　C. 信息　　D. 石油

**13-2**　有关通信系统的描述正确的是(　　)。

A. 通信系统可分为有线通信和无线通信两大类

B. 通信系统一般包括信息源、发送设备、接收设备、收信点、噪声源五个部分

C. 通信系统中的噪声源是可以通过技术手段消除的

D. 无线通信终将取代有线通信

**13-3**　频率调制的特点是(　　)。

A. 技术和设备比较简单,频谱较窄,抗干扰性能差

B. 抗噪能力强,收视效果好,广泛用于高音质广播、电视伴音等

C. 属于线性调制

D. 具有优越的抗干扰性能,而且频带窄,是一种比较理想的调制方式

**13-4**　折射率分别为 $n_1$ 和 $n_2$ 的两种介质,已知 $n_1>n_2$,下列哪种情况可能发生全反射(　　)。

A. 光从介质 1 射向介质 2　　B. 光从介质 2 射向介质 1

C. 光垂直于两介质的界面射入　　D. 光沿着两介质的界面射入

**13-5**　光纤通信技术中主要的传输介质是(　　)。

A. 明线　　B. 光缆　　C. 同轴电缆　　D. 双绞线

**13-6**　无线通信的工作方式包括(　　)。

A. 单工通信　　B. 双工通信　　C. 半双工通信　　D. 半单工通信

**13-7**　下列传播方式中,(　　)需要使用中继站或卫星传送。

A. 地波　　B. 天波　　C. 直射波　　D. 散射波

**13-8**　下列关于 Wi-Fi 的描述,不正确的是(　　)。

A. Wi-Fi 是一种无线局域网接入技术

B. 基于 Wi-Fi 的无线网络拓扑结构有基础网和自组网两种常见结构

C. 无论是自组网还是基础网均需要借助 AP 实现数据转换

D. Wi-Fi 的目的是改善基于 IEEE 802.11 标准的无线网络产品间的互通性

**13-9**　移动通信的特点是(　　)。

A. 通信距离远,不受地理条件限制,而且通信费用与通信距离无关

B. 电波传播条件复杂,存在多普勒效应

C. 较固定物体间的通信,干扰更加严重

D. 移动信息组网较为复杂

**13-10**　5 G 移动通信的关键技术有(　　)。

A. 多址接入技术　　B. 同时同频全双工

C. 大规模多天线技术　　D. 干扰与网络管理技术

**13-11**　若卫星高度距地 500～5 000 km,则称为(　　)。

A. 低地球轨道卫星系统　　B. 高地球轨道卫星系统

C. 中地球轨道卫星系统　　D. 同步卫星系统

第14章

# 楼宇自动化监控技术

楼宇自动化监控技术是楼宇智能化的关键，是在计算机及网络技术、自动控制技术、传感器技术以及通信技术等基础上构建的综合监测和控制技术。楼宇自动化监控系统将楼宇内各种机电设备连接到一个控制网络，通过传感器等装置采集现场数据，然后利用智能控制器对实际工况进行逻辑分析并驱动执行器，实现整个楼宇内机电设备的集中监测与控制。楼宇自动化监控技术是楼宇智能化安全运行的保障，是体现现代化生活方式和优化建筑环境的有效手段。

## 14.1 楼宇自动化系统概述

楼宇自动化系统通过对整个楼宇内的所有公用机电设备的管理和控制，降低设备故障率，保障楼宇及楼宇内部人员的安全，提供舒适的环境，节约能源并减少维护及运营成本等。

### 14.1.1 楼宇自动化系统的构成

楼宇自动化系统(building automation system，BAS)主要包括供配电、照明、空调、给排水、电梯、消防等子系统，基本构成如图 14-1 所示。系统采用的是计算机集散控制。计算机集散控制是指分散控制、集中管理。它的分散控制器通常采用**直接数字控制器**(direct digital control，DDC)，利用上位计算机进行监控和管理。

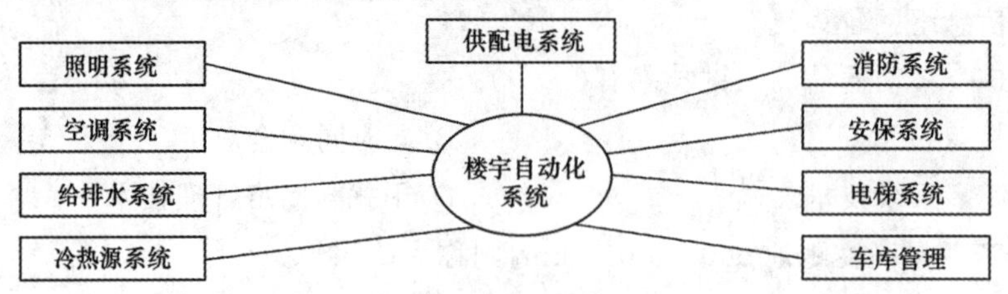


图 14-1 楼宇自动化系统基本构成

楼宇自动化系统的主要功能可以概括为监控、管理以及服务。所谓监控是指自动监控各种机电设备的启停，自动检测、显示、打印各种机电设备的运行参数及其变化趋势或历史数据，并可以根据外界条件、环境因素、负载变化等各种情况对设备运行状态进行自动控制，使之始终工作于最佳状态。所谓管理是指实现楼宇内各种机电设备的统一管理、协调控制。管理又分为能量管理和设备管理,其中能量管理是指对水、电、气等进行计量收费,以实现能量管理的自动化。设备管理是指对设备档案、设备运行报表和设备维修进行管理等。所谓服务是指自动监测并及时处理各种意外和突发事件。其中,楼宇自动化监控系统是楼宇自动化系统的核心。

楼宇自动化监控系统与物联网相结合,能够实现智能感知、定位、识别、跟踪和监管。楼宇自动化监控系统与云服务相结合,能够借助云计算和智能分析技术实现大数据的处理和决策支持,并通过预测、预警、规划和引导,进一步提高楼宇的安全性和舒适度。楼宇自动化监控系统与移动互联技术相结合,能够实现所有信息同步共享,为生活提供更大的便利。

## 14.1.2　楼宇自动化监控系统

楼宇自动化监控系统的主要目的在于采集楼宇内各种机电设备的信息并通过最优化的控制手段,对各子系统设备进行集中监控,使各子系统设备始终保持高效、有序的运行状态。

**1. 楼宇自动化监控系统的功能**

楼宇自动化监控是楼宇智能化的基础。应该具备以下几个方面的能力:

(1)感知能力

所谓感知能力是指能够自动感知周围环境和使用功能的变化。楼宇的感知就是通过各种传感器来采集信息的过程。传感器包括安装在楼宇内部的各种敏感元件、变送器、触点和限位开关等,用于检测环境和现场设备的各种参数(如温度、湿度、压差、液位、烟感、门磁等)的设备。例如,空调系统中用于感知温度和湿度的温湿度传感器,用于感知和测量设备或部件两端的压力差值的压差传感器,为了保持良好的空气质量进行楼宇空气检测的气敏传感器,以及当室内被占用时,保持照明灯和空调接通的占用传感器等。

(2)综合分析、判断及处理能力

楼宇内用于综合分析、判断及处理所感知信息的单元称为控制单元或控制器。它接收传感器输出的信号,通过数字运算、逻辑分析与判断,将处理后的控制信号输出给动作执行机构。控制器是整个楼宇自动化监控系统的核心,可以方便灵活地与现场的传感器、执行调节机构直接连接,并实现对被控系统的自动调节与控制。

(3)执行动作响应的能力

楼宇内执行各种动作的装置称为执行器。执行器也称为执行机构,是指装设在各监控现场接收控制器的输出指令信号,并按照输出指令信号来调节、控制现场运行设备的机构,例如在空调系统中常用的电磁阀、电动阀、风门以及电加热器等。

(4)信息传输的能力

楼宇自动化监控系统应具有数据传输线路,能够将楼宇内各种传感器、控制器和执行器连接起来,实现数据的传输。通信技术在楼宇自动化监控系统中发挥了关键性的作用,它涉及组网和通信协议。目前,随着无线通信技术的发展,蓝牙技术、ZigBee 技术以及 Wi-Fi 等无线通信技术在楼宇自动化监控领域的应用也日益增多。

**2. 楼宇自动化监控系统的基本原理**

楼宇内进行综合分析、判断及处理的控制器是楼宇自动化监控系统的核心,楼宇自动化监控系统是将工业环境中现场控制站的全部功能浓缩在一个现场控制器中。楼宇自动化的集散型计算机控制系统就是通过通信网络将多个现场控制器与中央计算机连接起来,共同完成各种控制、管理等功能。楼宇自动化监控的基本过程是现场控制器接收传感器、触点或其他仪器或仪表传送来的信号,并利用软件程序对这些信号进行综合分析、判断及处理后再输出信号给执行器,用于启动或关闭设备,打开或关闭阀门、风门,或按程序执行复杂的动作等。

楼宇中的现场控制器有很多种,下面主要介绍一下楼宇中常用的直接数字控制器(DDC)。

(1)DDC 的基本组成

模块化 DDC 通常包含电源模块、通信模块、计算机模块和输入/输出(I/O)模块等,其基本组成如图 14-2 所示。

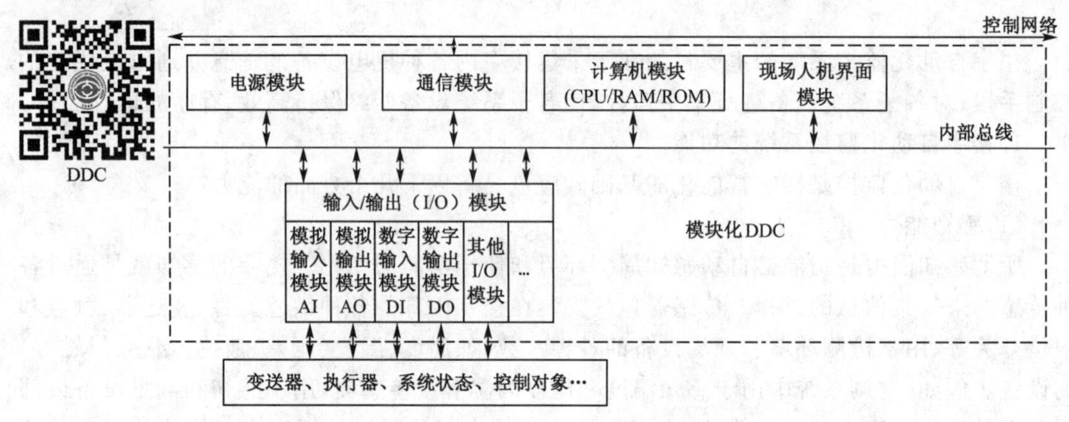


图 14-2　DDC 的基本组成

DDC 内部的电源模块具有内置微处理器,能够为 DDC 提供稳定的 24 V 直流稳压电源,24 V 直流稳压电源经过直流-交流-直流电压变换电路转化成 DDC 中各功能模块所需要的直流电源。在选择 DDC 时,不同控制器的 CPU 处理能力、I/O 点数、存储器的大小各不相同,具体可根据需求选用。

(2)DDC 的输入/输出接口

在 DDC 中,种类最多、数量最大的就是各种输入量和控制量之间的接口,这些接口通过输入/输出模块与各种传感器、变送器、执行器等连接在一起,负责获取各种现场信息,并输出信号,控制各类执行机构。DDC 包括 4 种基本的输入/输出接口。

数字输入模块(DI)用来输入各种限位(限值)开关、继电器、电气联动机构或阀门联动触点的开、关状态等信号。接收的各种状态信号经电平转换、光电隔离、滤波等处理后转换为相应的 0 或 1 输入存储单元,CPU 通过读取数字寄存器的状态来获取系统中各个输入开关的状态。

数字输出模块(DO)用于控制触点、电磁阀、继电器、指示灯以及声光报警器等只具有开、关两种状态的装置或设备。

模拟输入模块(AI)用于输入控制过程中的各种连续变化的物理量和化学量,通过现场传感器或变送器将其转变为相应的标准电信号或其他信号。

模拟输出模块(AO)是将经 D/A 转换器转换后得到的电流或电压模拟信号输出，AO 输出一般为 4～20 mA 的标准直流电流信号或 0～10 V 的标准直流电压信号,用于控制各种阀门的开度,或通过调速装置控制各种电动机的转速,也可以通过电-气转换器或电-液转换器来控制各种气动或液动执行机构(如空调系统中的气动阀门)的开度等。

(3)DDC 的基本工作原理

DDC 的工作过程是通过模拟输入模块(AI)和数字输入模块(DI)采集实时数据,并通过 A/D 转换将模拟信号转变成计算机可接收的数字信号,然后利用程序进行分析、判断及处理,最后发出控制信号,并通过数字输出模块(DO)直接控制设备的运行,或根据需要经 D/A 转换将数字信号转变成模拟信号,再由模拟输出模块(AO)输出并控制相应的执行器。

DDC 在楼宇自动化监控系统中的功能是对各种现场检测设备(如各种传感器、变送器等)送来的过程信号进行实时数据采集、滤波、校正、补偿处理、实现上下限报警及累积量计算等运算。这些测量值、报警值和计算值再由通信网络上传到中央管理计算机,完成实时显示、优化计算、报警以及打印等。中央管理计算机发来的各种操作命令也要通过通信模块送入 DDC,并利用 DDC 内部的计算机模块实现对楼宇设备的参数调整和自动控制。此外，DDC 还具有开环控制、闭环反馈控制、批量控制与顺序控制等功能。

**3. 楼宇自动化监控系统的基本组成**

楼宇自动化监控系统负责完成楼宇中变配电、照明、空调、消防及联动控制、安保、电梯以及环境等系统的监控管理,通过计算机对各子系统进行监测、控制、记录,实现分散节能控制和集中科学管理。楼宇自动化监控系统的基本组成如下：

(1)变配电监控与管理子系统,包括变压器、高压配电系统、低压配电系统、不间断电源系统的监控等。监控内容包括电流、电压、有功功率、无功功率、功率因数、温度等参数的测量以及开关量的控制,并能够实时显示系统主接线图、应急发电系统运行图及系统运行参数,具有参数超限报警及事故、故障记录功能,可绘制负荷曲线,并显示等运行报表等。

(2)照明控制与管理子系统,具有灯光亮度的强弱调节、灯光软启动、定时控制、场景设置以及预设管理等功能。监控的内容包括由中央监控系统按每天预定的时间顺序进行照明的控制,并监视其开关状态以调节照度等,其工作状态可用文字、图形显示,并由打印机打印等。

(3)空调监控子系统,包括温度、湿度、气流速度以及空气质量的监控等,可分为局部式、半集中式和中央空调式。现代化的楼宇中通常采用中央空调系统。具体监控内容为温湿度监控,新风、回风、排风的控制,制冷器的防冻监控,过滤器的状态监测,风机的状态及故障报警等。

(4)冷热源监控子系统,包括冷水机组、冷冻水循环、冷却水循环以及设备间联动及冷水机组的集群控制等。例如,冷水机组的监控内容为冷水机组启停控制及状态、冷水机组故障报警、冷水机组的手/自动控制状态以及冷冻水出水/回水温度等。楼宇内的主要热源设备包括热泵机组和锅炉系统两种。例如,锅炉监控的内容包括锅炉的运行状态、故障报警、锅炉一次侧水泵运行状态、压差旁通阀的开度以及锅炉一次水的供回水温度等。

(5)给排水监控子系统,主要对楼宇生活用水、消防用水、污水、冷冻水箱等给排水装置进行监测和启停控制,包括压力测量点、液位测量点以及开关量控制点,并要求显示各监测点的参数、设备运行状态和非正常状态的故障报警，控制相关设备的启动与停止。

(6)安保监控及门禁控制子系统，包括电视监控、防盗报警、出入查证以及电子巡更等。采用微机控制矩阵系统，集中完成视频切换控制、水平/俯仰/变焦控制及自备检测功能。例如，侵入报警系统通过各类传感器，如红外探测器、红外微波双鉴探测器、玻璃破碎传感器、振动传感器，以及各类手动、接近开关等，获得楼宇内主要通道、出入口、重要位置及周边的情况，以实现入侵防范。

(7)消防报警与控制子系统，包括自动监测与报警、灭火、排烟、联动控制、紧急广播等。消防报警与控制子系统收到火灾报警信号后，能自动或手动启动消防设备并显示其运行状态。消防控制设备主要包括自动灭火系统的控制装置、室内消火栓系统的控制装置，防排烟及空调通风系统的控制装置、常开防火门及防火卷帘的控制装置、电梯迫降控制装置、火灾应急广播、火灾警报装置、消防通信设备，以及火灾应急照明与疏散指示标志等。消防控制设备一般设置在消防控制中心，以便于集中统一控制。也有的消防控制设备设置在被控现场，但其动作信号必须返回消防控制中心，实行集中与分散相结合的控制方式。

下面以楼宇变配电监控系统、照明监控系统为例，介绍楼宇自动化监控系统的工作原理。

## 14.2 楼宇变配电监控系统

楼宇变配电监控系统对市电网提供的电能进行变换处理、分配，并向建筑物内的各种用电设备提供电能，是楼宇自动化监控系统的重要组成部分。

### 14.2.1 楼宇变配电监控的主要内容

楼宇变配电监控主要包括变配电设备的监测、变配电设备的控制、备用发电机的监控、变配电自动保护等方面。

(1)变配电设备的监测

图 14-3 为低压变配电设备监测系统原理图，设备的监测主要包括以下几个方面：

①线路状态监测，包括高压进线、出线以及母线联络线的断路器的状态和故障监测；

②电能质量监测，包括电压、电流、有功功率、无功功率、功率因数以及频率监测；

③负荷监测，包括各级负荷的电压、电流和功率监测；

④变压器监测，包括温度监测及超温报警。对于风冷变压器，还包括通风机运行情况监测。对于油冷变压器，还包括油温和油位监测。

(2)变配电设备的控制

主要包括：①高压进线、出线以及联络线的开关控制；②低压进线、出线以及联络线的开关控制；③配电干线开关的控制。例如对水泵房、制冷机房以及供热站供电的开关进行控制。

(3)备用发电机的监控

在医院、数据中心、高层居民楼等重要场所，为了防止因停电发生意外，一般都设有备用

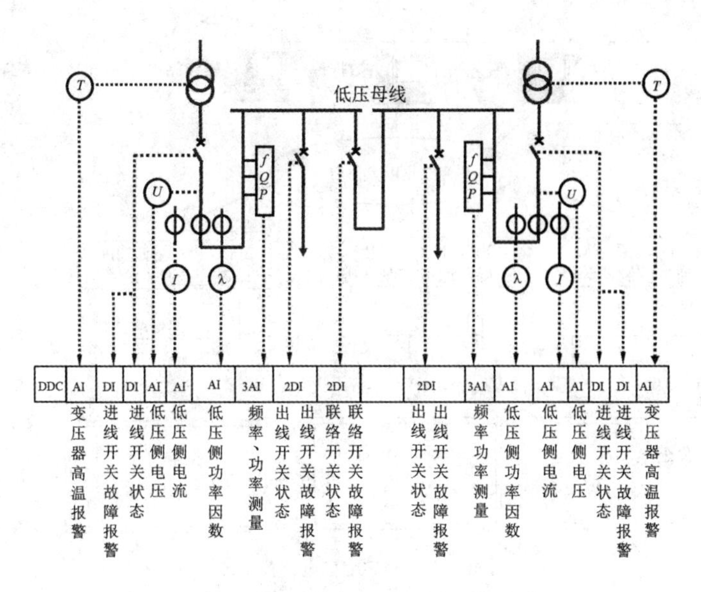


图 14-3　低压变配电设备监测系统原理

发电机组，而在楼宇变配电监控系统中，需要有对备用发电机组的监控，具体包括：

①发电机线路的电气参数的测量，包括电压、电流、频率、有功功率、无功功率测量等；

②发电机运行状态监测，包括转速、油温、油压、油量、进出水的水温、水压监测等；

③发电机的运行状态和故障报警；

④发电机和有关线路的开关控制；

⑤系统有直流电源（蓄电池）时，直流电源的供电质量检测报警等。

（4）变配电自动保护

主要针对以下三个方面：①引入线的三相不平衡以及相间故障、相对地故障等；②变压器内部过载和故障以及过热等；③电动机内部过载和故障等。

## 14.2.2　楼宇变配电监控系统的构成和原理

常见的楼宇变配电监控系统一般采用集散系统结构，监控系统可分为三层，即管理层、控制层和现场 I/O，如图 14-4 所示。

系统的管理层由服务器、数据库以及操作站组成，主要实现人机对话，完成上位机管理和控制应用功能。控制层由 DDC、PLC、工控 PC 以及通信控制器等不同控制器构成，负责完成整个系统的控制功能，而且控制层能够独立于管理层完成全部控制操作。控制器具有完整的操作系统、控制运算功能、通信和监控点处理功能，控制层的网络接口包括与管理层和现场层通信的两类接口。现场层也称为仪表层和设备层，主要通过现场 I/O 实现供配电设备的相关数据采集及控制。现场 I/O 通过现场总线完成控制器与供配电设备相互之间的联结。现场总线（field bus）是一种应用于现场设备之间、现场设备与控制装置之间实现双向数字通信的工业数据总线，具有开放性、互操作性和互用性的特点。

现场 I/O 包括智能型断路器、智能型控制单元、远程测控装置和智能电力测控仪等，通常这些现场 I/O 均自带通信接口。现场 I/O 的选用在楼宇变配电监控系统中非常关键，下

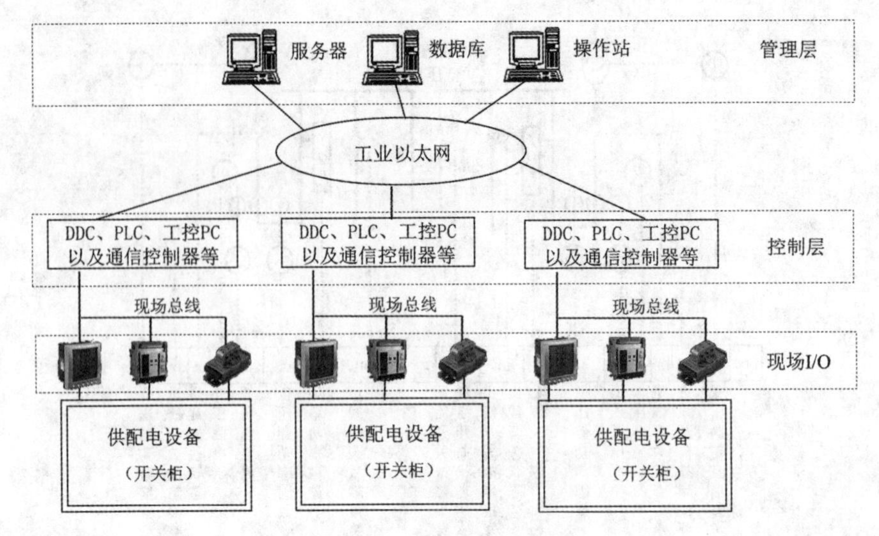


图 14-4 楼宇变配电监控系统

面介绍几种常见的现场 I/O。

(1)智能型断路器

图 14-5 智能型断路器

智能型断路器(图 14-5)是具有监测、控制、保护、能效管理和通信功能的断路器。智能型断路器常用于控制和保护低压配电网络,一般安装在低压配电柜中作为主开关以提高供电可靠性;通过其标准的通信接口及相应的通信协议组网,实现实时远程监控当前运行状态、反馈当前电网参数和运行参数以及远程监测等功能。智能型断路器具有遥控、遥调、遥测以及遥信的“四遥”功能。遥控是指通过主站计算机对系统中每一从站断路器进行储能、闭合、断开的操作控制;遥调是指通过主站计算机对各从站的保护定值进行修改与设置;遥测是指通过主站计算机对各从站的电网运行参数实时监测;遥信是指通过主站计算机查看各从站的型号,闭合、断开状态,各项保护定值以及各从站的运行和故障信息状况等信息。此外,智能型断路器还可以实现多种管理功能,例如事故报警、事件记录、负荷趋势分析、多种报表打印等。

(2)智能型控制单元

图 14-6 智能电机控制器

智能型控制单元又分为智能电机控制器、智能型馈电控制器以及智能型变频器等多种类型。智能电机控制器测量功能分为基本测量(电流、频率)和增选测量(电压、功率、功率因数、相序、剩余电流、电能)等,具有过载、堵转、断相、欠载、不平衡、剩余电流(接地/漏电)、温度、外部故障等全面的电动机综合保护功能。图 14-6 为智能电机控制器,可以替代各种电量表、信号灯、热继电器、电量变送器等常规元件,为电动机等设备提供全面、安全、可靠、灵活的保护及控制、监测和通信管理的功能。

智能型馈电控制器和智能电机控制器一样,它的保护功能比较简单,例如具有接地、过电流保护等功能。

智能型变频器具有调压、调频、稳压、调速等基本功能，可以同时改变输出频率与电压，其特点是效率高，输出力矩和调速范围宽，控制精度高且具有无级调速等优异的调速性能、快速的过载保护以及过热保护等功能。

(3)远程测控装置

远程测控装置(remote terminal unit，RTU)是集成了模拟量采集、开关量输入、开关量输出和 4 G/5 G 数据通信于一体的高性能测控装置，既可以直接接入各种传感器、标准变送器、仪表等输出的模拟信号，也可以接入继电器触点开关信号或脉冲信号等，是实施无线测控的最佳选择。RTU 具备通信接口，可以连接各种组态软件。RTU 通常具有优良的通信能力和更大的存储容量，适用于恶劣的温度和湿度环境并且能够提供更多的计算功能。图 14-7 为一个 5 G 远程测控装置。

(4)智能电力测控仪

具有可编程、遥测、遥信、遥控、自动控制、电能累加、实时时钟、LCD 显示、数字通信等功能为一体的智能电力测控仪如图 14-8 所示。它集数字化、智能化、网络化于一身，使测量过程及数据分析处理实现自动化，能够全面替代电量变送器、电度表、数显仪表、数据采集器以及记录分析仪等仪器。多参数智能电力测控仪可以监测单相或三相电力参数，如电压、电流、频率、功率因数、谐波和电度，还可以提供测量、监视和能量管理等功能。具有通信接口，允许连接开放式结构的局域网络。

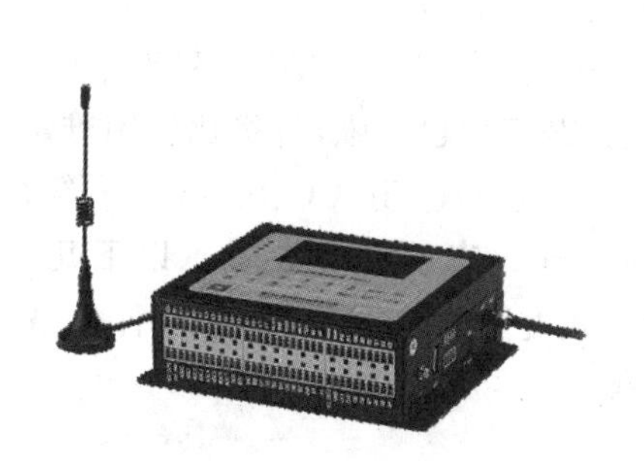

图 14-7 5 G 远程测控装置

图 14-8 智能电力测控仪

## 14.2.3 楼宇变配电监控系统组态软件

楼宇变配电监控系统组态软件一般称为监控和数据采集软件(supervisory control and data acquisition，SCADA)，它处于管理层的软件平台和开发环境，利用灵活的组态方式，是为用户提供快速构建工业自动控制系统监控功能的、通用层次的软件工具。SCADA 已经成为开发 SCADA 系统上位机人机界面的最主要的工具软件。

(1)基本概念

组态(configure)是指用户通过类似“搭积木”的简单方式来完成自己所需要的软件功能，而不需要编写计算机程序。它有时候也被称为“二次开发”。组态软件就被称为“二次开发平台”。

监控(supervisory control)即“监视和控制”，是指通过计算机信号对自动化设备或过程进行监视、控制和管理。

(2)组态软件的构成

组态软件的基本构成如图 14-9 所示。组态软件由开发环境和运行环境两大部分组成，两者之间的联系纽带是实时数据库。开发环境用于组态生成，而运行环境用于解释执行组态结果。

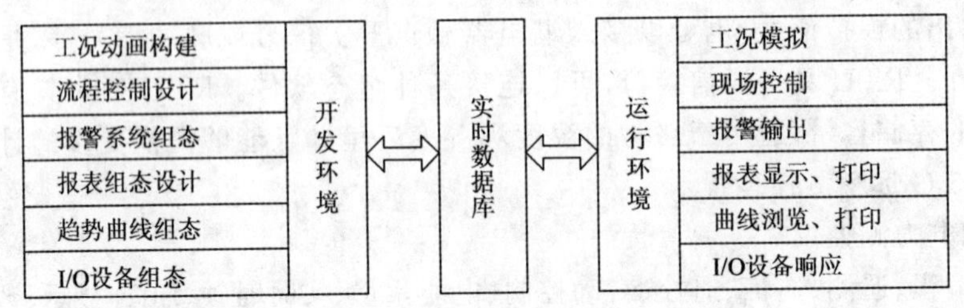


图 14-9　组态软件的基本构成

(3)组态软件的特点和功能

SCADA 是调度管理层，主要功能是实施对电力系统在线安全监视，具有参数越限和开关变位告警、显示、记录、打印制表、事件顺序记录、事故追忆、统计计算及历史数据存储等功能，还可对电力系统中的设备进行远程操作和调节。SCADA 在楼宇自动化监控领域应用极为广泛，发展技术也最为成熟，可以对现场的运行设备进行监视和控制，以实现数据采集、设备控制、测量、参数调节以及各类信号报警等各项功能，即前面讲述的“四遥”功能。

(4)组态软件的种类和选择

组态软件分为专用软件和通用软件两类。通常来讲，专用的 SCADA 针对性强、操作简单，但功能比较单一，处理能力和二次开发能力较弱，兼容性也不强，升级比较困难。对于通用的 SCADA，主要的国外产品有 Intouch、iFix、Vijeo Citect、Win CC、Simplicity 等；国内的产品很多，有组态王、MCGS、力控、紫金桥等。在选择组态软件时要考虑以下几个因素：①系统规模，也就是应用的场所的大小；②组态软件的稳定性和可靠性；③软件价格；④I/O 设备的支持情况；⑤软件的开放性；⑥服务及升级等。

## 14.3　楼宇照明监控系统

在智能楼宇中，照明占总电能消耗的 30%左右，楼宇照明监控系统的使用可以降低能耗、减少运营成本并提高控制和管理水平，可以通过电压限制和保护功能的设定，延长灯具寿命，减少维护成本，还可以通过情景设置，改善照明质量，营造舒适的环境以提高工作效率和生活质量。照明监控系统具有集成化、网络化和智能化的特点。集成化是指自动控制技术、微电子技术、计算机技术、通信技术、总线技术、数据库技术以及系统集成技术的相互融合。网络化是指在传统独立的、本地的、局部的控制方式基础上，实现了网络信息交换和通信控制。智能化是指具有信息采集、传输、分析推理及反馈控制等智能特征。

## 14.3.1 照明监控系统基本工作原理

**1. 开关控制原理**

照明控制一般分为两种模式，即开关模式和调光模式。调光模式又分为多级调光模式和无级调光模式。图 14-10 为照明监控系统中灯光开关部分的原理图。利用控制器的小电流控制继电器线圈，当处理器接收开启指令后，继电器线圈通电，所控制的触点闭合，进而控制灯的启动。

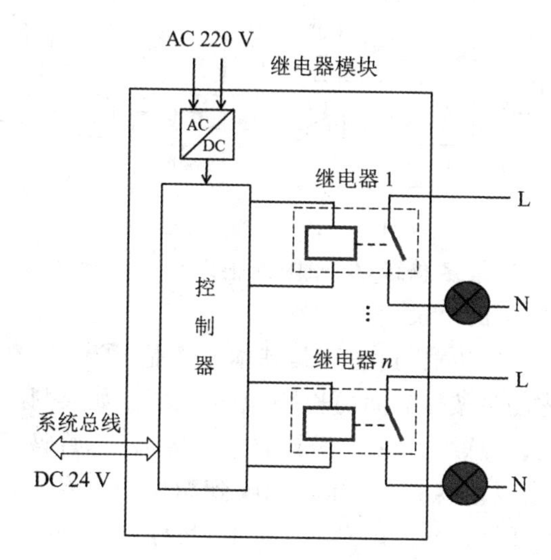


图 14-10　照明监控系统中灯光开关部分的原理图

控制器可以根据需要，按照不同模式和不同时间段，控制灯具的开启和关闭，并能够通过上位机组态实时监控照明灯具的运行状态。

**2. 调光控制原理**

对荧光灯进行调光的方法有很多，其中常见的是 0～10 V 模拟灯光控制方法。如图 14-11 所示，就是通过调节一个电压信号的大小(0～10 V)来控制电源的输出电流，进而控制灯光的亮度：10 V 的时候最亮，0 V 的时候关断。有些调光模块控制灯具亮度时采用了软启动方式，即渐增渐减方式，这样的调节方式能防止电压突变对灯具的冲击，同时使人的视觉十分自然地适应亮度的变化。

0～10 V 调光控制器也常用在 LED 调光控制上。对 LED 来说，常用的调光方式还有 DALI 调光、DMX512(或 DMX)调光、可控硅调光、PWM 调光以及无线智能调光等。

**3. 总线类型及基本工作原理**

智能照明监控系统的传输方式有电力载波、总线以及无线传输等，其中采用总线方式是目前的主流趋势。例如，KNX/EIB(european installation bus)是欧洲安装总线的简称，在智能建筑、家居、商业照明等领域有广泛的应用；DALI(digital addressable lighting interface)是数字可寻址灯光接口的简称，由飞利浦公司发起，在镇流器厂商中应用最为广泛；DMX512(digital multiplex 512)是用标准数字接口来控制调光器的方式，在舞台照明控制领

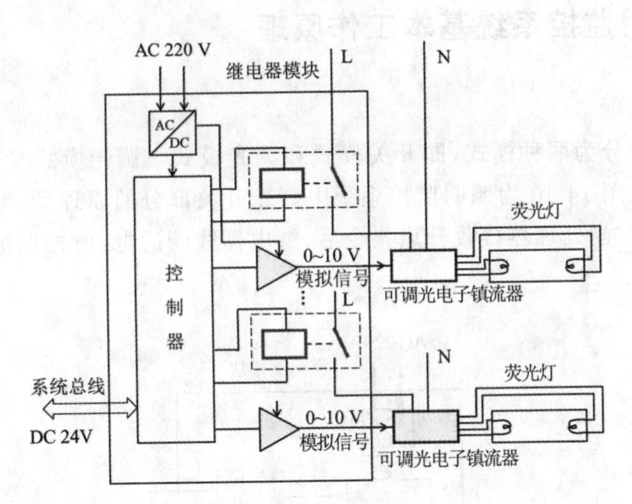


图 14-11 0～10 V 荧光灯调光原理

域具有广泛的应用，此外还有很多总线，例如国内很多厂家推出了基于 RS485 或其他总线介质的产品，而且还有自己定义的协议。

总线控制主要包括命令的传输与执行，其基本原理是：①命令的传输：当按下面板按键的时候，面板上 CPU 首先测量按压时间的长短，做出判断。如果判断为按下按键，则面板把外界信号转化为内部命令，在总线上广播，分组格式一般为：起始码、目的地址、源地址、命令内容、参数、校验码等；②命令的执行：目标单元收到相应的命令后，在本地 CPU 上做出解释，并执行本次命令，比如开灯、关灯、调光等。同时，目标单元（继电器、调光器模块等）执行命令后会向源单元（可编程面板、触摸屏等）发回一条确认命令（命令已经执行），否则源单元会不断重发命令，直到目标单元收到并执行命令为止。

## 14.3.2 智能照明监控系统

智能照明监控系统是指用计算机、网络、智能化信息处理、传感器及节能型电器控制等技术组成的分布式有线或无线控制系统，通过预设程序的运行，根据某一区域的功能、每天不同的时段、室外光亮度或该区域的用途来自动控制照明。

**1. 系统的基本组成**

如图 14-12 所示，智能照明监控系统一般由输入单元、输出单元和系统单元三大部分构成。

(1)输入单元包括可编程的多功能（开/关、调光、定时、软启动/软关断等）触摸屏、各种面板开关、各种传感器（如用于感知人的活动的红外线传感器和感知周围环境亮度的传感器）、遥控器以及其他各种类型的控制板等，主要用于将外部控制信号转换成网络传输的信号，以便系统可以据此来调整光源的亮度，保持适宜的照度，以达到有效利用自然光并节约电能的目的；

(2)输出单元包括各种类型的继电器模块、调光器模块以及灯具的软启动和软关闭智能模块等，主要用于接收来自网络传输的控制信号，并按指令要求控制相应照明回路的输出以

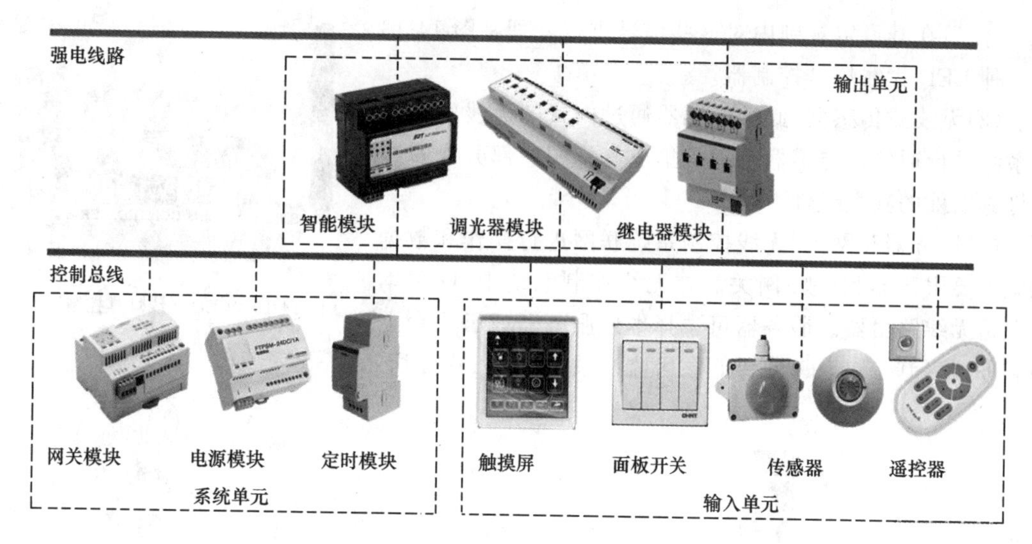


图 14-12　智能照明监控系统构成

实现智能控制。

(3)系统单元包括电源模块、网关模块、定时模块等，主要用于提供系统的工作电源、系统时钟以及与其他系统的接口等。

**2. 系统的功能**

智能照明监控系统的主要功能包括以下几个方面：

(1)开关及调光控制：可控制任意照明回路，实现开关或连续调光；

(2)场景控制：通过设置不同的灯光效果或灯光组合来实现场景控制，可设置不同场景一键控制，例如，在家庭中的场景可以分为起床、离家、防盗、回家、影音、夜间等；

(3)传感器控制：可接入各种传感器对灯光进行自动控制。例如，可以根据室外光线的强弱调整室内光线等；

(4)预设及延时控制：某些场合可以随上下班时间自动开关或调整亮度，采用软启动、软关断功能，延时开关负载；

(5)遥控控制：可用红外遥控器、手机等对灯光进行远程控制；

(6)集中控制和图形化显示：可通过监控室电脑，对所有区域集中控制，利用编程的方法灵活改变照明效果并采用图形化直观显示；

(7)系统保护：在供电故障情况下，具有双路受电柜自动切换并启动应急照明灯组的功能，系统设有自动/手动转换开关，以便必要时对各灯组的开、关进行手动操作；

(8)附加功能：可以集成一些非照明功能，如温度控制和基于空间占用情况的节能调度。

**3. 无线式智能照明监控系统**

无线式智能照明监控系统兼具有线控制系统的基本功能，而且灵活性更大，不受布线区域的限制且可扩展性强，非常适用于现有楼宇照明改造等。其中无线式灯具控制器、无线式传感器、服务器和网关、开关等设备均通过无线传输方式接收或发射数据。

(1)无线式灯具控制器：包括继电器模块和调光模块等，提供 ON/OFF 切换以及 0～10 V(直流)等全范围调光操作。控制器内置无线接收器，可接收一定范围内的无线电控制信号，然后在其设定规则内对这些信号进行处理。图 14-13 为一种 LED 无线灯具控制器。

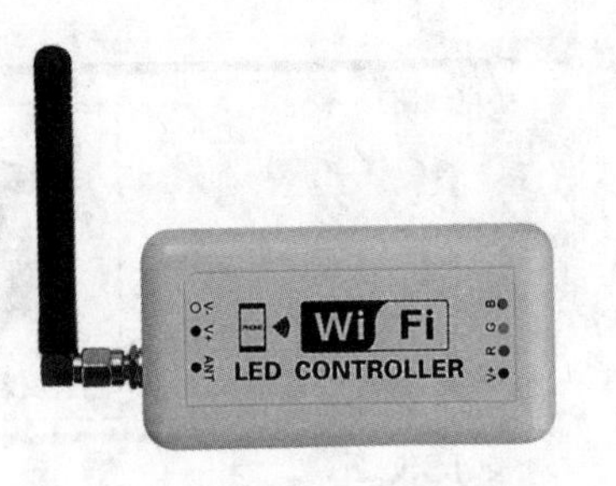

图 14-13　LED 无线灯具控制器

（2）无线式传感器：此类传感器通过内置的无线发射器与系统进行通信。传感器可以是集成灯具的一部分或安装于灯具以外的独立组件。

（3）服务器和网关：无线控制系统联网进行操作和数据采集需要服务器和（或）网关。在无线控制系统中，网关本质上是无线路由器。服务器可选择本地服务器或云平台上的服务器。基于 Wi-Fi 的智能家居监控系统如图 14-14 所示。

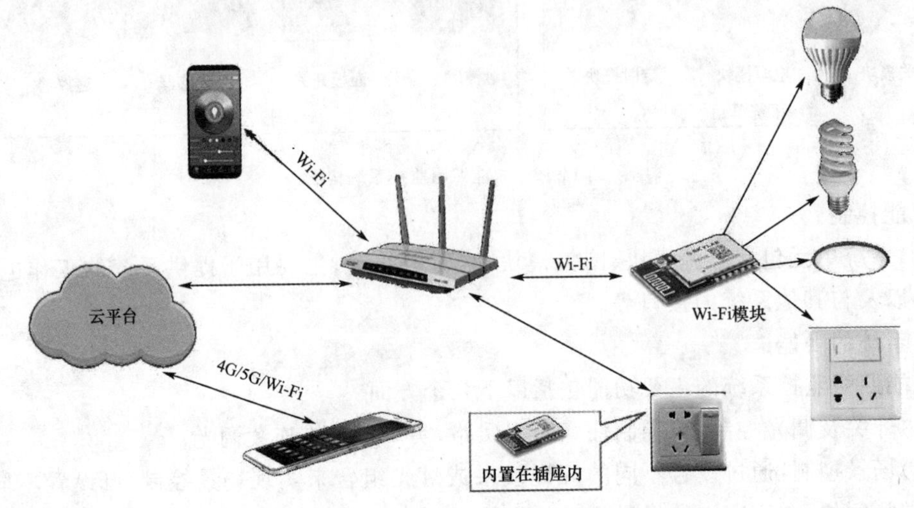

图 14-14　基于 Wi-Fi 的智能家居监控系统

传统的终端传感器、灯具等设备等都可以嵌入并使用无线通信模块进行云连接。内置 Wi-Fi 模块、蓝牙模块的灯具、插座及各种电气设备是目前产品开发的趋势，例如在普通的灯具内嵌入串口 Wi-Fi 模块，实现串口数据到无线数据的转换，在手机上下载相关的 App，手机联网之后，软件中调用的就是控制接口。不仅可以通过手机实现智能照明监控，还可以实现智能插座、智能窗帘和智能空调等的远程、情景等多种模式的智能控制。

## 练习题

**14-1**　装设在楼宇内各监控现场接收控制器的输出指令信号，并按照指令信号来调节、控制现场运行设备的机构，例如在空调系统中常用的电磁阀、电动阀、风门以及电加热器等称为（　　）。

A. 传感器　　B. 控制器　　C. 执行器　　D. 服务器

**14-2**　在 DDC 中，（　　）接口用于控制触点、电磁阀、继电器、指示灯以及声光报警器等只具有开、关两种状态的装置或设备。

A. DI　　B. DO　　C. AI　　D. AO

**14-3** 常见的楼宇变配电监控系统一般采用集散系统结构，监控系统可分为三个层次结构。智能型断路器属于(    )。

A. 管理层　　B. 控制层　　C. 传输层　　D. 现场 I/O

**14-4** (    )是一种应用于现场设备之间、现场设备与控制装置之间实现双向数字通信的工业数据总线，具有开放性、互操作性和互用性的特点。

A. 工业以太网总线　　B. 现场总线　　C. 地址总线　　D. 现场 I/O

**14-5** (    )不属于 LED 的调光方式。

A. 0～10 V 模拟调光　　B. DALI

C. THD　　D. PWM

**14-6** 照明监控系统一般由系统单元、输入单元和输出单元三部分构成。(    )不属于智能照明监控系统的系统单元。

A. 网关模块　　B. 定时模块　　C. 调光模块　　D. 电源模块

**14-7** 无线照明控制系统联网进行操作和数据采集需要服务器和(或)网关，而系统中的网关本质上是(    )。

A. 云平台　　B. Wi-Fi 模块　　C. 传感器　　D. 无线路由器

第15章

# 办公设备及其智能化

这里所说的办公设备是指与办公相关的自动化设备。在本章中，首先介绍生活中常见的办公设备及其工作原理，之后介绍在办公自动化管理系统中应用日益广泛的智能卡技术和图像识别技术。

## 15.1 打印机

打印机是计算机重要的外设，是工作和日常生活中常用的文档输出设备，利用打印机可打印出各种会议资料、学习资料、照片、文书等。

### 15.1.1 打印机的种类

按用途的不同，可以把打印机分为两类：一类是通用型打印机，广泛地应用于学校、机关、家庭等对打印无特殊要求的场合；另一类是专用型打印机，它的用途比较专一，比如专用于票据打印的打印机。按打印幅面的不同，可以把打印机分为窄幅打印机（只能打印 A3 以下的幅面）和宽幅打印机（可以打印 A3 及以上的幅面）两大类；按打印原理的不同，可以把打印机分为针式打印机、喷墨打印机、激光打印机和热转换打印机等，如图 15-1 所示。

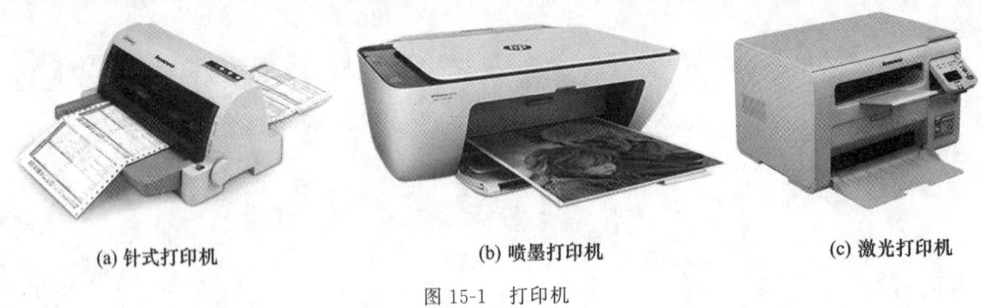

(a) 针式打印机　　(b) 喷墨打印机　　(c) 激光打印机

图 15-1　打印机

### 15.1.2 打印机的工作原理

**1. 针式打印机**

如图 15-2 所示，针式打印机主要由打印机构、字车机构、走纸机构以及色带机构等部分组成。

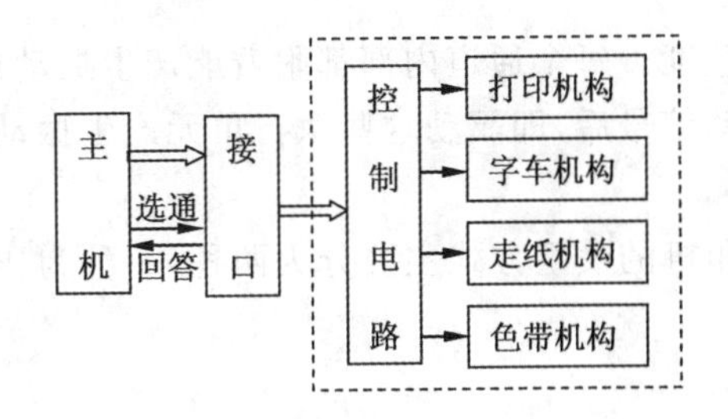


图 15-2　针式打印机的结构框图

针式打印机是一种击打式打印机，利用机械和电路驱动原理，使打印针撞击色带和打印介质，按照预设好的打印格式打印出点阵字符或点阵图形。如图 15-3(a)所示为点阵字符“E”的打印格式，图 15-3(b)为针式打印机打印头组件的结构示意图。打印过程为：主机送来的代码，经过打印机输入接口电路处理后送至打印机的控制电路，在控制程序的控制下，产生字符或图形的编码，驱动打印头打印一列的点阵图形，同时字车横向运动，产生列间距或字间距，再打印下一列，逐列进行打印；一行打印完毕后，启动走纸机构进纸，产生行距，同时打印头回车换行，打印下一行；上述过程反复进行，直到打印完毕。

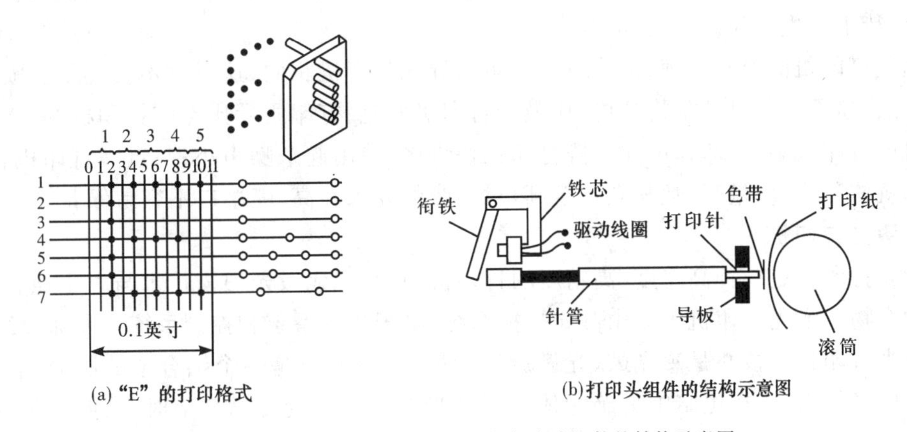


图 15-3　针式打印机“E”的打印格式与打印头组件的结构示意图

针式打印机之所以得名，关键在于其打印头的结构。打印头的结构比较复杂，大致说来，可分为打印针、导板、针管、驱动线圈等。打印头的工作过程为：当打印头从驱动电路获得一个电流脉冲时，电磁铁的驱动线圈就产生磁场吸引打印针衔铁，带动打印针击打色带，在打印纸上打出一个点的图形。因其直接执行打印功能的是打印针，故称为针式打印机。

针式打印机结构简单，技术成熟，性价比高，消耗费用低，但噪声较大，分辨率较低，打印针易损坏，故已从主流位置上退下来，逐渐向专用化方向发展，例如税票、超市购物小票的打印等。

**2. 喷墨打印机**

喷墨打印机是类似于用墨水写字一样的打印机，可直接将墨水喷射到打印纸上实现印刷，如喷射多种颜色墨水则可实现彩色输出。

喷墨打印机主要由打印头、送纸机构和控制电路等部分组成。其工作原理基本与针式打印机相同，两者的本质区别就在于打印头的结构。喷墨打印机的打印头由成百上千个直径极其微小(约几微米)的墨水通道组成。这些通道的数量即喷墨打印机的喷孔数量，直接决定了喷墨打印机的打印精度。每个通道内部都附着能产生振动或热量的执行单元。当打印头的控制电路接收到驱动信号后，即驱动这些执行单元产生振动，将通道内的墨水挤压喷出。

目前市场上的喷墨打印机的喷墨方式主要分为两种，一种为压电式喷墨，另一种为热气泡式喷墨。

①压电式喷墨

压电式喷墨的喷头内装有墨水，在喷头上、下两侧各装有一块压电晶体，压电晶体受打印信号的控制，产生变形，挤压喷头中的墨水，从而控制墨水的喷射。不打印时，墨水由盒体内的海绵吸附，以保证墨水不会从打印头漏出。

②热气泡式喷墨

热气泡式喷墨采用一种发热电阻，当电信号作用其上时，迅速产生热量，使喷嘴底部的一薄层墨水在华氏 900 度以上的温度下保持百万分之几秒后汽化，产生气泡，随着气泡的增大，墨水就从喷嘴喷出，并在喷嘴的尖端形成墨滴，小墨滴克服墨水的表面张力喷向纸面。当发热电阻冷却时，气泡自行熄灭，气泡破碎时产生的吸引力就把新的墨水从储墨盒中吸到喷头，等待下一次工作。

喷墨打印机的控制原理、工作方式基本与针式打印机相同，这里就不赘述了。喷墨打印机的特点：喷墨打印机的价格适中，比激光打印机便宜；打印质量比点阵打印机好，接近激光打印机的打印效果；打印速度比点阵打印机快许多；使用起来噪声小；与点阵打印机相比，喷墨打印机体积小、质量轻，耗材费用较高，对纸张的要求较高，喷墨口不容易保养。

**3. 激光打印机**

激光打印机是一种高速度、高精度的打印机，它是现代激光扫描技术与电子照相技术相结合的产物。激光打印机主要由激光扫描系统、电子成像系统和控制系统三大部分组成。

激光打印机的核心是感光鼓（光敏旋转硒鼓）。感光鼓是一个铝合金的圆筒，表面涂有半导体感光材料硒，在黑暗中为绝缘体。当激光照到光敏旋转硒鼓上时，被照到的区域（称为感光区域）会产生静电，能吸起碳粉等细小的物质。激光打印机工作原理如图 15-4 所示，打印分为充电、扫描曝光、显影（显像）、转印、定影（固定）和清洗硒鼓，共六个步骤。

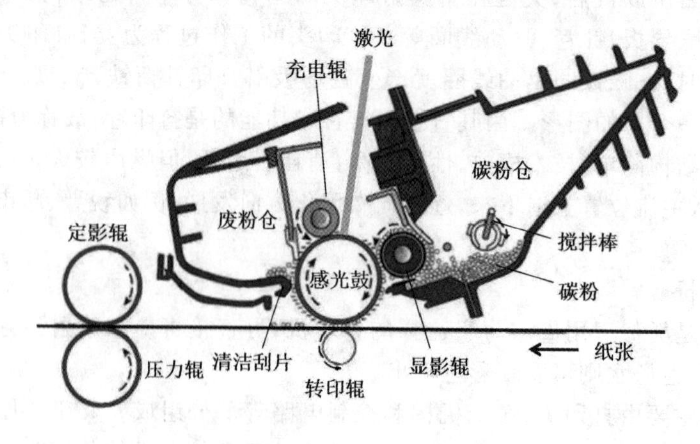


图 15-4　激光打印机工作原理图

①充电。恒定的电流通过充电辊给感光鼓表面充上电荷，使其表面均匀地带上一定极性和数量的静电荷，并将上一个周期感光鼓表面残留的电荷消除掉。

②扫描曝光。这个过程就像我们用笔在纸上写字一样。利用激光束在感光鼓表面产生静电现象，激光束在感光鼓上进行“书写”，书写的文字或图像是由电荷制成的潜在图像。这种静电潜像是肉眼不可见的。

③显影(显像)。感光鼓转动过程中，感光鼓上已感光部分沾上墨粉，而感光鼓上未感光部分则不吸引墨粉，从而完成了从潜在图像到形成真正图像的显影(显像)过程。

④转印。被显像的感光鼓继续转动，把感光鼓上已经吸上粉形成的影像附着到转印辊上方的纸张上。

⑤定影(固定)。图像从感光鼓转印到打印纸上之后，要通过定影器进行定影。定影器由纸张上方的定影辊和下方的压力辊组成，上轧辊装有一个定影灯，当打印纸通过这里时，定影灯发出的热量将墨粉熔化，两个轧辊之间的压力又迫使熔化后的墨粉进入纸的纤维中，形成可永久保存的图像。

⑥清洗硒鼓。在转印过程中，墨粉从感光鼓面转印到纸面时，鼓面上总会残留一些墨粉，一个橡胶制的清洁刮片会刮去残余墨粉并收入到废粉仓，准备下一次打印。

### 15.1.3　打印机的性能指标

打印机的主要性能指标包括分辨率、打印速度、内存、色彩数目、最大幅面、接口形式等。

(1)分辨率

打印机的分辨率即每平方英寸的点数。分辨率越高，图像就越清晰，打印质量也就越好。一般分辨率在 360 像素(dpi)以上的打印效果才能令人满意。

(2)打印速度

打印机的打印速度是以每分钟打印多少页纸(pages per minute，简称 PPM)来衡量的，而且还和打印时的分辨率有关，分辨率越高，打印速度就越慢。所以衡量打印机的打印速度要进行综合评定。高速激光打印机的速度在 100 PPM 以上，中速激光打印机的速度为 30～60 PPM，它们主要用于大型计算机系统。低速激光打印机的速度为 10～20 PPM，甚至在 10 PPM 以下，主要用于办公自动化系统和文字编辑系统。

(3)内存

打印机内存是影响打印速度的一个关键性因素，内存大，缓冲区大，打印速度也就越快。

(4)色彩数目

打印机总体上分为黑白和彩色两种。黑白打印机是最常见的，彩色打印机的使用也越来越广泛。

(5)最大幅面

最大幅面是指打印机所能打印的最大纸张的大小。一般家用和办公用的打印机，多选择 A4 幅面的打印机，它基本上可以满足绝大部分的使用需求。

(6)接口形式

打印机的接口是打印设备与计算机或其他设备相连接的通道,常见的接口形式有并行口、USB等串行口、网口,以及蓝牙和 Wi-Fi 等无线接口等。

## 15.2 复印机

复印机是从书写、绘制或印刷的原稿得到等倍、放大或缩小的复印品的设备。复印机复印的速度快,操作简便,与传统的铅字印刷、蜡纸油印、胶印等的主要区别是无须经过其他制版等中间手段,而能直接从原稿获得复印品。

复印机大都采用静电的方式进行复印,因此又被称为静电复印机。静电复印机和激光打印机的工作过程和原理基本相同,如图15-5所示,包括充电、曝光、显影、转印、分离、传送、定影、清洁等过程。

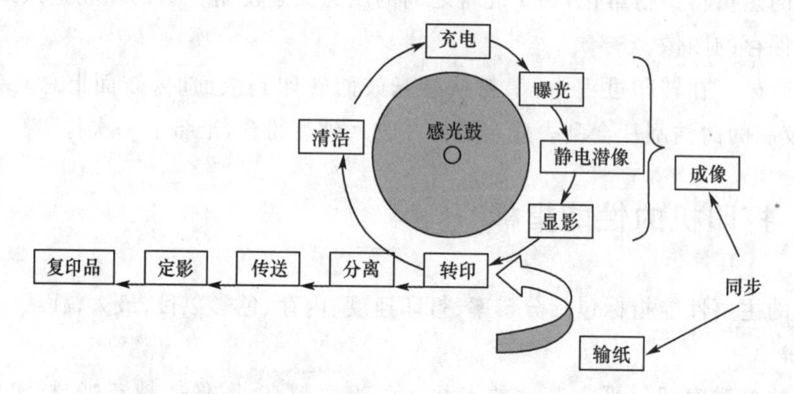


图15-5 静电复印机的工作过程和原理

根据曝光原理的不同,复印机可以分为模拟复印机和数码复印机。其中模拟复印机是利用原稿的反射光,直接在感光鼓上曝光;数码复印机则是在图像曝光系统中使用了CCD,CCD对通过曝光、扫描产生的原稿的光学模拟图像信号进行光电转换,然后将经过数字技术处理的图像信号输入到激光调制器,调制后的激光束对被充电的感光鼓进行扫描,在感光鼓上产生静电潜像。图15-6为我国生产的一款集扫描、打印、复印功能于一体的多功能数码复印机。

图15-6 多功能数码复印机

数码复印机与模拟复印机相比,具有如下优点:

(1)数码复印机只需对原稿进行一次性扫描,存入复印机存储器中,即可随时复印所需的多页份数。它与模拟复印机相比,减少了扫描的次数,因此也就减少了扫描器产生的磨损及噪声,同时减少了卡纸的机会。

(2)由于传统的模拟复印机是通过光反射原理成像,因此会有正常的物理性偏差,造成图像与文字不能同时清晰地表达。而数码复印机具有图像和文字分离识别功能，在处理图像与文字混合的文稿时，复印机能以不同的处理方式进行复印，因此文字可以鲜明地复印出来，照片则以细腻的层次变化的方式复印出来。而且数码复印机还支持文稿、图片、复印稿、低密度稿、浅色稿等多种模式，灰度级多达 256 级，充分保证复印件的品质。

(3)数码复印机很容易实现电子分页，并且一次复印后的分页数量远远大于模拟复印机加分页器所能达到的页数。

(4)因为数码复印机采用数码处理原稿，因此能提供强大的图像编辑功能，例如，自动缩放、单向缩放、自动启动、双面复印、组合复印、重叠复印、图像旋转、黑白反转、25%～400%缩放倍率等。

(5)数码复印机采用先进的环保系统设计，数码复印机无废粉、低臭氧，且具有图像自动旋转以及自动关机节能等功能。

(6)数码复印机使用时非常灵活。配备传真组件，就能升级成 A3 幅面的高速激光传真机，可以直接传送书本、杂志、订装文件，甚至可以直接传送三维稿件；配备打印组件，就能升级成 A3 幅面的高速双面激光打印机；安装网络打印卡并连接于局域网后便可作为高速网络打印机，实现网络打印。由于数码复印机利用激光扫描和数字化图像处理技术成像，因此它不仅仅提供复印功能，还可以作为电脑的输入、输出设备，以及作为网络的终端。

## 15.3　扫描仪

扫描仪是除键盘和鼠标之外被广泛应用于计算机的输入设备。例如，可以利用扫描仪输入照片建立自己的电子影集，输入各种图片建立自己的网站，还可以利用扫描仪配合相关软件输入报纸或书籍的内容，免除使用键盘输入汉字的辛苦。所有这些为我们展示了扫描仪不凡的功能，它使我们在办公、学习和娱乐等各个方面提高了效率并增进了乐趣。几种扫描仪如图 15-7 所示。

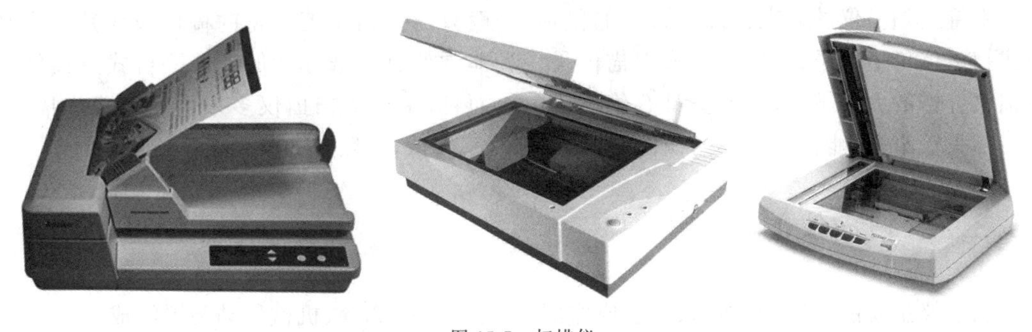

图 15-7　扫描仪

目前，多功能一体机已经在办公领域得到了广泛的应用，兼具打印、复印和扫描功能于一体，是一种性价比较高的办公产品。并且多功能一体机不再是多个设备的简单叠加，而是增加了各功能之间的协调性，使操作更加方便、快捷。

## 15.3.1 扫描仪的种类

扫描仪的种类繁多。根据扫描仪扫描介质和用途的不同,目前市面上的扫描仪大体上分为:平板式扫描仪、胶片扫描仪、专业滚筒扫描仪、名片扫描仪、馈纸式扫描仪、文件扫描仪。除此之外还有手持式扫描仪、鼓式扫描仪、笔式扫描仪、实物扫描仪和3D扫描仪。几种主要的扫描仪如下:

(1)平板式扫描仪(平台式扫描仪)

这是我们最常见到的一种扫描仪,它的扫描区域是一块透明的玻璃,幅面从A4～A3不等,将扫描件放在扫描区域之内,扫描件不动,光源通过扫描仪的传动机构做水平移动。按感光器件不同,平板式扫描仪有CCD和接触式图像传感器即CIS(Contact Image Sensor)两种方式。

(2)胶片扫描仪

在扫描诸如幻灯片之类的物件时,需要光源经过物件而不是物件将光源进行反射,并且由于物件一般尺寸较小,从而导致了专业胶片扫描仪的诞生,并且有许多产品专门针对35 mm胶片扫描,这种类型的扫描仪一般分辨率很高,扫描区域较小,具备针对胶片特性的处理功能,多数产品还会有配套的输出设备,可实现照片级质量的输出。胶片扫描仪主要应用于医院、高档影楼、科研单位等专业领域。

(3)专业滚筒扫描仪

在平台扫描仪出现之前,大多数图像是通过滚筒扫描仪进行扫描的。滚筒扫描仪是以光电系统为核心,通过滚筒的旋转带动扫描件的运动,从而完成扫描工作。专业滚筒扫描仪的优点是处理幅面大、精度高、速度快,一般只有专业彩色印刷公司才使用这种扫描仪。使用时需要小心地将扫描物件放入一个玻璃圆柱筒内,扫描时,扫描原件围绕中间的感光器进行高速旋转。直到现在,滚筒扫描仪由于使用的感光器件昂贵,其价格依然远高于普通扫描仪。

(4)手持式扫描仪

手持式扫描仪的外观很像一只大的鼠标,一般只能扫描4英寸宽的稿件或照片。当平台式扫描仪价值数千元时,手持式扫描仪是一种非常便宜的选择。但随着平台式及馈纸式扫描仪价格的大幅下降,其不再具有价格优势。而且,手持式扫描仪多采用反射式扫描,它的扫描头较窄,只能扫描较小的稿件或照片,分辨率较低,一般在600像素(dpi)以内。

## 15.3.2 扫描仪的结构

扫描仪主要由上盖、原稿台、光学成像部分、光电转换部分、机械传动装置组成。

(1)上盖

上盖主要是将要扫描的原稿压紧,以防止扫描灯光线泄露。

(2)原稿台

原稿台主要是用来放置原稿,其四周设有标尺线以方便原稿放置,并能及时确定原稿扫描尺寸。原稿台中间为透明玻璃,称为稿台玻璃。

(3)光学成像部分

光学成像部分俗称扫描头,即图像信息读取部分,它是扫描仪的核心部件,其精度直接影响扫描图像的还原与逼真程度。它包括以下主要部件:灯管、反光镜、镜头以及电荷耦合器件。扫描头的光源一般采用冷阴极荧光灯管,具有发光均匀稳定、结构强度高、使用寿命长、耗电量小、体积小等优点。扫描头还包括几个反光镜,其作用是将原稿的信息反射到镜头上,由镜头将扫描信息传送到 CCD 感光器件,最后由 CCD 感光器件将照射到的光信号转换为电信号。

(4)光电转换部分

光电转换部分是指扫描仪内部的主板,它是扫描仪的心脏。它是一块安置有各种电子元件的印刷电路板,在扫描仪扫描过程中主要完成 CCD 感光器件输入信号的处理,以及对步进电机的控制。

(5)机械传动装置

机械传动装置主要由步进电机、驱动皮带、滑动导轨和齿轮组等组成。

①步进电机:它是机械传动装置的核心,是驱动扫描装置的动力源。

②驱动皮带:扫描过程中,步进电机通过直接驱动皮带实现对扫描头的驱动,对图像进行扫描。

③滑动导轨:扫描装置经驱动皮带的驱动,通过在滑动导轨上的滑动实现线性扫描。

④齿轮组:是保证机械设备正常工作的中间衔接设备。

## 15.3.3　扫描仪的工作原理

扫描仪工作时,首先由光源将光线照在欲输入的图稿上,产生表示图像特征的反射光(反射稿)或透射光(透射稿)。光学系统采集这些光线,将其聚焦在 CCD 感光器件上,由 CCD 感光器件将光信号转换为电信号,然后由电路部分对这些信号进行 A/D 转换及处理,产生对应的数字信号输送给计算机。机械传动装置在控制电路的控制下带动装有光学系统和 CCD 感光器件的扫描头与图稿进行相对运动,将图稿全部扫描一遍,一幅完整的图像就输入到计算机中了。扫描仪的原理框图如图 15-8 所示。

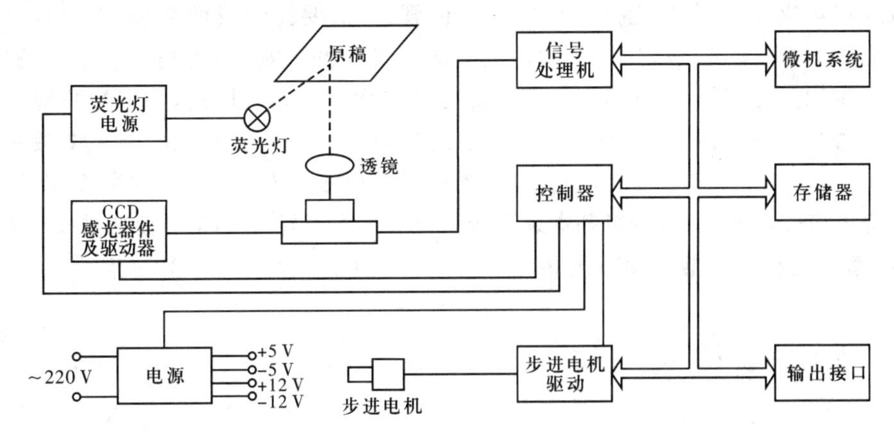


图 15-8　扫描仪的原理框图

### 15.3.4 扫描仪的工作过程

以 CCD 型扫描仪为例,其扫描的一般工作过程是:

(1)开始扫描时,机内光源发出均匀光线照亮玻璃面板上的原稿,产生表示图像特征的反射光(反射稿)或透射光(透射稿)。反射光经过玻璃板和一组镜头,分成红、绿、蓝三种颜色汇聚在 CCD 感光器件上并被接收。其中空白的地方比有色彩的地方能反射更多的光。

(2)步进电机驱动扫描头在原稿下面移动,读取原稿信息。扫描仪的光源为长条形,照射到原稿上的光线经反射后穿过一条很窄的缝隙,形成沿水平方向的光带,经过一组反光镜,由光学透镜聚焦并进入分光镜。经过棱镜和红、绿、蓝三色滤色镜得到的 RGB 三条彩色光带分别照到各自的 CCD 感光器件上,并被转换为模拟信号,此信号又被 A/D 转换器转换为数字信号。

(3)反映原稿图像的光信号转变为计算机能够接收的二进制数字信号,最后通过 USB 等接口送至计算机。扫描仪每扫描一行就得到原稿水平方向一行的图像信息,随后沿垂直方向移动,直至原稿全部被扫描。经由扫描仪得到的图像数据被暂存在缓冲器中,然后按照先后顺序把图像数据传输到计算机中存储起来。当扫描头完成对原稿的相对运动,将图稿全部扫描一遍后,一幅完整的图像就输入到计算机中了。

(4)数字信息被送入计算机的相关处理程序,再通过软件处理再现到计算机屏幕上。

扫描仪就是利用光电元件将检测到的光信号转换为电信号,再将电信号通过 A/D 转换器转化为数字信号传输到计算机中。

### 15.3.5 扫描仪的选择

扫描仪的主要性能指标和打印机类似,包括分辨率、扫描速度、色彩数目、最大幅面、接口形式等,在此不再赘述。

扫描仪按需求一般分为家用型、商用型和专业型三大类。CIS 型扫描仪的扫描光源、传感器、放大器集成为一体,且光源采用发光二极管,不需要光学成像系统,因此具有结构简单、成本低廉的特点。CIS 型扫描仪一般具有既轻又薄的外观,但是扫描速度比较低,而且分辨率、实物扫描方面与 CCD 型扫描仪相比也有很大的不足。因此,除非用户对扫描品质要求不高,否则最好选择 CCD 型扫描仪。目前我们在市场上能看见的绝大多数扫描仪是 CCD 成像的平板式扫描仪。CCD 型扫描仪对光源部件要求较高,既要求亮度高,又要求发光稳定,灯管寿命还要长久,所以基本采用冷阴极管为光源材料。CCD 型扫描仪可以具有很高的分辨率和色彩描述能力,其优越的景深感还可以进行高品质的实物扫描。

## 15.4 智能卡技术

智能卡的 ISO 标准术语为 ICC(integrated circuit card),即"集成电路卡",有时也称为 IC 卡。其定义为:在一个符合 ISO ID1 定义的塑料卡片内封装了一个集成电路的器件,卡的外形尺寸为 85.6 mm×53.98 mm×0.76 mm，大小与银行卡所使用的磁卡相同。智能卡外观如图 15-9 所示。

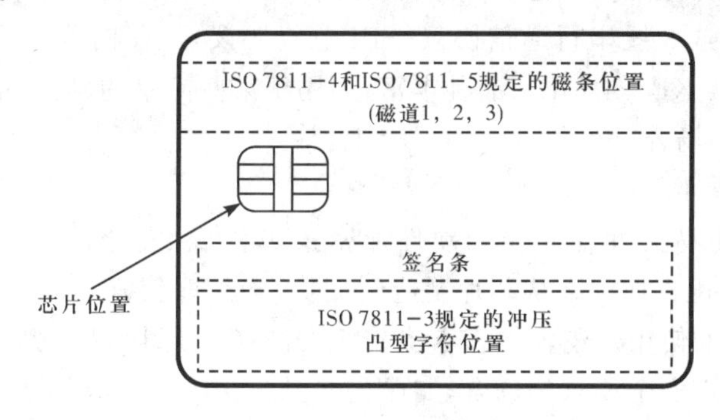


图 15-9　智能卡外观

根据卡与外界数据交换界面的不同，智能卡可分为接触式 IC 卡和非接触式 IC 卡；根据镶嵌芯片的不同，智能卡可分为存储器卡、逻辑加密卡和 CPU 卡；根据应用领域的不同，智能卡可分为金融卡和非金融卡；根据与外界数据传输形式的不同，智能卡可分为串行通信卡和并行通信卡。

IC 卡主要技术包括硬件技术、软件技术及相关业务技术等。硬件技术一般包含半导体技术、基板技术、封装技术、终端技术及其他零部件技术等；而软件技术一般包括应用软件技术、通信技术、安全技术及系统控制技术等。

## 15.4.1　常见的几种智能卡

(1)接触式 IC 卡

如图 15-10 所示的接触式 IC 卡以符合 ISO7816 标准的多个金属触点作为卡芯片与外界的信息传输媒介，成本低，制造相对简便。接触式 IC 卡是由卡基、内嵌芯片和表面金属触点三个主要部分组成。

(2)非接触式 IC 卡

非接触式 IC 卡则不用触点，而是借助无线收发、传送信息，操作方便，成本较高，它是由卡基、内嵌芯片和内嵌天线三个主要部分组成，如图 15-11 所示。

图 15-10　接触式 IC 卡

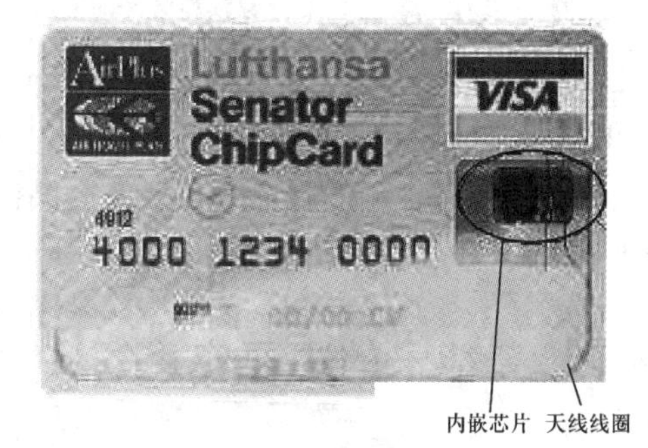


图 15-11　非接触式 IC 卡

(3)存储器卡

如图 15-12 所示，存储器卡嵌入的芯片多为通用 EEPROM(电可擦除可编程只读存储器)或 FLASH ROM(闪存),无安全逻辑,可对片内信息不受限制地任意存取;卡片制造时很少采取芯片安全保护措施,不完全符合或支持 ISO7816 国际协议,大多采用 2 线串行通信协议($I^2C$ 总线协议)或 3 线串行通信协议(SPI 总线协议)。存储器卡价格低廉,使用简便,存储容量增长迅速(1 KB～4 MB),品种丰富,多用于某些简单的、内部信息无须保密或不允许加密(如急救卡)的场合。

(4)逻辑加密卡

逻辑加密卡由非易失性存储器和硬件加密逻辑构成,安全性能较好,同时采用 EEPROM 等存储技术。逻辑加密卡从芯片制造到交货,均采取较好安全保护措施,如运输密码 TC(transport card)的使用。逻辑加密卡支持 ISO7816 国际协议。逻辑加密卡有一定的安全保证,多用于有一定安全要求的场合,如保险卡、加油卡、驾驶卡、借书卡、公用电话 IC 卡、小额电子钱包等。逻辑加密卡如图 15-13 所示。

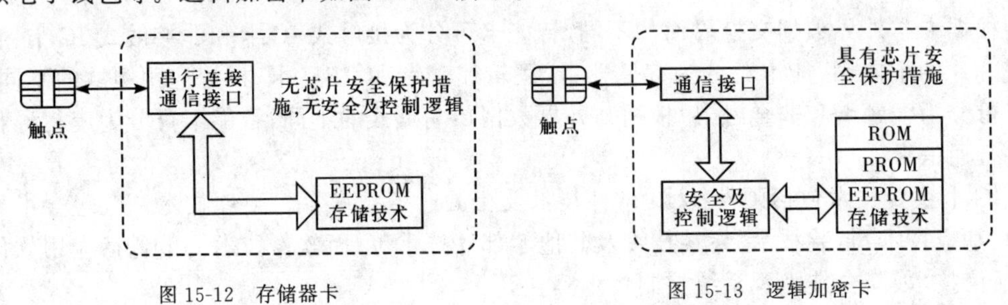


图 15-12　存储器卡

图 15-13　逻辑加密卡

(5)CPU 卡

CPU 卡主要包括微处理器 CPU、存储器(ROM、RAM、EEPROM 等)、卡与读写终端通信的输入/输出接口 I/O 及加密运算协处理器 CAU 等,如图 15-14 所示。CPU 卡具有很高的数据处理和计算能力以及较大的存储容量,因此应用的灵活性、适应性较强。

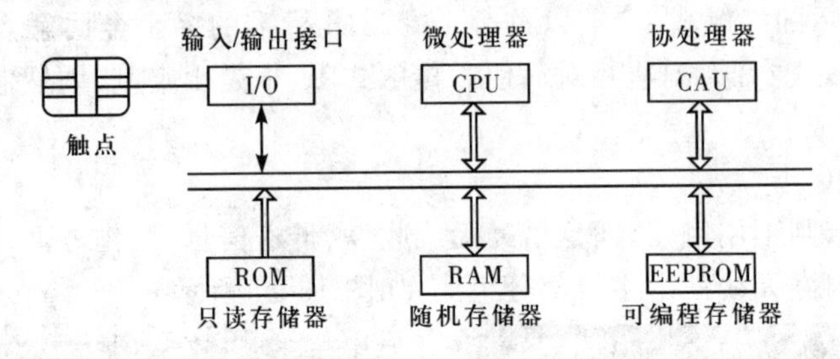

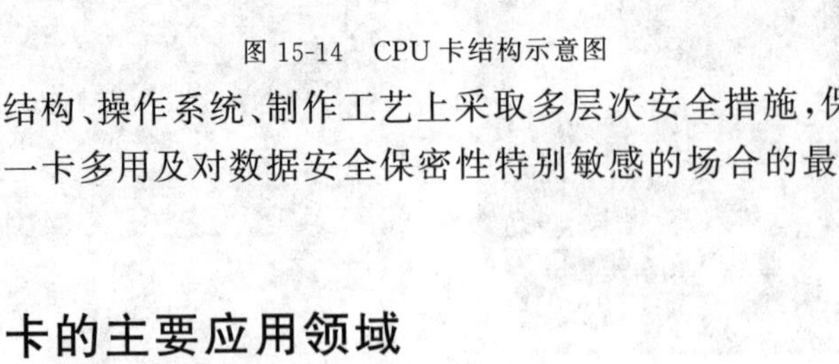

图 15-14　CPU 卡结构示意图

CPU 卡在硬件结构、操作系统、制作工艺上采取多层次安全措施,保证了极强的安全防伪能力。CPU 卡是一卡多用及对数据安全保密性特别敏感的场合的最佳选择,如金融信用卡、手机 SIM 卡等。

## 15.4.2　智能卡的主要应用领域

智能卡主要应用于以下一些方面:

①电信:公用电话 IC 卡、移动电话 SIM 卡(用户识别模块);

②交通:公交一卡通(出租车、公共汽车、轮渡、地铁),道路泊车自动收费,路桥收费,自

动加油管理系统，驾驶员违章处理；

③智能建筑：门锁及门禁系统 IC 卡，停车收费管理 IC 卡，智能小区一卡通；

④校园一卡通：食堂、考勤、门禁、上机、上网、图书馆、学籍管理、校内消费、实验室设备管理、校医院电子医疗卡；

⑤公用事业：水费、电费、燃气费等收费卡及收费一卡通；

⑥个人身份认证：城市流动人口管理(IC 卡暂住证)，IC 卡身份证；

⑦社会保险：医疗保险，养老保险等；

⑧工商税务：税务自动申报，工商企业监管；

⑨金融：信用卡，扣款卡，电子钱包，POS 机、ATM 机；

⑩电子标签：车辆识别、防伪、仓储管理、生产管理、集装箱管理、汽车钥匙等。

### 15.4.3　智能卡系统构成

标准智能卡应用系统主要由以下四个主要部分组成：

(1)智能卡：由持卡人掌管，记录持卡人的特征代码、文件资料的便携式信息载体。

(2)PC 机：是系统的核心，完成信息汇总、统计、计算、处理、报表生成输出和指令的发放、系统的监控管理以及卡的发行、挂失、黑名单的建立等。

(3)接口设备：是卡与 PC 机进行信息交换的桥梁以及 IC 卡的能量来源。其核心通常为工业控制单片机。

(4)网络：在金融服务等相对大的系统中，网络是前端 PC 与上级控制/授权/服务/管理中心即中央电脑(主计算机)连接的必备条件。

### 15.4.4　智能卡典型应用实例

智能卡在门禁系统中的应用最为普及。在企事业单位以及小区等门禁系统中使用的智能卡可以代替钥匙实现一卡通功能。智能卡门禁系统的安全性、可靠性非常高，能够实现门禁系统的电子化和制度化。

**1. 门禁系统的概念**

门禁系统又称出入管理控制系统(access control system)，是一种管理人员进出的数字化管理系统。门禁系统属于智能弱电系统中的一种安防系统。作为一种新型现代化安全管理系统，集微机自动识别技术和现代安全管理措施为一体，它涉及电子、机械、光学、计算机技术、通信技术、生物技术等诸多新技术。它是重要部门出入口实现安全防范管理的有效措施。常见的门禁系统有：密码门禁系统，指纹、虹膜、掌型等生物识别门禁系统，非接触 IC 卡(感应式 IC 卡)门禁系统等。密码门禁系统存在的问题是密码容易泄露，又无从查起，安全系数很低，已经面临淘汰。生物识别门禁系统安全性高，但成本高，由于识别率和存储容量等瓶颈问题没有得到很好地解决，而没有得到广泛的市场认同。现在国际最流行、最通用的还是非接触 IC 卡门禁系统。非接触 IC 卡由于具有较高的安全性、便捷性和性价比而成为门禁系统的主流。常见的门禁系统的构成如图 15-15 所示。

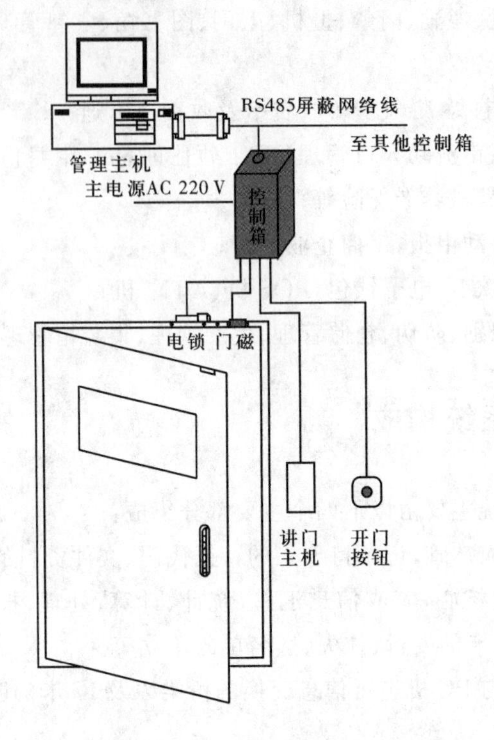


图 15-15　门禁系统的构成

**2. 门禁系统的功能**

(1)实时监控功能。系统管理人员可以通过微机实时查看每个门区人员的进出情况(同时有照片显示)、每个门区的状态(包括门的开关,各种非正常状态报警等),也可以在紧急状态打开或关闭所有的门。

(2)出入记录查询功能。系统可储存所有的进出记录、状态记录,可按不同的查询条件查询,配备相应考勤软件可实现考勤、门禁一卡通。

(3)异常报警功能。在异常情况下可以实现微机报警或报警器报警,如非法侵入、门超时未关等。

(4)反潜回功能。持卡人必须依照预先设定好的路线进出,否则下一通道刷卡无效。

(5)防尾随功能。持卡人必须关上刚进入的门才能打开下一个门。本功能与反潜回功能一样,只是方式不同。

(6)消防报警监控联动功能。在出现火警时,门禁系统可以自动打开所有电子锁,让里面的人随时逃生。监控联动通常是指监控系统在有人刷卡时(有效/无效)自动录下当时的情况,同时也将门禁系统出现警报时的情况录下来。

(7)网络监控与管理功能。大多数门禁系统只能用一台微机管理,而技术先进的系统则可以在网络上任何一个授权的位置对整个系统进行监控与管理。

(8)逻辑开门功能。简单地说就是同一个门需要几个人同时刷卡(或其他方式)才能打开电控门锁。

(9)电梯控制系统:就是在电梯内部安装读卡器,用户通过读卡器对电梯进行控制,无须按任何按钮。

**3. 门禁系统的组成**

门禁系统由门禁控制器、读卡器、智能卡、电控锁、电源、相应的管理软件、出门按钮、通信集线器以及其他相关门禁设备组成。

(1)门禁控制器是门禁系统的核心部分,相当于计算机的 CPU。它负责整个系统的输入、输出信息的处理、储存和控制等。门禁控制器的质量和性能优劣直接影响门禁系统的稳定性。门禁控制器对验证读卡器输入信息的可靠性进行验证,并根据出入规则判断其有效性。如果有效,则对执行部件发出动作信号。控制器与读卡机之间的通信方式一般均采用 RS485、RS232 及韦根(Wiegand)格式。

(2)读卡器是门禁系统信号输入的关键设备,用于读取卡片中的数据或其相关的生物特征信息并将数据传送到控制器。一般来讲,不同技术的卡要对应不同技术的读卡机。

(3)智能卡相当于钥匙的角色,在智能门禁系统当中的作用是充当写入读取资料的介质,同时也是进出人员的证明。目前主流的技术有 Mifare、EM 和 Legic 等。从应用的角度上讲,智能卡分为只读卡和读写卡;从材质和外形上讲,智能卡又分为薄卡、厚卡、异形卡。

(4)电控锁是整个系统中的执行部件。主要有以下几种类型:

①电磁锁是断电开门型,符合消防要求。这种锁具适用于单向的木门、玻璃门、防火门、对开的电动门。

②阳极锁是断电开门型,符合消防要求。它安装在门框的上部,适用于双向的木门、玻璃门、防火门,而且它本身带有门磁检测器,可随时检测门是否关闭。

③阴极锁。一般的阴极锁为通电开门型,适用于单向木门。安装阴极锁一定要配备 UPS 电源,因为停电时阴极锁是锁上的。作为执行部件,锁具的稳定性、耐用性是相当重要的。

(5)门禁软件能实现门禁系统的监控、管理、查询等功能。管理人员可通过调整、扩展完成巡更、考勤、人员定位等功能。

(6)电源和其他相关门禁设备。电源是负责整个门禁系统的能源,电源设备是整个系统中非常重要的部分,如果电源选配不当,出现问题,整个系统就会瘫痪或出现各种各样的故障。门禁系统一般都选用较稳定的线性电源。

其他门禁设备如出门按钮,按一下则打开开门设备,用于对出门无限制的情况;再如门磁,用于检测门的安全/开关状态等;遥控开关是紧急情况下进出门使用。

**4. 门禁系统的种类**

(1)按设计原理的不同,门禁系统可分为以下两类:

①控制器自带读卡器(识别仪)。这种设计的缺陷是系统控制器须安装在门外,因此部分控制线必须露在门外,专业人员无须卡片或密码可以轻松开门。

②分体式控制器与读卡器(识别仪)。这类系统控制器安装在室内,只有读卡器输入线露在室外,其他所有控制线均在室内,而读卡器传递的是数字信号,因此,若无有效卡片或密

码,任何人都无法进门。这类系统应是用户的首选。

(2)按与微机通信方式的不同,门禁系统可分为以下两类:

①单机控制型

这类产品是最常见的,适用于小系统或安装位置集中的单位。通常采用 RS485 通信方式。它的优点是投资小,通信线路专用。缺点是一旦安装好就不能方便地更换管理中心的位置,不易实现网络控制和异地控制。特点是价格便宜,安装维护简单,不能查看记录,不适用人的数量多于 50 人或者人员经常流动的地方,也不适用门的数量多于 5 个的工程。

②网络型

网络型门禁系统一般常见的有 RS485 联网型和 TCP/IP 网络型两种。RS485 联网门禁,就是可以和电脑进行通信的门禁类型,直接使用软件进行管理,包括卡和事件控制。所以管理方便,控制集中,可以查看记录,对记录进行分析、处理。特点是价格比较高,安装维护难度加大,但培训简单,可以进行考勤等增值服务。适合人多、流动性大、门多的工程。TCP/IP 门禁也称为以太网联网门禁,它的通信方式采用的是网络常用的 TCP/IP 协议。这类系统的优点是控制器与管理中心通过局域网传递数据,管理中心位置可以随时变更,不需重新布线,很容易实现网络控制或异地控制,适用于大系统或安装位置分散的单位使用。这类系统的缺点是系统的通信部分的稳定性依赖于局域网的稳定性。

网络型门禁系统的结构如图 15-16 所示。

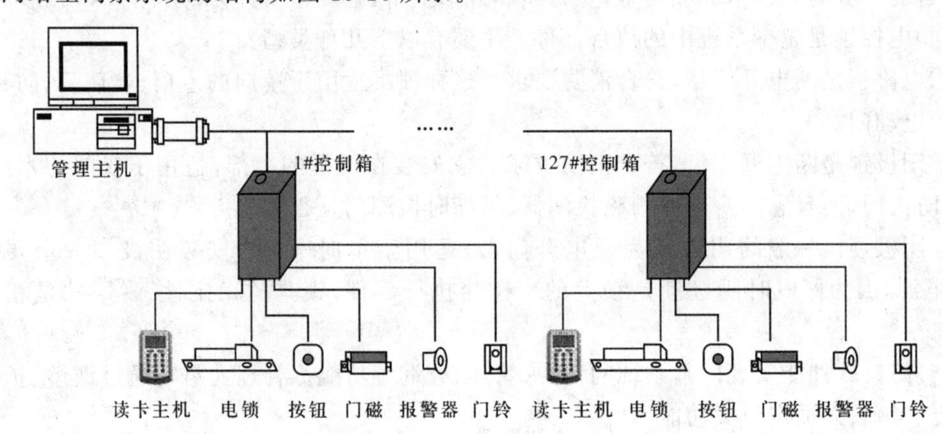


图 15-16　网络型门禁系统的结构

## 15.5　图像识别技术及应用

图像识别作为机器视觉的基础,是人工智能的一个重要应用领域。图像识别是识别和检测数字视频或图像中的对象或属性的过程。尽管人类自身的图像识别能力很强,但随着信息技术的飞速发展,人类自身的识别能力已经远远不能满足实际的需求,因此基于计算机的图像识别技术就应运而生。

## 15.5.1　图像识别技术的概念和基本原理

**1. 图像识别的概念**

图像识别技术是为了让计算机代替人类去处理大量的图像信息。人类和动物看到某个物体时,大脑会迅速搜索这个物体或类似的物体。然后把看到的物体和记忆中相同或类似的物体进行匹配,从而识别图像。也就是说人类在识别过程中,通常寻找该物体与其他物体的相同与不同之处,进行识别和分类,人脑的这种思维活动就属于模式识别。计算机图像识别技术就是模拟人类的模式识别过程。模式识别就是利用计算机对物理对象进行鉴别和分类,在错误概率最小的条件下,使识别的结果尽量与客观物体相符合,它是一门与数学紧密结合的科学,其中所用的思想大部分是概率论与统计。

图像识别是模式识别技术在图像领域中的具体应用，可以理解为图像的模式识别,也就是利用输入的图像信息建立图像的数学模型,在分析并提取图像的特征的基础上建立分类器,然后根据图像特征进行分类识别的技术。

**2. 图像识别的基本原理**

人和动物的模式识别能力是极其强大的,识别不同的图像可能非常容易,比如一个篮球的图像,我们可以很容易识别出来。但对于计算机来说则非常困难,因为机器不能像我们一样看到和感知图像,对机器来说,所有的识别都与数学有关,篮球的局部的计算机感知如图 15-17 所示。

$$\begin{bmatrix} 10 & 12 & 12 & 18 & 26 & 45 & 102 & 104 \\ 12 & 13 & 16 & 20 & 32 & 56 & 104 & 102 \\ 13 & 18 & 25 & 34 & 78 & 75 & 78 & 85 \\ 13 & 29 & 32 & 36 & 84 & 89 & 89 & 75 \\ 28 & 30 & 42 & 59 & 102 & 103 & 55 & 65 \\ 28 & 38 & 55 & 65 & 112 & 110 & 64 & 56 \\ 89 & 87 & 78 & 88 & 114 & 120 & 78 & 72 \\ 75 & 76 & 95 & 102 & 115 & 106 & 98 & 77 \end{bmatrix}$$

图 15-17　篮球的局部的计算机感知

计算机看到的图像是数值矩阵。数字图像是由像素组成的图像,每个像素都用有限的离散数值来表示其强度或灰度级。因此,计算机看到的图像是这些像素的数值矩阵,为了识别图像,就必须识别这些数值数据中的模式和规律,也就是模式识别。模式识别首先需要学习一些类别已知(已经分类)的样本即训练样本,之后才能识别那些类别未知的新样本即测试样本。

## 15.5.2　图像识别的过程和应用

图像识别过程是以图像的主要特征为基础,需要从众多的图像信息中找到关键信息,进行图像的模式识别。例如,采用模板匹配型模式识别某图像时,要求在过去的经验中必须存在该图像的记忆模板。当前的图像如果能与记忆模板相匹配,该图像就可被识别。

**1.图像识别的过程**

图像识别的过程主要分为信息的获取、图像预处理、特征提取和选择、分类器设计和分类决策等几个主要部分。

(1)信息的获取

图像信息的获取是指通过传感器获得观测样本的图像信息。

(2)图像预处理

图像信息在后续处理之前,需要进行预处理以提高后续处理过程的识别效果。图像的预处理包括图像数字化、图像的平滑、变换、增强、恢复以及滤波等。图像预处理的主要目的是滤除在模式采集中可能引入的干扰和噪声,消除图像中无关的信息,恢复有用的真实信息,根据需要人为地增强有关信息的可检测性和最大限度地简化数据。

其中,图像数字化具体包括采样和量化两个方面。图像采样是指在取样时,若横向的像素数(列数)为 $M$,纵向的像素数(行数)为 $N$,则图像总像素数为 $M\times N$。一般来说,采样间隔越大,所得图像像素数越少,空间分辨率低,图像质量差,严重时出现马赛克效应;采样间隔越小,所得图像像素数越多,空间分辨率高,图像质量好,但数据量大。将二维空间上连续的图像在水平和垂直方向上等间距地分割成矩形网状结构,所形成的微小方格称为像素点,一幅图像就被采样成有限个像素点构成的集合。图像量化是指对像素点灰度级值进行离散化过程。也就是将每个样点值数码化,使其只和有限数量的电平数中的一个对应,即进行图像的灰度级值离散化。如果采用 1 位编码存储一个点,量化等级$=2^1=2$,即利用 2 种灰度级表示图片,图片中包括 2 种颜色。如果采用 16 位编码存储一个点,则有 $2^{16}=65\ 536$ 种颜色。例如,当图像灰度量化采用 8 位编码时,即用 8 位编码存储一个点,量化(灰度)等级为 256,灰度图像是从黑到白(0～255)的 256 级量化等级的单色图像,如图 15-18 所示,每个数字对应左边图像中的像素亮度。

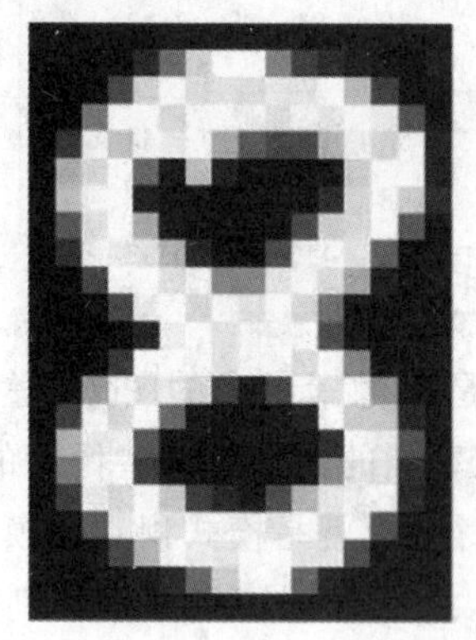

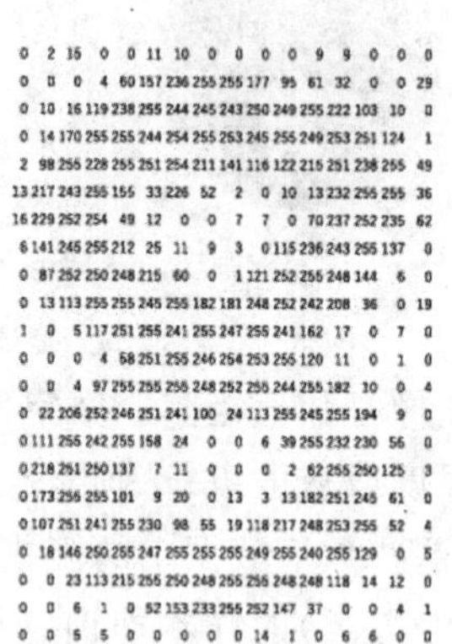

| 0 | 2 | 15 | 0 | 0 | 11 | 10 | 0 | 0 | 0 | 0 | 9 | 9 | 0 | 0 | 0 |
|---|---|---|---|---|---|---|---|---|---|---|---|---|---|---|---|
| 0 | 0 | 0 | 4 | 60 | 157 | 236 | 255 | 255 | 177 | 95 | 61 | 32 | 0 | 0 | 29 |
| 0 | 10 | 16 | 119 | 238 | 255 | 244 | 245 | 243 | 250 | 249 | 255 | 222 | 103 | 10 | 0 |
| 0 | 14 | 170 | 255 | 255 | 244 | 254 | 255 | 253 | 245 | 255 | 249 | 253 | 251 | 124 | 1 |
| 2 | 98 | 255 | 228 | 255 | 251 | 254 | 211 | 141 | 116 | 122 | 215 | 251 | 238 | 255 | 49 |
| 13 | 217 | 243 | 255 | 155 | 33 | 226 | 52 | 2 | 0 | 10 | 13 | 232 | 255 | 255 | 36 |
| 16 | 229 | 252 | 254 | 49 | 12 | 0 | 0 | 7 | 7 | 0 | 70 | 237 | 252 | 235 | 62 |
| 6 | 141 | 245 | 255 | 212 | 25 | 11 | 9 | 3 | 0 | 115 | 236 | 243 | 255 | 137 | 0 |
| 0 | 87 | 252 | 250 | 248 | 215 | 60 | 0 | 1 | 121 | 252 | 255 | 248 | 144 | 6 | 0 |
| 0 | 13 | 113 | 255 | 255 | 245 | 255 | 182 | 181 | 248 | 252 | 242 | 208 | 36 | 0 | 19 |
| 1 | 0 | 5 | 117 | 251 | 255 | 241 | 255 | 247 | 255 | 241 | 162 | 17 | 0 | 7 | 0 |
| 0 | 0 | 0 | 4 | 58 | 251 | 255 | 246 | 254 | 253 | 255 | 120 | 11 | 0 | 1 | 0 |
| 0 | 0 | 4 | 97 | 255 | 255 | 255 | 248 | 252 | 255 | 244 | 255 | 182 | 10 | 0 | 4 |
| 0 | 22 | 206 | 252 | 246 | 251 | 241 | 100 | 24 | 113 | 255 | 245 | 255 | 194 | 9 | 0 |
| 0 | 111 | 255 | 242 | 255 | 158 | 24 | 0 | 0 | 6 | 39 | 255 | 232 | 230 | 56 | 0 |
| 0 | 218 | 251 | 250 | 137 | 7 | 11 | 0 | 0 | 0 | 2 | 62 | 255 | 250 | 125 | 3 |
| 0 | 173 | 255 | 255 | 101 | 9 | 20 | 0 | 13 | 3 | 13 | 182 | 251 | 245 | 61 | 0 |
| 0 | 107 | 251 | 241 | 255 | 230 | 98 | 55 | 19 | 118 | 217 | 248 | 253 | 255 | 52 | 4 |
| 0 | 18 | 146 | 250 | 255 | 247 | 255 | 255 | 255 | 249 | 255 | 240 | 255 | 129 | 0 | 5 |
| 0 | 0 | 23 | 113 | 215 | 255 | 250 | 248 | 255 | 255 | 248 | 248 | 118 | 14 | 12 | 0 |
| 0 | 0 | 6 | 1 | 0 | 52 | 153 | 233 | 255 | 252 | 147 | 37 | 0 | 0 | 4 | 1 |
| 0 | 0 | 5 | 5 | 0 | 0 | 0 | 0 | 0 | 14 | 1 | 0 | 6 | 6 | 0 | 0 |

图 15-18　量化等级为 256 的图像与像素亮度

量化等级越大,所得图像层次越丰富,可以产生更为细致的图像效果,但占用的存储空间更大。量化等级越小,图像层次不够丰富,分辨率低,图像质量差,但数据量小。实际应用中,需要根据视觉效果和存储空间进行选择。采用不同量化等级的图像如图 15-19 所示。

此外,几何变换是用于修正图像采集系统的系统误差和仪器位置的随机误差所进行的变换。图像增强是对图像中的信息选择性地加强和抑制,用于改善图像的视觉效果,或将图像转变为更适于计算机处理的形式,以便于数据的提取或识别。主要是突出图像中感兴趣

(a)256级

(b)8级

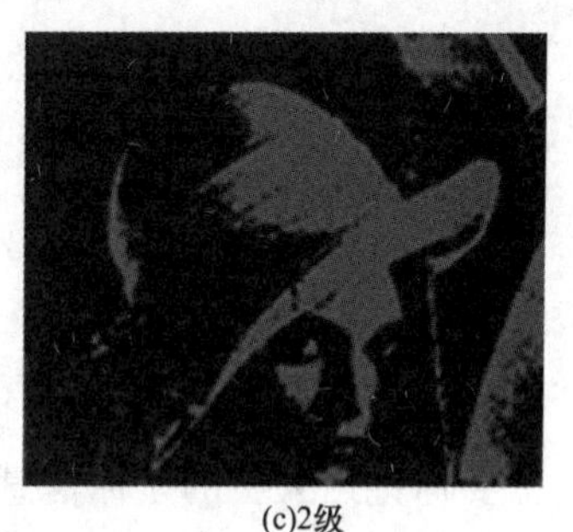
(c)2级

图 15-19　不同量化等级的图像对比

的信息，从而使有用信息得到加强。常用的图像增强方法有直方图增强、伪彩色增强、灰度窗口等。图像滤波是指对图像进行滤噪处理。

(3)特征提取和选择

图像数据具有样本少、维数高的特点。例如，一个空间分辨率为 1 024×1 024 的数码相机的输出为一幅数字图像，由 1 024×1 024=1 048 576 个像素点组成，其维数为 1 024×1 024。要从图像中提取有用的信息，必须对图像特征进行降维，特征提取和选择就是最有效的降维方法。如果要将不同图像区分开，就要通过这些图像所具有的本身特征来识别，而获取这些特征的过程就是特征提取。在特征提取中所得到的一些特征也许对此次识别并不重要，需要提取有用的特征，这就是特征选择。

(4)分类器设计和分类决策

分类器设计的主要作用是通过训练确定识别规则，使按此类识别规则进行分类时，错误率最低。分类决策是根据已有的数据对未知的数据进行分类。对已有的数据库用一系列的算法进行分类，也就是常说的训练样本。因此，首先要知道已有的训练样本中各个数据的分类，在已知训练样本的基础上，根据训练样本的特征，运用一些数学公式对未知样本进行划分，进而完成未知样本的分类。

**2. 图像识别的应用**

图像识别技术应用极为广泛，在通信领域中的应用包括图像传输、电视电话及电视会议等；在军事领域的应用包括军事目标的侦察、制导等；在公安刑侦领域的应用包括现场照片、指纹、人脸等的处理和辨识、历史文字和图片档案的修复和管理等；在机器视觉领域的应用包括工件识别和定位，太空机器人的自动操作以及家庭服务智能机器人等；在遥感图像识别领域的应用包括灾害预测、环境污染监测、气象卫星云图处理以及地面军事目标识别等。下面主要介绍一下图像识别技术在人脸识别领域中的具体应用。

## 15.5.3　人脸识别技术

人脸识别是基于人的脸部特征信息进行身份识别的一种生物识别技术。用摄像机或摄像头采集含有人脸的图像或视频流，并自动在图像中检测和跟踪人脸，进而对检测到的人脸进行脸部识别的一系列相关技术，通常也称为人像识别或面部识别。人脸识别主要分以下几个步骤：

人脸识别技术

(1)人脸图像采集

人脸图像可以通过摄像镜头进行采集,包括静态图像和动态图像,不同位置以及不同表情等各个方面都可以得到很好地采集。

(2)人脸检测

人脸检测主要包括人脸位置检测和人脸特征点检测等。

人脸位置检测是在图像中准确标定出人脸的位置和大小。当发现有人脸出现在图片中时,需要标记出人脸的坐标信息,或者将人脸图像区域切割出来。例如,可以使用方向梯度直方图(HOG)来检测人脸位置,如图 15-20 所示。

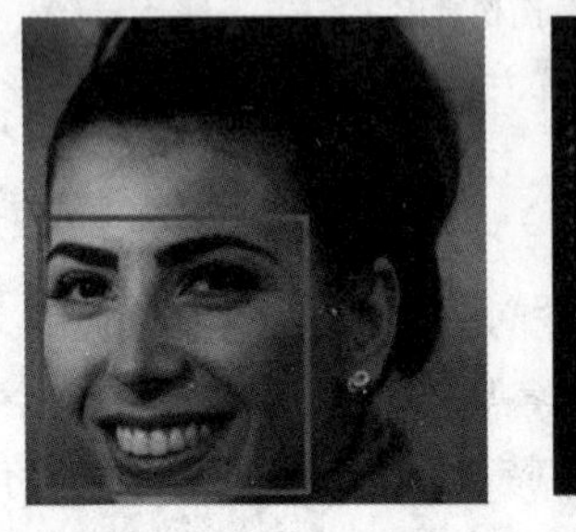
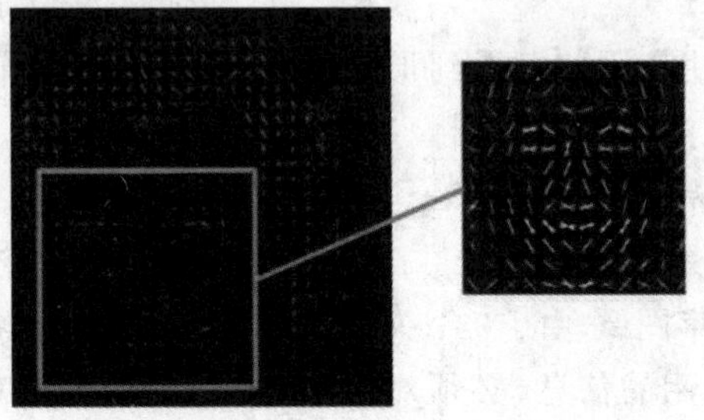

图 15-20　人脸位置检测

人脸特征点检测和定位在人脸识别中非常重要,其精度直接影响人脸的对准程度,从而直接影响人脸识别的精度。最简单的脸部特征点定位问题,可以仅仅包含左眼和右眼中心点的定位,或者进一步包含嘴边中心点的定位。而复杂的脸部特征点定位则可能包括眼睛、嘴边、鼻子器官周围边缘轮廓点和中心点以及脸颊边缘轮廓特征点的定位。特征点定位的具体方法取决于人脸识别的应用条件和人脸识别算法。人脸特征点检测如图 15-21 所示。

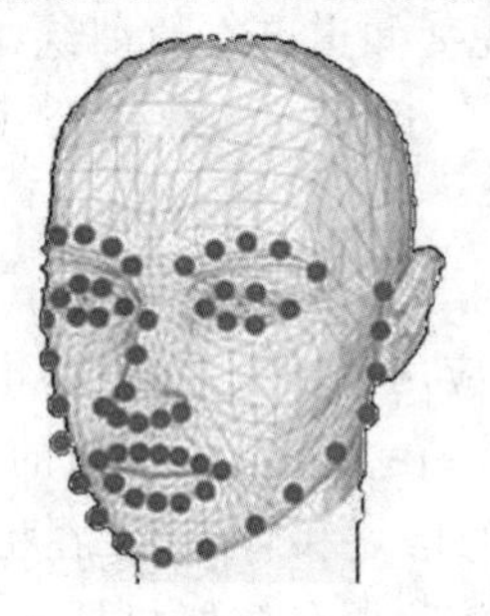
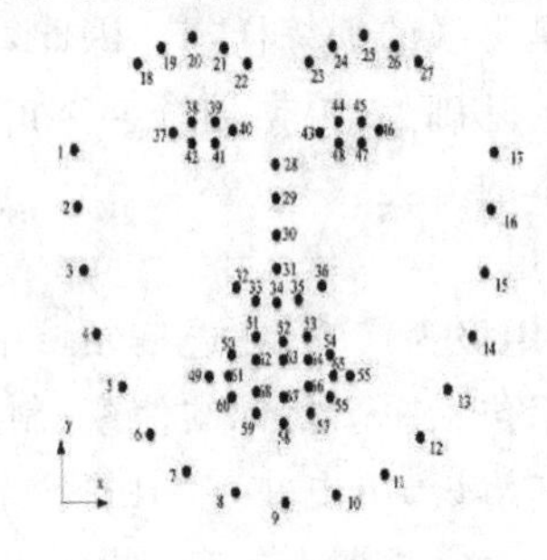

图 15-21　人脸特征点检测

(3)人脸图像预处理

人脸图像预处理是基于人脸检测的结果,对图像进行处理,为后面的特征提取服务。系统获取的人脸图像可能受到各种条件的限制和随机干扰,需要进行缩放、旋转、拉伸、光线补偿、灰度变换、直方图均衡化、规范化、几何校正、过滤以及锐化等图像预处理。例如,当脸部没有正对镜头,我们需要先定位人脸上的特征点,然后通过几何变换(平移、旋转、缩放和剪切等)使各个特征点对齐(将眼睛、嘴等部位移到相同位置),进而将识别到的脸部转化为正对着镜头的人脸图像,如图 15-22 所示。

图 15-22　人脸特征点对齐处理

(4)人脸图像特征提取

人脸图像特征提取就是将人脸图像信息数字化,将一张人脸图像转变为一串数字(一般称为特征向量)。人脸特征提取就是针对人脸的某些特征进行的,它是对人脸进行特征建模的过程。例如,对一张脸,找到它的眼睛左边、嘴唇右边、鼻子、下巴等位置,利用特征点间的欧氏距离、曲率和角度等提取出特征分量,即将人脸图像的像素值转换成紧凑且可判别的特征向量,最终把相关的特征连接成一个长的特征向量,如图 15-23 所示。

人脸特征提取的方法归纳起来分为两大类:一种是基于知识的表征方法,另外一种是基于代数特征或统计学习的表征方法。

(5)人脸图像匹配与识别

人脸图像匹配与识别就是把提取的人脸图像的特征数据与数据库中存储的人脸特征模板进行搜索匹配,根据相似程度对身份信息进行判断,设定一个阈值,当相似度超过这一阈值,则输出结果为匹配,如图 15-24 所示。

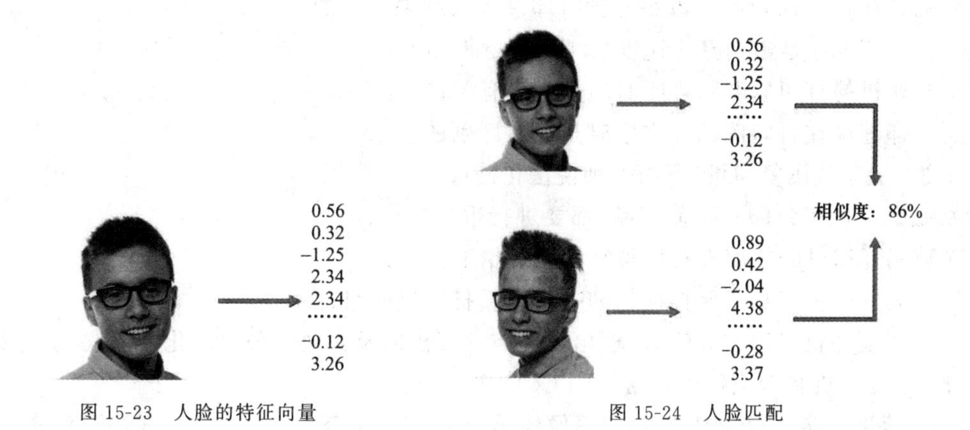


图 15-23　人脸的特征向量　　　　图 15-24　人脸匹配

这一过程又分为两类:一类是确认,是一对一进行图像比较,一般用在金融的核实身份和信息安全领域。小型办公室人脸刷脸打卡系统中也通常采用这种方法。员工在打卡时,相机捕获到图像后,首先进行人脸检测,经过人脸矫正之后进行匹配。如果匹配结果为是,说明该刷脸人员属于本办公室;另一类是辨认,是一对多进行图像匹配,也就是说在 $N$ 个人中找到你。在识别阶段更多地采用分类的手段,它是在完成了人脸检测、人脸校正后进行的人脸分类。

(6)活体检测

活体认证模块的作用是识别当前人脸是真人还是照片、是视频还是模型,从而避免仿冒,对于重要场所的门禁和远程身份认证来说至关重要。活体检测的方法有很多。一种方式是利用传感器的特性、摄像机的双目成像原理等进行判别,例如,温感传感器能够探测真实人脸表面的温度分布,双目摄像头能够测得人脸表面的深度信息;另一种方式是检测人脸的局部运动,例如通过检测人眼区域、嘴部区域的局部运动,来区别照片和模型。检测局部运动的方法很多,例如可以通过检测帧间人脸各区域的运动情况,还可以通过检测眼睛的开闭状态或嘴巴的开闭状态进行识别。

## 练习题

**15-1** 喷墨打印机与针式打印机的本质区别在于(　　)。

A. 字车机构　　B. 送纸机构　　C. 控制电路　　D. 打印头的结构

**15-2** 对于激光打印机,当感光鼓上某一点感光后,这一点的电位降为－100 V,感光鼓转动过程中,感光鼓上已感光部分沾上墨粉,而感光鼓上未感光部分则不吸引墨粉。这时鼓上－100 V的潜像点就变成了可视的像点,这一过程称为(　　)。

A. 显像　　B. 转印　　C. 充电　　D. 定影

**15-3** 打印机的分辨率一般在(　　)以上时,打印效果才能令人满意。

A. 120 dpi　　B. 360 dpi　　C. 60 dpi　　D. 1 000 dpi

**15-4** 关于打印机的速度,下面哪种说法不正确(　　)。

A. 打印机的打印速度是以每分钟打印多少页纸来衡量的;

B. 打印机内存是影响打印速度的一个关键性因素;

C. 打印机的打印速度和打印时的分辨率有关;

D. 打印速度在打印图像和文字时是没有区别的。

**15-5** 关于数码复印机,下面哪种说法正确(　　)

A. 数码复印机每印一张复印品,都要进行重新扫描;

B. 数码复印机的精度没有模拟复印机的精度高;

C. 数码复印机就是一台扫描仪和一台喷墨打印机的组合;

D. 数码复印机可以作为输入/输出设备与计算机以及其他办公自动化设备联机使用。

**15-6** 复印机和扫描仪中经常提到CCD,其含义是(　　)。

A. 电荷耦合器　　B. 接触式图像传感器　　C. 色彩标准　　D. 字符识别软件

**15-7** 门禁系统中读卡器的作用是(　　)。

A. 负责整个系统的输入、输出信息的处理和存储、控制等;

B. 整个系统的执行部件;

C. 门禁系统信号输入的关键设备;

D. 实现门禁系统的监控、管理、查询等功能。

**15-8** 人脸识别过程中,对图像进行平滑、变换、增强、恢复以及滤波等处理属于(　　)。

A. 特征提取和选择　　B. 分类器设计　　C. 分类决策　　D. 图像预处理

# 参考文献

[1] 唐介,刘蕴红.电工学:少学时[M]. 4 版.北京:高等教育出版社,2014.
[2] 浙江大学电工电子基础教学中心电工学组.电工电子学[M]. 5 版.北京:高等教育出版社,2021.
[3] 秦曾煌.电工学:电工技术[M]. 7 版.北京:高等教育出版社,2009.
[4] 秦曾煌.电工学:电子技术[M]. 7 版.北京:高等教育出版社,2009.
[5] 秦曾煌.电工学简明教程[M]. 3 版.北京:高等教育出版社,2015.
[6] 李瀚荪.电路分析基础:上册[M]. 5 版.北京:高等教育出版社,2017.
[7] 李瀚荪.电路分析基础:下册 [M]. 5 版.北京:高等教育出版社,2017.
[8] Sarma M S. Introduction to Electrical Engineering[M]. New York: Oxford University Press, 2001.

# 部分练习题参考答案

## 第 1 章

| | | | |
|---|---|---|---|
| **1-1** B | **1-2** C | **1-3** A | **1-4** C |
| **1-5** A | **1-6** B | **1-7** C | **1-8** C |
| **1-9** B | **1-10** A | **1-11** B | **1-12** B |
| **1-13** D | **1-14** D | **1-15** C | **1-16** A |
| **1-17** A | | | |

## 第 2 章

| | | | |
|---|---|---|---|
| **2-1** A | **2-2** C | **2-3** B | **2-4** D |
| **2-5** C | **2-6** B | **2-7** C,G | **2-8** D |
| **2-9** A,D | | | |

## 第 3 章

| | | | |
|---|---|---|---|
| **3-1** C | **3-2** B | **3-3** B | **3-4** A |
| **3-5** D | **3-6** C | **3-7** A | **3-8** C |
| **3-9** D | **3-10** C | **3-11** D | **3-12** A |
| **3-13** C | **3-14** C | **3-15** B | **3-16** D |
| **3-17** B | **3-18** A | | |

## 第 4 章

| | | | |
|---|---|---|---|
| **4-1** D | **4-2** B | **4-3** B | **4-4** A |
| **4-5** B | **4-6** B | **4-7** B | **4-8** C |
| **4-9** A | **4-10** B | **4-11** B | **4-12** A |

## 第 5 章

| | | | |
|---|---|---|---|
| **5-1** A | **5-2** C | **5-3** B | **5-4** B |
| **5-5** B | **5-6** A | **5-7** A | **5-8** B |
| **5-9** D | **5-10** A | **5-11** B | **5-12** D |
| **5-13** C | **5-14** B | **5-15** A | |

## 第 6 章

| | | | |
|---|---|---|---|
| **6-1** A | **6-2** C | **6-3** D | **6-4** C |

**6-5** B　**6-6** D　**6-7** C　**6-8** A
**6-9** B　**6-10** B　**6-11** C　**6-12** D
**6-13** C　**6-14** B　**6-15** D　**6-16** A
**6-17** A　**6-18** C　**6-19** B　**6-20** B
**6-21** D　**6-22** B　**6-23** B　**6-24** B
**6-25** A

## 第 7 章

**7-1** A　**7-2** B　**7-3** C,B,D,A　**7-4** D
**7-5** A　**7-6** B　**7-7** C　**7-8** A
**7-9** A　**7-10** C　**7-11** B　**7-12** A
**7-13** B　**7-14** A

## 第 8 章

**8-1** A　**8-2** A　**8-3** B　**8-4** C
**8-5** D　**8-6** A　**8-7** C　**8-8** A
**8-9** A　**8-10** B　**8-11** D　**8-12** A,A

## 第 9 章

**9-1** D　**9-2** D,A　**9-3** B　**9-4** B
**9-5** A　**9-6** B,C　**9-7** D　**9-8** C,A
**9-9** B,A　**9-10** A　**9-11** C　**9-12** D,B,A,C
**9-13** (1)B,(2)C,(3)D,(4)E　**9-14** D　**9-15** A
**9-16** B　**9-17** A,C　**9-18** B　**9-19** B

## 第 10 章

**10-1** D　**10-2** B,A,E　**10-6** B　**10-10** A
**10-11** C　**10-13** B,B,C,B　**10-16** B　**10-17** C
**10-18** C　**10-19** B　**10-20** A　**10-21** D
**10-22** B　**10-23** C,E　**10-24** C　**10-25** A
**10-26** A　**10-27** C　**10-28** B　**10-30** A
**10-31** C　**10-32** C　**10-33** D　**10-35** D
**10-36** D

## 第 11 章

**11-1** A　**11-2** D　**11-3** B　**11-4** B
**11-5** A

## 第 12 章

12-1 C　12-2 B　12-3 C　12-4 D
12-5 A　12-6 D　12-7 C　12-8 C
12-9 B　12-10 B　12-11 A,B,C　12-12 A
12-13 A　12-14 C　12-15 B　12-16 C
12-17 B

## 第 13 章

13-1 D　13-2 A　13-3 B　13-4 B
13-5 B　13-6 A,B,C　13-7 C　13-8 C
13-9 B,C,D　13-10 A,B,C,D　13-11 A

## 第 14 章

14-1 C　14-2 B　14-3 D　14-4 B
14-5 C　14-6 C　14-7 D

## 第 15 章

15-1 D　15-2 A　15-3 B　15-4 D
15-5 D　15-6 A　15-7 C　15-8 D